Zehn Jahre
Deutscher Kämpfe

Schriften zur Tagespolitik

von

Heinrich von Treitschke

Auswahl

Berlin
Druck und Verlag von Georg Reimer
1913

Vorwort.

Die erste Sammlung seiner Schriften zur Tagespolitik seit Anfang 1865, die fast ohne Ausnahme zunächst in den Preußischen Jahrbüchern erschienen waren, gab Treitschke 1874 unter dem Titel „Zehn Jahre Deutscher Kämpfe" heraus. Sie sollte einen Beitrag bringen „zur Geschichte unserer jüngsten Vergangenheit, von der Befreiung Schleswig-Holsteins bis herab zu der sozialen Gährung und den kirchlichen Kämpfen der Gegenwart und zu den großen Aufgaben, die noch ungelöst vor dem deutschen Reiche liegen." Obwohl das Buch nach des Verfassers Zeugnis in der Presse eine sehr geringe Beachtung fand, „vielleicht weil es keiner unserer Parteien recht behagen konnte", wurde 1879 eine neue Auflage nötig, der Treitschke nun auch die neuen für dieselbe Zeitschrift inzwischen geschriebenen tagespolitischen Aufsätze mitgab. Und bald nach seinem Tode war dieser starke, über 800 Seiten umfassende Band wieder vergriffen und konnte die Sammlung 1897 zum dritten Male sich Leser finden.

Nachdem auch diese Auflage jetzt erschöpft ist, wird der nächsten Gesamtausgabe eine für einen noch weiteren Kreis bestimmte Auswahl vorangeschickt. Was Treitschke selber im ersten Vorwort des Buches als den „leitenden Gedanken" seiner dort zusammengestellten publizistischen Arbeit andeutet: den deutschen Einheitsstaat unter Preußens Führung erst begründen, dann festigen zu helfen und das neue Reich als die werdende deutsche Monarchie zu begreifen, wie das heilige Reich die zerfallende war — das sollte natürlich vor allem auch in der hier folgenden Auslese sichtbar werden. Im übrigen wurden, in möglichster Mannigfaltigkeit, solche Stücke bevorzugt, in denen auch heutigen Tages noch unter uns, zum Teil sehr lebhaft, erörterte politische Fragen von Treitschke behandelt sind. Mancher Aufsatz, bezeichnend und wichtig für sein persönliches Wesen und seine historische Bedeutung als Publizist, mußte doch außen bleiben, da er zu gerechter Würdigung und vollem Verständnis heute schon eine genauere Kenntnis des biographischen und zeitgeschichtlichen Hintergrundes erfordert. So vorzüglich die „Brandschrift", wie ihr Verfasser selber sie nennt: Die Zukunft der norddeutschen Mittelstaaten, 1866 in 17000 Sonderabzügen verbreitet, und der seiner Zeit politisch sehr wirksame publizistische Beitrag zur „Lösung der schleswigholsteinischen Frage" (Jan. 1865). —

Wie das Verständnis für Treitschkes geistige Bedeutung und den vorbildlichen Wert seiner Persönlichkeit unter uns stetig gewachsen ist, so wird er als Publizist in seiner überragenden Stellung noch immer deutlicher sichtbar. Auch mit diesen Schriften, so schreibt er einmal seiner Braut, wolle er am liebsten nur zeitweise, dann jedoch durch politische Gedanken hervortreten, „die nicht für den Augenblick, aber desto sicherer für die Zukunft wirken sollen". Wie schön hat sich seine Hoffnung erfüllt. Dieser Kämpfer ohne alle Menschenfurcht ist wohl auf jede Art wieder bekämpft worden. Weil aber sein Wirken als wissenschaftlicher und politischer Schriftsteller von Anfang an und dann immer aufs Neue vorzüglich aus der Zustimmung solcher Männer Nahrung zog, die selber weit über die Meinung des Tages hinaussehen, so ist es — für viele unmerklich — tiefer und tiefer gewurzelt, langsam, fest, wie die Edelbäume unseres Waldes zu wachsen pflegen.

Kein Zweifel, daß diesem Werke noch eine lange Dauer beschieden ist.

Mai 1913.

M. Cornicelius.

Inhalt.

	Seite
Rede zur Erinnerung an die Leipziger Völkerschlacht	1
Politische Korrespondenz	6
Zum Jahresanfang	15
Die Verfassung des Norddeutschen Bundes	25
Das Strafgesetzbuch vor dem Reichstage	40
Ein Lied vom schwarzen Adler	48
Was fordern wir von Frankreich?	50
Friedenshoffnungen	83
Der Sozialismus und seine Gönner	93
Die Türkei und die Großmächte	170
Zur Lage	203
Register	211

Rede

zur Erinnerung an die Leipziger Völkerschlacht, gehalten am letzten Tage des dritten deutschen Turnfestes.

Leipzig, 5. August 1863.

Deutsche, geliebte Landsleute! Überwältigt stehe ich vor der unmöglichen Aufgabe, diese festlich wogende Menge mit einer Menschenstimme zu beherrschen. Und doch ist eines noch unmöglicher: in wenigen raschen Worten würdig zu reden zur Feier der „herrlichen Schlacht", wie Vater Arndt sie nannte, die unserem Volke die Befreiung brachte. Welch eine Fülle von Ruhm und Mut und Heldenzorn drängt sich zusammen in jenen großen vier Tagen — von dem Morgen des 16. Oktober an, da die Husaren in Schkeuditz Fanfare bliesen und der eiserne York seinen Offizieren zutrank auf den guten Spruch: „Anfang, Mittel und Ende, Herr Gott, zum Besten wende!" — bis zur der Nacht des 18., als das Schicksal den frommen Wunsch erhörte, und tausend und abertausend Krieger das Danklied sangen, weithin über das blutige, schlachtgewohnte Blachfeld, endlich bis zu dem Tage des Sturmes auf die Stadt, da den alten Blücher auf unserem Markte der jauchzende Hochruf begrüßte! Doch das ist unsere Weise nicht, uns selbstgefällig zu spiegeln an den Taten vergangener Zeit. Wir werden das Gedächtnis eines Geschlechtes, das leuchtend dastand durch Zucht und sittlichen Ernst, dann am würdigsten begehen, wenn wir uns redlich fragen: sind wir es wert, die Söhne solcher Väter zu heißen?

Ist dieses reiche halbe Jahrhundert gesegneten Friedens in Wahrheit fruchtlos verronnen für den Ruhm unseres Volkes, wie die Verzweifelnden klagen? O nein! Wenn er heute auferstände, der große Scharnhorst, des deutschen Krieges edelstes Opfer: die klugen Augen würden blitzen, und er spräche: „Ich schaue ein anderes Volk, als jenes, unter dem ich wirkte." Als Scharnhorst jung war, da verbot ein deutscher König seinen Bauern, den Beamten kniend den Rock zu küssen. Und heute? Erkennt ihr es wieder, jenes verschüchterte Geschlecht mißhandelter Fröner in unseren freien Bauern, die stolz und aufrecht hausen auf ihrer befreiten Hofstatt? Und wo sind sie hin, die ängstlichen Kleinbürger der alten Zeit, die der wohlmeinende Staatsbeamte belehren mußte, der Bürger solle sich selber rühren und Versammlungen halten und Gelder herbeischaffen, um nur eine armselige Landstraße durch den nächsten Kreis zu bauen? Allüberall jubelt uns heute entgegen die kecke Wagelust der modernen Menschen, sie ruft ihr stolzes: „Es gibt keine Entfernungen mehr!“ Und wir, denen vormals Herz und Auge gefesselt war an der heimatlichen Scholle, jetzt erst dürfen wir uns froh gestehen: wir kennen wirklich unser Vaterland! Und wo der Staat vordem der Leiter und Lehrer war, da steht er heute nur als bescheidener Mitbewerber neben der selbsttätigen Bürgerkraft. Als diese Schlacht geschlagen ward, da lud der Schmuggler von Helgoland in dunkler Nacht die Warenballen auf seine Jolle, und war der deutsche Hafen mühselig erreicht, dann galt es noch Maut auf Maut ängstlich zu umschleichen. Wie anders heute! Noch nicht fessellos, leider, doch freier denn je zuvor berechnet unser Handel den Bedarf des Marktes in den fernsten Strichen der Erde, und erst in diesen Friedensjahren ist unser Volk in Wahrheit teilhaftig geworden des Segens der Entdeckung der neuen Welt. Und dann blicket hin, geehrte Festgenossen, auf die reichen Wohnstätten unseres Bürgertums, auf jenen Kranz von Städten, dessen wir uns rühmen vor allen Völkern: wie eine jede pranget nach ihrer eigenen Weise, froh einer reichen Geschichte; wie eine jede mit der andern ringt im edlen Wettstreite, welche das Meiste schaffe für Handel und Wandel, für Bildung und gute Menschensitte. Überall geebnete Wälle, gebrochene Mauern, öde Felder verwandelt in reiche Straßen, alle Schleusen geöffnet für die hochgehenden Wogen des modernen Verkehrs. Wo vor einem Menschenalter noch eine wüste Stätte lag an der Weser, da hebt sich jetzt, gegründet von einem großen Bürger und jählings emporgestiegen wie ein australischer Wohnplatz, unseres Reiches jüngste Hafenstadt Bremerhaven. Unser wirtschaftliches Schaffen selber ward ein anderes, ward sittlicher und freudiger, seit wir erkannt haben den Adel der Arbeit, jeglicher Arbeit. Deutsche Kunst und Wissenschaft hat Zeiten höherer Blüte gesehen, als die Gegenwart; aber noch niemals strebte sie so menschenfreundlich, auch die ärmsten Schichten des Volkes zu beglücken; und die verkümmerte Gestalt des Stubengelehrten der alten Zeit werden wir bald allein noch aus vergilbten Büchern kennen. In den Gemeinden und den Vereinen, die den Bürger gewöhnen, selber zu sorgen für das Heil des Ganzen, hat sich auch entfaltet die männliche Gabe der freien Rede, von der Gneisenau noch meinte, sie sei dem gedrückten Sinne des Deutschen versagt. Wo der Staat noch zaudert, ein notwendiges Gesetz zu geben, wo er die Ehre der allgemeinen Wehrpflicht dem Volke vorenthält, da treten freiwillig die Männer zusammen, da scharen sich die Schützen und unsere fröhliche Turnerschaft, der wir dies reiche Fest verdanken, und lehren der Jugend die ersten Tugenden des Kriegers, Mannszucht und die Herrschaft über den gestählten Arm und festen Mut, das Vaterland zu schirmen mit dem eigenen Leibe, und legen also den Grund zu einer neuen Wehrverfassung in der Zukunft. Das sind die Segnungen des Friedens, den unsere Väter erkauft mit ihrem Blute, das die Siege jener echten Demokratie, welcher die Zukunft Europas gehört, das sind Güter, unzerstörbar, gesicherter, als die leider noch sehr unfertigen Anfänge unseres parlamentarischen Lebens. Eher mögt ihr dem Winde gebieten, daß er aufhöre zu rauschen, als unserem Volke, daß es sich wiederum geduldig füge unter die Vormundschaft einer allwissenden Staatsgewalt. Wir schätzen selten, was wir in Fülle besitzen. Wer aber unter euch, ihr Festgenossen, besonnenen Sinnes den geselligen Zustand des Volkes von damals vergleicht mit dem Volke von heute, ihm wird das Herz schwellen vor Freude, gleich dem Jünglinge, der in einer Stunde stiller Sammlung sich tiefbewegt gesteht: ich bin ein Mann geworden. Fürwahr, wir leben in einer Zeit der Zeichen und Wunder. Ein Tor, wer sie träge schilt. Auch der Beweglichste unter uns muß sich rührig tummeln, will er nicht liegen bleiben unter ihrem rollenden Rade. Seid ihr mir des Zeugen, ihr Älteren, die ihr goldene Jahre der Jugend vertrauert habt im Kerker um unserer Farben willen. Seht sie ringsum flattern im Winde, unsere ehrwürdigen Fahnen! Das verwegene Traumbild eurer Jugend steht vor euch als eine schöne Wirklichkeit.

Aber auch das ist ein Wunder, ein trauriges Wunder, daß in unserem Volke alles sich verwandelt hat, nur eines nicht, das staatliche Band, das uns zusammenhält. Noch immer, derweil unser Volk fest und fester sich zusammenschließt, verharret der deutsche Staat in der losen Form eines völkerrechtlichen Bundes. Noch steht unser Volk rechtlos, unvertreten, wenn die Völker tagen. Noch grüßt kein Salutschuß im fremden Hafen die deutsche Flagge; denn heimatlos ist sie auf dem Meere, wie die Farben der Seeräuber. Noch blutet die Wunde, die im Frieden nimmer heilen darf: die schmerzliche Erinnerung, daß dies große Deutschland dem sieglosen Sieger, dem schwachen Dänemark, ein Glied von seinem Leibe, der edelsten einen unter seinen Stämmen, schmählich preisgegeben hat. Und unter unseren Staaten sind nicht zehn — auch dies Königreich Sachsen nicht — wo das Recht des Landes unverletzt geblieben ist von der Willkür. Freudig erheben wir das Haupt, wenn man fragt nach unserem Reichtum, unserer Bildung, nach dem Frieden zwischen den Vornehmen und den Geringen, doch beschämt müssen wir verstummen, wenn geredet wird von dem deutschen Staate. Ein halbes Jahrhundert ging über den Deutschen Bund dahin wie ein Traum. Aber sind es wirklich noch die alten Gewalten, die über uns herrschen? Als unsere Väter den Bundestag gründeten nach dem Frieden, da begrüßten ihn die Besten mit stolzer Hoffnung; sie meinten, aus ihm werde sich entfalten ein ehrwürdiger Gerichtshof über jeden Streit unter den Völkern des Weltteils. Und heute steht er verlassen von dem Glauben des Volkes, und selbst die Mattherzigen verteidigen ihn nur noch als ein notwendiges Übel. Als man ihn gründete, war er geheiligt durch die Weihe des Rechts, doch auch diese umschwebt ihn nicht mehr, seit er wieder auferstanden zum Trotz den heiligsten Versprechungen. Schelte man immerhin auf die, trotz alledem, große deutsche Bewegung vor 15 Jahren: nimmermehr wird man aus unserer Seele reißen die glorreiche Erinnerung, daß es eine Zeit gegeben, wo die Vertreter unseres Volkes im deutschen Parlamente tagten. Und wir werden es abermals schauen, das deutsche Parlament. Es kann nicht sein, daß ein großes, reiches, klarblickendes Volk auf ewig verzichte auf die Leitung seines Staates. Jene gewaltige volkstümliche Kraft, die in allen Adern unseres geselligen Lebens pulst und wogt, sie wird auch des deutschen Staates sich noch bemächtigen. Nicht, ob es geschehen wird, steht in Frage, nur, wann es sich vollenden wird.

Dies große nationale Fest, das Deutsche von jeder Meinung friedlich vereinigt, ist nicht die Stätte, über die Pläne der politischen Parteien zu reden. Doch auch diese Feier kann und soll die Wege bahnen für unsere politische Arbeit. „Saaten des Wohlwollens auszustreuen für künftige Zeiten," das schien den alten Griechen die Absicht der volkstümlichen Feste und Wettkämpfe, das gelte auch uns als ihr edelster Zweck. Für Millionen unseres Blutes ist der Name „deutsche Einheit" nur ein großes, wohltönendes Wort, nicht eine begeisterte Überzeugung, die jeden Entschluß des Mannes durchdringt und heiligt. So gehet denn hin, ihr unsere lieben Gäste, und verkündet daheim, was ihr hier geschaut. Verkündet, wie ihr im bewegten Austausch der Gedanken und Gefühle, in der Übung der gemeinsamen deutschen Turnkunst empfunden und im tiefsten Herzen erlebt habt, daß wir zueinander gehören, daß wir Ein Fleisch sind und Ein Blut. Erzählet, wie der Mann aus dem Norden dem Manne aus dem Süden das Wort von den Lippen nahm, und wenn ihr nicht wisset, ob die Wirte oder die Gäste, ob die Schwaben oder die Niedersachsen das meiste getan für die Freude dieses Festes, so gedenket: das ist ein Bild der deutschen Geschichte. Seit Jahrhunderten haben unsere Stämme im Wetteifer gewirkt für die Herrlichkeit unseres Volkes, und kein Weiser hat ergründet, welcher Stamm das Edelste gab, welcher das Größte empfing. So verbannet sie denn für immer, jene Scheelsucht, welche mäkelt an dem unzweifelhaften Ruhme edler deutscher Stämme, welche neidisch bestreitet, daß die Preußen in dem Freiheitskriege uns allen glorreich voranstürmten, oder den Süddeutschen die Ehre verkümmert, daß sie früher als wir alle, doch zum Frommen für uns alle, die schweren ersten Lehrjahre des parlamentarischen Lebens durchmessen haben. Und eure härteste Verachtung treffe jene Pharisäer, die, wenn irgendwo in einem deutschen Staate das Recht gebrochen wird, behaglich lächeln: „Solches könnte nicht geschehen in unserem Lande." Was der fernste unserer Stämme leidet durch Unrecht und Gewalttat, das soll uns schmerzen wie eine Wunde an unserem eigenen Leibe. Der ärgste Feind, der uns hindert, ein mächtiges Volk zu werden, der sind wir selber mit unserem häuslichen Hader. Eine lange Arbeit nationaler Erziehung liegt noch vor uns, und sie ist auch deshalb unendlich schwer, weil Tausende, die sich geistreich dünken, es eitles Phrasenwerk schelten, wenn Einer durch redliches Mahnen zur nationalen Eintracht mithilft an diesem großen Werke unserer politischen Erziehung. Haben wir erst männlich von uns geworfen jedes liebgewordene Vorurteil des Partikularismus, auch das allerletzte; sind wir erst Mann für Mann durchdrungen von der leidenschaftlichen Überzeugung, daß dieser Boden dem Fremden unantastbar sei; sind wir in Wahrheit geworden das Volk von Brüdern, von dem die Lieder unserer Sänger reden, so wird der Gedanke eines neuen Rheinbundes, wenn ein Ruchloser ihn je wieder hegen sollte, zuschanden werden an seinem eigenen Aberwitz. Denn wer wird brüten über dem Verrat, wenn sich in unserem Volke nicht mehr hundert Hände finden, dem Verrat zu helfen? Dann wird der Dom der deutschen Einheit in seinen Grundmauern gefestet stehen. Und sendet uns endlich die Gnade der Vorsehung eine günstige Weltlage, die kein knabenhafter Vorwitz verfrühen kann, so wird die politische Einheit Deutschlands nur noch erscheinen wie der Kranz der Zinnen und der Türme, der den bereits fertigen Bau unserer Volkseinheit krönt.

Geehrte Festgenossen! Man schilt uns Träumer, uns, die wir glauben an die politische Zukunft unseres Volkes. Es sei. Auch unsere Ahnen, die hier für uns kämpften, haben das vornehme Achselzucken der Kleingläubigen ertragen. Als Preußen tief darniederlag, ein mißachteter Mittelstaat, was schien da lächerlicher, als die Hoffnung, daß dieser Staat den Welteroberer bezwingen werde? Und doch sprach Oberst Below im Frühjahr 1813 an der fernen Ostmark unseres Landes, in Tilsit, zu seinen Dragonern: Ich werde euch führen in die Hauptstadt des Feindes. Und siehe, bevor ein Jahr verlaufen, ritt er mit den preußischen Bauernsöhnen auf die Höhe des Montmartre und zeigte ihnen zu ihren Füßen das eroberte Paris. So wahr ist es, daß ein Volk unfehlbar erreicht, was es begeistert und ernstlich will. Was unsere Ahnen wollten — Kind und Kindeskinder bewahren vor der Schmach der Fremdherrschaft und den Eroberer züchtigen in seinem eigenen Lande — das ward vollführt, glorreich hinausgeführt. Aber auf dem befreiten Boden ein festes Reich zu gründen, das haben die Helden nur ersehnt mit frommen Wünschen, mit unklarem Verlangen, nicht gewollt mit jener starken Leidenschaft, jener klaren Erkenntnis, die den Sieg verbürgen. Während der wundervollen Tage des Kampfes wurden auch schwächere Männer durch die großen Erlebnisse dann und wann emporgehoben über ihr eigenes Maß. Als König Friedrich Wilhelm nach dem Tage von Leipzig einen alten Offizier frug, wie es seinen vier Söhnen ergehe, da erwiderte der Alte: „Es geht gut", und dann mit erstickter Stimme: „sie sind alle im Kampfe für Ew. Majestät gefallen". Der König aber wandte sich tief erschüttert ab und sprach: „Nicht für mich, nicht für mich! Wer könnte das ertragen? Sie starben für das Vaterland!" So blitzte dem Könige auf einen Augenblick die Erkenntnis auf, daß Eines Mannes Schultern zu schwach sind, das Wohl und Wehe eines großen Volkes auf sich zu nehmen, und er bekannte, daß das Vaterland höher steht, als der Wille des mächtigsten Menschen. An uns aber ist es, diesen großen Gedanken: „Das Vaterland über alles!" auch in den Tagen des Friedens zu bewahren, ihn ganz zu verstehen und ihn frei zu halten von der Macht der Phrase, die dem leichtbegeisterten Gemüte des Deutschen so hochgefährlich ist. An uns ist es, das Werk unserer Väter zu vollenden und auf dem Boden, den ihr Heldenmut uns neu geschenkt hat, jenes einige Reich zu gründen, das nur als ein blasses Bild der Sehnsucht vor ihrer Seele schwebte. Noch sind wir fern von diesem Ziele, solange wir uns betören lassen durch hochtrabende Reden, statt unsere Staatsmänner zu beurteilen allein nach ihren deutschen Taten, allein darnach, ob sie bereit sind, aufzuopfern die ungeschmälerte Macht der Einzelstaaten, die doch nichts anderes ist, als die Ohnmacht des ganzen Deutschlands.

Geehrte Festgenossen! Ich würde mich versündigt haben an den blutigen Schatten, die ob diesem Gefilde schweben, wenn ich euch nur zur leeren Augenweide vorgeführt hätte ein prunkendes Bild von der Größe der alten Zeit. Mir schien es würdiger, in dieser Feierstunde zu fragen, welche Pflicht uns, den Söhnen, obliegt gegen die Schatten unserer Ahnen. In unsere Hand ist es gegeben, dem großen Geschlechte, das hier blutete, die Unsterblichkeit zu sichern, wenn wir uns bewahren den tapferen, treuen, vaterländischen Geist der Väter und diesen Geist fortbilden mit der wachsenden Zeit und ihren wachsenden Forderungen. Als die „herrliche Schlacht" hier tobte, da erneuten sich Taten, die von der Geschichte der Welt zuvor nur einmal gesehen waren, unter den Griechen, und die seitdem als eine wundervolle Sage fortleben von Jahrhundert zu Jahrhundert unter den staunenden

Menschen. Bei den Deutschen lebte wieder auf das markerschütternde Lied, das der griechische Sänger sang am Tage von Salamis: „O ihr Söhne der Hellenen, kommt, befreit das Vaterland, befreiet Weib und Kind! Jetzt gilt es einen Kampf um alles!" Laßt es nicht von uns heißen, wie von dem großen Griechenvolke: die Väter retteten alle Schätze reiner Menschenbildung vor dem fremden Eroberer, die Söhne aber gingen schmachvoll zugrunde, weil sie nicht vermochten, Zucht und Recht und Frieden zu bewahren auf dem befreieten Boden. Nein, diese blühende Jugend- und Männerkraft, die sich prächtig zusammenfand in unserer gastlichen Stadt, ein erhebendes Bild von dem Adel und der Stärke unseres Volks, sie wird das Werk unserer Väter nicht zuschanden werden lassen. Sie wird helfen, es zu vollenden. Die Zeit ist dahin, für immer dahin, wo der Wille der Höfe allein die Geschicke dieses großen Landes bestimmte. Auch der Geringste unter uns ist heute berufen, mitzuwirken an der Arbeit unserer politischen Erziehung, auch der Geringste ladet eine schwere Schuld auf seine Seele, wenn er dieser heiligen Pflicht sich feig versagt.

Deutsche, geliebte Landsleute! Ihr, die ihr wohnet, wo die Türme von Lübeck und die weißen Felsen von Arkona dem heimwärtssegelnden deutschen Seemanne die Nähe seines Landes künden, und ihr Mannen, die ihr daheim seid, wo die schweizer Alpen sich spiegeln in dem schwäbischen Meere, und ihr, deren Wiege stand, wo die graue Pfalz aus dem Rheine steigt und in der Neujahrsnacht des großen Krieges Vater Blücher den deutschen Strom überbrückte! Ihr alle, wes Stammes, wes Gaues ihr seid, stimmet ein in den Ruf: „Es lebe Deutschland!"

Politische Korrespondenz.

Berlin, 10. August 1866.

Das Sprichwort von der Langsamkeit der Deutschen ist gleich so vielen anderen Habseligkeiten der alten Zeit durch die jüngste Epoche der deutschen Revolution in die Rumpelkammer geworfen worden. Abermals liegt eine Welt von Ereignissen hinter uns, und die monatliche Rundschau vermag kaum dem Geschehenen zu folgen. Die Hilfe des Auslandes, die Österreich würdelos angerufen, versagte, und erst als unsere Heere in unaufhaltsamem Vormarsch bis dicht vor die Mauern Wiens und Preßburgs drangen, demütigte sich Österreich vor dem Verhaßtesten seiner Feinde. Das war ein schöner Tag, da die Weise des „Heil dir im Siegerkranz" zum ersten Male seit fünfzig Jahren mit dramatischer Wahrheit zu Ehren eines siegreich heimkehrenden preußischen Königs erklang, und die Viktoria auf dem Tore wirklich ihren Einzug hielt in die Hauptstadt. Jener sittliche, echt deutsche Geist, der die Kämpfenden beseelte, ist auch nach dem Siege im Volke lebendig geblieben:

Jubel und dankbare Freude überall, doch nirgends ein Wort selbstgefälliger Überhebung.

Auch die Friedenspräliminarien bezeugen, daß es ein deutscher Krieg war, den Preußen führte. Der Sieger trug kein Verlangen nach den halbslawischen Nachbarprovinzen, die einem deutschen Staate ein zweifelhafter Gewinn sein würden; er versagte sogar dem Heere den ersehnten und redlich verdienten Triumph des Einzugs in der feindlichen Hauptstadt. Er beendete den Krieg, sobald Österreich sich bereit erklärte, aus dem Bunde auszuscheiden, Preußen in Deutschland freie Hand zu lassen und dergestalt Deutschlands Unabhängigkeit anzuerkennen. „Wir wollen keine Eroberungen in Deutschland", äußerte einmal ein offenherziger österreichischer Staatsmann, „wir wollen abhängige kleine Fürstentümer wie Modena und Toscana rings um unsere Grenzen." Damit war der Grundgedanke jener Staatskunst ausgesprochen, welche die nüchterneren Köpfe am Wiener Hofe jederzeit gegen uns befolgt haben. Auf dem Felde von Königgrätz hat sie ihr Ende gefunden. Eine lange Reihe jener kleinen Vasallen, durch deren Hülfe Österreich uns beherrschte, wird ihre Selbständigkeit verlieren; die Einverleibung von Hannover, Hessen, Nassau, Frankfurt scheint gesichert. Unsere Geschichte läßt sich nicht abbringen von dem Wege, den sie seit zwei Jahrhunderten eingeschlagen; durch Annexionen rücken wir dem Ziele, der Einheit Deutschlands, näher. Der Friede, welcher aus diesen Präliminarien hervorgeht, wird der glorreichste sein, den Preußen je geschlossen, aber er schafft nur provisorische Zustände, die binnen wenigen Jahren zu neuen Staatsumwälzungen, vielleicht zu neuen Kriegen führen müssen. An der Nation ist es nun, das Werk der preußischen Waffen im Frieden weiterzuführen und durch die Beharrlichkeit und die Leidenschaft dieser nationalen Arbeit die Meinung Europas für unsere große Sache zu gewinnen. Italiens jüngste Geschicke lehren, welch eine Macht die öffentliche Meinung selbst in diesen cäsarischen Tagen besitzt — die wirkliche öffentliche Meinung, die in Fleisch und Blut aller Welt eingedrungene Überzeugung von der Notwendigkeit einer politischen Veränderung. Nicht allein auf den Schlachtfeldern Böhmens wurde Venetien den Italienern erobert; die Erwerbung ward vorbereitet durch die friedliche Arbeit der Nation. Aus der Energie und Bestimmtheit der nationalen Forderungen Italiens schöpfte Europa die Einsicht, daß dies Verlangen unabweisbar sei. So geschah, daß Italien durch Niederlagen sich eine Provinz eroberte, und zur Notwendigkeit ward, was der ganzen Welt notwendig schien. Auch uns kann es gelingen, durch den nachhaltigen Ernst unserer nationalen Politik die Nachbarn dahin zu bringen, daß sie in einer nahen Zukunft die Vollendung unserer Einheit wie ein unabwendbares Naturereignis hinnehmen. Die Taten in Böhmen haben uns das gute Recht, fröhlich und herzhaft zu hoffen, wiedergegeben das wir in der dumpfen Enge unseres kleinen Lebens fast verloren hatten. Die schwere Arbeit, welche jetzt beginnt, wird uns erleichtert durch das Bewußtsein, daß wir sie aufnehmen müssen nicht für uns allein, sondern zum Segen der Welt. Ein Zeitalter wahrhafter Zivilisation, gesicherten Weltfriedens kann nicht eintreten, solange der nationale Streit der Deutschen nicht vollendet ist.

Die Reife unserer politischen Einsicht muß sich zunächst darin betätigen, daß wir uns zu bescheiden wissen und uns vorderhand mit einem norddeutschen Bundesstaate begnügen. Es ist ein Irrtum, wenn so mancher warmherzige Mann im Süden uns Norddeutschen heute vorwirft, daß wir in beschränktem Übermute dem Süden zuriefen: „Wir brauchen euch nicht." Wir brauchen euch wohl; ohne die Schwaben und Bayern bleibt der deutsche Staat ein Rumpf, das weiß jeder gute Kopf im Norden. Auch der Tadel, daß wir Deutschland zerreißen wollen, trifft uns nicht. Eine lebendige Gemeinschaft des geistigen und des wirtschaftlichen Lebens verband uns bisher mit dem Süden; diese Gemeinschaft, die in solcher Innigkeit zwischen uns und den Deutsch-Österreichern nicht bestand, soll und wird fortdauern, trotz der begreiflichen Erbitterung, welche der Übertritt des Südens zu unseren Feinden im Norden erregt hat. Politisch waren wir unverbunden. Der Deutsche Bund war nur ein Name, und eine Gemeinschaft, die nicht bestand, kann auch nicht zerrissen werden. Bereits droht das Schlagwort „Mainlinie!" in ähnlicher Weise sinnverwirrend auf die deutsche Welt zu wirken wie bis vor kurzem das Schreckgespenst „Bismarck". Dem kalten Kopfe stellt sich die Frage also: ist es möglich, die politische Einigung, die nicht bloß befestigt, sondern erst geschaffen werden soll, sogleich über das ganze Deutschland zu erstrecken? Hierauf kann ein besonnener Mann nur mit Nein antworten.

Zunächst steht der Widerspruch des Auslandes einem gesamtdeutschen Bundesstaate entgegen. Nur wenige Deutsche wissen, welche unabsehbaren Kombinationen man in der Fremde an die Einigung Deutschlands zu knüpfen pflegt. Thorbecke, der klarblickende Staatsmann, der nüchterne Holländer, sagte schon zur Zeit des Ministeriums Auerswald, wenn Norddeutschland jemals einen Staat bilde, so seien die Tage der niederländischen Selbständigkeit gezählt. In Petersburg ist die Sorge, das einige Deutschland möge seine Hand ausstrecken nach den Ostseeprovinzen, weit lebendiger als man bei uns wähnt. So ausschweifende Pläne müssen, wie sich von selbst versteht, der deutschen Politik für jetzt und vielleicht für immer fern bleiben. Aber schon das Vorhandensein eines solchen Argwohnes im Auslande beweist, wie Großes die Fremden von der Attraktionskraft eines nationalen Staates in der Mitte des Festlandes fürchten. Bisher getrösteten sie sich nur des Glaubens, das Schreckbild der deutschen Einheit werde nie ins Leben treten, sie gewöhnten sich während der langen Epoche preußischer Unentschlossenheit die Macht Preußens zu unterschätzen, und nun, da Preußens Fahnen am Neckar und an den Karpathen flattern, geht ein schier komischer Schrecken durch das Ausland: man weiß solche Erfolge nur durch ein Wunder, durch die Zauberkraft der Zündnadel zu erklären. In England und Italien schlägt allmählich die Einsicht durch, daß Deutschlands Einheit eine heilsame Notwendigkeit ist; alle anderen Völker schauen mißtrauisch auf die neue Macht, die bei uns emporsteigt. Unsere Politik hat guten Grund, ebenso vorsichtig als kühn zu verfahren; namentlich Frankreich gegenüber ist Vorsicht geboten.

Die Haltung des Kaisers Napoleon beim Beginne des deutschen Krieges hat ihm neuen Anspruch auf den Namen eines großen Staatsmannes gegeben. Er kennt die mannigfache innere Verwandtschaft der beiden demokratischen Militärmächte Preußen und Frankreich, er wünscht ein starkes wohlarrondiertes Preußen als einen sicheren Verbündeten, und dem Emporkömmlinge muß das Entstehen neuer illegitimer Throne neben dem seinen willkommen sein. Schon in seinen Jugendschriften wirft er dem preußischen Staate vor, daß dieser die wohlwollenden Absichten seines Oheims mißkannt habe — als ob die Herrschaft Napoleons I. eine wirkliche Großmacht neben sich hätte dulden können. Gleichviel, der Kaiser, bewunderungswürdig klar und sicher in seiner eigenen Politik, doch ein Phantast in seiner abgöttischen Verehrung gegen Cäsar und Napoleon I., wähnt durch die verständige Begünstigung der preußischen Macht in der Tat eine altnapoleonische Idee zu verwirklichen. Aber Größeres als die Einigung von Norddeutschland will er nicht dulden, und wenn er es wollte, so würde seine Nation ihre Stimme dawider erheben. Uns kommt zugute, daß des Kaisers eigene Feinde, Orleanisten und Klerikale, heute am lautesten wider „die neuen Kroaten Friedrichs des Großen" toben. Dennoch ist die Mißgunst gegen Preußens Kräftigung unleugbar die in Frankreich vorherrschende Gesinnung. Eine mit Recht auf ihren Kriegsruhm stolze Nation kann es nicht gelassen hinnehmen, wenn die Welt plötzlich die Frage erhebt: ist euer Heer wirklich noch das erste der Welt? Vergeblich versuchen die kaiserlichen Blätter zu beschwichtigen, indem sie versichern, das geeinte Norddeutschland sei schwächer als das Siebzigmillionenreich der Mitte, welches bisher — nur in der Einbildung bestanden hat. So armselige Sophismen finden nirgends Glauben; das Machtverhältnis auf dem Kontinente ist in der Tat zu unseren Gunsten verschoben. Nicht bloß die Bekenner jener altfranzösischen Politik, welche Frankreichs Größe in der Schwäche der Nachbarn suchte, auch ein guter Teil der freier gesinnten Jugend schaut mit Unmut, wie der Sieger von Waterloo Frankreichs alte Bundesgenossen unterwirft. Der gebildete Franzose kennt von unserem Lande nur den Süden; Preußen gilt ihm als eine mehr russische denn deutsche Macht. Die Lehre von dem sogenannten reinen Deutschland ist in Frankreich populär seit den Tagen des Rheinbundes; sie drang tiefer in das Volk, als Börne und seine Genossen von Paris aus die Doktrinen des süddeutschen Radikalismus verbreiteten, und eine starke Einwanderung von zumeist süddeutschen Gewerbetreibenden in die französischen Städte zog. Die Macht dieser populären Vorurteile, die unsterbliche nationale Sehnsucht nach der Rheingrenze, der bittere Haß der ultramontanen Hofpartei wider den norddeutschen Staat — das alles drängt beirrend auf die Mäßigung des Kaisers ein. Die Gefahr ist größer, näher, als unsere Presse wähnt. Es ist heute kein Geheimnis mehr, daß der Kaiser oft geschwankt hat und kaum imstande war, dem Drängen der nationalen Scheelsucht zu widerstehen. Mehrmals scheint seine gewohnte Kaltblütigkeit einer nervösen Aufregung gewichen zu sein; es bleibt eine widerwärtige, warnende Erinnerung, daß man auch nur in leisen Andeutungen versuchen konnte, die Sieger von Königgrätz ebenso zu behandeln wie das durch Frankreichs Hilfe gerettete Italien. Graf Bismarck hat seinen jüngsten diplomatischen Feldzug mit bewunderungswürdiger Kühnheit geführt; der Vorwurf des Kleinmutes trifft ihn nicht. Die Regierung muß zwingende Gründe gehabt haben, wenn sie versprochen hat, das Gebiet ihrer unmittelbaren Herrschaft nicht über den Main auszudehnen. Und daß Versicherungen solcher Art den fremden Kabinetten in der Tat gegeben worden sind, das geht aus der Haltung der offiziellen Blätter, aus der gesamten Sachlage unzweifelhaft hervor.

In großen nationalen Krisen gelten internationale Vereinbarungen wenig. Wir wären berechtigt, den Fremden unser Wort zu brechen und auf die Gefahr eines europäischen Krieges den Süden in unseren Bundesstaat aufzunehmen, wenn nur dies Unternehmen auf die wirksame Unterstützung der Süddeutschen rechnen und dem Vaterlande eine Verstärkung seiner Macht bringen könnte. Doch keines von beiden ist der Fall. Nicht wir haben die weite Kluft gegraben, welche heute den Süden von dem Norden trennt, nicht erst von gestern stammt jener partikularistische Haß gegen den Norden, der in diesem Kriege so schrecklich sich offenbarte. Seit langen Jahren, vornehmlich in den beiden letzten Jahrzehnten, seit der Schwerpunkt unserer Politik und Volkswirtschaft sich nach dem Norden verschoben hat, wurden die alten landschaftlichen Vorurteile künstlich gepflegt durch die Ultramontanen, durch eine größtenteils ungebildete und pflichtvergessene Presse und durch die von oben her verderbte Volkserziehung. In Altbayern wußte man den Ketzerhaß, in Baden die traurigen Ereignisse des Jahres 1849 vortrefflich auszubeuten. Selbst in die harmlosen Kreise der Jugend ist diese widerwärtige Gesinnung gedrungen; auf der Tübinger Universität standen vor wenigen Jahren, und vermutlich noch heute, die norddeutschen Studenten ganz isoliert unter den schwäbischen Kommilitonen — eine Erscheinung, die auf jeder norddeutschen Hochschule rein unmöglich wäre. Wer je im Süden Politik und deutsche Geschichte gelehrt hat, der weiß, wie schwer diese Welt verhärteter Vorurteile sich bekämpfen läßt: die Hörer, im übrigen wohlgesinnt, erscheinen doch mit dem festen Vorsatze, alles für falsch oder übertrieben zu halten, was zum Lobe des Nordens gesagt wird. Sind solche tief eingewurzelte Gesinnungen wirklich durch den deutschen Krieg mit einem Schlage zerstört worden? Gewiß, die unnatürliche Aufregung ist verflogen, der Klerus und die Demagogen reden mit gedämpfter Stimme. Da und dort hat die Abtretung Venetiens einen ehrlichen Patrioten aufgeklärt über Österreichs deutsche Politik, und alltäglich erhalten wir Briefe süddeutscher Freunde voll bitterer Klagen, warum man sie ausschließen wolle aus dem Staate der deutschen Nation. Die Überhebung ist der Angst und Niedergeschlagenheit gewichen, zahlreiche Adressen erbitten den Frieden, und in der Nachbarschaft des Maines hat die Sorge um den bedrohten Verkehr sogar eine lebhafte Agitation gegen die Mainlinie hervorgerufen. Jedoch wir haben in den jüngsten Jahren eine unselige Fertigkeit erlangt im Abfassen wertloser Adressen; es ist ratsam, näher zu prüfen, ob klare Einsicht, feste Entschließung hinter diesen populären Kundgebungen sich verbirgt.

In Baden haben Preußens Siege einem edlen Fürsten die Freiheit des Entschlusses, dem Lande eine treffliche Regierung geben. Das Ministerium Mathy-Jolly enthält die tüchtigsten politischen Kräfte, über welche das Land augenblicklich verfügt, es wird, wie wir nach seinen ersten energischen Schritten hoffen, den in Deutschland noch niemals geführten Beweis liefern, daß auch die Liberalen zu regieren verstehen, und den treuen Anschluß an Preußen als unverbrüchlichen Grundsatz hinstellen. Aber fragt man, wieviele zuverlässige, entschiedene Anhänger dies Regierungsprogramm zählt, so erwidern wir: in Freiburg zwölf Männer und acht Frauen, in Heidelberg vierzig, in Karlsruhe sechzig Personen usf. Der populärste Politiker des Landes ist nach wie vor dem Kriege Herr Lamey; jene nebelhafte großdeutsche Gefühlsseligkeit, welche sich in diesem Kopfe mit einem treuherzigen Liberalismus verbindet, entspricht durchaus der Gesinnung der Massen. Über die Stimmung der Schwaben darf die verständige Haltung des Schwäbischen Merkurs niemanden täuschen. Das Blatt verstand von jeher die

Kunst den Schwaben unentbehrlich zu bleiben, obgleich seine Ansichten über die deutsche Politik nur von einer winzigen Minderzahl der Landsleute geteilt wurden. Die jüngste Versammlung der württembergischen Abgeordneten hat den Antrag auf Anschluß an den Norden verworfen, und in der Hauptstadt führen die Helden der Frankfurter Presse zur Freude des Publikums den Kampf gegen Preußen in der alten Weise. In Bayern hat die werktätige nationale Gesinnung seit dem Jahre 1849 entschieden abgenommen. Während damals ein großer Teil des Volkes, selbst in Altbayern, die Annahme der Reichsverfassung wünschte, ist die bayrische Fortschrittspartei während der jüngsten Jahre mehr und mehr dem Partikularismus verfallen; ihr Erlanger Verein war der festeste Außenposten des Augustenburgers. Die gewundenen Erklärungen, womit die Presse der alten brandenburgischen Markgrafschaften den Einzug der preußischen Truppen begrüßte, sind ein trauriges Symptom tiefer politischer Abspannung. Vor sechs Jahren erst feierte Baireuth das fünfzigjährige Jubelfest des Tages, da das Haus Wittelsbach zum Lohne für treue Rheinbundsdienste die Landschaft aus Napoleons Hand empfing. Der Segen der preußischen Herrschaft lebt nur noch in der Erinnerung weniger Greise; das Land würde heute mit Gelassenheit unter die preußische Herrschaft zurückkehren und mit derselben Gemütsruhe bei Bayern verbleiben. Unter den Altbayern dagegen kann sich das Haus Wittelsbach jederzeit eine deutsche Vendee schaffen. Allerorten im Süden leben einzelne hochherzige Patrioten, die wir schwer vermissen werden in unserem Parlamente. Doch der Masse liegen die großen Erschütterungen, welche den Norden umgestalteten, sehr fern. Man ahnt kaum, daß die Machtfrage unserer Zukunft entschieden ist, daß die Zivilisation und das deutsche Volkstum auf den böhmischen Schlachtfeldern triumphierte. Man erklärt die ungeheure Umwälzung aus der Laune des Glücks und späht begierig nach jedem kleinsten Flecken, der den blanken Schild der preußischen Waffenehre verunziert. Jede Ungezogenheit eines preußischen Leutnants gegen einen Frankfurter Ladendiener genügt, den Mißlaunigen Zweifel an Preußens Lebenskraft zu erregen; die Vorstellung, daß Preußen die Aufgabe habe, sich durch Artigkeit die Sympathien des souveränen süddeutschen Volkes zu erwerben, ist noch immer unausrottbar. Mit kurzen Worten, ein festes, klares, leidenschaftliches Verlangen nach Vereinigung mit dem Norden, stark genug um widerstrebende Regierungen fortzureißen, besteht im Süden noch nicht. Das Volk ließ sich halb willig, halb wider Willen von seinen Höfen auf die Schlachtbank führen, und auch nach dem Kriege wird die Haltung des Südens vorderhand durch die Kabinette bestimmt werden. Es ist möglich, obwohl sehr unsicher, daß das Ministerium Mathy den Eintritt Badens in den nordischen Bund durchsetzt. In Stuttgart und München treiben die Herren v. Varnbüler und v. d. Pfordten nach wie vor ihr Wesen. Wenn dieser Bruderkrieg nicht in einen Kampf bis zum Messer ausgeartet ist, so danken wir dies lediglich der Schwäche, der Unfähigkeit der Höfe; an bösem Willen gebrach es wahrlich nicht, davon gab noch jüngst die Stiftung eines neuen bayrischen Ordens — für einen solchen Krieg! — ein Zeugnis. Wenn Preußen sie in den nordischen Bund zwängen will, so werden beide Höfe unbedenklich die Hilfe des Auslandes anrufen, und — ihr Volk und Heer wird ihnen gemächlich in das fremde Bündnis folgen.

Das alles ist unsäglich traurig. Bei solcher Stimmung der Nation ist die Krone Preußen gezwungen, zu verfahren wie einst Piemont in Italien, die deutsche Artischocke blattweise zu verzehren. Auch eine schrittweise vorgehende nationale Einigung kann allzu schnell erfolgen, das hat dieser an Enttäuschungen überreiche Sommer genugsam gelehrt. Die rasche Annexion von Unteritalien war eine Notwendigkeit, aber eine traurige Notwendigkeit; die Energie der Verwaltung, die Kraft der Finanzen und des Heeres hat dabei Einbußen erlitten, welche durch die Glut der nationalen Leidenschaft der Italiener nicht aufgewogen werden. Kein anderer Krieg der Geschichte zeigt handgreiflicher den unschätzbaren Wert einer festen, straffen politischen Organisation. Darum können wir die sofortige Verschmelzung mit unserem Süden, selbst wenn sie möglich wäre, nicht einmal wünschen. Das Wehegeschrei über die Mainlinie wird nicht bloß von ehrlichen Patrioten mit heißem Kopf und heißem Herzen erhoben; auch eine längst nicht mehr zweideutige Gesellschaft stimmt ein. Jene bornierten Legitimisten, welche ihre reaktionäre Gesinnung hinter demokratischen Phrasen zu verbergen wissen, die Organe des Hauses Cotta schwärmen heute für das eine Deutschland unter der einen Zentralgewalt. Sie geben abermals die alten abgestandenen Lehren von der in einer höheren Einheit aufzuhebenden Mannigfaltigkeit der Stämme zum besten, sie erklären die Verschmelzung von Süd und Nord für das sicherste Mittel „gegen Bismarck zu protestieren" und lassen deutlich durchblicken, daß sie uns die Losreißung von Österreich nie verzeihen werden. Ähnlich redet der Radikalismus, der von dem goldenen Kalbe der Reichsverfassung sich nicht trennen kann. „Lieber gar nichts als eine Lumperei!" rief neulich einer seiner Führer. Also die Verbindung des größten Teiles von Deutschland zu einem mächtigen Staate, mit der sicheren Aussicht auch den Rest zur rechten Stunde zu gewinnen — diese welthistorische Erscheinung, unerhört in den Annalen unseres Volkes, gilt diesen Herren bereits als eine Lumperei! Wahrlich, solcher Übermut wäre frevelhaft, wenn er nicht gar so kindisch wäre, wenn wir nicht wüßten, daß die deutsche „Aktionspartei" nicht über den tausendsten Teil jener revolutionären Kräfte gebietet, welche der italienischen Aktionspartei allerdings ein Recht geben zu verwegenen Forderungen. Nein, wir müssen uns bescheiden für den Augenblick, um in der Zukunft ein stolzeres Ziel zu erreichen. Die Geschichte der jüngsten Monate ist über die Reichsverfassung hinausgeschritten, wir gehen dem Einheitsstaate entgegen. Wir sind imstande, die Kleinstaaten des Nordens schon jetzt einer so starken Zentralgewalt unterzuordnen, daß der Übergang zur einfachen Monarchie nur noch eine Frage der Zeit wird. Der Beitritt des Südens müßte erkauft werden durch eine lose förderative Verfassung. Unsere chaotischen Zustände bedürfen einer starken Regierung; es ist nicht an der Zeit, gegen den Mann zu protestieren, der den heroischen Entschluß fand uns von Österreich zu befreien. Das deutsche Parlament wäre von Haus aus verdorben, wenn neben den preußischen Demokraten und den Partikularisten aus Sachsen und Hannover auch noch die Vertreter des Südens die Reihen der Opposition verstärkten. Jenes begabte Geschlecht von Politikern, das der Süden in die Paulskirche schickte, ist bis auf wenige dahingegangen, und der junge Nachwuchs hat mit den neuen Männern des Nordens nicht gleichen Schritt gehalten. Die Mehrzahl der süddeutschen Abgeordneten würde partikularistischen, ultramontanen, radikalen Bestrebungen huldigen.

Keine Frage, den neuen süddeutschen Staatenbund erwarten zunächst sehr widerwärtige Verhältnisse. Der deutsche Krieg ist von oben begonnen worden; wir müssen uns darein ergeben, auch die Schattenseiten dynastischer Politik abermals kennen zu lernen. Rücksichten gegen einzelne fürstliche Personen und vornehmlich auf das mit den meisten deutschen Höfen verschwägerte Rußland werden eine Rolle spielen bei der neuen Länderverteilung. Entschädigt man den Großherzog von Hessen für das verlorene Oberhessen durch bayrisches Gebiet, so werden sich die Einwohner nimmermehr an die neue Herrschaft gewöhnen. Der Kriegsbund der süddeutschen Höfe, durch schnöde dynastische Selbstsucht geschlossen, ist durch dieselbe Selbstsucht gelöst worden; ein ehrliches freundnachbarliches Verhältnis zwischen ungetreuen Waffengefährten steht nicht in Aussicht. Bayern hat seine kopflose Politik durch eine nicht minder kopflose Kriegführung gekrönt; wir hoffen, das Haus Wittelsbach werde einige Gebietsverluste erleiden und die Führung im Süden, die man ihm früher zudachte, nicht erlangen. Doch gleichviel, ob gleichberechtigt oder unter Bayerns Hegemonie, die süddeutschen Höfe müssen sich bald gegenseitig zur Last fallen und dem preußischen Kabinett überreiche Gelegenheit zu wohlwollender Vermittlung bieten. Zudem wird im Volke von Monat zu Monat die Erkenntnis wachsen, daß die kleinen Souveränitäten, die schon im Jahre 1848 einem gelinden Drucke kaum zu widerstehen vermochten, von den Schlägen des deutschen Krieges sich nie mehr erholen können. Der Feldzug der Mainarmee bildet ein würdiges Seitenstück zu der Schlacht von Roßbach, obgleich die süddeutschen Soldaten sich heute tapferer schlugen als damals ihre Väter. Daß der zwölfte Teil des preußischen Heeres die gesamte bewaffnete Macht von Süddeutschland Schlag auf Schlag werfen konnte, das erklärt sich nicht allein aus dem Feldherrntalente des Generals Falckenstein, sondern aus der unverbesserlichen Unfähigkeit der Kleinstaaterei. Und da der vielverhöhnte preußische Gamaschendienst, der gerade den braven süddeutschen Truppen zum Segen gereichen müßte, vorderhand am Main Halt machen wird, so wird auch die kriegerische Kraft des Südens sich schwerlich tüchtig gestalten. Kurz, die Bayern, Schwaben, Franken, die uns Hermann Lingg kürzlich als die Ur- und Kernstämme deutscher Nation besang, werden leider, leider den ganzen Jammer des alten Bundestagsregimentes noch einmal durchzukosten haben.

Indes der unholde Übergangszustand muß ertragen werden, und wir haben zum mindesten die Beruhigung, daß der Süden der Herrschaft Österreichs nicht wieder verfallen kann. Der Anschluß an Österreich ist rechtlich unmöglich, da der zweite Artikel der Friedenspräliminarien ihn verbietet, und er wird tatsächlich verhindert durch die Zerrüttung des Donaureichs. Wir wähnten, mit jenem beispiellosen Lügensysteme vor dem Kriege habe die Presse Österreichs den Höhepunkt der Korruption erreicht. Die Haltung der Wiener Blätter nach der Abtretung Venetiens hat uns eines anderen belehrt. Es ist nicht möglich, schamloser das erbauliche Thema zu variieren: „wir haben eine Unwürdigkeit umsonst begangen"; und dieselben Blätter, die vor vier Wochen jeden „Gothaer" als einen Verräter und Schurken verfolgten, erklären heute einstimmig, das Ausscheiden aus dem Deutschen Bunde sei ein Glück für Österreich. Tolle Beschuldigungen des Verrats, der Bestechung sind in aller Munde; das Volk verzweifelt an der Redlichkeit seiner Leiter. Der Bankrott rückt näher und näher; die tapfere Armee knirscht über die schimpfliche Preisgebung Venetiens. Die ungarische Aktionspartei hat zwar, wie die Polen während des Krimkrieges, einen unersetzlichen Augenblick versäumt; daß sie auf die Dauer rasten sollte, ist nicht wahrscheinlich. Indessen zieht der lothringische Despotismus die Zügel um so straffer an; in dem Augenblicke, da der Krieg zu Ende geht, wird der Belagerungszustand über Niederösterreich verhängt. Das gedemütigte Kaiserreich treibt einer unberechenbaren Verwirrung entgegen, darin nur zwei Dinge feststehen: die unversöhnliche Feindschaft gegen Deutschland und die Unfähigkeit des Reiches, in den nächsten Jahren große auswärtige Politik zu treiben.

Während dergestalt die österreichischen Neigungen der Höfe des Südens an dem Verfalle des Donaureiches ihre Schranke finden, verbleiben dem Norden mächtige Waffen, um den Süden von einer völligen Trennung zurückzuhalten, vor allem der Zollverein. Nur die Form des Zollvereins wird hinfällig mit dem alten Bunde. Nicht kündbare Staatsverträge, sondern bindende Beschlüsse der Zentralgewalt und des Parlaments werden fortan unsere Handelsgesetzgebung regeln; ein freihändlerischer Tarif ist über kurz oder lang unvermeidlich, und der Süden wird gern oder ungern seine schutzzöllnerischen Neigungen überwinden, der Handelspolitik des Nordens sich fügen müssen. Wohl verlangen einzelne Eiferer eine Zollinie am Main, auf daß der Süden durch die bittere Not gezwungen werde sich dem Norden zu unterwerfen. Wir aber meinen, ein so gehässiges Verfahren werde die Erbitterung der Gemüter im Süden verstärken und unserem eigenen Gewerbfleiße, namentlich dem rheinischen, der einen weiten Markt im Süden findet, schwere Wunden schlagen. Preußen ist nunmehr die einzige deutsche Macht; ihm steht es nicht an, das beste Werk seiner eigenen nationalen Politik, die deutsche Verkehrsfreiheit, zu zerstören. Auch das politische Band zwischen Nord und Süd wird keineswegs vollständig gelöst werden. Die Friedenspräliminarien behalten ausdrücklich Verhandlungen vor über die „nationale Verbindung“ zwischen dem nordischen und dem südlichen Bunde. Das will sagen: der einzige reale Vorteil, welchen die alte Bundesverfassung gewährte — die rechtliche Anerkennung einer deutschen Nation, die rechtliche Sicherung gegen die Einmischung des Auslandes — wird unserem Vaterlande auch in den neuen unfertigen Zuständen gewahrt bleiben. Der Main bildet in keiner Hinsicht eine natürliche Grenze. Oberhessen, Frankfurt, Nassau und hoffentlich auch Baireuth werden an Preußen fallen, und sind doch unzweifelhaft süddeutsche Landschaften. Gerade diese Grenzlande des Norddeutschen Bundes werden sehr rasch emporblühen; selbst der Stadt Frankfurt — die hart gezüchtigt ward und noch manche Einbuße erleiden wird, sobald sie aufhört der Geldmarkt der Guldenländer zu sein — wagen wir eine Zeit neuen, dauerhaften Glanzes unter der preußischen Krone vorherzusagen. Wenn dieses neue Gedeihen sich erst entfaltet und die Erbitterung im Süden sich beschwichtigt, dann wird eine Naturgewalt, die stärker ist als der Neid der Fremden und der böse Wille der süddeutschen Höfe, unfehlbar zur vollständigen Verschmelzung der Glieder Eines Volkes führen. — — —

Zum Jahresanfang.

Kiel, 23. Dezember 1866.

Das sind die schlechtesten Menschen nicht, die sich nimmer genug tun können, und es sind nicht die kleinsten Zeiten, die beharrlich über ihre eigene Kleinheit klagen. Wie oft, seit das unglückliche Wort „Genie“ die Köpfe unserer Jugend betörte, erklang in unserer Dichtung der Weheruf über diese Welt der Epigonen; und auch nachdem wir endlich verlernt, die Dinge nur mit dem Auge des Künstlers zu betrachten, ist solche Klage keineswegs verstummt. Und doch, um zu schweigen von den stillen Eroberungen unserer Volkswirtschaft, die Wohlstand, Behagen und gute Sitte in immer weiteren Kreisen verbreiten, wieviele Jahrzehnte der Geschichte waren reicher an großen, schlechthin neuen politischen Schöpfungen, als dieses jüngste, das wir so gern eine Zeit der kleinen Menschen schelten? Wir erlebten in Indien einen Kampf, der dort den endgültigen Sieg der abendländischen über die orientalische Gesittung enschied, und eben jetzt sehen wir in dem siegreichen England die demokratischen Kräfte, welche ein unvergleichlicher Gewerbfleiß entbunden hat, langsam sich rüsten zur Umgestaltung des alten aristokratischen Staatsbaues. Wir haben in Amerika den größten der modernen Bürgerkriege gesehen, der in seinem Kerne doch ein Kampf war um eine erhabene Idee; zum ersten Male in der neuen Geschichte offenbarte sich die Demokratie, die freie und geordnete, nicht durch den Schrecken geknechtete, Demokratie in ihrer kriegerischen Größe. Unterdessen schreitet die alte Welt mit raschen Schritten jenem Zeitalter gesicherter Zivilisation entgegen, da die großen Kulturvölker Herren sein werden im eigenen Hause, und feindliche Heere seltener die gesicherten Grenzen des Nachbarn überschreiten werden. Wir sahen Italien erwachen, und so unwiderstehlich hat in dieser nationalen Bewegung die Natur der Dinge, die Macht der Vernunft gewaltet, daß wir hoffen dürfen, ihre letzte, bedeutsamste Szene werde unblutig verlaufen. Es ist nicht unmöglich, daß die unbelehrbarste der alten Mächte, das Papsttum, dereinst selber die Unhaltbarkeit ihrer weltlichen Herrschaft eingestehen muß.

Von allen Wandlungen dieser wechselvollen Tage ist jene, die auf unserem Boden spielt, vielleicht die größte. Es ist müßig, aufzuzählen, was einem jeden, nun dies reiche Jahr im Sterben liegt, wieder ergreifend und erhebend vor die Seele tritt. Genug, wir haben durch einen sieghaften Krieg, den menschlichsten unserer Geschichte, unsere Unabhängigkeit erobert und im Norden eine Macht geschaffen, wie sie nicht mehr bestand seit den Tagen unserer Sachsenkaiser; wir haben, glücklicher als die Italiener, all dies erreicht mit reinen Händen. Nicht durch die Hilfe der Fremden, nicht durch die Preisgebung deutschen Bodens erkauften wir den Sieg der nationalen

Idee. Und während die Freunde der alten Unordnung sich noch die Augen reiben und an den neuen nationalen Staat nicht glauben wollen, hat die stille Arbeit der regeren Geister den nationalen Gedanken bereits wieder ein Stück Weges zurücklegen lassen. Unser Volk hat leider nicht mit revolutionärem Entschluß den Prager Frieden gebrochen, wie die Italiener den Frieden von Zürich. Trotzdem ist jener Friede bereits überwunden. Alle denkenden Patrioten begegnen sich bereits in der Überzeugung: der neue Bund muß schon nach seiner ersten Anlage fähig sein, den Süden in sich aufzunehmen, zur rechten Stunde die Fesseln jenes Friedensschlusses abzuschütteln.

Wahrhaftig, eine so rasch wachsende Zeit verdiente wohl, daß ein anderer Ulrich von Hutten ihr zuriefe: „o Jahrhundert, es ist eine Lust zu leben!" Solcher Zuruf wäre berechtigt, obwohl die großen Neubildungen dieser Tage sehr nüchtern und unscheinbar auftreten. Häufig folgt in der Geschichte starker Umwälzungen auf eine Epoche voll genialer Entwürfe und heißer Leidenschaften eine andere ruhigere Zeit, welche, belehrt durch die Mißerfolge der Vorgänger, ohne das Feuer der Jugend, mit strengem Ernst vollendet, was der erste Anlauf nur halb erreichte. Jene nüchterne Konvention, die den Oranier zum Throne berief, war der glücklichere Erbe des langen Parlaments; erst der kalte Verstand eines rechnenden Geschlechts sicherte dem englischen Volke die Güter verfassungsmäßiger Freiheit, welche das Genie und das Schwert der großen Puritaner nicht auf die Dauer zu wahren vermochte. Die kühnen Worte der Unabhängigkeitserklärung der Vereinigten Staaten werden noch lange die Jugend unseres demokratischen Jahrhunderts begeistern; in Wahrheit begründet wurde die Republik des Westens erst durch jene bescheidene Versammlung von Philadelphia, deren trockene, geheime Debatten den Staatenbund in einen Bundesstaat verwandelten. Auch Italiens Geschicke erfüllten sich erst, als auf die Schwärmer, welche zu dem Wahlspruch l'Italia farà da se schwuren, ein Geschlecht von Staatsmännern gefolgt war, das mit dem Gegebenen zu rechnen wußte. Ähnlich wird einst dem Urteile der Nachwelt die deutsche Bewegung von 1866 neben der Revolution von 1848 erscheinen. Zwar, Gott sei Dank, das Gleichnis hinkt ein wenig; denn eine gerechtere Zukunft wird weder so groß von den Männern des März, noch so klein von den Helden des vergangenen Jahres denken, wie unsere heutigen Demokraten. Doch allerdings, kein brausender Jubelruf der Massen wird unserem zweiten Parlamente entgegentönen, wie einst dem ersten, und nicht die alte Krönungsstadt am Maine, darin die Schatten von Kaiser und Reich noch umgehen, wird es empfangen, sondern das moderne Berlin. Aber die Erinnerungen, welche diese junge Stadt umschließt, sind die echtesten und schönsten unserer neueren politischen Geschichte; neben den Spuren einer stattlichen und noch immer lebendigen Vergangenheit regt sich hier eine kräftige, aussichtsvolle Gegenwart. Wir werden zufrieden sein, wenn die Verhandlungen des Parlaments ein ebenso modernes, realistisches Gepräge tragen wie die neue deutsche Hauptstadt. Nicht mit grenzenlosen, unbestimmten Hoffnungen auf eine Neugestaltung der Nation an Haupt und Gliedern eröffnet sich das zweite Parlament, wie einst das erste; ein ziemlich enger Kreis nüchterner Geschäftsfragen harrt der Erledigung, und eben diese feste Begrenzung der Aufgabe bürgt uns für die glückliche Lösung. Die politischen Kräfte für ein Verfassungswerk, das uns die Bahn zur Einheit Deutschlands erschließen soll, sind in reichem Maße vorhanden; es gilt nur, daß die Nation im Rate dieselbe Gabe der Mannszucht und Selbstbeherrschung bewähre, wie das Volk in Waffen.

Wir Unitarier sehen einen guten Teil unserer Gedanken früher verwirklicht, als unsere kühnsten Träume zu hoffen wagten, wir sind darum verpflichtet, die tapfere Zuversicht auf den Fortgang unserer großen Sache uns nicht trüben zu lassen durch den Mißmut über manche politische Fehler der jüngsten Tage. An solchen Fehlern war die laufende Landtagssession nicht arm. Die Versöhnung der alten Opposition mit der Regierung ist keineswegs so vollständig, wie wir nach den großen Zugeständnissen der Thronrede hoffen durften. Noch immer gilt es als ein Zeichen der „Entschiedenheit", lieber mit den Polen, den geborenen Feinden unseres Volkes, und den Ultramontanen, den geschworenen Feinden unserer Einheit, zu stimmen, als mit den gemäßigten Liberalen. Noch immer spreizt sich jene rechthaberische Eitelkeit, welche in Deutschland das Privilegium genießt, sich Charakter zu nennen, und erzählt den lächelnden Hörern, welche wundervollen Siege der ungehemmte Fortschritt auf dem Schlachtfelde erfochten haben würde, möchte, könnte! Unter den zahlreichen Beschwerden, welche die Fortschrittspartei während der Budgetdebatte erhob, sind leider viele sehr wohl begründet; doch wenn wir sehen, mit welchem Jubel diese Angriffe auf das Ministerium Bismarck von den Feinden Preußens in Österreich, Frankreich und Süddeutschland begrüßt werden, so erhebt sich die Frage, ob ein preußischer Volksvertreter heute wohltut, dem Partikularismus in die Hände zu arbeiten. Auch leichtfertiger politischer Dilettantismus regte sich oftmals. Ganz gewiß bildet das Steuerbewilligungsrecht das höchste der parlamentarischen Rechte, das wir einst erobern müssen, wenn unser Verfassungswerk sich vollenden soll; die Gründer der Verfassung haben es dem Landtage versagt und dadurch einen Konflikt heraufbeschworen, den Dahlmann schon vor siebzehn Jahren kommen sah. Aber wie durften denkende Männer, erprobt im Wind und Wetter des Verfassungskampfes, ernstlich hoffen, dies fundamentale Recht beiläufig in die Verfassung hineinzuinterpretieren? Genug der Vorwürfe. Ein großes Ergebnis ist erzielt: zum ersten Male seit Jahren kommt ein rechtlich unanfechtbares Budget zustande. Auch für die Beratung des Budgets ist endlich die rechte Form, die wirksame Öffentlichkeit gefunden. Die Aufhebung der Wuchergesetze ist ein Zeugnis für die unhemmbare Macht des Fortschritts in unserer Gesellschaft; der Verlauf der Session bewies von neuem, daß unser Liberalismus über eine achtungswerte Fülle von Sachkenntnis und geschäftlicher Tüchtigkeit gebietet. Ein Landtag, der solche Früchte bringt, verdient mit allen seinen Fehlern eine ehrenvolle Stelle in unserer Verfassungsgeschichte.

Größere Ergebnisse haben wir von diesem Landtage nie erwartet, am wenigsten eine gründliche Neubildung der Parteien. Auch die aus den gemäßigten Elementen der Fortschrittspartei hervorgegangene sogenannte nationale Partei begrüßen wir nur als ein Symptom der verbreiteten Erkenntnis, daß die alten Parteien sich nicht mehr unverändert halten lassen; eine in Wahrheit neue Partei mit positivem Programm vermögen wir in ihr nicht zu erkennen. Die Parole „Unterstützung der auswärtigen, Bekämpfung der inneren Politik der Regierung" enthält, schroff durchgeführt, unleugbar einen Widerspruch. Gerade aus den Reihen dieser neuen Partei sind einige der heftigsten und leider auch einige der ungerechtesten Angriffe auf die Regierung hervorgegangen. Es war schmerzlich aus dem Munde eines trefflichen Patrioten das gemeine Wort Heines über die Einheit des Zuchthauses und der Peitsche zu hören — eine häßliche Reminiszenz aus jener unfruchtbarsten Zeit des deutschen Liberalismus, da man die ernsten Geschäfte der Politik in Feuilletonwitze verflüchtigte und den Patrioten um so höher schätzte, je schamloser er auf sein Vaterland schimpfte. Nicht in diesem Tone einer längst überwundenen Epoche sollten deutsche Männer heute, da ein gerechter Stolz auf unseren Staat das ganze Volk durchdringt, über unsere Zukunft reden!

Die neue Parteibildung, deren wir bedürfen, kann nicht erfolgen innerhalb des preußischen Landtags; denn der Groll der Personen und Parteien und der Anblick vieler noch immer nicht abgestellter Verwaltungsmißbräuche aus der Zeit des budgetlosen Regiments trüben auch hier dem Unbefangenen leicht den freien Blick. Sie kann nur erfolgen unter den neuen Verhältnissen und den neuen Männern des norddeutschen Parlaments. Es scheint geboten, jede Selbsttäuschung zu vermeiden und kalt zu prüfen, welche Erwartungen wir von dieser Versammlung hegen dürfen.

Zuvörderst, die Macht des Parlaments wird rechtlich und tatsächlich eine beschränkte sein. Rechtlich, denn das Parlament ist eine Versammlung ad hoc, ihm fehlen die finanziellen Waffen einer regelmäßigen Volksvertretung. Außerdem hat der preußische Landtag dafür gesorgt, daß das Parlament nur beratende Befugnis haben wird; und wir können diese Vorsicht nicht mißbilligen, denn bei dem unsicheren Ausfalle der Wahlen ist es allerdings möglich, daß die preußische Verfassung durch das Parlament untergraben, ein gewisser Besitz unsicheren Hoffnungen geopfert werde. Tatsächlich wird die Macht des Parlaments beschränkt durch die Gefahr, daß ein ernsthafter Konflikt mit den Regierungen die Konstituierung des Norddeutschen Bundes verhindere. Die preußische Regierung wird dem Parlamente einen mit den übrigen Kabinetten vereinbarten Entwurf vorlegen. Die Versammlung mag daran vieles und Wichtiges ändern; verwirft sie aber die Grundlagen des Entwurfs, so wird, bei dem unzweifelhaften bösen Willen mehrerer unserer getreuen Bundesgenossen, eine Einigung unabsehbar. Die Regierung von Mecklenburg und das souveräne Volk von Hamburg haben, nach dem Vorgange unseres Abgeordnetenhauses, das Wahlgesetz für das Parlament bereits eigenmächtig abgeändert. An solchen unerfreulichen Vorzeichen läßt sich ermessen, wie übermütig der Partikularismus der Kabinette und des Volkes aufjubeln wird, sobald das Parlament sich mit der Krone Preußens nicht verständigt. Dann würde sich die unendliche Schwierigkeit eines parlamentarischen Bundesstaates unter monarchischen Staaten auf das Widerwärtigste offenbaren und der Norddeutsche Bund eine absolutistische Spitze, einen Bundesrat ohne Parlament erhalten. Wer diesen traurigsten und gewaltsamsten Ausgang vermeiden, wer den parlamentarischen Norddeutschen Bund ehrlich will, der muß mindestens die Grundlagen des zwischen den Regierungen vereinbarten Entwurfs annehmen. Manchem unserer liberalen Freunde wird diese bittere Wahrheit sehr niederschlagend klingen. Aber die jüngste Phase unserer Revolution ist allein durch die Krone Preußens geschaffen worden; wir halten es für ein unvermeidliches Ergebnis dieser Sachlage, daß die Krone auch fernerhin die Führung der Bewegung behält. In dem alten Deutschen Bunde war die Nation gar nicht vertreten, sie besaß nicht einmal ein wirksames Recht der Bitte; in dem neuen Bunde wird die Nation bereits bei der Gründung der Bundesgewalt zur Mitwirkung aufgerufen. Wir meinen, das sei ein großer, segensreicher Fortschritt auf der Bahn der Freiheit, und wir sehen keinen Grund zu beklagen, daß das Parlament nicht die — nach der Erfahrung aller Zeiten zweischneidigen — Befugnisse einer Konstituante besitzen wird.

Das Gebot der Mäßigung ergibt sich schon aus der Kompetenz des Parlaments und wird noch einleuchtender, wenn wir schonungslos prüfen, welche Aussichten der Liberalismus hat, selbst zur Regierung zu gelangen. An den Sturz der beiden berühmtesten Mitglieder des Kabinetts denkt im Ernst kein Patriot. Einige andere Minister zu entfernen ist den parlamentarischen Kräften unter günstigeren Verhältnissen nicht gelungen; heute, nachdem das Kabinett durch große Erfolge gekräftigt worden, müssen wir uns darein finden, daß wir vorderhand nicht die Macht besitzen das Ministerium zu ändern. Glücklicherweise verbietet die Natur der Lage heute auch einer konservativen Regierung ein reaktionäres Parteiregiment. Cavour, der sich gern rühmte, der Revolution einen Damm entgegengeworfen zu haben, sang auf dem Sterbelager die Weise des ça ira vor sich hin, und wir meinen, der von den Radikalen verwünschte Mylord Camillo hatte ein Recht, den Kriegsgesang der Revolution auf seine Lippen zu nehmen. Graf Bismarck mußte in dem monarchischen Deutschland dem Radikalismus noch weit schroffer entgegentreten als Cavour in dem altrepublikanischen Italien; ein mächtiger revolutionärer Zug ist doch auch in der jüngsten Epoche der preußischen Politik unverkennbar. Es ist heute nicht mehr möglich, zugleich ein preußischer Patriot und ein Legitimist zu sein; die konservative Partei hat, als sie diese Regierung unterstützte, viele ihrer heiligsten Glaubenssätze über Bord werfen müssen. Auch verkünden die böhmischen Schlachtfelder gar zu laut, welche Überlegenheit einem Staate aus den modernen Mächten der entfesselten Volkswirtschaft und der freien geistigen Bildung erwächst; es wäre ein Selbstmord, wenn die Regierung auf den Beistand dieser Mächte fernerhin verzichten wollte. Sind wir dergestalt vor einem reaktionären Parteiregimente sicher, so liegen andererseits keine Gründe vor, welche die Regierung zwängen, sich kurzweg zu einem liberalen Programme zu bekehren. Wir halten es für eine Selbsttäuschung, wenn die Fortschrittspartei versichert, einer liberalen Regierung werde die Einverleibung der neuen Provinzen leichter gelingen. Die Männer des Nationalvereins haben vor dem Kriege das Kabinett auf das Bitterste angefeindet, sie haben während der Krisis allein in Sachsen mit Ernst und Mut für die deutsche Sache gewirkt; in Hannover und Hessen hielten sie sich zurück oder begnügten sich mit der Kundgebung einer kühlen Sympathie. Heute, seit die deutsche Frage praktisch geworden, ist der aus ernsten Patrioten und eitlen Phrasenhelden buntgemischte Anhang der Herren v. Bennigsen und Miquel in alle Winde zerstoben; der Beistand dieser Männer, wie hoch wir ihn auch anschlagen, ist für die Regierung nicht mehr von entscheidender Bedeutung. Jene Schichten der Gesellschaft, welche der neuen Ordnung am heftigsten widerstreben — die hannoverschen Junker und Offiziere, die Pastoren und Bauern — zählen meist zur reaktionären Partei und lassen sich durch ein liberales Kabinett ebensowenig gewinnen, wie einst der verstockte Preußenhaß der süddeutschen Radikalen durch das Ministerium Auerswald belehrt werden konnte. Aus alledem ergibt sich, daß der Liberalismus vorderhand nicht hoffen kann, zur Herrschaft zu gelangen; aber ihm bleibt die Aussicht, durch feste und gewandte Unterstützung der deutschen Politik des Grafen Bismarck sich einige wichtige Zugeständnisse zu erobern.

In solcher Meinung werden wir bestärkt, wenn wir den wahrscheinlichen Ausfall der Wahlen ins Auge fassen. Das allgemeine, direkte Stimmrecht ist in Deutschland, soviel wir wissen, erst zweimal erprobt worden, in Braunschweig und Schleswig-Holstein, beide Male mit nicht ungünstigem Erfolg. So vereinzelte Erfahrungen gewähren keinen sicheren Maßstab. Der Hochmut der Gebildeten hat sich bisher nur wenig um die politische Gesinnung der Massen bekümmert, und da überdies allerorten der begreifliche Wunsch nach neuen, von dem Hasse der alten Parteikämpfe noch unberührten Männern sich erhebt, so liegt der Erfolg des Experiments in tiefem Dunkel. Selbst in unserem besser gebildeten und minder von sozialem Neide angefressenen Volke werden einige jener Erscheinungen nicht ausbleiben, welche Frankreich an dem suffrage universel erlebt. Da und dort mag in einem kleinen Staate ein Minister von gemäßigt-liberaler Richtung, ein Kenner des verwickelten Bundesrechts, siegreich aus der Wahlurne hervorgehen; doch im allgemeinen wird die höhere geistige Bildung schwerlich zu der gebührenden Geltung gelangen, der gemäßigte Liberalismus hat bei allgemeinem Stimmrecht wenig Hoffnung auf große Erfolge. Dafür müssen andere soziale Mächte, welche die Masse beherrschen, sich in ihrer vollen Bedeutung zeigen: Glauben und Aberglauben, Gewohnheit und Dummheit, politische und wirtschaftliche Abhängigkeit.

Mithin läßt sich schon heute voraussehen, daß mindestens zwei Parteien in dem Parlamente sehr stark vertreten sein werden. Aus den ländlichen Bezirken der alten Provinzen werden viele konservative Abgeordnete erscheinen, darunter einige einsichtige Anhänger der deutschen Politik des Kabinetts, die Mehrzahl aber schlechtweg gouvernemental. Ihnen gegenüber werden sich, wo nicht in der Form, so doch in der Tat, die Partikularisten zu einer geschlossenen Partei zusammenscharen: Legitimisten aus den neuen Provinzen, Ultramontane vom Rhein, mecklenburgische Junker, Verehrer des Rautenkranzes und des weißen polnischen Adlers, dazu die Radikalen vom Schlage der Rheinischen Zeitung. Wir unterschätzen keineswegs die Bedeutung dieser gemischten Gesellschaft. Der Partikularismus erkennt mit dem sicheren Instinkte der Todesangst, daß in dem Parlamente die Einheitsfrage, nicht die Freiheitsfrage zur Entscheidung kommt, und kümmert sich darum wenig um die mehr oder minder liberale Gesinnung seiner Genossen. In dem einen, worauf es zunächst ankommt, sind die Herren einig: in dem bösen Willen, den Norddeutschen Bund zu schädigen, in dem Nein gegen jede heilsame Beschränkung der Vollgewalt der kleinen Kronen.

Sollte dieser sichere politische Takt der Gegner nicht der dritten Gruppe, welche voraussichtlich in dem Parlamente auftreten wird, den liberalen preußischen Patrioten jenen Weg weisen, der für uns der einzig mögliche ist? Die Verfassungsarbeit unseres ersten Parlaments war schon darum hoffnungslos, weil in den Hallen von St. Paul das törichte Feldgeschrei: Freiheit — oder Ordnung! den einzig richtigen Parteiruf: Einheit — oder Zerrissenheit! fortwährend übertönte. Jene Koalition der Demokraten und Österreicher, welche die Reichsverfassung also vergiftete, daß sie der Krone

Preußen unannehmbar ward, trägt die schwerste Schuld an dem Untergange des ersten Parlaments. Darf ein so jammervolles Schauspiel politischer Unfähigkeit nach siebzehn Jahren herber Erfahrungen sich wiederholen? Dem Partikularismus gegenüber scheint uns die Pflicht der liberalen Preußen zweifellos. Sie müssen mit den Konservativen für die wesentlichen Punkte des Regierungsentwurfes stimmen, auf daß die Partikularisten mit überwältigender Mehrheit geschlagen werden: denn starke Majoritäten haben in einer beratenden Versammlung, die vornehmlich auf ihr moralisches Gewicht angewiesen ist, besonderen Wert. Sind die liberalen Preußen zahlreich vertreten — was wir wünschen, aber nicht mit Sicherheit zu hoffen wagen — so haben sie es in der Hand, ihre Bundesgenossenschaft teuer zu verwerten und wichtige liberale Zugeständnisse zu erlangen. Sind sie zu schwach, um als Partei etwas zu gelten, so erwarten wir von ihnen den tausendsten Teil jener Hochherzigkeit, welche die erhabene Kinderseele Garibaldis unter die Unsterblichen erhebt; wir erwarten, daß sie im Notfall auch für solche Bestimmungen des Regierungsentwurfs stimmen, welche dem liberalen Programme nicht entsprechen: auf daß nur der Anfang der Einheit des Vaterlandes nicht zerstört werde. Durch eine solche strengunitarische Haltung kann es gelingen, daß aus den gemäßigten Elementen der konservativen und der liberalen Partei eine neue lebensfähige Mittelpartei, eine freie und deshalb wertvolle Bundesgenossin der deutschen Politik des Kabinetts entstehe. In Posen sind bereits die Deutschen aller Farben zu einträchtigem Widerstande gegen die Polen zusammengetreten; mögen auch in den minder gefährdeten Provinzen die entschlossenen Anhänger der neuen deutschen Ordnung den verkappten Lobrednern der alten Fremdherrschaft die gleiche Tatkraft und Selbstverleugnung zeigen!

Soviel wir bisher von dem Bundesverfassungsentwurfe kennen, werden besonnene Liberale sich leicht mit seinen wesentlichsten Bestimmungen befreunden. Die jüngste Nachricht, daß die Vertreter der kleinen Kronen mit einigem Schrecken Preußens weitgehende Forderungen vernommen haben, berechtigt die ernsten Freunde der Einheit zu guten Erwartungen. Wir heben einige Hauptpunkte hervor.

In dem Heerwesen kann die Einheit gar nicht radikal genug durchgeführt werden; jede Zweideutigkeit ist hier vom Übel. Der Fahneneid läßt sich nicht teilen. Ein Eid, zum Teile dem Oberfeldherrn, zum anderen Teile dem heimischen Dynasten geleistet, kann in manchen, zwar unwahrscheinlichen, doch keineswegs unmöglichen Fällen die Offiziere der kleinen Kontingente in die peinlichste Gewissensbedrängnis stürzen. Schon allzuoft sind diese braven Soldaten durch die Schuld ihrer Höfe zum Kampfe gegen Deutschland und die eigene bessere Überzeugung geführt worden; die Nation ist ihnen schuldig, so schweres Unglück einmal für allemal zu verhindern. Dazu kommt die Rücksicht auf den möglichen Eintritt der süddeutschen Kontingente in unser Heer. Nur wenn wir das norddeutsche Heer zu einem Körper von unzerstörbarer Festigkeit und Einheit herangebildet haben, nur dann können wir hoffen, einst auch die süddeutschen Truppen einzufügen, ohne daß, wie in Italien, der militärische Verband gelockert würde. Wir brauchen ein unteilbares Heer, das auch im Frieden unbedingt der Verfügung des Oberfeldherrn unterliegt; die Offiziere der kleinen Kontingente müssen endlich heraus aus den Vetterschaften und Koterien der kleinen

Residenzen, sie sollen in Mainz und Luxemburg, in Berlin und Danzig sich einleben in die größeren Verhältnisse der neuen Ordnung. Über die Notwendigkeit der allgemeinen Wehrpflicht kann schwerlich mehr ein Zweifel bestehen. In wenigen Jahren werden die Vorurteile der besitzenden Klassen gegen diese echt demokratische Institution verfliegen, und auch die Zeit ist nicht ferne, da jene Weise schwermütiger Entsagung, welche heute noch die Kriegslieder unserer kleinen Konskribiertenheere durchzieht, verschwinden und ein fröhlicherer, hoffnungsvollerer Geist, würdig eines Volkes in Waffen, diese Truppen beseelen wird.

Ähnliche Erwägungen gelten für die Diplomatie. Ein sächsischer Gesandter, der heute noch in Paris antichambriert, wird allerdings vorderhand mehr die Finanzen seines Staates, als die Sicherheit des Norddeutschen Bundes schädigen; die Abberufung des englischen Gesandten aus Dresden lehrt zur Genüge, daß die großen Mächte die Bedeutung der kleinen Kronen des Nordens richtig zu würdigen beginnen. Doch auch in dieser Frage scheint uns die Aussicht auf den Beitritt des Südens von entscheidender Bedeutung: eine bayrische Diplomatie neben der deutschen würde dereinst nicht ungefährlich sein. Man muß im Süden wissen, daß die Glieder unseres Bundes aus der Reihe der europäischen Mächte ausgeschieden sind.

Die handelspolitische Einheit läßt sich nicht so rasch verwirklichen. Zwar über den Grundsatz ist die große Mehrzahl einig. Alle Zolleinnahmen sind der Bundeskasse zuzuweisen, damit verschwindet von selbst der schwierige und mit unzweifelhafter Gerechtigkeit kaum zu lösende Streit über das praecipuum für die Küstenländer. Der Norden muß ein volkswirtschaftliches Ganzes bilden und die gesetzlichen Normen für seinen Verkehr ausschließlich von der Bundesgewalt empfangen, was freilich eine Vereinfachung und Revision der gegenwärtigen Zollgesetze voraussetzt. Dann besitzen wir die Kraft, die Staaten des Südens in die Wege einer liberalen Handelspolitik hineinzudrängen. Auf diesem Gebiete werden wir bald genug erfahren, daß an der Niederelbe, der Warnow und Trave ein kaum minder zäher Partikularismus wurzelt als am Neckar und Nesenbach. Die Hansestädte, vornehmlich Hamburg, fürchten schwere Verluste von dem Untergang ihrer Konsulate, sie sträuben sich ihre altberühmte Flagge mit einer norddeutschen Bundesflagge zu vertauschen. Wir finden diesen Widerstand gänzlich unberechtigt. Preußens Handelspolitik wird einen freieren Blick und frischeren Eifer gewinnen, sobald der Staat auch die Interessen unserer beiden Welthandelsplätze zu wahren hat. Und ist es denn für ein großes, ehrliebendes Volk so ganz gleichgültig, ob seine Schiffahrt ihre Rechte der Gunst der Fremden oder der eigenen Macht verdankt? Auch der Eintritt der Hansestädte in unsere Zollinie scheint auf die Dauer unausbleiblich. Bisher, in der Blütezeit des Partikularismus, konnte diese Frage niemals richtig gestellt werden; man fragte stets: wird der Staat Hamburg, der Staat Bremen durch den Eintritt in den Zollverein gewinnen? Erst in dem norddeutschen Parlamente wird man auch die Interessen der Niederlande von Elbe und Weser nach Gebühr erwägen, und diese leiden ernstlich unter der Erschwerung des Verkehres mit ihren natürlichen Märkten. Alle großen Welthandelsplätze, London und Liverpool, Havre und New York, liegen innerhalb nationaler Zollinien; das Beispiel der verunglückten Freihäfen Venedig und Triest kann denkende Kaufleute sicherlich nicht verlocken. Ist Hamburg erst wirklich ringsum von deutschen Zollschranken umgeben, so wird sich sehr bald in der Kaufmannschaft der Ruf erheben nach Beseitigung einer für alle Teile unheilvollen Ausnahmestellung, und die Einsicht durchdringen, daß der nordische Zwischenhandel des Platzes auch ohne einen Freihafen gedeihen kann. Aber der Eintritt der Hansestädte in die deutsche Zollinie kann erst erfolgen, wenn in jahrelanger Arbeit die gewaltigen Docks und Entrepots gebaut sind, deren der schwunghafte Hafenverkehr bedarf; schon deshalb müssen diese Plätze in den nächsten Jahren als Freihäfen behandelt werden.

So erweist sich die neue Ordnung nach allen Seiten hin als ein Provisorium. Vornehmlich tritt dies zutage bei den Bestimmungen über den Bundesrat. Die kleinen Kronen haben, solange sie bestehen, gerechten Anspruch auf die Teilnahme an der Bundesgewalt; und da ein Oberhaus von Fürsten und Mediatisierten erst im Verlaufe einer längeren bündischen Entwicklung möglich werden kann, ein Staatenhaus aber unter Bundesgenossen von so ganz ungleicher Macht sich von selbst verbietet, so erscheint ein Gesandtenkongreß als der einzig mögliche Ausweg. Jedoch eine vernünftige Abstimmungsordnung für diese Behörde bleibt unfindbar. Es geht nicht an, daß der Bundesoberfeldherr durch seine Bundesgenossen majorisiert werde; und wieder, würde der führenden Macht die Mehrheit der Stimmen zugeteilt, so sinkt die Beratung zu einem Gaukelspiele herab. Auch hier gelangen wir zu der Einsicht, daß die staatliche Ordnung nicht allein in den Verfassungsformen enthalten ist; die überlegene Macht Preußens wird preußenfeindliche Mehrheiten zu verhindern wissen.

Noch schwieriger ist ein Urteil über die Rechte des Parlaments. Es läßt sich nicht leugnen, daß die Interessen der nationalen Einheit und des Parlamentarismus einander mehrfach widerstreiten. Wenn nicht der Bestand unseres Heeres dem Ränkespiele der kleinen Höfe immer von neuem preisgegeben werden soll, so scheint es zweckmäßig, den Präsenzstand des Heeres durch Vertrag festzustellen, die Kosten desselben auf die Zolleinnahmen und bestimmte, für immer ausbedungene Matrikularbeiträge anzuweisen. Doch offenbar, neben einer mit solchen Machtmitteln ausgerüsteten Bundesgewalt verschwände nahezu die Bedeutung des Parlaments, das selbstverständlich an den Zöllen nur selten etwas ändern kann. Wir verkennen nicht den Ernst dieser Frage, wir wünschen lebhaft, daß unser Reichstag das wirksamste der parlamentarischen Rechte, das Recht der Steuerbewilligung, erhalte. Doch die Sicherheit des Bundes muß allem anderen vorgehen; wir halten daher das Steuerbewilligungsrecht des Parlaments nur dann für unbedenklich, wenn die kleinen Kronen so gänzlich der Macht entkleidet werden, daß sie Zerwürfnisse zwischen Parlament und Bundesrat nicht für ihre Sonderzwecke ausbeuten können.

Unter den übrigen Plänen der Regierung haben mehrere im liberalen Lager schwere Mißstimmung erregt. Gewöhnt an die patriarchalische Gemütlichkeit der kleinen Staaten können die Deutschen sich ein Parlament ohne Diäten kaum vorstellen. Wir müssen endlich lernen, daß der Dienst des Vaterlandes ein Opfer und jede Partei verpflichtet ist ihren hervorragenden Mitgliedern solches Opfer im Notfalle zu ermöglichen. Die Beseitigung der Diäten bildet eines der wenigen möglichen Korrektive gegen die Gefahren des allgemeinen Stimmrechtes, sie erschwert zum mindesten die Erwählung ganz unwürdiger Demagogen. Unverkennbar steht ein unbesoldetes Parlament der Masse des Volkes anders, geachteter gegenüber als ein besoldetes. Wenn wir den reichdotierten gesetzgebenden Körper Frankreichs mit den unbesoldeten Unterhäusern von England und Italien vergleichen, so erscheint die landläufige Behauptung, die Entziehung der Diäten gefährde die Freiheit, sicherlich als sehr zweifelhaft; und niemand wird behaupten wollen, daß Italien ein reicheres Land sei als Deutschland. — Dagegen würden wir es mißbilligen, wenn die Regierung wirklich, wie man sagt, die Beamten von dem Parlamente ausschließen wollte. Wir würdigen vollauf das Gewicht der Gründe, welche sich für diese Absicht anführen lassen. Das Parlament soll das Urteil der nichtoffiziellen Welt über den Gang der Regierung aussprechen. Eine wesentlich aus Beamten bestehende Regierungspartei entbehrt des moralischen Ansehens, eine von Beamten geleitete Opposition gefährdet die monarchische Ordnung. Aber bei der geringen Verbreitung ernsthafter politischer Bildung in Deutschland wäre ein Parlament ohne Beamte nahezu ein Parlament ohne Sachkenner. Höchstens läßt sich vorderhand die Ausschließung der subalternen Verwaltungsbeamten oder etwa eine Bestimmung wie jene des italienischen Staates rechtfertigen, welche festsetzt, daß nur ein Bruchteil des Hauses aus Beamten bestehen darf. Wichtiger denn alles dies ist uns das Verhältnis des Parlaments zu dem preußischen Landtage. Wir halten fest an der Meinung, daß ein Nebeneinander zweier gesetzgebender Körper auf wesentlich demselben Staatsgebiete zu unträglicher Reibung führen muß. Die Verschmelzung der beiden Körper zu einem engeren und einem weiteren Reichsrate bleibt unser Ziel; wie wir dahin gelangen können, das wird erst die Erfahrung der nächsten Monate lehren.

Man sieht, die Verfassung, der wir entgegengehen, ist überaus künstlich; Begeisterung wird sie nirgends erregen. Aber wir bauen auf die Naturkraft des Einheitstriebes, der in unserer Geschichte mit wundervoller Sicherheit gewaltet hat. Die gesamte politische Wirklichkeit, die uns bisher umgab, war partikularistisch. Man schlage ein beliebiges Handbuch unseres Partikularstaatsrechts auf, und man wird regelmäßig finden, daß dem Verfasser die Welt an den schwarzroten oder weißgrünen Grenzpfählen aufhört, und das Verhältnis der Heimat zu dem Deutschen Bunde nur wie eine unwillkommene Staatsservitut erscheint. Jetzt endlich wird eine nationale Staatsgewalt als eine greifbare Wirklichkeit auch dem Blödesten sich aufdrängen; sie wird rasch um sich greifen und den Einzelstaaten ihre Lebenskraft entziehen. Wer weiß, ob nicht unsere an Wundern reiche Geschichte auch das größte aller Wunder schauen wird? ob nicht deutsche Fürsten einst freiwillig das Wort zuschanden machen: „man steigt vom Throne nieder wie ins Grab", und eine ehrenvolle Pairie einer entwürdigten Krone vorziehen? Doch mag die Zukunft Frieden oder Unfrieden in ihrem Schoße tragen den Einheitsstaat wird sie uns bringen. — — —

Die Verfassung des Norddeutschen Bundes.

Kiel, 10. Juni 1867.

Wenn einst in jenen friedlichen Tagen, die den Wirren der Religionskriege folgten, ein hartnäckiger alter Kämpe der katholischen Liga zornig fragte: wie es nur möglich sei, daß dies rechtgläubige Paris heute jenem königlichen Bourbon zujauchze, des weißer Helmbusch soeben noch die Hugenotten zum Kampfe führte? — dann pflegten ihm seine Landsleute achselzuckend zu antworten: que voulez-vouz? c'est la révolution! Mit diesem noch harmlosen Worte bezeichnete man jene ungeheure Umstimmung, welche nach durchschlagenden politischen Erfolgen widerstandslos sich der Gemüter bemächtigt. Auch in unserem minder leichtlebigen Volke hat sich seit den böhmischen Schlachten eine ähnliche Revolution vollzogen. Während in den letzten Jahren eine radikale Stimmung ansteckend in der Luft lag, Presse und Vereine in Tadel, Klagen, Forderungen sich überboten, sieht sich heute der Liberalismus gezwungen, den Gegnern gerecht zu werden, seit eine Staatskunst, die von dem konservativen Lager ausging, die deutsche Revolution der Vollendung nahe geführt hat. Wir haben wieder gefunden, was die erste Voraussetzung jedes gesunden Parteilebens bleibt: die Parteien beginnen wieder einander zu verstehen. Nachdem vor einem Jahre die lautesten Wortführer der öffentlichen Meinung über die Lage, die Machtverhältnisse, die Absichten der Kabinette sich so gröblich täuschten und ihre zuversichtlichsten Weissagungen sich als bis zum Lächerlichen irrig erwiesen, sind unsere besseren Köpfe vorsichtiger, maßvoller in ihren Urteilen geworden. Man begreift, daß die Regierung eines wirklichen Staats, weil sie regiert, in der Beurteilung der Lage einen Vorsprung hat vor dem souveränen Publikum. Man versucht sogar, wozu unser politischer Dilettantismus sich bisher nur selten entschloß: man unternimmt sich auf den Standpunkt der Regierung zu stellen und außer den Wünschen der Regierten auch die Mächte des Widerstandes zu erwägen, deren Reibung überwunden sein will, bevor eine Kraft zu praktischer Verwendung frei wird. Die Bitterkeit geschlagener Parteien, die souveräne Kritik, das Mißtrauen gegen alles, was von oben kommt, die deutsche Neigung bei jedem begonnenen Werke das Vollkommene zu erstreben, der Eigensinn endlich, der das Gute zurückstößt, weil ungeliebte Hände es bieten — alles dies hält heute nicht mehr Stand vor der Beredsamkeit der Tatsachen. Selbst der unbelehrbare Radikale, der soeben noch mit pathetischen Abschiedsworten in das berühmte brechende Sonnenauge der Freiheit schaute, fragt sich doch im stillen, ob seine beweglichen Klagen irgendeinen nennenswerten Widerhall im Volke finden; auf jeden Fall ist er entschlossen auch in der Knechtschaft des Norddeutschen Bundes dieselbe tätige Rolle zu spielen, wie bisher unter der Freiheit des Bundestages, und uns bleibt die angenehme Hoffnung, auf den Bänken des Norddeutschen Parlaments die Demokratie ziemlich vollzählig vertreten zu sehen. Wer, wie der Schreiber dieser Zeilen, die letzten Monate im Auslande verbrachte und heimkehrte, als der Norddeutsche Bund gerade unter Dach gebracht war, dem mußte es auffallen, wie selten und wie leidenschaftslos über das vollbrachte Werk gesprochen wurde. Man nimmt die Arbeit des Parlaments im ganzen als etwas Selbstverständliches hin und lebt bereits mit allen Sorgen und Wünschen in den bevorstehenden großen gesetzgeberischen Arbeiten dieses geschäftsreichen Jahres, das den preußischen Landtag dreimal, den Norddeutschen Reichstag zweimal versammelt sehen wird. Das öffentliche Urteil hat mit dem Werke des Reichstags nahezu abgeschlossen, und es ist ein erhebendes Gefühl, die große Mehrheit des norddeutschen Volkes so mit beiden Füßen in der Wirklichkeit stehen zu sehen.

Die neue Bundesverfassung wird nicht einen flüchtigen Ruhepunkt, sondern vermutlich für ein Menschenalter die Grundlage unserer politischen Entwicklung bilden. Wir sind nicht einen Augenblick irre geworden in der Überzeugung, daß die Zeit der kleinen Monarchien vorüber ist und Deutschland gleich allen großen Kulturvölkern des Weltteils dem Einheitsstaate entgegengeht. Die Frage ist nur, wann diese abermalige Vereinfachung der deutschen Politik erfolgen wird, und es leuchtet ein, daß der Anstoß dazu schwerlich von der Krone Preußen ausgehen kann. Die Regierung hat wiederholt in feierlichster Form erklärt, daß das Vertrauen auf Preußens Vertragstreue den sittlichen Halt des neuen Bundes bilden müsse. Mit vollem Rechte. Ohne solches eidgenössisches Vertrauen ist jeder Bund eine Lüge. Unsere Krone hat im wesentlichen jene Machtbefugnisse erlangt, deren sie zum Schutze des Vaterlandes bedarf, und da ein Abfall der Bundesgenossen durch ihre eigene Ohnmacht, wie durch die Gesetze des Bundes nahezu unmöglich gemacht ist, so hieße es die ehrenhaften Traditionen des Hauses Hohenzollern verleugnen, wenn Preußen seine Macht mißbrauchen wollte gegen Staaten, die ihren Pflichten gern oder ungern nachkommen. Die unitarische Bewegung, welche uns unausbleiblich bevorsteht, wird ausgehen müssen von der Nation, insbesondere von der Bevölkerung der kleinen Staaten selber. Die Behaglichkeit des Kleinstaatentums ist ein für allemal dahin; nur seine Lasten, seine Lächerlichkeiten sind geblieben. Schon jetzt hat sich das Militärbudget einzelner Herzogtümer auf das Vierfache vermehrt, und wenn erst die Organe des Bundes ihre Wirksamkeit beginnen und für die neue politische Arbeit neue Opfer fordern, wenn die Bewohner Thüringens und Sachsens erst entdecken, daß sie, dank ihren unnützen Höfen und den nicht minder unnützen Beamtenscharen, schwerer belastet sind als das preußische Volk, wenn ihre ehrgeizigen Talente immer häufiger von dem norddeutschen Bürgerrechte Gebrauch machen und den preußischen Staatsdienst dem heimischen Stilleben vorziehen, wenn der jetzt erst wirklich freie Verkehr die alten gehässigen landschaftlichen Vorurteile vernichtet und die Teilnahme an dem Parlamente den Sinn für große Verhältnisse erweckt; dann wird die unitarische Gesinnung, welche schon in dem letzten Reichstage von einigen politischen Ketzern der Kleinstaaten unverhohlen verfochten ward, zu einer Macht werden in der Nation. Aber bei dem Charakter unseres Volkes wie der Dynastien wird diese Entwicklung einer längeren Frist bedürfen. Vorderhand mag die Verfassung des Norddeutschen Bundes wohl in einzelnen Punkten abgeändert werden — wie denn solche vertragsmäßigen Änderungen ausdrücklich vorbehalten und in den jüngsten Militärkonventionen wirklich eingetreten sind: — ihre wesentlichen Sätze aber werden noch auf lange hinaus den Rechtsboden deutscher Politik bilden. Darum wissen wir diesen Band der Jahrbücher nicht angemessener zu schließen, als durch einen Rückblick auf das Werk des Norddeutschen Reichstags.

Das preußische Abgeordnetenhaus wies dem Reichstage nur die bescheidenen Befugnisse einer beratenden Versammlung zu, die zwingende Macht der Lage erhob ihn zu einem vereinbarenden Parlamente. Die vollendete Verfassung enthält keinen Artikel, der nicht die formelle Zustimmung des „beratenden" Reichstags erlangt hätte. Diese Tatsache allein beweist, daß die Krone Preußen nicht entfernt daran dachte, die Macht des Reichstags zu unterschätzen, und obschon aus den Reden ihres ersten Vertreters dann nnd wann ein diktatorischer Klang, ein begreiflicher Nachhall des alten Parteihasses hervorbrach, so zeigte doch seine ganze Haltung, wie sehr die Krone des Beistandes der Nation bedurfte. Der Reichstag selbst faßte von vornherein seine Aufgabe in einem stolzen Sinne. Während viele Abgeordnete mit sehr herabgestimmten Erwartungen in Berlin erschienen, steigerte sich bald, wie immer in großen Parlamenten, das Selbstgefühl jedes einzelnen. Das Wort Steins, der einer beratenden Volksvertretung nur die Wahl stellte ein turbulenter Haufe oder eine inerte Masse zu werden, hat sich diesmal nicht bewährt; auf der Versammlung lag das Gefühl einer schweren Verantwortung, das stolze Bewußtsein, daß sie ein entscheidendes Wort zu sprechen habe. Die Zusammensetzung des Hauses entsprach im ganzen dem augenblicklichen Machtverhältnisse der Parteien, sie war auch — was für das moralische Ansehen eines Parlamentes vielleicht noch wichtiger ist — ein ziemlich getreues Abbild unserer sozialen Zustände. Während einst die Frankfurter Nationalversammlung zu vollen vier Fünfteln aus Mitgliedern der gelehrten Stände bestand, zeigten diesmal Vertreter aller Volksklassen, daß die Deutschen aufgehört haben ein Gelehrtenvolk zu sein.

Wenn wir auf die gehaltreichen Debatten zurückblicken, die uns mehrmals das packende Schauspiel parlamentarischer Kämpfe im großen Stile bieten, so fällt uns zunächst die erfreuliche Wahrnehmung auf, wie zahm und schwach, wie über alle Erwartung kümmerlich die zahlreichen Vertreter des reinen Partikularismus sich mit ihrer Herzensneigung hervorwagten. Zwar die gemäßigte Haltung der sächsischen Partikularisten hat ihre besonderen Gründe. Der Mut, eine von der Regierungsansicht abweichende Meinung zu verfechten, ist der großen Mehrzahl in jenem unglücklichen Lande ganz abhanden gekommen; so beteuerten denn, da der Dresdner Hof sich gezwungen sieht an dem Norddeutschen Bunde festzuhalten, eifrige Saxonen ihr herzliches Einverständnis mit der verhaßten preußischen Krone, ja, es ist uns bekannt, daß einzelne scharfsichtige Mitglieder der nationalen Partei in Sachsen in dieser untrüglichen Voraussicht ihre Stimme den partikularistischen Kandidaten gegeben haben. Aber auch der welfische, der augustenburgische Partikularismus trat nur sehr schwächlich auf. Der Grund liegt nahe. Unsere neue deutsche Verfassung ist nicht der über Nacht entstandene Einfall eines geistreichen Kopfes, sondern eine in langen siegreichen geistigen Kämpfen gezeitigte reife Frucht, die nur des entschlossenen Armes harrte. der sie bräche. Der Partikularismus ist auch mit geistigen Waffen geschlagen, er ist mit seiner Weisheit am Ende. Was ihn bisher stützte, war Österreichs Macht; nun diese zerbrach und die parlamentarische Bühne ihn zwingt, seine Selbstsucht, seine Grillen und Leidenschaften mit dem Mantel der Vernunftgründe zu bedecken, erscheint er alsbald in seiner Schwäche.

Wir werden noch oft zu kämpfen haben mit jenen unklaren grundlosen Leidenschaften, die in den Reden des Herrn v. Münchhausen und einzelner Schleswig-Holsteiner einen unbändigen Ausdruck fanden; aber wir sind berechtigt zu der Hoffnung, daß eine von geistigen Mächten so ganz verlassene politische Richtung in unserem denkenden Volke unrettbar dem Untergange verfallen wird.

Weit lärmender und anspruchsvoller, doch nicht minder unglücklich verfuhr der Radikalismus. Es war ein Irrtum, leider, wenn viele Wohlmeinende wähnten, jener Herr Frese, den die Demokratie vor einem Jahre dem empörten patriotischen Instinkte der Massen feierlich als einen Sündenbock opferte, zähle keine Anhänger mehr im Lande. Wir wenigstens vermögen den feinen Unterschied nicht zu entdecken zwischen einem Fanatismus, der aus Haß gegen die andersdenkenden Landsleute zu den Feinden des Staates überläuft, und einer Parteigesinnung, welche das Vaterland gleichmütig den unberechenbaren Gefahren der Oktroyierungen und verfassungsloser Zustände preisgeben wollte, bloß weil nicht alle Glaubensartikel des demokratischen Katechismus in der Bundesverfassung Aufnahme fanden. Als die rührenden Klagen über die Einheit „ohne alle Freiheit" nur ungläubige Hörer fanden, da griff die Demokratie zu einem letzten Schreckmittel, zu einer Sophisterei, die in jedem weniger für pathetische Phrasen empfänglichen Volke unter homerischem Gelächter untergegangen wäre: man erklärte jede Änderung der preußischen Verfassung für einen Eidbruch! Ob die Herren wohl wußten, was sie sagten? Unter den Radikalen befinden sich ja doch einige, welche nach dem Geständnis eines ihrer Führer sich in ihren Mußestunden mit Politik beschäftigt haben; sollten nicht wenigstens diese die triviale Wahrheit kennen, daß eine neue Bundesverfassung undenkbar ist ohne Abänderung der Landesverfassungen? Seit Jahren verlangt der Radikalismus den Ausbau der preußischen Verfassung, das will sagen, die gesetzmäßige Umbildung unseres Landesrechts nach belgischem Muster, und dieselben Männer rufen heute Wehe über den Eidbruch, da um der deutschen Einheit willen eine gesetzmäßige Abänderung einzelner Verfassungsartikel erfolgt! Keine andere Partei hat so dringenden Grund bescheiden zu reden und in sich zu gehen, wie die Demokratie; denn wäre es nach ihr und ihren unpatriotischen Friedensadressen gegangen, so gäbe heute ein restaurierter Bundestag dem gedemütigten Preußen seine Befehle, der Welfe und der Augustenburger thronten in Hannover und Kiel. Wenn diese Partei nach so schweren Sünden und Niederlagen sich heute noch als den Alleininhaber des öffentlichen Gewissens gebärdet, so bekundet solche Selbstüberhebung eher alles andere als ein festes Selbstgefühl, eine ruhige Siegeszuversicht. Mit diesem kleinen Reste der Demokratie, an dem das Gottesgericht des deutschen Krieges spurlos vorüberrauschte, ist eine Verständigung bis auf weiteres nicht möglich.

Weit mehr hat die konservative Partei gelernt. Es ist wahr, es mußte ihr etwas leichter fallen als der Demokratie, die neue Ordnung der Dinge anzuerkennen, denn Graf Bismarck stand einst in ihren Reihen, und manche ihrer Mitglieder haben sich gewöhnt, gedankenlos möglichst alles anzunehmen, was von der Krone ausgeht. Immerhin mußten die Konservativen viele ihrer teuersten Glaubenssätze aufgeben um eine Verfassung zu billigen, die das Einkammersystem und das allgemeine Stimmrecht einführt, die uns mit Herrn v. Kleist-Retzow zu reden, wieder in den Anfang des Jahres 1849 zurückwirft. Daß die Partei diesen Entschluß gefunden, daß das Herrenhaus die Verfassung einstimmig angenommen hat, das bleibt ein Zeugnis von politischer Einsicht und patriotischer Selbstüberwindung, die auch dem Gegner Achtung abzwingen.

Die treibende Kraft der Versammlung lag in den beiden neuen Mittelparteien. Wir haben schon im vorigen Jahre die Entstehung der freikonservativen Partei mit Freude begrüßt; die konservative Richtung, deren Berechtigung in Preußen nur der Haß leugnen kann, findet einen fruchtbaren Boden des Wirkens erst wenn sie, wie Graf Bethusy-Huc und seine Freunde tun, das konstitutionelle System rückhaltlos anerkennt und ihre erhaltende Neigung auch auf das bereits angesammelte Kapital von Volksrechten erstreckt. Das spätere Verhalten der neuen Partei hat unsere Erwartungen gerechtfertigt; durch ein Kompromiß zwischen ihr und den Nationalliberalen erfolgte der entscheidende Schritt in dem Parlamente, der die Annahme der Verfassung herbeiführte.

Der Name der Nationalliberalen tauchte zum erstenmal auf, als kurz vor dem Kriege, in einem Augenblicke fanatischer Parteiraserei, einige unserer Freunde in Halle die Unterstützung der deutschen Politik der Regierung auch von den Liberalen zu fordern wagten. Seitdem haben sich unter diesem Banner die meisten aus den alten Fraktionen der Altliberalen und des linken Zentrums zusammengefunden. Dazu traten die bewährten Führer der Einheitspartei aus den neuen Provinzen, und das Auftreten von Männern wie Braun und Miquel bewies, welch ein Zuwachs an geistiger Kraft der Staat durch die neuen Gebietserwerbungen erhalten hat, und wie frisch und unbefangen die von dem preußischen Verfassungskampfe nicht unmittelbar berührten Abgeordneten den Dingen ins Gesicht sehen. Endlich haben auch die gemäßigten Elemente der alten Fortschrittspartei sich zu den Nationalliberalen gesellt; die schon längst nur mühsam niedergehaltene Zwietracht im demokratischen Lager ist in hellen Flammen ausgebrochen, und wir erleben heute das ekelhafte, aber nützliche Schauspiel, daß die Herren Twesten, v. Unruh und Lasker von den großen Bürgern des Organs für jedermann aus dem Volke mit denselben wohllautenden Beiwörtern belegt werden, woran unsere Freunde sich längst gewöhnt haben. Es wäre ein Leichtes, mit kritischem Behagen einzelne politische Fehler dieser Gruppe, der an Talenten reichsten des Parlaments, hervorzuheben; es war noch ein Nachklang aus jener Zeit, da nur die höchstmögliche „Entschiedenheit" auf das Publikum Eindruck machte, wenn die Fraktion mehrmals bei der ersten Lesung für ein Amendement zur Verfassung stimmte, mit dem stillen Vorbehalte, es bei der zweiten zu verwerfen. Die Fraktion ist überhaupt noch keine geschlossene Partei, wie die Meinungsverschiedenheit ihrer Genossen bei der Beratung des Militärbudgets deutlich zeigte; und es wird noch eine lange Frist verstreichen, bis die erbitternden Erinnerungen aus den Tagen des Konflikts gänzlich überwunden sind und aus jenen beiden neuen Fraktionen etwas entsteht, was den Whigs und den gemäßigten Torys von England ähnlich sieht. Aber die Anfänge sind allerdings vorhanden zu einer großen regierungsfähigen Mittelpartei mit positivem Programm, welche das Kabinett bei der Vollendung der Zentralisation Deutschlands kräftig unterstützen und zugleich über den Verfassungsrechten der Regierten Wache halten soll. Wir halten es für die Pflicht der Jahrbücher, diesen Neubildungsprozeß der Parteien zu befördern und in erster Linie die großen nationalen Gesichtspunkte, die unitarischen Gedanken zu vertreten, die den Fraktionen der Mitte gemeinsam sind. Zwar haben einige unserer altliberalen Freunde es vorgezogen, eine Fraktion für sich zu bilden; aber die Zeit der kleinen, mehr persönlichen als politischen Fraktionen scheint uns überwunden, und wir bezweifeln, ob die Mitbegründer der preußischen Verfassung in den Strengkonservativen, die alten Vorkämpfer der Einheitspartei in einigen gouvernementalen Sachsen eine probehaltige Bundesgenossenschaft finden werden. — Genug, unter allen Reibungen dieses noch unfertigen Parteilebens behauptete sich der frische Wille, die Gunst des Augenblicks zu ergreifen. Mit einer in unserer Geschichte beispiellosen Schnelligkeit, im Galopp wie die Gegner spotten, und dennoch gründlich wurde der Entwurf durchberaten und mit Änderungen versehen, die wir fast durchweg für Verbesserungen halten; und wenn wir heute selbst aus hochkonservativen Kreisen, wie jüngst noch aus dem Munde des Prinzen Friedrich Karl, das Lob des Reichstags laut verkünden hören, so dürfen wir uns freudig sagen, daß Deutschlands politische Lehrjahre beendigt sind, daß wir endlich gelernt haben das Notwendige zu wollen.

Die landläufigen Urteile über die Bundesverfassung beginnen gemeinhin mit der Tröstung, daß man das neue Gemeinwesen nicht mit dem Maße der staatsrechtlichen Theorie messen dürfe. Gewiß, die Kategorien des Staatsrechts werden an diesem Bau zuschanden. Aber wenn wir ihn vergleichen mit den Formen, welche bisher das chaotische deutsche Staatsleben umschlossen, mit der Monstrosität des heiligen Reichs oder mit jenem Bunde, der sich den deutschen nannte und zuzeiten vier fremde Mächte umfaßte, so wagen wir die Behauptung, daß Deutschland noch nie eine so klare, einfache Verfassung besaß wie heute. Der Norddeutsche Bund ist ein nationaler Staatenbund unter preußischer Hegemonie; nur sind die Rechte des führenden Staats so ausgedehnt, seine Macht so überwiegend, daß dem Fremden, der nur die Aktion des Bundes nach außen ins Auge faßt, das Ganze als ein Einheitsstaat erscheint, und ein englisches Blatt kürzlich unseren Norden kurzab als a Kingdom bezeichnete. Betrachten wir vollends die Entstehung und den Inhalt der beiden Bundesakten, so erscheint der Fortschritt als unermeßlich. In Wien legte man einen österreichischen Entwurf zugrunde — dies eine Wort sagt alles; er ward beraten unter dem Eindrucke jener schweren diplomatischen Niederlage, die Preußen in der sächsischen Frage erlitten hatte, und jählings vollendet durch die Angst vor einem neuen Verrate der Rheinbundsstaaten. Aus jedem Worte redet die innere Unsicherheit, das stille Bewußtsein, daß ein treues und tapferes Volk mit Undank belohnt worden sei. Heute ist es Preußen, das, siegreich in einem nationalen Unabhängigkeitskriege, die Verfassung schafft und alsbald an die Nation appelliert. Damals gab man Grundzüge einer künftigen Bundesverfassung, eine niemals eingelöste Anweisung auf die Zukunft, heute erhält die Nation sofort die gesetzlichen Organe ihren Willen durchzusetzen. Die Detailbestimmungen der alten Bundesakte beschäftigen sich in liebevoller Ausführlichkeit vornehmlich mit den Mediatisierten, der Reichsritterschaft und dem Hause Thurn und Taxis, die der norddeutschen Verfassung mit den materiellen Interessen der Nation. Der leitende Gedanke der Bundesakte ist die Wahrung der

Souveränität und Gleichberechtigung der Einzelstaaten, der des neuen Bundes die Zentralisation unserer militärischen Kräfte. Der Deutsche Bund war schlechthin unfähig sich zu entwickeln; die Beschlüsse seiner absolutistischen Zentralgewalt konnten in den konstitutionellen Gliedern nur durch mehr oder minder verhüllte Oktroyierungen verwirklicht werden; und da die Mitwirkung fremder Mächte den Charakter des Bundes von Haus aus verfälschte, so zog sich Preußen bald von jeder gesetzgeberischen Tätigkeit des Bundes zurück, und die österreichische Partei entfaltete in den Bundestagsausschüssen jene marktschreierische Scheintätigkeit, die ein redliches Volk niemals hätte dulden sollen. Der Norddeutsche Bund dagegen besitzt nicht nur die Fähigkeit sich fortzubilden; es ist vielmehr unmöglich, daß er sich nicht entwickele; denn die Krone Preußen und das Parlament haben beide ein natürliches Interesse an der Verstärkung der Bundesgewalt. Das neue Gemeinwesen bedurfte schon zu seiner Entstehung der Wucht des nationalen Willens; die Zentralisation der deutschen Staatskräfte bedeutet zugleich die Einigung der Kräfte der Opposition; daher kann es gar nicht fehlen, daß die weitere Entwicklung der deutschen Freiheit zugute kommt.

Diese Gewißheit, daß der neue Bund nicht stationär bleiben kann, ist vielleicht sein bester Vorzug. Wie sie vorliegt, verrät seine Verfassung nur zu deutlich, welche verwickelte Verhandlungen, welche schwierige Kompromisse ihr vorausgingen. Die Formen des Staatenbundes sind so ängstlich festgehalten, daß sogar die Stimmordnung des alten Bundestags wieder auflebt, ja bei einzelnen Artikeln läßt sich nicht verkennen, daß das Familiengefühl der deutschen Souveräne, die Rücksicht auf den Fürstenstolz der kleinen Höfe heilsame Reformen verhindert hat. Trotzdem können wir nicht einstimmen in den Hohnruf der Radikalen, die einst über den Bruderkrieg jammerten und heute polternd fragen: warum so viele Umstände mit den Kleinstaaten? warum zwingt ihr sie nicht kurzerhand? Wie wenig begreifen doch diese politischen Dilettanten, was der bestimmte Widerspruch auch eines kleinen Staates bedeutet. Wenn in den Verhandlungen zwischen Staat und Staat der Punkt erreicht ist, wo die Überredung aufhört und der Staatsegoismus nackt hervortritt, so steht nur der Weg der Gewalt offen. Aber gewaltsam vorgehen gegen die Bundesgenossen, das hieß nicht nur das Vertrauen zerstören, worin der neue Bund wurzeln soll, es hieß einfach den Boden der Nikolsburger Verträge wieder verlassen, dies nach Ordnung verlangende Deutschland abermals den Wechselfällen einer europäischen Verwicklung preisgeben und schließlich eine Diktatur erschaffen, die unserem konstitutionellen Leben verderblich würde. Erwägen wir dies ruhig, so müssen wir bekennen, daß im wesentlichen das auf friedlichem Wege Erreichbare wirklich erreicht worden ist.

Wir halten die üblichen Klagen über den Untergang deutscher Freiheit für so grundlos, daß wir vielmehr meinen, die Nation, die zu dieser großen Bewegung von oben herab gezwungen werden mußte, habe niemals früher so wirksame politische Rechte besessen wie heute. Unsere Bedenken richten sich vornehmlich gegen jene Artikel der Verfassung, welche die Einheit des Bundes nicht genugsam sichern, und diese Klage gilt leider auch den Bestimmungen über das Bundesheer. Ein gleichmäßig organisiertes Heer unter preußischem Oberbefehl ist gebildet. Ein gewaltiger Fortschritt, ohne Zweifel, aber noch immer schwören die norddeutschen Truppen nicht den gleichen

Fahneneid, die kleinen Höfe behalten das Recht die Mehrzahl der Offiziere zu ernennen, ja, das Königreich Sachsen bildet sogar ein selbständiges Armeekorps. Nicht offener Ungehorsam ist es, was wir als die Folge dieser weitgehenden Zugeständnisse an den Partikularismus befürchten; vor dieser Gefahr sichert uns jener vortreffliche Artikel 19 der Verfassung, welcher dem Bundesoberfeldherrn gestattet, über ein in Militärsachen widerspenstiges Bundesland ohne weiteres die Exekution zu verhängen. Aber ein kurz und gut deutsches Heer, wie wir es brauchen, ist doch nicht geschaffen. Die Offiziere der kleinen Kontingente verharren in dem engen Horizonte ihrer Landschaft und Vetterschaft, es bleiben die partikularistischen Traditionen der Truppen, und wir halten nicht für unmöglich, daß sich in Sachsen eine militärische Fronde bilde. Blätter wie „Der Kamerad", daraus der sächsische Soldat seine Bildung schöpft, verherrlichen noch immer die Großtaten der sächsischen Armee gegen den preußischen „Feind"; unter den Offizieren geht die Rede, daß die sächsische Armee durch das preußische Reglement um fünfzehn Jahre zurückgeschleudert werde; der Groll des jüngsten Krieges ist keineswegs überwunden, und er wird schwerlich beschwichtigt werden durch die unzufriedenen hannoverschen Offiziere, die man jetzt in die Armee aufnimmt um die Bundesfreundschaft gegen Preußen zu beweisen. Wir wollen hoffen, daß der Bundesfeldherr bei jeder Regung feindseliger Gesinnung sein Recht, die Garnisonen der Bundestruppen zu bestimmen, rücksichtslos gebrauchen wird; auch bietet die Befugnis, zum Dienst für Bundeszwecke Offiziere abzukommandieren, ein wirksames Mittel die tüchtigeren Kräfte der kleinstaatlichen Kontingente für Preußen zu gewinnen. Jedenfalls tragen diese Verhältnisse den Charakter des Unfertigen, und in dem Parlamente wird sich sehr bald das wohlberechtigte Bestreben regen, unserer Landmacht dieselbe einheitliche Form zu geben, die unsere Seemacht bereits besitzt.

Dasselbe gilt von den auswärtigen Angelegenheiten des Bundes. Mag es sein, daß ein kleinstaatlicher Gesandter in Paris oder Petersburg wenig Schaden mehr stiften kann, nachdem die Entscheidung über Krieg und Frieden ausschließlich dem Bundespräsidium zugewiesen ist: an dem Verkehr mit den fremden Höfen hat sich seit alter Zeit jene vaterlandslose Gesinnung genährt, die unsern hohen Adel allzulange auszeichnete, und die Nation wird nicht ruhen, bis dieser uralte Schaden unserer öffentlichen Moral beseitigt ist.

Weit schwerer läßt sich eine andere Institution reformieren, welche der Kritik gleichfalls arge Blößen bietet, der Bundesrat. Diese seltsame Behörde vereinigt in sich einige Befugnisse eines Ministeriums, eines Staatsrats, eines Staatenhauses, einer Generalzollkonferenz und ist zugleich der Vertreter der Gesamtsouveränität. Die Einzelstaaten sollen durch Bevollmächtigte, die an Instruktionen gebunden sind, vertreten sein; und die Nation wird abermals, wie in Regensburg und Frankfurt, die Erfahrung machen, daß die partikularistische Selbstsucht durch den Mund solcher Vertreter sich weit rückhaltsloser ausspricht als durch Minister, die mit ihrer Person für ihre Worte einstehen müssen. Das ist sehr unerfreulich, aber unvermeidlich. Mußte man einmal den staatenbündischen Charakter des Gemeinwesens bewahren, so ließ sich zwar allenfalls die vollständige Übertragung der Militärhoheit und der Diplomatie an die Krone Preußen durchsetzen (und dies halten wir, wie gesagt, auch heute noch für erreichbar und erstrebenswert), doch eine selbständige über den Einzelstaaten stehende Staatsgewalt war damit unvereinbar. Eben deshalb konnte die exekutive Gewalt nicht die Verantwortlichkeit eines konstitutionellen Ministerums tragen; ein von seinem Kabinette instruierter Bevollmächtigter ist nur verantwortlich für die getreue Ausführung, nicht für den Inhalt seines Auftrages. Begreiflich genug, daß selbst gemäßigte Männer im Reichstage eine wirkliche konstitutionelle Regierung verlangten. Es war das kein Doktrinarismus, wie die gouvernementale Presse ihnen vorwarf; seit den Erfahrungen, die Kurhessen in den dreißiger und vierziger Jahren sammelte, wissen die denkenden Liberalen sehr wohl, daß die juristische Verantwortlichkeit der Minister praktisch sehr wenig bedeutet, auch wenn der von der konstitutionellen Schablone vorgeschriebene Apparat von Gesetzen und Behörden vollständig vorhanden ist. Um so schwerer wiegt die politische Verantwortung vor dem Parlamente und der öffentlichen Meinung. Die politische Moral der Regierung wie der Regierten wird verderbt, wenn das Volk nicht weiß, welchen Männern Schuld und Verdienst an den Taten des Staats gebührt; das hat Deutschland einst schmerzlich erprobt, da nach jedem gehässigen Bundesbeschlusse die instruierten Bundesgesandten ihre Hände in Unschuld wuschen, die kleinen Kabinette sich hinter dem Bundestage verschanzten und in diesem allgemeinen Versteckenspielen das Parteileben sich vergiftete und verbildete. Eine Erneuerung dieser verlogenen Zustände ist in dem Norddeutschen Bunde undenkbar, trotz der Ähnlichkeit der rechtlichen Verhältnisse. Der Bundespräsident ist in allen sieben Ausschüssen des Bundesrats vertreten, zwei derselben ernennt er allein, er hat ein Veto in Militär- und Marineangelegenheiten; das Übergewicht Preußens ist so groß, daß die Ausschüsse in der Tat preußische Kommissionen sein werden, die mit der Beihilfe einiger kleinstaatlicher Beamten arbeiten. Kein wichtiger Schritt der Bundespolitik kann geschehen ohne die Zustimmung Preußens. Sind die preußischen Minister, wie die Regierung unbedingt zugestand, der preußischen Volksvertretung für ihr Verfahren im Bundesrate verantwortlich, so heißt dies tatsächlich: sie tragen die Verantwortung für die Bundespolitik überhaupt. Die Rechte der Volksvertretung gegenüber der exekutiven Gewalt bleiben dieselben wie bisher, und es wird von dem Gange des konstitutionellen Lebens in Preußen abhängen, ob zu der längst vorhandenen politischen auch die von der Verfassung verheißene juristische Verantwortlichkeit der Minister hinzutreten wird.

Die nationalliberale Partei war mit Recht und in mehreren wichtigen Fällen auch mit Erfolg bestrebt, den Wirkungskreis der neuen Bundesgewalt zu erweitern. Das unschätzbare Gut, das unserem Volke durch das gemeinsame norddeutsche Indigenat geworden ist, könnte seine volle Wirksamkeit nicht entfalten, wenn nicht der Reichstag auch das Staatsbürgerrecht und die Fremdenpolizei der Beaufsichtigung und Gesetzgebung des Bundes unterworfen hätte. Nun erst haben wir die sichere Aussicht, jene elementaren Grundsätze der freien Bewegung der Arbeitskräfte bei uns verwirklicht zu sehen, welche selbst in dem bonapartistischen Frankreich längst bestehen und für die Mehrzahl des Volks den wichtigsten Teil der „Freiheit" bilden. Zu den notwendigen Konsequenzen des gemeinsamen Indigenats zählen wir auch eine gewisse Gleichmäßigkeit der öffentlichen Rechte in den Einzelstaaten. Wir wünschen keineswegs eine Liste deutscher Grundrechte; wir halten es vielmehr für einen Vorzug der neuen Verfassung, daß sie eine solche Aufzählung abstrakter Sätze unterlassen hat, welche nur die Begehrlichkeit reizen und auch eine rechtschaffene Regierung leicht in dem Lichte eines säumigen Schuldners erscheinen lassen. Als Stein seine „Rechte der Deutschheit" für den Wiener Kongreß zusammenstellte, und wieder als das Frankfurter Parlament über die Grundrechte beriet, da hatte die Welt soeben eine Zeit innerer Kämpfe überstanden, und es war ein Bedürfnis, die Ergebnisse dieser Gedankenarbeit in einigen monumentalen Sätzen zusammenzufassen; heute kämpfen wir in den meisten Einzelstaaten nicht mehr um die Prinzipien der Grundrechte, sondern um ihre Verwirklichung im einzelnen. Wir wünschen daher lediglich, daß dem Bunde, wie der bekannte Antrag von Braun verlangte, das Recht zustehe, im Wege der Gesetzgebung ein Minimum der Preßfreiheit, des Versammlungsrechtes usf. festzusetzen, welches jeder Einzelstaat seinen Bürgern gewähren muß. Wir wünschen dies vornehmlich um der deutschen Einheit willen. Eine kräftige Föderation ist nur möglich zwischen Staaten, die in ihrer inneren Entwicklung mindestens nicht durch die Kluft von Jahrhunderten getrennt sind; nun gar das allgemeine Stimmrecht wird zur Lüge in einem Staate mit mecklenburgischen Zuständen. Soeben kommt uns eine Schrift zu: Études sur le Mecklembourg et sur la question allemande, par M. Borchard, erschienen bei dem Verleger der Geschichte Julius Cäsars, also doch wohl auf einen größeren Leserkreis berechnet, obgleich man versucht ist, das Ganze für einen schlechten Witz zu halten. Ein niederschlagender Gedanke, daß ein so verwahrlostes Gemeinwesen in dem neuen Deutschland noch geduldet, sein verrotteter Unfug dem Auslande angepriesen wird! Der Braunsche Antrag ist gefallen; unser deutsches Zollwesen wird mindestens auf e i n e m Gebiete den Mecklenburgern die Gleichheit vor dem Gesetze bringen, und vielleicht hält durch diese Bresche die moderne Zeit ihren Einzug in das unglückliche Land. Wahrscheinlicher ist leider, daß der Staat aus eigener Kraft nicht gesundet und der Bund sich zuletzt doch entschließen muß, seine Verfassung zu ändern und allen norddeutschen Bürgern ein bescheidenes Maß öffentlicher Rechte zu verbürgen.

Auch ohne diese wünschenswerte Erweiterung bleibt der Wirkungskreis der Bundesgewalt ein sehr ausgedehnter, und mit Genugtuung hören wir die nur wenig übertriebene Klage der sächsischen Partikularisten, daß kein einziges Hoheitsrecht der Einzelstaaten ungeschmälert sei. Auf dem Gebiete der materiellen Interessen wird, wenn erst die reichen Versprechungen der Verfassung, die Einheit der Maße und Münzen usf., in Erfüllung gehen, das neue Deutschland einer Klarheit und Einfachheit des Verkehrs sich erfreuen, wovon noch eine nahe Vergangenheit kaum zu träumen wagte. An diesen glänzendsten Abschnitten der Verfassung sollte auch der grimmigste Zweifler lernen, daß hier ein dauerhaftes Werk vertrauenerweckender Fürsorge, gründlicher Geschäftskenntnis vorliegt. Auch die Reformen, welche sich sogleich verwirklichen, sind hochbedeutsam. Am straffsten erscheint die Zentralisation in dem Post- und Telegraphenwesen, und hier allerdings war der Partikularismus schlechthin vom Übel, er vermochte nicht einmal Scheingründe für sein Recht aufzuweisen. Posten und Telegraphen werden Bundessache, in einzelnen Staaten übernimmt Preußen die gesamte Verwaltung, in anderen ernennt es die höheren Beamten, in allen behält es die Leitung;

die Einnahmen fließen in die Bundeskasse. In dem Eisenbahnwesen lassen sich die traurigen Werke kleinköniglicher Staatsweisheit nicht gänzlich beseitigen. Das hannoversche Eisenbahnnetz mit dem klassischen Knotenpunkte Lehrte und der klaffenden Lücke zwischen unseren beiden größten Emporien wird die Welt noch lange an den Segen des Welfenreiches erinnern. Aber diese Lücke wird sich schließen, und ein Skandal wie jener berufene kleine Krieg gegen die Jadebahn ist nicht mehr möglich, seit der Bund das Recht besitzt, die für den Verkehr und die militärische Sicherheit nötigen Bahnen selbst bauen zu lassen. Wir übergehen die Fülle der Detailbestimmungen; sie verraten in ihrer unsystematischen, aber praktischen Fassung überall die Hand kundiger Fachmänner: so sind die beiden neuerdings lautesten Klagen der Geschäftswelt über die Höhe der Tarife und den Mangel an Betriebsmitteln jetzt durch den Bund erhört.

Wir erhalten endlich eine deutsche Kauffahrtei, unter deutscher Flagge, vertreten durch Bundeskonsuln, deren Anstellung unvermeidlich zu den längst ersehnten Reformen in unserem Konsulatswesen führen wird. Norddeutschland wird ein einheitliches Zollgebiet bilden; bereits ist in Schleswig-Holstein durch Einführung des Vereinszolltarifs der erste Schritt geschehen zur Aufnahme der Provinz in die deutschen Zollgrenzen; und die Zollgesetzgebung wird sich nicht mehr stoßweise durch Krisen und Sonderbundsversuche, sondern stetig durch die Mehrheitsbeschlüsse der Bundesbehörden fortbilden. Wie das gemeinsame Indigenat uns noch nicht die vollkommene Freizügigkeit verschafft, so wird auch durch die Einheit des Zollgebietes nicht sofort die absolute Freiheit des inneren Verkehrs gegründet; den Bundesstaaten ist gestattet die inländische Konsumtion mit Steuern zu belegen, mit Ausnahme einiger Artikel, deren Besteuerung dem Bunde zukommt. Eine vollständige Entlastung des Verkehrs von dem Ungemach der Akzisen, der Mahl- und Schlachtsteuern u. dgl. hat bisher noch kein Großstaat des Kontinents erreicht, wir dürfen aber sehr bald auf den vollständigen Sieg der Verkehrsfreiheit hoffen. Dafür bürgen uns die guten Traditionen altpreußischer Freihandelspolitik, welche heute wieder in unserem Handelsministerium lebendig sind; dafür bürgt uns noch mehr das verwickelte Verhältnis des neuen Zollgebiets zu den Hansestädten.

Wir sahen den Debatten über die Handelspolitik Hamburgs und Bremens mit Spannung entgegen und mit dem guten Willen uns durch die Stimmen hanseatischer Sachverständiger belehren zu lassen; aber selbst die wohlerwogene Beredtsamkeit des Herrn H. H. Meier hat uns nicht überzeugt von der Notwendigkeit die handelspolitische Sonderstellung der Hansestädte aufrecht zu erhalten. Es war kein glücklicher Gedanke, diese Sonderstellung zu rechtfertigen durch die angeblich ganz unerhörte Blüte der beiden Städte. Wenn wir die lange Reihe mächtiger Emporien in Großbritannien und Nordamerika vergleichen oder auch nur die Menge blühender Handelsplätze in den rheinischen Niederlanden, so scheint es uns keineswegs wunderbar, daß an den Mündungen des gewerbfleißigen, dichtbevölkerten Weser- und Elbgebiets sich zwei reiche Handelsstädte gebildet haben. Noch weniger überzeugt uns der Hinweis auf die mächtige Zunahme des hanseatischen Handels in den letzten Jahrzehnten; niemand wird diesen Fortschritten die Anerkennung versagen, aber sie erfolgten in einer Epoche allgemeinen Aufschwunges der Volkswirtschaft. Selbst in Bremen, das noch rascher aufwärts strebt als die bedachtsamere, des Erworbenen frohe Schwesterstadt, selbst in der rührigsten der Hansestädte hat die Bevölkerung kaum halb so rasch zugenommen wie in Berlin, und sogar die unvergleichlich ungünstiger gelegenen preußischen Ostseeplätze sehen ihre Volkszahl weit schneller wachsen. Entscheidend bleibt die Frage: ist der hanseatische Handel wirklich so ganz eigentümlicher Natur, daß er der Freihäfen bedarf, während alle anderen großen Handelsplätze der Welt innerhalb nationaler Zollinien gedeihen, und die hanseatischen Schiffe selber in fremden Häfen sich ohne große Beschwerde der Zollkontrolle unterwerfen? Eine befriedigende Antwort hierauf ist bisher im Parlamente noch kaum versucht worden. Es scheint uns an der Zeit, einmal zu erinnern an die Schattenseiten jenes hanseatischen Bürgertums, dessen Tugenden immer ein Stolz der Nation bleiben werden. Es ist die Weise des Kaufmanns, in dem Staate nur den Dränger, den unberufenen Vormund zu sehen; der republikanische Dünkel schaut mißtrauisch auf die Monarchie, obgleich diese heutzutage dem Volke ungleich größere Rechte gewährt, als ein Kaufherrenstaat gestatten kann. Wenn in dem Parlamente ein hanseatischer Staatsmann alles Ernstes behaupten konnte, eine starke deutsche Kriegsflotte werde unseren Handel schädigen, so erinnern wir uns des Verlangens nach Neutralität der vaterstädtischen Flagge, das in Hamburg fast während jedes deutschen Krieges auftaucht, wir entsinnen uns jener blühenden Yankeephrase, die Präsident Jackson einst dem hanseatischen Gesandten ins Gesicht warf: „die Hansestädte sind Hühner, die das Pferd der Vereinigten Staaten nur aus Mitleid nicht zertritt." Solange das Vaterland dem Handel der Hansestädte als Ausland gilt, ebensolange werden sie auch politisch nicht vollständig mit uns verschmelzen, der weltbürgerliche staatlose Kaufmannssinn nicht durch kräftigen Nationalstolz verdrängt werden. Ihre Freihafenstellung steht und fällt mit der Zersplitterung Deutschlands. Sobald das deutsche Hinterland e i n Zollgebiet bildet, hat die Nation gar keinen Vorteil mehr von der Absonderung ihrer Häfen, und immer fühlbarer werden die Nachteile der Trennung hervortreten, der demoralisierende Schmuggel, die unleidliche Erschwerung des Kleinverkehrs mit der Nachbarschaft. Wenige Wochen strenger preußischer Zollkontrolle an den Grenzen der Provinz Schleswig-Holstein haben hingereicht, die Agitation in Lübeck für den Anschluß an den Zollverein zu verstärken. Aus den Klagen der Industrie und des Kleinhandels wird sehr bald auch der Großhandel die Einsicht gewinnen, daß die Absonderung so verkehrsreicher Gebiete auf die Dauer eine physische Unmöglichkeit ist. Schon jetzt äußert Altona laut den Wunsch nach Einschluß in die deutsche Zollgrenze; hält diese Agitation an, so kann die preußische Regierung einer preußischen Stadt die Gleichstellung mit den übrigen Plätzen der Monarchie schließlich nicht versagen; wie aber läßt sich eine Zollinie zwischen zwei Nachbarstädten oder vielmehr inmitten der Straßen e i n e r volkreichen Stadt aufrechterhalten? Das Parlament hat nicht nur, was sich von selbst rechtfertigt, den unausführbaren sofortigen Eintritt der Hansestädte nicht verlangt, sondern die Nachsicht gegen sie noch weiter getrieben: ihre Aufnahme in die nationale Zollinie ist ihrem eigenen Willen anheimgestellt. Wir denken, diese Lage werde die freihändlerische Richtung der preußischen Verkehrspolitik verstärken. Die in der Wissenschaft längst zum Gemeinplatze gewordene Erkenntnis, daß nur eine kleine Minderzahl der Warenzölle einen erheblichen finanziellen Ertrag bringt, beginnt endlich in den Bureaus der Handelsministerien anerkannt zu werden; und wenn erst die Vereinfachung unseres Zolltarifs erfolgt ist, so wird die deutsche Zollkontrolle ihre Schrecken für den hanseatischen Kaufherrn verlieren.

Die unsystematische Natur des Bundes zeigt sich sehr grell in seinem Finanzwesen. Seine Einnahmen bestehen 1) aus den Reinerträgen der Zölle und den gemeinsamen indirekten Steuern, welche von den Bundesstaaten nach gemeinsamen, also für einzelne Grenzländer sehr nachteiligen, Grundsätzen verrechnet werden und in der Form als Beiträge der Einzelstaaten erscheinen; 2) — wenn anders man diesen imaginären Posten aufzählen will — aus den Ersparnissen der Bundeskriegsverwaltung bis zum Jahre 1871; 3) aus dem Ertrage der Posten und Telegraphen, die von dem Bunde ausschließlich verwaltet werden. Das Fehlende wird ergänzt 4) durch Matrikularbeiträge. Dieser leidige Notbehelf, eine ganz irrationelle Kopfsteuer, die das arme Detmold etwa mit der gleichen Summe belastet wie das reiche Bremen, ward in dem alten Deutschen Bunde nur deshalb erträglich, weil die Summen geringfügig und die Steuerzahler ohne Vertretung waren. In dem neuen Bunde wird die Ungleichmäßigkeit der Belastung bald sehr fühlbar werden; das Parlament erwarb sich daher ein Verdienst als es dem Bunde auch die Befugnis direkte Steuern aufzulegen gab. Die Ausübung dieses Rechtes wird sehr lästig in die Finanzverwaltung der Einzelstaaten eingreifen und noch einige Zeit auf sich warten lassen; aber ohne Störungen der Verwaltung der Glieder ist kein kräftiger Bund möglich, und die direkte Bundessteuer wird eine mächtige Klammer mehr bilden, um die Volkswirtschaft der Nation zusammenzuhalten.

Die heftigsten Debatten des Parlaments bewegten sich um die Rechte des künftigen Reichstags. Der Radikalismus hatte die berufene Übertragungstheorie aufgestellt, wonach jedes Recht, das bisher einer deutschen Volksvertretung zustand, auch dem deutschen Parlamente zugeteilt werden sollte. Der Widersinn dieser Phrase liegt auf der Hand, da Wert und Sinn eines politischen Rechtes sich verändert, sobald man es in einen neuen Zusammenhang stellt. Das Parlament bedurfte einiger Zeit, bis in den bewegten Debatten diese Erkenntnis durchschlug und ein Kompromiß entstand, das heute, offen oder in der Stille, von allen Besonnenen gebilligt wird. Die Landtage der Kleinstaaten waren bisher verpflichtet, die durch Bundesgesetze geforderten Militärausgaben zu bewilligen; in Preußen beanspruchte die Krone kraft des Gesetzes vom 3. September 1814 das Recht die Stärke des Heeres nach den Staatsverhältnissen zu bestimmen, über die Konsequenzen dieses Rechts brach der Konflikt aus. Von jetzt an bis zum Jahre 1871 ist ein rechtlich und tatsächlich unüberschreitbarer Friedenspräsenzstand vorgeschrieben. Das lange ersehnte Wehrgesetz ist also provisorisch festgestellt, für die Zukunft steht ein umfassendes Bundesmilitärgesetz in Aussicht. Ein großer Gewinn, denn die allgemeine Wehrpflicht wird zur unerträglichen Bürde, wenn die Pflichtigen nicht gegen die Willkür des Reichstags wie der Regierung gesichert sind. Es bildet ferner der feststehende Friedenspräsenzstand in unserer rasch anwachsenden Bevölkerung eine sinkende Last. Endlich ist nicht nur die bisherige Zeit der Dienstpflicht für Preußen erheblich vermindert — bis auf 12 Jahre —, sondern die Kriegsverwaltung ist gezwungen, auf eine Verminderung der Dienstzeit bei den Fahnen hinzuarbeiten, wenn sie die Zahl der militärisch ausgebildeten Mannschaften vermehren will. Nach dem Jahre 1871 sind allerdings Konflikte denkbar, da die für die heutige Friedenspräsenzstärke des Heeres bestimmten Beiträge der Bundesstaaten fortdauern, der Reichstag also nur die Ausgaben zu bewilligen hat. Aber die Organisation des Heeres steht verfassungsmäßig fest, eine Vermehrung des Friedenspräsenzstandes der Armee ohne Zustimmung des Reichstags ist rechtlich und tatsächlich verhindert, an eine Verminderung zu denken wird die Lage der Welt ohnehin der nächsten Zukunft nicht erlauben. Auch glauben wir, daß bis zum Jahre 1871 der Liberalismus sich der Regierung genähert haben wird. Schon heute beginnt man ernstlich die gewöhnlichen Vorstellungen über das sogenannte Budgetrecht zu prüfen und findet, daß sie nicht dem englischen, sondern dem französischen Vorbilde traurigen Angedenkens entlehnt sind; man erkennt, daß das gepriesene allgemeine Steuerverweigerungsrecht in dem regelmäßigen Gange des Staatslebens weniger durchschlagend wirkt als das bescheidenere Recht, neue Steuern, neue Ausgaben zu verweigern. Und dies bescheidenere Recht wird dem deutschen Reichstage in vollster Wirksamkeit zustehen. Der Bund hat nicht, wie bisher die Krone Preußen, reiche Einnahmen aus bestehenden Steuern zu seiner Verfügung, er beginnt mit dem Defizit, er kann nicht leben ohne die Bewilligungen des Reichstags. Uns däucht, das seien günstige Vorzeichen für unser konstitutionelles Leben.

Bei den Verhandlungen über die Zusammensetzung des künftigen Reichstags kam der Gedanke ein Oberhaus zu bilden kaum ernstlich zur Sprache; jedermann fühlte, daß die räderreiche Maschine des Bundes nicht noch verwickelter werden dürfe. Die Bitterkeit, welche der Streit über die Diäten hervorrief, die heftigen Invektiven gegen „die Bildung einer privilegierten parlamentarischen Kaste" werden wohl schon einer nahen Zukunft unverständlich sein. Ein unbesoldeter Reichstag steht geachteter da nach oben wie nach unten, er darf auf die Mitwirkung der Aristokratie zählen, die man sonst der neuen Ordnung verfeindet. Die einzige unerfreuliche Erfahrung, welche Italien an seinem unbesoldeten Parlamente gemacht hat, wird dem Volke der allgemeinen Wehrpflicht und der Steinschen Städteordnung erspart bleiben. Unsere Nation ist zu sehr an den uneigennützigen Dienst für das gemeine Wohl gewöhnt, als daß wir fürchten müßten, unsere Parlamentsmitglieder würden, wie die italienischen, saumselig und unvollzählig auf dem Platze erscheinen. Mit überwältigender Mehrheit wurde endlich das allgemeine Stimmrecht angenommen — ein merkwürdiger Beweis für die Umstimmung der öffentlichen Meinung. Wir unsererseits sind unserer alten Überzeugung treu geblieben und können dem suffrage universel nur den einen Vorzug zugestehen, daß es häufig, keineswegs immer, der Volksvertretung ein großes moralisches Ansehen verleiht, gegenüber dem Auslande wie gegen den Radikalismus im eigenen Lande. Wir bewundern keineswegs das preußische Wahlgesetz, das dem Coteriewesen Vorschub leistet. Aber einen mäßigen Zensus, der mindestens die ganz abhängigen Bestandteile der Gesellschaft von der Wahlurne ausgeschlossen hätte, konnte man mit einigem politischen Mute sehr wohl feststellen. Es ist nicht wahr, daß das allgemeine Stimmrecht, einmal gegeben, nicht wieder genommen werden durfte; unsere Massen kennen den Gleichheitsfanatismus der Franzosen nicht. Der Satz, jeder Zensus sei eine Willkür, beweist zuviel, also gar nichts; alle Wahlgesetze bestimmen eine Grenze für die Wahlfähigkeit, und sei es auch nur die Grenze des Alters, und jede gesetzliche Grenzlinie muß sich in einzelnen Fällen als Willkür erweisen. Die letzten Wahlen haben ein nicht ungünstiges Ergebnis geliefert, aber sie geschahen unter der Einwirkung einer mächtigen nationalen Erregung: das Volk von Preußen wollte sich die Früchte der böhmischen Schlachten nicht verkümmern lassen. Ob bei neuen Wahlen in anderer Zeit dieselbe Mäßigung sich zeigen wird, ist keineswegs sicher. Die Taktik aller Parteien wird nunmehr, da sie auf die Massen zu rechnen haben, neue, schwerlich edlere Formen annehmen müssen; unter allen Parteien sehen sich die gemäßigten, auf deren Kraft jeder geordnete Staat zählen muß, am schwersten bedroht; und wir sind keineswegs sicher, ob nicht mit der Zeit, gefördert durch das allgemeine Stimmrecht, die sozialistischen Elemente unserer großen Städte zu drohender Stärke anschwellen werden. Gebe Gott, daß die unverwüstliche Sittlichkeit unseres Volkes solchen Versuchungen widerstehe!

Wir haben unsere Bedenken gegen einzelne Bestimmungen der Verfassung scharf hervorgehoben, weil wir unsere Leser bestärken wollten in der Einsicht, daß die großen organisatorischen Arbeiten der nächsten Zukunft einem noch unfertigen Werke gelten und darum einer fleißigen, tiefeindringenden Vorprüfung durch die öffentliche Meinung dringend bedürfen. Indem wir aber noch einmal die Verfassung im ganzen überschauen, können wir uns nicht begnügen mit dem selbstverständlichen Worte, daß das Beschlossene Achtung und Unterordnung verlangt, noch mit der mattherzigen Versicherung, der Tadel gegen einzelne Punkte berechtige nicht zum Verwerfen des Ganzen. Wir müssen rundweg die Überzeugung aussprechen: diese Verfassung ist der Markstein des größten Fortschrittes, den das politische Leben der Deutschen je vollzogen hat; späte Geschlechter werden einst das Andenken des ersten Norddeutschen Reichstags segnen und seine verblendeten Gegner belächeln. Wir Männer der nationalen Partei haben allzu lange unsere Feder tauchen müssen in Zorn und Bitterkeit; auch jetzt noch finden wir nur schwer jenen Ton ruhiger, besonnener Zuversicht, der einer aufsteigenden Nation geziemt. Und wie sie aufsteigt, diese Nation, wie unablässig jene schöpferischen Kräfte, die der Krieg entfesselte, weiterbauen an dem deutschen Staate, das wird uns abermals bekräftigt durch die Schutz- und Trutzbündnisse und die jüngsten Zollvereinsverträge mit Süddeutschland. Die Brücke über den Main ist geschlagen. Wir kennen diese Zollverträge noch nicht näher und wissen noch nicht zu sagen, ob die Regierungen des Südens imstande sein werden, den gesunden freihändlerischen Zug unserer Zollpolitik zu hemmen. Von unzweifelhaftem Segen aber ist die Teilnahme süddeutscher Abgeordneten an den Zollverhandlungen des Parlaments. Wenn dadurch für den Augenblick der regellose Bau des Norddeutschen Bundes noch unförmlicher erscheint, so wird er in der Zukunft um so einfacher sich gestalten; wir haben jetzt die Gewißheit, daß der Norddeutsche Bund sich erweitern wird zum Deutschen Bunde. Wie die Trennung des Südens von dem Gemeinwesen der Nation allein bewirkt ward durch die Schuld der Süddeutschen selber, so kann auch die Versöhnung nur geschehen durch das Durchbrechen der besseren Erkenntnis im süddeutschen Volke, und diese Umkehr wird unzweifelhaft erfolgen, sobald man im Süden unser Parlament kennen lernt. Die Zeit ist gekommen, da dem Deutschen erlaubt ist das

Höchste zu hoffen. Das große Wort „deutsches Königtum" ist noch nicht ausgesprochen. Aber der gesegnete Tag rückt näher, da vor diesem verheißenden Klange jeder Widerstand verstummen muß und der Spruch sich erfüllt, der dem Adler Preußens zuruft: „einst trägst du noch den goldenen Reif, Szepter, Schwert vom heil'gen Reich!" —

Das Strafgesetzbuch vor dem Reichstage.

Berlin, 5. April 1870.

Auch parlamentarische Versammlungen unterliegen den Schwächen des Alters. Unser Reichstag zeigt nach zwei Jahren rüstigen, tatkräftigen Schaffens jetzt am Ende der Legislaturperiode unverkennbare Spuren der morosa senectus. Die annähernd gleiche Stärke der Parteien, überall sonst ein Hindernis für die Fruchtbarkeit der Gesetzgebung, hat sich in dieser Verfassung, die in allem von der Regel abweicht, bisher als ein Vorteil erwiesen; sie zwang die Parteien zu wohltätigen Kompromissen, da alle Welt fühlte, daß der unfertige Bund nicht stillstehen dürfe. Von dieser versöhnlichen Stimmung aber, der unser Norden eine lange Reihe grundlegender Gesetze verdankt, ist in der gegenwärtigen Session leider wenig zu spüren. Seit jenem schweren Mißgriff vom 24. Februar drängt ein unerquicklicher Auftritt den andern; bittere, unfruchtbare Vorwürfe werden zwischen dem Bundeskanzler und den Nationalliberalen ausgetauscht bei jedem geringfügigen Anlaß, so noch jüngst bei der Beratung des Budgets des Auswärtigen Amts. Soeben ward nur mit knapper Not der schwer errungene Schutz des geistigen Eigentums aufrechterhalten gegen unreife doktrinäre Neuerungsversuche. In Fraktionen, die während neun Monaten des Jahres versammelt bleiben, zeigen sich unvermeidlich einige Schattenseiten des Koteriewesens. Man beginnt zu glauben an Schlagworte, die man unter den Freunden täglich wiederholen hört; man entfremdet sich dem Volke, das von seinen Vertretern nichts weiter verlangt als rüstigen Ausbau der Bundesverfassung. Man trägt allerhand persönliches Ärgernis in gekränktem Herzen nach, und schon schlagen einzelne Redner wieder einen grämlichen Ton an, als bilde der verewigte Staatskonflikt den natürlichen Zustand der Dinge in Deutschland. Hält solcher Geist des Unfriedens an, so wird der Reichstag beim Scheiden vielleicht nur auf eine große Trümmerstätte zurückblicken.

Der letzte Grund dieser unerfreulichen Wandlung liegt, wie jedermann im stillen fühlt, in der nahenden Auflösung des Parlaments. Beide Teile hoffen auf die Wahlen. Aus den Reden der Regierungsbank klingt vornehmlich die Hoffnung hindurch: wir werden euer bald nicht mehr bedürfen. Die Liberalen aber bedrückt der Gedanke, daß ihre Haltung den Wählern allzu nachgiebig erscheinen möge; und obwohl diese Furcht sich mehr auf lärmende Zeitungsartikel als auf sichere Beobachtungen stützt — der Selbsterhaltungstrieb drängt die Masse der Partei unmerklich nach links hinüber.

Während also die Gegensätze der Parteien sich verschärfen, liegt vor dem Reichstage ein Gesetzentwurf, welcher, in die Tiefen des Volksgewissens hinabreichend, für das Gemeingefühl, für die sittliche Einheit unserer Nation nicht weniger bedeutsam ist als die neuen Gewerbe- und Freizügigkeitsgesetze für ihre wirtschaftliche Einheit. Unter allen unheilvollen Folgen der deutschen Zersplitterung hat kaum irgendeine edle Geister so tief empört, wie die schimpfliche Tatsache, daß Recht und Unrecht unter den Söhnen eines Volkes nicht mit gleichem Maße gemessen ward. Diese Schande von unserem Vaterlande hinwegzunehmen, eine der idealsten und erhabensten Pflichten nationaler Gesetzgebung zu erfüllen, den Partikularismus aus einem seiner wichtigsten Bollwerke hinauszutreiben ist jetzt die Aufgabe. Der Entwurf des Bundesrats fußt auf dem preußischen Strafgesetzbuche — dem ersten in Deutschland, das mit bewußter Absicht, und im ganzen mit Glück, auf die Bedürfnisse des volkstümlichen, öffentlich-mündlichen Gerichtsverfahrens Rücksicht nahm. Er gewährt, nach dem Urteil fast aller Sachkenner, dankenswerte Reformen, indem er viele Strafen mildert, dem richterlichen Ermessen freiesten Spielraum gewährt, die Entlassung aus der Haft auf Widerruf gestattet usw. Er bezeichnet für Preußen einen großen, für viele Kleinstaaten einen außerordentlichen Fortschritt der Gesetzgebung. Er wird, zum Gesetz erhoben, die Wissenschaft und Praxis eines weiten Rechtsgebietes, den bestgeschulten Juristenstand Europas in seine Dienste ziehen; jedes durchdachte Gesetzbuch eines großen Kulturvolks trägt in sich die Gewißheit der Weiterentwicklung. Die Neuordnung des Kriminalprozesses, welche in die sittliche Bildung der Nation vielleicht noch tiefer eingreift als das Strafgesetzbuch, der ganze Fortgang des großen Werkes deutscher Rechtseinigung hängt an dem Gelingen dieses Gesetzes. Und doch ist bei der Beratung des zuerst von allen Parteien mit Freude begrüßten Entwurfes ein schroffer Gegensatz der Meinungen zutage getreten, ja nach den jüngsten Äußerungen des Kriegsministers steht ernstlich zu bezweifeln, ob das Werk in der gegenwärtigen Session zustande kommt.

Der Streit bewegt sich wesentlich um zwei Fragen, die politischen Verbrechen und die Todesstrafe. Die Mehrheit des Reichstags verlangt, daß auch schwere politische Verbrechen nur dann mit Zuchthaus bestraft werden, wenn die strafbare Handlung aus ehrloser Gesinnung entsprungen ist. Man mag die Formulierung dieses Antrages unklar und unbestimmt finden, sein leitender Gedanke ist sicherlich wohlberechtigt. Wenn wir uns des entsetzlichen Schicksals eines Gottfried Kinkel erinnern, wenn wir bedenken, wieviel harte politische Kämpfe unser von Parteien und selbst von nationalen Gegensätzen zerrissenes Land noch schauen kann, desgleichen daß dem Staate in den Tagen der Gefahr noch das harte Sicherungsmittel des Kriegsrechts verbleibt, so erscheint es einfach als eine Forderung der Menschlichkeit, daß das Gesetz den politischen Verbrecher zwar bestrafen und unschädlich machen, doch nicht unbedingt zu einem Lose verurteilen solle, daß dem gebildeten Manne gräßlicher ist als der Tod. Noch bedeutsamer und noch besser berechtigt ist die Forderung des Parlaments, daß nur der Widerstand gegen die von der Obrigkeit innerhalb ihrer Zuständigkeit getroffenen Anordnungen strafbar sein solle. Alle freien Völker rühmen als den Eckstein ihrer Freiheit, daß bei ihnen nur dem Gesetze, nicht der gesetzlosen Willkür gehorcht werde. Und dieser Grundsatz sollte in Deutschland Gefahr bringen, in dem unzweifelhaft gehorsamsten Volke des Weltteils, unter Behörden von anerkanntem Amtseifer, unter Polizeiorganen, welche, ausgestattet mit einer Überfülle diskretionärer Gewalt, fast jederzeit in der Lage sind augenblickliche Unterwerfung zu erzwingen? Wir vermögen nicht einzusehen, wie der Reichstag abgehen könne von diesem Grundgedanken der politischen Freiheit, der zudem in den Amendements einen sehr maßvollen Ausdruck gefunden hat.

Anders stellt sich unser Urteil zu der Todesstrafe. — Die Unvollkommenheit, die zweifelhafte Wirkung aller Strafen, der tiefe unversöhnliche Widerspruch zwischen der rechtlichen und der sittlichen Ordnung der menschlichen Dinge tritt nirgends so grell hervor wie bei der Betrachtung der furchtbarsten und unwiderruflichsten aller Strafen; darum ist das massenhafte Anschwellen der dieser Frage gewidmeten Literatur weder ein Zufall noch eine Modetorheit. Die menschliche Achtung vor dem Menschenleben, die unser Jahrhundert auszeichnet, hat gerade auf diesem Gebiete der Gesetzgebung zu reißend schnellen Fortschritten geführt; das empfindet man sehr lebhaft in dem hohen Reichstage selber, dem mehrere einst zum Rade verurteilte Mitglieder angehören. Noch schneller als das Gesetz hat sich seine Handhabung umgewandelt; die Frage ist schon heute für Deutschland von geringer praktischer Bedeutung, da in den 6 Jahren von 1860 bis 65 nur 44 Hinrichtungen, kaum 8 im Jahre, vollzogen wurden. Bis zu dem Zugeständnis, daß die Ausführung der Todesstrafe auf ein möglichst geringes Maß beschränkt werden müsse, ist die gesamte deutsche Welt einig.

Zudem wird die Zahl der Gegner der Todesstrafe noch vermehrt durch einen der vielen notwendigen Widersprüche unserer unfertigen Bundesverfassung. Die Todesstrafe in der Ausdehnung, welche der Entwurf noch festhält, setzt eine häufige Anwendung des Rechtes der Begnadigung voraus; und dies Recht wird bei uns nicht, wie in jedem anderen einigen Rechtsgebiete, durch ein Staatsoberhaupt, sondern durch zweiundzwanzig Souveräne ausgeübt. Nun weiß die Welt, wie grundverschieden das höchste Herrscherrecht auf die Gemüther der Fürsten wirkt: den einen stärkt es in dem Ernst der Pflichterfüllung, den anderen erfüllt es mit dem Rausche der Selbstvergötterung; der eine schrickt davor zurück aus Gewissenhaftigkeit, wie König Oskar von Schweden, der andere weil seine Schwäche die schwere Verantwortung nicht zu ertragen vermag; ein Fünfter endlich — die Geschichte der deutschen Kleinstaaten weiß noch in jüngster Zeit davon zu erzählen — läßt sich durch unklare Wallungen des Gemüts, wo nicht gar durch frivole Begierden bei der Ausübung seiner heiligsten Pflichten bestimmen. Wahrhaftig, es bleibt eine harte Zumutung an deutsche Volksvertreter, dies folgenschwere Recht den unberechenbaren Stimmungen von zweiundzwanzig Souveränen anzuvertrauen. Doch mächtiger als solche verständige Erwägungen wirkt auf den Durchschnitt der Menschen der Terrorismus der öffentlichen Meinung. Die Abschaffung der Todesstrafe ist feierlich aufgenommen in das Credo des Liberalismus. Systematiker wie wir sind, meinen wir uns verpflichtet, die Frage mit einem Schlage gänzlich zu erledigen und dem Weltteil mit einem großen Beispiel rechtsphilosophischer Aufklärung voranzugehen. Die Presse schmettert mit der Kesselpauke der sittlichen Entrüstung als einen Barbaren, einen Ketzer jeden darnieder, der dies zu bestreiten wagt.

Da diese Blätter auf die Unabhängigkeit der persönlichen Überzeugung noch etwas halten, so erlaube ich mir, mich hier zu dieser Ketzerei zu bekennen. Geständnis gegen Geständnis: wenn viele Gegner der Todesstrafe zugeben, daß sie erst allmählich die Verwerflichkeit dieser Strafe eingesehen, so muß ich umgekehrt gestehen, daß ich erst im Verlaufe der letzten Jahre von ihrer Notwendigkeit überzeugt worden bin — und zwar durch die Beweise ihrer Gegner selber. Blickt man diesen Beweisen auf den Grund, so erscheint als herrschender Gedanke doch die Vorstellung, daß das Leben das höchste der Güter sei. Ich rede hier nicht vom Diesseits und Jenseits; es frommt niemals politische Fragen auf das Gebiet des Glaubens, des schlechthin Unbeweisbaren hinüberzuspielen. Ich meine nur: unsere Zeit, wie jede gewerbtreibende, friedliche Epoche, läuft Gefahr sich einem einseitigen Individualismus hinzugeben, die Achtung vor dem Menschenleben bis zu weichlicher Ängstlichkeit zu steigern, Leben und Wohlfahrt des einzelnen höher zu stellen als Recht und Macht der Volksgemeinschaft, dem Staate nicht mehr zu geben was des Staates ist. Des Staates aber ist, solange freie Völker leben, das Recht über Leben und Tod; der Staat, der das Leben von tausend Tapferen hingibt für seine Selbstbehauptung, darf und soll auch den Verbrecher vernichten, der durch eine furchtbare Bluttat die Rechtsordnung gestört hat. Darum war es nur folgerecht, daß ein beredter Gegner der Todesstrafe im Reichstage die Hoffnung aussprach, die Milderung der Staatssitten werde schließlich auch zur Beseitigung des Krieges führen. Wer aber in dieser Hoffnung eine Utopie, ein Verkennen der Natur des Staates sieht, wer des Glaubens lebt, daß die menschlichen Dinge aus so weichen Stoffen nicht gewoben sind, sondern daß die Waffen bis an das Ende der Geschichte ihr gutes Recht behaupten werden, der wird sich auch so leicht nicht einreden lassen, daß das Leben des Mörders unantastbar sei. Wendet man ein: wir leugnen gar nicht das selbstverständliche Recht des Staates über Leben und Tod — so erwidere ich: ihr leugnet es nicht, aber ihr vernichtet es indem ihr die Todesstrafe aufhebt! Sagt man ferner: für die Sicherheit der Gesellschaft kann durch gute Gefängnisse ebensowohl gesorgt werden — so antworte ich: die Strafe dient dem Staate nicht zur Notwehr, sie trägt ihren Zweck in sich selber, sie ist die rechtlich-sittliche Folge des Verbrechens, die Sühne, die Ausgleichung der gestörten Rechtsordnung, sie empfängt ihre Form und ihr Maß durch die sittliche Bildung, durch das Gewissen des Volkes.

Dem ernsten Geiste genügt nimmermehr, daß die Gesamtheit die Sicherheit von Hab und Leben der einzelnen notdürftig schütze; er fordert, daß die Rechtsordnung fest wurzle in dem Gewissen der Nation, daß das Volk den unverbrüchlichen Glauben hege an den heiligen Ernst des Gesetzes und nicht durch willkürliche Sprünge der Gesetzgebung in solchem Glauben gestört werde. Nicht die Einführung der Todesstrafe steht in Frage, sondern ihre Aufhebung. Wer aber will eine so tiefgreifende, radikale Neuerung verantworten, solange er nicht mit einiger Sicherheit weiß, daß das Gewissen unseres Volkes dadurch nicht beleidigt wird? Wahrlich, hätte nicht die Lammsgeduld der deutschen Leser seit Jahren unserer Presse gestattet, sich selber für die öffentliche Meinung auszugeben, wir müßten erstaunen über die Dreistigkeit der in den liberalen Blättern herkömmlichen Versicherung, die ungeheure Mehrheit der Nation verlange die Abschaffung der Todesstrafe. Wenn unter den Heroen des Zeitalters der deutschen Humanität die große Mehrzahl, von Goethe bis auf Hegel, die Notwendigkeit der Todesstrafe anerkannte, wenn in unseren Tagen noch Staatsmänner wie Bismarck und Mathy, Juristen wie Leonhardt und E. Herrmann, Philosophen wie David

Strauß und Trendelenburg, Männer der verschiedensten Richtungen, mit größter Bestimmtheit dieselbe Ansicht aussprechen — wer darf dann noch behaupten, daß die Frage auch nur unter den Höchstgebildeten der Nation entschieden sei?

Das einmalige Votum eines Reichstags, der gewählt ward als von dem deutschen Strafgesetzbuch noch kaum die Rede war, darf in diesem Falle nicht als ein untrüglicher Ausdruck des Volkswillens gelten. Über die durchschnittliche Meinung der Mittelklassen gibt die Haltung unserer Schwurgerichte deutliche Auskunft. Gilt eine Strafe der Volksüberzeugung als barbarisch und verwerflich, so offenbart sich solche Gesinnung stets durch zahlreiche ungerechte Freisprechungen. So in England, als der Diebstahl noch mit dem Galgen bedroht war; denn auch in gewissenhaften Völkern widersteht ein Schwurgericht nicht leicht der Stimme des natürlichen Gefühls. Von unseren deutschen Geschworenen aber wurden die auf den Tod Angeklagten, im Durchschnitt einer zwanzigjährigen Erfahrung, nicht häufiger freigesprochen als alle anderen Angeklagten. Schauen wir endlich hernieder in die Massen des Volks, so kann zum mindesten über die Gesinnung des Landvolks gar kein Zweifel sein. Wenn der Reichstag bei der Abschaffung der Todesstrafe beharrt, so wird dieser Beschluß bei den nächsten Wahlen auf dem flachen Lande des Ostens ein höchst wirksames Agitationsmittel bilden für die konservative Partei. Die Obrigkeit soll das Schwert führen, unser Bauer weiß es nicht anders. Hätte das Richtbeil jenen Timm Thode nicht getroffen, der dithmarscher Bauer wäre irr geworden an dem Bestande von Recht und Gerechtigkeit auf Erden. Mit den tiefernsten Empfindungen des Volksgewissens zu experimentieren, die Todesstrafe versuchsweise abzuschaffen, auf die Gefahr hin, daß einmal ein gräßlicher Ausbruch der Volksgerechtigkeit ihre Wiedereinführung erzwingt, ein solches Spiel ist eines ernsten Staates nicht würdig.

Und spricht denn aus dieser Volksstimmung wirklich nur jene pöbelhafte Erregbarkeit, die im ersten Augenblicke das Schwerste für den Verbrecher fordert um ihn im zweiten zu bemitleiden? Greife doch jeder in seine eigene Brust und frage sich: würde dir dein Gewissen nicht sagen, daß dein Leben verwirkt ist, wenn du einen Mord begangen hättest? Man stelle sich die letzten möglichen Folgen der gepriesenen Milde gegen die Mörder lebhaft vor Augen. Man denke sich, daß ein Traupmann aus seinem Zuchthaus ausbricht und abermals zu metzeln beginnt, um, endlich wieder eingefangen, stillvergnügt wieder in dasselbe Zuchthaus zu wandern; — verletzt ein Staat, in dem solches möglich ist, nicht die erste und natürlichste seiner Pflichten? Setzt ein so überduldsames Gemeinwesen sich nicht der Gefahr aus, der Bestialität einen Freibrief ausstellen, aller Gerechtigkeit Hohn sprechen zu müssen? Es muß eine Grenze geben für die Barmherzigkeit wie für das Recht; der Staat soll das Schwert in seiner Hand wohl lange ruhen, aber nicht entfallen lassen. Die Zahl der Mordtaten hat sich verringert in den letzten Jahrzehnten, doch bei dem gewaltigen Anwachsen unserer großen Städte müssen wir darauf gefaßt sein, zuweilen einen jener scheußlichen Auswüchse großstädtischer Laster zu sehen, woran die Gesellschaft in gewissem Sinne mitschuldig ist; gerade in solchen Fällen hat die Gerechtigkeit des Staates mit unerbittlicher Strenge zu walten. Prahlen wir nicht hoffärtig mit unserer Bildung! Ein Volk weiß so wenig wie der einzelne, welcher Dämon in seiner Brust noch schlummern mag; die Geschichte kennt Epidemien des sittlichen wie des leiblichen Lebens.

Man sagt wohl, der Staat solle dem Volksgefühle voranschreiten und erinnert an den aufgeklärten Despotismus, der so viele barbarische Mißbräuche des alten Strafrechts hinwegfegte. Aber ein in Wahrheit unmenschliches Gesetz, einmal beseitigt, lebt nicht wieder auf in einem gesitteten Volke; die Wiedereinführung der Folter, der Hexenprozesse erwies sich als eine Unmöglichkeit, denn ihre Abschaffung war, als der Staat sie beschloß, längst vorbereitet durch die Gedankenarbeit der Besten der Nation. Die Todesstrafe dagegen ward in mannigfachen Experimenten abgeschafft, wieder eingeführt und wieder abgeschafft; den Philanthropen gelang niemals, das Volk zu gewinnen für die Überzeugung, daß die Hinrichtung des Mörders eine Barbarei sei. Die Frage lautet einfach: soll der Mörder mit einem Schlage vernichtet oder einer Verkümmerung des Daseins preisgegeben werden, die in neun Fällen unter zehn mit gräßlicher Stumpfheit endigt? Welche dieser Strafen die menschlichere sei, ist im allgemeinen gar nicht, selbst im einzelnen Falle nicht immer mit Sicherheit zu entscheiden. Unzweifelhaft ist nur, daß der Tod rohen Gemütern schrecklicher erscheint als die ewige Haft.

Im übrigen legen wir auf die Abschreckungstheorie wenig Wert, da die sittliche Wirkung jeder Strafe sich der sicheren Wahrnehmung entzieht. Die nicht abgeschreckt wurden treten vor den Richter, doch wer zählt die anderen, die aus Furcht vor dem Tode einen blutigen Gedanken ins Herz zurückzwangen? Auch die statistischen Beweise für und wider überzeugen den ernsten Mann nicht, der sich vor Augen hält, wie mannigfache Momente des Kulturlebens auf die Ergebnisse der Kriminalstatistik einwirken. Selbst der stärkste Beweisgrund der Abolitionisten, der Hinweis auf mögliche Justizmorde, hält nicht stand, denn er beweist zuviel. Jede über einen Unschuldigen verhängte schwere Strafe ist unsühnbar. Wir sehen nicht ab, wie die Weisheit eines Gesetzgebers den schrecklichen Folgen menschlicher Gebrechlichkeit gänzlich vorbeugen solle; vielmehr steht zu befürchten, daß nach Abschaffung der Todesstrafe die Zahl der leichtsinnigen Verurteilungen sich vermehren werde.

Weit schwerer fällt eine Erwägung ins Gewicht, die dem Wesen unseres Staates entnommen ist. Noch alle tapferen und freien Völker der Geschichte freuten sich der Strenge ihrer Gesetze. Warum nur soll dies tapfere Preußen, dieser feste und gerechte Staat, dessen Geschichte durchdröhnt wird von dem Klange der Waffen — warum soll dies mannhafte Volk, das so oft sein Blut verspritzte für ideale Güter, jetzt den Reigen eröffnen mit einem philanthropischen Versuche, welcher bisher nur in der weichherzigen Gemütlichkeit der Kleinstaaterei sich behaupten, doch in allen großen wahrhaften Kulturstaaten sich nicht durchsetzen konnte? Jedermann gibt zu, daß das Heer der Todesstrafe nicht entbehren kann. Dies harte Recht des Krieges aber hat, wie die Motive des Entwurfs treffend bemerken, zur notwendigen logischen Voraussetzung, daß auch im Frieden die rechtliche Möglichkeit der Todesstrafe bestehe. Es scheint nicht wohlgetan, in einem Staate, dessen Heer das Volk in Waffen ist, der Strenge des Kriegsrechts eine übermäßige Weichheit des Friedensrechts gegenüberzustellen und also den unseligen Wahn zu verstärken als ob der Krieg die Aufhebung der natürlichen Ordnung sei.

Was ich soeben sagte ist der Ausdruck einer persönlichen Überzeugung, welche von nahen Freunden, auch von dem Mitherausgeber dieser Blätter nicht geteilt wird. Für die gegenwärtige Aufgabe der Gesetzgebung genügt jedoch vollkommen, daß die besonnenen Patrioten übereinkommen in dem Eingeständnis: die Todesstrafe ist nicht ein unsittliches Ärgernis, schlechthin verdammt von dem Gewissen der Nation; sie wird vielmehr von ehrenhaften Männern aller Bildungsschichten, von einem großen, vielleicht dem größten Teile des Volks als ein unentbehrliches Glied deutscher Rechtsordnung betrachtet; die auf ihre gänzliche Abschaffung gerichtete literarische Bewegung genießt zwar hohen Ansehens in der europäischen Welt, doch sie ist bisher weder zu unumstößlichen wissenschaftlichen Ergebnissen gelangt, noch zur Herrschaft über die öffentliche Meinung.

Gibt man diese Tatsachen zu — und wir begreifen nicht, wie ein unbefangener Mann sie bestreiten kann — so ist auch schon die Frage beantwortet: darf der Reichstag um der Todesstrafe willen der Nation die Einheit ihres Strafrechts vorenthalten? Der Bundeskanzler hat feierlich versichert, daß die Krone Preußen in die Aufhebung der Todesstrafe nicht willigen werde; kein Zweifel, die gewissenhafte Überzeugung des Königs selber sprach aus diesen Worten. Der Krone aber steht diesmal das stärkere Recht zur Seite, denn sie verteidigt den bestehenden Zustand, und zu einer Neuerung darf ein Monarch nicht gezwungen werden. Der Reichstag hat nicht, wie die Sophisten sagen, eine schlechthin neue Ordnung auf eine tabula rasa aufzutragen, er hat sein Werk anzuknüpfen an einen gegebenen Rechtszustand. Die Todesstrafe aber ist Rechtens in dem weitaus größten Teile von Norddeutschland. Die wenigen Ausnahmen heben die Regel nicht auf; die wichtigste dieser Ausnahmen, das revidierte sächsische Strafgesetzbuch vom Oktober 1868, trägt sogar einen sehr zweifelhaften Charakter. Wie ein deutscher Kleinstaat sich zu der nationalen Gesetzgebung zu verhalten habe, das hat die badische Erste Kammer soeben durch ein rühmliches Beispiel gezeigt: sie verwarf den Antrag auf die Abschaffung der Todesstrafe, weil sie der norddeutschen Gesetzgebung nicht vorgreifen wollte. Hat man in Sachsen für anständig gehalten, dem Bunde Hals über Kopf voranzueilen, so ist der Reichstag sicherlich nicht verpflichtet, gegen dies eigentümliche Probstück königlich sächsischer Bundestreue irgendwelche Schonung zu zeigen. Nach den Erklärungen des Bundeskanzlers steht die Wahl also: entweder Einheit der Strafrechtsordnung mit sicherer Aussicht auf weitere Fortschritte unserer Rechtsreformen; ein Strafgesetzbuch, tüchtiger und milder als alle in Deutschland bestehenden, dazu die Todesstrafe für wenige Fälle; oder — acht zumeist sehr unvollkommene Strafgesetzbücher, dazu im größten Teile des Nordens die Todesstrafe für viele Verbrechen, endlich Verschiebung eines großen nationalen Fortschritts auf unbestimmte Zeit. Wenn politische Köpfe angesichts dieses Zwiefalls auch nur einen Augenblick schwanken, so liegt die Erklärung allein in der falschen Scham.

Deutsche Gewissenhaftigkeit fühlt sich gebunden durch die erste Abstimmung, sie entschließt sich schwer, nach der nüchtern-geschäftlichen Weise des englischen Parlaments, trocken einzugestehen: Die vorläufige Abstimmung sagt nur: „dies halten wir für wünschenswert“; erst die letzte Abstimmung sagt: „dies ist nach Lage der Dinge erreichbar und dem Staate heilsam“. Wir können nicht glauben, daß die liberale Partei so einfachen Erwägungen sich verschließen, daß dieser Reichstag sein vordem so reiches Wirken jetzt mit unfruchtbarem Hader beenden werde. Was die Wahlen bringen, vermag bei unserem Wahlgesetze niemand zu ahnen. Vielleicht überhebt eine konservative Reichstagsmehrheit den Bundeskanzler der Notwendigkeit, uns Liberalen Zugeständnisse zu machen; vielleicht führt uns eine oppositionelle Mehrheit neuen Konflikten, einem abermaligen Stillstande der Gesetzgebung entgegen. Sicher ist nur, daß der neue Reichstag von der großen Frage des Militärbudgets beherrscht werden und für juristische Reformen weder viel Zeit noch viel Gedanken übrig behalten wird. Darum wird, wenn das Strafgesetzbuch jetzt nicht zustande kommt, unsere große Rechtsreform vermutlich um mehrere Jahre vertagt werden, und darum wird auch das Urteil der Nation sehr hart lauten, wenn der Eigensinn des Bundesrats oder des Parlaments das große Werk gefährden sollte.

Die Grundzüge eines Kompromisses bieten sich bei der gegenwärtigen Zusammensetzung des Hauses fast von selber dar. Wenn die Mehrheit sich dazu versteht, die Fortdauer der Todesstrafe für Fälle schweren Mordes zuzugeben, so steht zu hoffen, daß der Bundesrat auf einige Lieblingsgedanken des Absolutismus verzichten, die Straflosigkeit des Widerstandes gegen ungesetzliche Befehle anerkennen und in die mildere Behandlung der politischen Verbrecher willigen werde. Die Hinrichtung der Hochverräter ist in Friedenszeiten auf deutschem Boden seit Jahrzehnten nicht mehr gewagt worden, weil das öffentliche Gewissen sie unzweifelhaft verwirft. Vielleicht ist noch eine andere Reform zu erreichen: eine Anordnung, wie sie in Schweden besteht, wonach den Richtern und Geschworenen die Befugnis zukommt, den Mörder bei mildernden Umständen nur zu ewigem Zuchthaus zu verurteilen. Eine solche Einrichtung wird in Deutschland, wenn wir uns nicht ganz täuschen, keineswegs bewirken, daß die Todesstrafe nur auf dem Papiere steht, wohl aber, daß die Gnade der Landesherren, zum Heil der Souveräne wie der Nation, weit seltener als bisher angerufen wird.

Wenn diese Jahrbücher irgendein Verdienst besitzen, so liegt es hierin: uns war es immer (mit Friedrich Gentz zu reden) ganzer, grimmiger Ernst mit der deutschen Politik. Wir haben allzu oft, allzu bitter erfahren, welche Hemmnisse die unendliche Zähigkeit unseres Kleinlebens dem nationalen Gedanken in den Weg stellt, welche Arbeit vernutzt wird um auch nur den kleinsten Kurfürsten zu entthronen. Wer dies ganz und tief empfindet, der begrüßt mit Freude jede neue Klammer, die in die Grundmauern unseres Staates eingeschlagen wird, der läßt sich gern der Halbheit zeihen, weil ihm Theorien wenig bedeuten neben dem Dasein der Nation. Noch gilt von dem neuen Preußen der Spruch, welchen einst Rutilius Namatianus der herrschenden Roma zurief:

> Fecisti patriam diversis gentibus unam,
> profuit invitis te dominante capi.

Es ist an uns, an den Denkenden der Nation, den „verschiedenen Völkerschaften", die sich „widerwillig" unter Preußens Schirm zusammenfanden, das frohe Bewußtsein zu erwecken, daß sie eines Leibes Glieder sind, daß sie zueinander gehören in Not und Tod. Was die Gemeinschaft des Rechtslebens für die Erziehung eines starken Nationalgeistes bedeutet, sagt sich jeder selbst. Wir vermögen den Gedanken nicht zu fassen, daß unsere Volksvertreter den köstlichen Schatz eines großen nationalen Gesetzbuchs in den Staub werfen sollten, um eine halbreife Doktrin schließlich — nicht ins Leben einzuführen.

Ein Lied vom schwarzen Adler.

Heidelberg, 25. Juli 1870.

Mächtig rauschen deine Schwingen!
Hellen Auges, schwarzer Aar,
Schaust du auf die blanken Klingen
Deiner deutschen Heldenschar.
O wie oft, seit du entflogen
Deiner schwäbischen Heimatburg,
Bist du siegreich ausgezogen,
Zwei Jahrhunderte hindurch!
Unser Volk mit frohem Ahnen
Folgte deinen Herrscherbahnen:
„Wird uns neu versunk'nes Glück?
Kehrt der Staufer Reich zurück?" —

Blutend lag das Reich darnieder,
Roh geschändet, ausgeraubt,
Fremde Brut in seine Glieder
Eingefilzt und eingeklaubt.
Franzmann, Däne, Pol' und Schwede
Hielt in deutschen Landen Haus.
Aber du in grimmer Fehde
Warfst sie kühn zum Reich hinaus.
Warst des Reiches Held und Mehrer,
Schlugst die Feinde, die Verheerer
Ruhelos vom Rhein zum Rhyn,
Junger Aar von Fehrbellin!

O wie stolz in weitem Kreise
Flogst du ob dem Preußenland,
Als der königliche Weise
Einer Welt in Waffen stand;
Als des Völkerzornes Stimme
Donnernd auf zum Himmel schlug,
Als sich hob in heil'gem Grimme
Deutschland wider welschen Trug.
Vater Blüchers Auge flammte,
Vorwärts stürmte die gesamte
Preußenjugend waffenfroh —
Starker Aar von Waterloo!

Und du senktest still die Flügel,
Müde von des Kampfes Trutz.
Friedlich lachten Tal und Hügel,
Ruhten froh in deinem Schutz.
Goldner Friede! — Reiche Auen,
Helle Lust beim Rebenblut,
Sanfter Liebreiz frommer Frauen,
Freier Männer Fleiß und Mut!
Und von deutscher Lehrer Munde
Flog des freien Denkens Kunde
Welterobernd weit und breit —
Heil dir, stille Friedenszeit!

Aber horch! Der freche Franke
Neidet unser Glück und schnaubt
Und verhöhnt im rohen Zanke
Unsres Königs greises Haupt.
Auf denn, auf, ihr deutschen Streiter!
Schiffsvolk, alle Mann auf Deck!
Auf die Rosse, tapfre Reiter,
Jäger, aus dem Waldversteck!
Auf, zur letzten blut'gen Reise
Nach dem höchsten Siegespreise:
Holt uns wieder Straßburgs Dom
Und befreit den deutschen Strom!

König Wilhelm, fest im Norden,
Bautest du das neue Reich.
Wahr' es heut vor fremden Horden,
Deinen großen Vätern gleich!
Führ' uns heut auf schön're Bahnen,
Der du Habsburgs Scharen schlugst.
Deutschland folgt den stolzen Fahnen,
Die du einst gen Böhmen trugst.
Gott der Herr in Einer Stunden
Heilte unsres Haders Wunden.
Zeuch die Straße nach Paris,
Die dein Ahn den Vätern wies!

Aber dann durch Berg' und Forsten
Fliege heim, du Königsaar,
Zu den schwäbischen Felsenhorsten,
Wo einst deine Wiege war.
Denn erfüllet sind die Zeiten,
Wahrheit wird der Dichter Traum.
Deinen Fittich sollst du breiten
Über Deutschlands fernsten Raum.
Nimm die mächtigste der Kronen,
Schwing' den Flamberg der Ottonen,
Unsres Reiches Zier und Wehr —
Deutschland frei vom Fels zum Meer!

Was fordern wir von Frankreich?

Sag' an, du Wolf, wann bist du voll?
Denkst nit, daß etwa käm' ein Tag,
Der dir bisher verborgen lag,
Da du mußt speien aus den Fraß?
Ulrich von Hutten.

Heidelberg, 30. August 1870.

Überall wo Deutsche wohnen, bis zu den fernen Kolonien jenseits des Meeres, flattern die Fahnen vor den Fenstern, Glockengeläut und Kanonendonner verkünden Sieg auf Sieg. Wir wissen alle: noch drei schwere Schläge, in Metz, in Straßburg, in Paris, und der Krieg ist glorreich beendet. Wer sich der bitteren Scham noch erinnert, die wir seit dem Tage von Olmütz durch so viele Jahre im Herzen trugen, dem ist heut oft, als ob er träume. Die Nation kann ihres Sieges nicht aus voller Seele sich freuen. Zu gräßlich sind die Opfer, die er heischte, zu lächerlich ungleich der Einsatz in dem blutigen Spiele: da sinkt die Blüte deutscher Jugend im Kampfe wider Turkos und Landsknechte! Aus dem Kummer um die gefallenen Helden erhebt sich den Deutschen der feste Entschluß den Kampf hinauszuführen bis zum letzten Ende. König Wilhelm, der so oft in diesen Wochen seinem Volke das Wort von den Lippen nahm, hat bereits feierlich verheißen, der Friede solle solcher Opfer würdig sein. Sehr bescheiden ist in solcher Zeit die Aufgabe des politischen Schriftstellers. Nur der Dilettant mag sich erdreisten, im einzelnen die Satzungen eines Friedensschlusses auszuklügeln, dessen Vorbedingungen selbst dem handelnden Staatsmanne noch verborgen sind. Wir wissen nicht, in welchem Zustande die sittlich und politisch verwüstete Hauptstadt des Feindes unsere einziehenden Truppen empfangen wird. Wir vermögen nicht zu berechnen, wann die blinde Wut der Franzosen einer Stimmung weichen mag, mit der wir verhandeln können. Wir ahnen nicht einmal, welche Staatsgewalt in Frankreich noch den Platz behaupten wird nach dieser ungeheuren, für den Despoten wie für das Volk gleich schimpflichen Untreue aller Parteien. So bleibt unserer Presse nur die Pflicht, die stillen unbestimmten Hoffnungen, die jede Brust bewegen, zu klarem Bewußtsein zu erwecken, auf daß beim Friedensschlusse ein fester durchgebildeter Nationalstolz schirmend hinter unseren Staatsmännern stehe. Als Deutschland zum letzten Male in Paris den Frieden diktierte, da haben wir schmerzlich gebüßt, daß den deutschen Diplomaten ein solcher Rückhalt fehlte.

Der Gedanke aber, welcher, zuerst leise anklopfend wie ein verschämter Wunsch, in vier raschen Wochen zum mächtigen Feldgeschrei der Nation wurde, lautet kurzab: heraus mit dem alten Raube, heraus mit Elsaß und Lothringen!

1.

Soll ich die Gründe aufzählen, welche uns zu solcher Forderung verpflichten, so wird mir zumute, als sollte ich beweisen, daß die Kugel rund ist. Was darüber gesagt werden kann, ist nach der Schlacht von Leipzig in Ernst

Moritz Arndts herrlicher Schrift: „der Rhein Deutschlands Strom, nicht Deutschlands Grenze" und zur Zeit des zweiten Pariser Friedens von allen namhaften Staatsmännern des nichtösterreichischen Deutschlands, von Stein und Humboldt, von Münster und Gagern, von den beiden Kronprinzen von Württemberg und Bayern unwiderleglich und erschöpfend gesagt und seitdem durch die Erfahrung zweier Menschenalter bestätigt worden. Wenn ein ruchloser Raubkrieg wie dieser an dem frevelnden Volke schließlich nur durch eine Kriegskostenrechnung bestraft würde, dann wahrlich behielten jene überklugen Spötter recht, welche Willkür und Zufall als die herrschenden Mächte der Staatengesellschaft verehren, das Völkerrecht als einen gutmütigen Traum der Ideologen belächeln. Der Rechtssinn der Deutschen fordert die Verkleinerung Frankreichs; jeder schlichte Mann versteht, daß dies Volk in Waffen selbst durch die höchste Geldsumme nicht einmal für die wirtschaftlichen Opfer des Krieges entschädigt werden kann. Und warum flog schon vor dem Ausbruche des Kriegs durch Elsaß und Lothringen der angstvolle Ruf: „Die Würfel werden geworfen um das Schicksal unserer Provinzen" — in einem Augenblicke, da noch kein deutsches Blatt den Raub zurückgefordert hatte? Weil das geängstete Gewissen des Volkes begriff, welche Strafe von Rechts wegen den Brecher des Völkerfriedens treffen muß.

Was das Recht verlangt ist zugleich ein unabweisbares Gebot der Sicherheit. Man werfe einen Blick auf die Karte — klingt es denn nicht wie ein Hohn, wie ein schlechter Witz, daß Deutschland solche Grenzen empfangen hat nachdem unsere siegreichen Waffen zweimal der Welt den Frieden schenkten? Im Osten springt das mächtige Festungsdreieck zwischen Weichsel und Narew wie ein trennender Keil zwischen Preußen und Schlesien hinein, und im Westen ist Straßburg in Frankreichs Händen — der schöne „Paß ins Reich", wie Heinrich II. von Frankreich schon vor dreihundert Jahren begehrlich sagte. Jahrzehntelang haben wir mit angesehen, wie das gesamte Pontonnierkorps der Franzosen dort in dem mächtigen Ausfalltore des Oberrheins in Garnison lag und allsommerlich vor unseren Augen seine Schiffsbrücken über den Rhein schlug — zur freundnachbarlichen Vorübung für den deutschen Krieg. Die Kehler Eisenbahnbrücke, die der Welthandel doch nicht entbehren kann, mußte sofort nach der Kriegserklärung zerstört werden. Die Kanonen des Forts Mortier blicken noch immer drohend auf das offene Altbreisach hinüber, das ihnen schon einmal zum Opfer fiel. Weiter aufwärts, am Isteiner Klotz, genügen zwei Schüsse aus einer französischen Schanze um den Eisenbahnverkehr zwischen Freiburg und dem Oberlande aufzuheben. Eine solche Grenze ist schimpflich für ein stolzes Volk, ist eine lebendige Erinnerung an jene Tage deutscher Ohnmacht, da am Rheintor zu Altbreisach noch die jämmerliche Inschrift stand: „Grenze war ich dem Franken; jetzt bin ich ihm Torweg und Brücke. Wehe, dem Franken wird bald nirgends die Grenze mehr stehn!"

Beim zweiten Pariser Frieden warnte der Kronprinz von Württemberg: versäume man jetzt die deutsche Grenze am Oberrhein zu sichern, so werde der Trieb der Selbsterhaltung die Höfe des Südens früher oder später in einen neuen Rheinbund drängen. Die Weissagung ist freilich nicht buchstäblich in Erfüllung gegangen, dank dem Erstarken Preußens, dank dem vaterländischen Sinne der Fürsten von Bayern und Baden; doch ein leeres Wort war sie mit nichten. Fünfzig Jahre lang hing die Gefahr eines neuen Rheinbundes drohend über dem unbeschützten Süden; fünfzig Jahre lang hat das Volk Süddeutschlands, schwankend zwischen blinder Bewunderung und leidenschaftlichem Hasse, den französischen Nachbarn fast niemals jenen kalten Stolz gezeigt, der einem großen Volke geziemt und allein dem Bewußtsein gesicherter Macht entspringt. Wenn unsere Enkel aus ihrem starken Reiche dereinst zurückschauen auf unsere Kämpfe, dann werden sie sich wohl des Einmuts dieser Tage freuen, aber auch mit lächelndem Achselzucken sagen: wie unreif und unfest war doch das Deutschland unserer Väter, das von Lob überfloß und aufjubelte in frohem Erstaunen, weil die Bayern und Schwaben in einem großen Augenblicke ihre verfluchte Pflicht und Schuldigkeit gegen das große Vaterland erfüllten!

Jeder Staat soll die Bürgschaft seiner Sicherheit allein in sich selber suchen. Der törichte Wahn, als ob Nachsicht und Großmut gegen das besiegte Frankreich den deutschen Länderbestand sichern könne, hat sich zweimal grausam bestraft. Welcher deutsche Mann mag ohne Zorn jene Pariser Friedensverhandlungen lesen, wo Sieger und Besiegte die Rollen tauschten, wo den Vorurteilen Frankreichs demütige Schonung erwiesen ward, während nach Deutschlands Gefühlen niemand fragte? Die Festung Condé mußte den Franzosen bleiben, um ihres Namens willen; die Sieger hielten für unzart, einen Platz, der nach einem großen bourbonischen Feldherrn getauft war, von Frankreich abzureißen. Und was war der Lohn für die Großmut von 1814? Die hundert Tage und Waterloo. Was der Dank für die Schonung von 1815? Eine stetig anwachsende Verderbnis der politischen Gesinnung, die allmählich jedes Rechtsgefühl in Frankreich ertötet hat: nicht bloß das rheinische Land gebührt den Franzosen; selbst jene Kunstschätze, die der Welteroberer einst aus Berlin und Venedig, aus Rom und Danzig entführte, sind von Rechts wegen das Eigentum der Hauptstadt der Welt. Wenn das Frankreich von 1815, das noch über eine Fülle sittlicher Kräfte gebot, schon so bald wieder in die gierigen Träume der Herrschsucht zurückfiel, was haben wir vollends zu erwarten von dieser Gesellschaft des zweiten Kaiserreichs, die in Jahrzehnten wüster Parteikämpfe den Glauben an die idealen Güter des Lebens ganz verloren hat? Die Nation ist unser Feind, nicht dieser Bonaparte, der mehr ein Getriebener als ein Treiber war. Rache für Wörth und Forbach, Rache für Mars und Gravelotte — das wird noch auf lange hinaus die einzige Idee sein, welche den verfallenden Staat durchleuchtet. Ein zuverlässiges freundnachbarliches Verhältnis bleibt vorderhand unmöglich.

Es genügt nicht mehr, daß wir uns heute stark genug fühlen dem Angriffe Frankreichs und selbst eines europäischen Bundes zu widerstehen. Dies Volk in Waffen ist nicht imstande, seine Söhne in jedem Augenblick auf die Hetzjagd wider den gierigen Nachbarn zu senden. Unsere Wehrverfassung ist sinnlos ohne gesicherte Grenzen. Die geängstete Welt sieht schon aus der blutigen Aussaat dieses Krieges ein neues Geschlecht von Kriegern emporsteigen. Wir schulden dem Weltteil eine dauerhafte Sicherung des Völkerfriedens, und wir werden sie, soweit Menschenkräfte reichen, nur dann erlangen, wenn von den befestigten Pässen der Vogesen deutsche Feuerschlünde in das welsche Land herniederschauen und unsere Heere in wenigen Märschen in die Ebenen der Champagne herabsteigen können, wenn dem Raubtiere die Zähne ausgebrochen sind und das geschwächte

Frankreich nicht mehr wagen darf uns anzugreifen. Selbst Wellington, der Gönner der Bourbonen, mußte bekennen, Frankreich sei zu stark für die Ruhe Europas; auch die Staatsmänner der Gegenwart, wenn sie sich erst hineingefunden haben in das veränderte Gleichgewicht der Mächte, werden bald fühlen, daß die Verstärkung der deutschen Grenzen dem Weltfrieden zum Heile gereicht. Unser Volk ist friedlich; die Überlieferungen der Hohenzollern, die Verfassung unseres Heeres, der schwerfällige Bau des deutschen Gesamtstaats verbieten uns jeden Mißbrauch kriegerischer Kraft; wir brauchen ein Menschenalter friedlicher Arbeit, um die schwere, doch nicht unlösbare Aufgabe der Einigung Deutschlands zu bewältigen, während Frankreich durch die uralte politische Verbildung der eitlen Nation, durch den Landsknechtsgeist seiner Berufssoldaten wie durch die fast aussichtslose Zerrüttung seines Gemeinwesens in die Irrgänge einer abenteuernden Politik getrieben wird.

Wer darf, angesichts dieser unserer Pflicht den Frieden der Welt zu sichern, noch den Einwand erheben, daß die Elsasser und Lothringer nicht zu uns gehören wollen? Vor der heiligen Notwendigkeit dieser großen Tage wird die Lehre von dem Selbstbestimmungsrechte aller deutschen Stämme, die lockende Losung vaterlandsloser Demagogen, jämmerlich zuschanden. Diese Lande sind unser nach dem Rechte des Schwertes, und wir wollen über sie verfügen kraft eines höheren Rechtes, kraft des Rechtes der deutschen Nation, die ihren verlorenen Söhnen nicht gestatten kann, sich für immer dem Deutschen Reiche zu entfremden. Wir Deutschen, die wir Deutschland und Frankreich kennen, wissen besser, was den Elsassern frommt, als jene Unglücklichen selber, die in der Verbildung ihres französischen Lebens von dem neuen Deutschland ohne treue Kunde blieben. Wir wollen ihnen wider ihren Willen ihr eigenes Selbst zurückgeben. Wir haben in den ungeheuren Wandlungen dieser Zeiten allzuoft froh erstaunt das unsterbliche Fortwirken der sittlichen Mächte der Geschichte gesehen, als daß wir noch an den unbedingten Wert einer Volksabstimmung glauben könnten. Der Geist eines Volkes umfaßt nicht bloß die nebeneinander, sondern auch die nacheinander lebenden Geschlechter. Wir berufen uns wider den mißleiteten Willen derer die da leben auf den Willen derer die da waren. Wir rufen sie an, alle die starken deutschen Männer, welche einst der Sprache und Sitte, der Kunst und dem Gemeinwesen des Oberrheins den Stempel unseres Geistes aufprägten — und noch ehe das neunzehnte Jahrhundert zu Ende geht wird die Welt bekennen, daß die Geister Erwins von Steinbach und Sebastian Brandts noch leben, und daß wir, indem wir den Willen der heutigen Elsasser geringschätzten, lediglich ein Gebot der nationalen Ehre erfüllten.

Seit zwei Jahrhunderten, seit uns der preußische Staat erstand, ringen wir darnach, verlorene deutsche Lande von fremder Herrschaft zu befreien. Es ist nicht die Aufgabe dieser nationalen Staatskunst, jede Scholle deutschen Bodens, die wir in den Tagen der Schwäche preisgegeben, in unser neues Reich hineinzuzwängen. Wir dulden willig, daß unser Volkstum in der Schweiz, unabhängig von dem deutschen Staate, frei und friedlich sich entfaltet; wir rechnen nicht auf den Zerfall Österreichs, noch wollen wir jenen deutschen Stamm, der sich in den Niederlanden zu einer selbständigen kleinen Nation herausgebildet hat, in seinem Sonderleben stören. Aber wir dürfen nicht dulden, daß vor unseren Augen deutsches Volkstum grundsätzlich zerstört und herabgewürdigt werde zum Frondienst gegen Deutschland. Nur unserer Zersplitterung, nur dem Beistand deutscher Kräfte dankt Frankreich jene überragende Machtstellung, welche weit über das Maß der gallischen Volkskraft hinausgeht. Wer hat denn jemals in Luthers Tagen sich erdreistet zu behaupten, daß Frankreich diesem waffengewaltigen Deutschland überlegen sei? In Strömen floß das Blut des deutschen Adels in den Hugenottenkriegen der Franzosen; ein deutsches Heer, das Heer Bernhards von Weimar, bildete den festen Kern, daraus die Armeen Ludwigs XIV. emporwuchsen; in unserer Schule erst lernten die Welschen uns zu besiegen. Wer zählt sie alle, die deutschen Heerführer der Bourbonen, von Battenburg (Bassompierre) bis herab zu dem Marschall von Sachsen? die tapferen deutschen Regimenter Royal-Alsace, Royal-Deuxponts, Royal-Allemand? die dichten Scharen schlagfertiger Hilfsvölker, die der Verrat deutscher Fürsten unter das Joch der Fremden stellte? Als dann mit der Revolution jene entsetzlichen Plünderungszüge begannen, die uns dahin führten, daß die Lust am Franzosenkriege unserem friedlichen Volke gleichsam im Blute liegt und der Name „Franzos" im deutschen Norden gleichbedeutend ward mit „Feind" — da fochten abermals Tausende deutscher Männer unter den Fahnen des Feindes. Ney und Kellermann, Lefèvre, Rapp und Kleber zählten zu den Tapfersten der Tapferen. Und noch in diesem jüngsten Kriege stellt die derbgesunde deutsche Kraft der Elsasser und Lothringer, mit dem unberührten keltischen Volkstum der Bretagne, die besten Soldaten für Frankreichs Heer.

Zur Zeit, da das Elsaß der Herrschaft der Franzosen verfiel, lag unser Reich zerrissen darnieder, das Feuer des deutschen Geistes, das einst die Welt erhellte, schien erloschen; Deutschland beugte sich dem überlegenen Staate, der überlegenen Bildung der Franzosen. Und doch ist der französischen Gesittung selbst damals nicht gelungen, die Eigenart des ebenbürtigen deutschen Volkes am Oberrhein zu zerbrechen. Seitdem war das Leben unseres Volkes ein stetig anhaltendes Erstarken. Wir übertreffen heute die Franzosen an Zahl und Dichtigkeit der Bevölkerung; wie oft haben ihre Kriegsprediger neue Eroberungen am Rheine gefordert, weil Frankreich nicht Schritt halten könne mit dem Anwachsen unserer Volkszahl — als ob wir Deutschen verpflichtet wären, der keltischen Unzucht und Leibesschwäche durch regelmäßige Lieferungen frischen deutschen Blutes aufzuhelfen! Wir haben die Regeln *ihrer* Kunst zerbrochen und dürfen die unsere, die freie Bewegung unseres wissenschaftlichen und kirchlichen Lebens getrost der geistigen Bildung der Franzosen gegenüberstellen. Wir haben unsere reichere und gewaltigere Sprache zu einer Freiheit und Feinheit ausgebildet, die den Vergleich mit der Sprache der Franzosen nicht mehr zu scheuen hat. Ja selbst der Vorzug ihrer älteren Kultur, der feine Ton und Schliff des geselligen Umgangs, ist im Verschwinden, seit die geile Frechheit der Pariser Halbwelt die Grenzen zwischen der guten nnd der verworfenen Gesellschaft nahezu verwischt hat. Wir haben die gesunden Gedanken *ihrer* Revolution dankbar in unseren Staat hinübergenommen und dazu den festen Unterbau der freien Verwaltung geschaffen, den Frankreich niemals kannte. Wir sind hart am Werke, das köstliche Gut der Staatseinheit, das wir ihnen lange neideten, auf unsere Weise zu vollenden, und denken auch den geringen Vorsprung im wirtschaftlichen Leben, welchen sie dem Reichtum und der Lage ihres Landes verdankten, durch ernste Arbeit auszugleichen. Wir haben sie die Wucht unsres Schwertes empfinden lassen und rufen die Welt zum Richter an, welcher der beiden Kämpfer bescheidener, rechtschaffener, menschlicher sich gehalten hat. Die Beherrschung eines deutschen Stammes durch Franzosen blieb jederzeit ein ungesunder Zustand, heute ist sie ein Verbrechen wider die Vernunft der Geschichte, eine Knechtung freier Männer durch halbgebildete Barbaren. Früher oder später mußte die Stunde schlagen, da der erstarkende deutsche Staat gezwungen war, von Frankreich Bürgschaft zu fordern für die Erhaltung unseres Volkstums im Elsaß. Die Stunde hat geschlagen, rascher, verheißungsvoller als wir alle hofften; jetzt gilt es, Deutsch und Welsch ehrlich zu trennen, den alten Streit für immer beizulegen. Vor fünfzig Jahren klagte Arndt: weil heute das Rechte nicht getan ward, wird künftig das Rechte kaum noch getan werden können. Versäumen wir auch diesmal unsere Pflicht, so wird die französische Nation mit jener leidenschaftlichen, gewalttätigen Hast, welche sinkende Völker auszeichnet, mit dem ganzen Ingrimm ihres neuerwachten Deutschenhasses sich auf das Elsaß stürzen, um jede Regung deutschen Wesens zu ertöten. Wir aber hätten zum Schaden noch den Hohn und müßten von neuem das Schwert ziehen, um unser Fleisch und Blut vor der häßlichsten Tyrannei, vor dem Sprachzwange, zu bewahren.

Der klägliche Ausgang des zweiten Pariser Friedens war auch für unser inneres Staatsleben verhängnisvoll; er hat Großes dazu beigetragen, daß in die treuen Herzen unseres Volkes jene Verbitterung und Verstimmung einzog, welche solange der Grundton deutscher Staatsgesinnung blieb. Es darf nicht sein, daß abermals unsere siegreichen Heere heimkehren mit der bitteren Klage: wir sind mit Undank belohnt für namenlose Opfer! Was uns vor allem not tut, ist die helle Lebenslust, die sich zuversichtlich auf den Wellen großer Tage wiegt, das freudige Selbstgefühl, das in der dürftigen Enge der Kleinstaaterei nicht gedeihen konnte. Aus den patriotischen Reden, welche vor der Schlacht von Wörth den Süden durchhallten, klang zwar niemals der Zweifel an dem schließlichen Siege, doch sehr häufig die Vorstellung, als ob wir erst durch ein reinigendes Unglück, durch ein anderes Jena hindurchwaten müßten, um den Sieg zu erringen. Wir müssen heraus aus dieser trüben Entsagung, die den alten, einfach großen Charakter unseres Volkes verkümmert hat. Solange aber jene Wunde am Oberrheine noch klafft, wird der Deutsche nie aufhören, wehmutsvoll, wie Schlegel in schmählicher Zeit, zu klagen: „Vaterland am lieben Rheine, ach, die Tränen muß ich weinen, weil das alles nun verloren!“ Die Masse der Süddeutschen weiß wenig von jenen glänzenden Erfolgen, die wir dem Schwerte Preußens längst verdanken; die Befreiung von Pommern, von Schlesien, von Altpreußen, von Schleswig-Holstein liegt ihrem Gesichtskreise fern. Doch das alte Lied „o Straßburg, o Straßburg, du wunderschöne Stadt“ erklingt überall unter den Bauern des Südens, und von dem Tage an, da die deutsche Fahne auf dem Straßburger Münster weht, da ein reicher, dauernder Siegespreis die Taten der deutschen Heere belohnt, wird auch in den entlegenen Hütten des Schwarzwaldes und der Rauhen Alb der frohe Glaube erwachen, daß die alte deutsche Herrlichkeit auferstanden und dem Reich ein neuer Mehrer erschienen ist.

Wenn wir mit vereinter Kraft dies schwer gefährdete Außenwerk dem deutschen Staate gewinnen, dann hat die Nation dem Einheitsgedanken ihre Seele verschrieben. Die widerstrebende neue Provinz wird den unitarischen Zug unserer Staatskunst verstärken, wird alle Besonnenen zwingen, sich in treuer Mannszucht um die Krone Preußens zu scharen; und dieser Gewinn wiegt um so schwerer, da es immerhin möglich bleibt, daß ein neuer republikanischer Versuch in Paris die bewundernden Blicke der deutschen Radikalen abermals gen Westen lenkt. Der Gesichtskreis der deutschen Politik wird freier und weiter von Jahr zu Jahr; wenn die Nation erst fühlt, daß die Lebensinteressen des deutschen Staates bereits in die slawische, die skandinavische, die romanische Welt hinüberreichen, daß wir mitteninne stehen in der größten und schwierigsten Revolution des Jahrhunderts, dann werden auch unsere Parteien lernen, aus der Rechthaberei des Fraktionslebens, aus der Armseligkeit doktrinärer Programme sich emporzuheben zu einer großen, streng sachlichen Behandlung der Staatsgeschäfte.

Der über den Main erweiterte Deutsche Bund wird dann am sichersten seinen nationalen Beruf erfüllen, wenn in ihm die scharfe Tatkraft des Nordens und die weichere sinnigere Weise des Südens in schönem Wetteifer sich ergänzen; von allen den kräftigen Stimmen, welche den vollen Chor des deutschen Volkstums bilden, können wir keine ganz entbehren. Aber das schmale Fußgestell des Bundes reicht im Südosten nur bis zum Böhmerwalde. Es kann dem vielgestaltigen Reichtum der deutschen Gesittung nur frommen, wenn das süddeutsche Wesen in unserem neuen Staate eine stärkere Vertretung findet, und das starke Volkstum der oberrheinischen Alemannen wird sicherlich bald wieder, von der fremdländischen Tünche befreit, seine echte deutsche Farbe zeigen.

Auch eine volkswirtschaftliche Erwägung fällt ins Gewicht. Begeisterte Schilderungen von Deutschlands reichen, gesegneten Fluren bilden ein unerläßliches Kapitel in unserem patriotischen Katechismus, dürfen in keinem deutschen Schulbuche fehlen. Sie sind rührend als ein Zeichen treuer Liebe zu dem Lande unserer Väter, doch wahr sind sie nicht. Nüchternes Urteil darf nicht bestreiten, daß unser Land vielmehr stiefmütterlich von der Natur behandelt wurde. Die auffällig verkümmerte Gestalt unserer kurzen Nordseeküste, der Zug der meisten deutschen Flüsse und Gebirge sind der politischen Einheit ebenso ungünstig, wie dem Weltverkehre; nur wenige Striche deutschen Landes dürfen sich an natürlicher Fruchtbarkeit vergleichen mit der reichen Normandie, mit Englands üppigen Ebenen, mit dem fetten Kornboden des inneren Rußlands. Hier aber, im Elsaß, ist wirklich ein deutscher Gau, dessen Erdreich unter einem milden Himmel von Segen trieft wie nur einzelne bevorzugte Stellen der überrheinischen Pfalz und des badischen Oberlandes. Eine seltene Gunst der Bodengestaltung hat hier gestattet, durch zwei Gebirgslücken hindurch Kanäle vom Rhein nach dem Becken der Seine und der Rhone zu führen — großartige Wasserwege, wie sie der deutsche Boden sehr selten erlaubt. Wir sind keineswegs reich genug, um auf ein so köstliches Besitztum zu verzichten.

Das alles ist klar wie der Tag. Keiner der fremden Staatsmänner, welche beim zweiten Pariser Frieden unsere Pläne durchkreuzten, hat auch nur versucht die Gründe Humboldts zu widerlegen. Der Neid gegen Deutschlands werdende Größe und der jene ganze Zeit beherrschende Gegensatz der englischen und der russischen Politik, welche beide wetteifernd um die Gunst Frankreichs buhlten, gaben damals den Ausschlag. Zudem hatte England seine Siegesbeute, die Kolonien, Rußland die seinige, die polnischen Lande, bereits gesichert, Deutschland allein konnte noch Forderungen an Frankreich stellen. Der ganze Zynismus dieser Politik des Neides erhellt aus jenem Ausspruche, den Zar Alexander in einem unbewachten Augenblicke hinwarf: „entweder ich nehme teil an diesem Kuchen, oder der Kuchen soll gar nicht gebacken werden". Der Freiherr v. Stein aber sprach traurig: Rußland will, daß wir verwundbar bleiben! — Wie anders stehen wir heute. Wir sind nicht, wie damals, so erschöpft an Geld und Menschenkraft, daß wir nicht wagen sollten dem Widerspruch Europas zu trotzen. Die neutralen Mächte konnten durch ein rechtzeitiges Wort den Raubzug der Franzosen verhindern, sie haben dies Wort nicht gesprochen und dürfen heute nicht klagen, wenn wir allein entscheiden über den Preis des von uns allein erfochtenen Sieges. Die Zeit ist nicht mehr, da unsere Feldherren klagten, die Federn der Diplomaten verdürben was das Schwert der Völker errungen. Daß dieser Krieg zur rechten Zeit begonnen ward, daß den Tuilerien nicht die willkommene Frist blieb ihre trügerischen Verhandlungen länger hinauszuspinnen, das danken wir dem Scharfblick und der Kühnheit des Grafen Bismarck. Und wie der Krieg anhob als ein Werk klarer staatsmännischer Berechnung, so soll er auch enden. Waren wir während des Kampfes großmütig fast über das Maß des Erlaubten hinaus, verschmähten wir, die empörende Mißhandlung unsrer Landsleute, die scheußlichen Drohungen wider die Frauen Badens mit gleicher Roheit zu vergelten, nur um so mehr sind wir befugt beim Friedensschlusse rücksichtslose Entschlossenheit zu zeigen und das Werk von 1813 und 1815 zu vollenden. Was uns allen nur als ein fernes Traumbild der Sehnsucht still im Herzen lebte, tritt plötzlich als ein hartes Geschäft an die unbereitete Nation heran. Die Stunde drängt; eine wunderbare Gnade des Geschicks reicht uns schon in der Morgendämmerung der deutschen Einheit einen Kranz hernieder, den wir kaum im hellen Mittagsglanze des Deutschen Reiches zu erobern dachten. Fassen wir ihn mit tapferen Händen, auf daß das Blut der teueren Erschlagenen nicht wider unsere Zagheit schreie!

2.

Wo liegt die Grenze, die wir zu fordern berechtigt sind? Die Antwort ist einfach; denn seit aus dem keltisch-romanischen Wesen die französische Nation sich heraushob, standen ihr Volkstum und das unsere jederzeit zäh und spröde sich gegenüber. Die beiden Völker hausten nebeneinander, nicht durcheinandergewürfelt, wie jene Nationen Osteuropas, die eine geographische Notwendigkeit zu mannigfacher Vermischung zwingt. Unser Westen und Süden hat lange Zeit hindurch mehr Kultur empfangen als gegeben, und dennoch konnte die Sprachgrenze der Franzosen in Jahrhunderten nur um wenige Wegstunden ostwärts vordringen. Beiden Völkern ward unheilvoll, daß sich zwischen ihre natürlichen Grenzen die willkürliche Staatsbildung des lotharingisch-burgundischen Reiches hineinschob, ein Spielball unablässiger Kämpfe, und beide erschwerten sich selber die Lösung des Streites durch eine Verirrung der nationalen Phantasie. Der Franzose schaut noch immer mit ähnlichen Gefühlen über den Rhein wie weiland die Römer

Cäsars. Er hat niemals der Tage vergessen, da das prangende Trier die Hauptstadt Galliens war; seine Schulbücher schildern jene ersten Jahrhunderte des Mittelalters, da die französische Nation noch gar nicht bestand, als eine Zeit französischer Macht. Der deutsche Karl ist ihnen der Franzose Charlemagne; das Andenken des merowingischen Dagoberte wird in zahlreichen Inschriften elsassischer Städte geflissentlich aufgefrischt um an Frankreichs alte Machtstellung zu erinnern. Schon im fünfzehnten Jahrhundert, als die Armagnacs verheerend in unser Oberland einbrachen, erklang in Frankreich das Verlangen nach der Rheingrenze. Vollends seit Ludwig XIV. und Napoleon I. wetteifern Staat und Gesellschaft, Presse und Schule im Verdrehen der Geschichte; ganz Frankreich klagt über die ungeheure Bresche zwischen Lauterburg und Dünkirchen, welche Deutschlands Raubgier in Frankreichs natürliche Grenzen eingebrochen habe. Wir Deutschen dagegen vergessen ungern der Herrscherrechte, welche einst das Heilige Römische Reich über das Burgunderreich von Arelat behauptete.

Es wird hohe Zeit, diese alte Träumerei wohlgemut über Bord zu werfen. Wollen wir die Franzosen zwingen, auf den Traum der Rheingrenze zu verzichten, uns das Unsere zu geben, die europäische Notwendigkeit der beiden Zwischenstaaten am Niederrhein und an der Schelde anzuerkennen, so müssen auch wir ihnen das Ihre geben und ohne Umstände gestehen: jene erobernde Politik Frankreichs, die sich gegen die burgundischen Länder wandte, gehorchte in ihren Anfängen einem wohlberechtigten nationalen Instinkte, nur daß sie später, betört durch leichte Erfolge, über alles Maß hinausschlug. Gegen dritthalbtausend Geviertmeilen des Heiligen Reichs gehören heute dem französischen Staate, weitaus der größte Teil davon mit vollem Rechte. Die südlichen Provinzen des Burgunderreichs waren unzweifelhaft französisch; als Karl V. im Madrider Frieden versuchte sie von Frankreich abzutrennen, da beteuerten die Stände von Burgund einhellig, daß sie Franzosen sein und bleiben wollten, und die Geschichte dreier Jahrhunderte hat ihnen recht gegeben. Daß der alte einköpfige Adler unseres Reichs einst an dem Stadthause von Lyon prangte, über jenem Tore, wo heute das Reiterstandbild Heinrichs IV. steht, daß derselbe Adler einst auf das herrliche Amphitheater von Arles herniederschaute — das alles sind gleichgültige historische Erinnerungen, ebenso wertlos für die heutige deutsche Staatskunst wie die alten Lehensrechte unserer Kaiser in Italien.

Wir wollen die Macht und Herrlichkeit der Staufen und Ottonen erneuern, doch nicht ihr Weltreich. Unser neuer Staat dankt seine Kraft der nationalen Idee, er soll jedem fremden Volkstum ein redlicher Nachbar, nicht ein herrschsüchtiger Gegner sein und findet darum seine Westgrenzen vorgezeichnet durch die Sprache und Sitte des Landvolks. Denn jedes Volk verjüngt und erneut sich von unten nach oben; aus den gesunden Tiefen des Bauernstandes steigen stets neue Kräfte empor, während die Bevölkerung der Städte eilig wechselt, die Geschlechter der höheren Stände bald verkommen, bald in die Fremde verschlagen werden. Das erfahren wir Deutschen noch immer in den Kolonien unseres Ostens: überall wo uns gelang, den Bauer zu germanisieren, steht unser Volkstum aufrecht, überall wo er undeutsch blieb, kämpft die deutsche Gesittung noch heute um ihr Dasein. Legen wir diesen Maßstab an, so wird das deutsche und das französische Volkstum geschieden durch eine Linie, die etwa den Kamm der Vogesen entlang nach der Quelle der Saar und alsdann nordwestwärts gegen Diedenhofen und Longwy führt. Was darüber hinaus liegt ist welsch. Diese Grenze, im lothringischen Hügellande schwer erkennbar, ist an vielen Stellen der Wasgauberge haarscharf gezogen. Wer von dem rührigen Städtchen Wesserling im oberen Elsaß westwärts wandert, steigt zuerst aufwärts durch rauschenden Wald, freut sich des Ausblicks in das heitere Tal der Thur und gelangt dann bei Urbes an die Wasserscheide, an die Grenze des Departements Oberrhein. Dort führt die Straße durch einen langen Tunnel, und sobald man aus dem Dunkel heraustritt in das Departement der Vogesen, sind Land und Leute sofort verwandelt. Der deutsche Wald ist verschwunden, kahle Berge umgeben das Tal der jungen Mosel. Die hochgewachsenen Bauern, die der französischen Armee so viele stattliche Kürassiere stellen, lassen wohl ahnen, daß mancher Tropfen germanischen Blutes in diesem Volke fließen mag; aber drunten in Bussang wird kein deutsches Wort mehr gesprochen, der dürftigere Häuserbau, der Holzschuh und die baumwollene Zipfelmütze verraten sofort die französische Zivilisation. Es ist wahrlich deutscher Chauvinismus, wenn einzelne Zeitungen sich bereits darin gefallen das ganz französische Remiremont wieder Reimersberg zu nennen. Was gilt es uns, daß Plombières bei den Geographen des sechzehnten Jahrhunderts das Plumbersbad hieß, daß das liebliche Pont à Mousson einst eine Reichsgrafschaft Muselbruck bildete, daß das Herzogtum Lothringen noch vor achtzig Jahren unter dem Namen Nomeny auf dem Regensburger Reichstage aufgerufen wurde? Auch in Nanzig lassen sich wohl noch leise Spuren deutscher Erinnerungen entdecken: auf dem Bahnhofe fällt dem deutschen Reisenden die gemütliche Inschrift „Trinkstube" neben dem unvermeintlichen Buvette behaglich ins Auge. Doch die Hauptstadt Lothringens ist französisch in Sitte und Sprache, sie hat, ein anderes, lieblicheres Versailles, ihren architektonischen Charakter durch das französische Regiment ihres Stanislas le Bienfaisant empfangen, vor vier Jahren das hundertjährige Jubelfest ihrer Vereinigung mit Frankreich voll aufrichtiger und berechtigter Freude gefeiert.

Kaum der zehnte Teil jener einst dem Heiligen Reiche angehörenden französischen Provinzen, ein Gebiet von etwa 250 Geviertmeilen mit kaum anderthalb Millionen Einwohnern, kann heute noch als deutsches Land gelten. Es ist nicht die Aufgabe einer weisen nationalen Politik, sehr weit über dies Gebiet hinauszugreifen, doch darf sie auch nicht mit doktrinärem Eigensinn an der Sprachgrenze als einer unüberschreitbaren Schranke festhalten. In keinem Lande Europas fällt die politische Grenze mit der nationalen vollständig zusammen; keine der großen Mächte, auch Deutschland nicht, kann den unausführbaren Grundsatz „die Sprache allein bestimmt die Gestalt der Staaten" jemals anerkennen. Das deutsche Gebiet in Frankreich wird militärisch gesichert durch zwei feste Plätze, welche um einige Meilen über die Sprachlinie hinausliegen. Die Feste Belfort beherrscht jene Gebirgslücke zwischen Jura und Vogesen, welche so oft der Torweg war für die Züge der Eroberer aus und nach Frankreich. Den oberen Lauf der Mosel aber deckt Metz — heute gleich Belfort eine fast ganz französische Stadt — trotz ihrer alten reichsstädtischen Überlieferung, trotz der deutschen Inschriften, die sich noch da und dort an einer Fuhrmannsherberge der hochgiebligen „Deutschen Gasse" zeigen, trotz des schlechten französischen Dialekts ihrer

Bürger, trotz der zweitausend deutschen Einwohner, denen noch vor wenigen Jahren zuweilen deutsch gepredigt wurde. Und auf diese beiden Plätze sollten wir verzichten, einer unhaltbaren Doktrin zulieb? — Verzichten auf das feste Metz, das uns dreifach nötig ist, seit wir Friedfertigen das Luxemburger Felsennest aufgaben? Nein, Recht und Klugheit spricht für unsere gemäßigten Ansprüche, wenn wir einfach fordern: die deutschen Lande Frankreichs und soviel welsches Land, als zu deren Sicherung unentbehrlich ist — also ungefähr: die Departements Haut-Rhin und Bas-Rhin ganz, Moselle zum größten, Meurthe zum kleinsten Teile. Das Jungfernbild, das so lange über dem Wappen von Metz prangte und selbst den Heerscharen Karls V. trotzte, soll heute herabgeschlagen werden durch unser gutes Schwert. Den tapferen sächsischen Truppen war vergönnt mitzuhelfen bei der Wiedereroberung der Feste, mit deren Preisgabe einst der Sachse Moritz den langen Zeitraum deutscher Entwürdigung eröffnete; einem aufsteigenden Volke steht übel an, die Stätte, wo die Gerechtigkeit seines Schicksals so sichtbar gewaltet hat, wieder zu verlassen. Das Behagen der Franzosen zu Metz gilt wenig neben der Notwendigkeit, der deutsch-lothringischen Provinz die natürliche Hauptstadt und ein festes Bollwerk zu geben. Im Verlaufe der Jahre wird deutsche Sitte sich wieder einwohnen in der alten Bischofsstadt. Zwang wider ihr Volkstum haben die Welschlothringer und die Bewohner der wenigen welsch redenden Vogesendörfer ebensowenig zu fürchten wie unsere wackeren Wallonen in Malmedy und Montjoie, welche heute mit ihren deutschen Mitbürgern in treuer Hingebung wetteifern.

Bestände ein lebendiges Gemeingefühl in der europäischen Staatengesellschaft, so müßte der übermütige Friedensstörer noch weit tiefer gedemütigt und gezwungen werden, Savoyen und Nizza an Italien, das altberühmte Westflandern mit Dünkirchen, mit Lille — dem alten Ryssel — mit jenem Douai, wo der flandrische Löwe noch auf dem Rathause die Wetterfahne schwingt, an Belgien herauszugeben. Doch die Macht der Trägheit, die Angst Europas vor jeder starken Änderung, das stille Mißtrauen aller Staaten gegen das neue Deutschland wird einen so gründlichen Umbau des Staatensystems schwerlich gestatten.

Das deutsche Land aber, das wir fordern, ist unser durch Natur und Geschichte. Wohl stehen die beiden Ufer hier, wo der Rhein noch als ein ungebändigtes Gletscherwasser, nach Laune sein Bett wechselnd, daherbraust, nicht in so lebhaftem Verkehre, wie abwärts von Mainz. Der Wanderer, der aus einem Elsasser Dorfe zum Rheine zieht, geht oft lange durch Buschland und Geröll, an sumpfigen Altrheinen vorüber und muß leicht eine Stunde am Flusse warten, bis ein elender Nachen ihn zu einer der Burgen des Kaiserstuhls hinüberführt. Aber der Verkehr zwischen dem badischen Oberlande und dem Überrhein ist doch nicht mehr erschwert, als zwischen der badischen und der bayrischen Pfalz oder Starkenburg und Rheinhessen. Die Natur selber hat die oberrheinische Ebene zur Schicksalsgemeinschaft bestimmt, sie mit gleichgeformten Gebirgswällen umzogen. Auf beiden Ufern erreicht das Gebirg im Süden seine höchste Höhe; dem Breisgauer Bauern ist der Elsasser Belchen der Wetterkündiger, wie der Sundgauer von drüben nach dem Schwarzwälder Belchen und dem Blauen schaut. Auf beiden Ufern zeigt die liebliche Landschaft da ihre volle Schönheit, wo ein Quertal aus der Kette des Gebirgs heraustritt: wo die Engelsburg den

Eingang zum Thurtale beherrscht, wo die drei Schlösser von Rappoltstein in den engen Grund hinabschauen, wo die alte Feste Hohen-Barr aus den roten Felsen des Zorntales aufsteigt — wie gegenüber in Freiburg, Offenburg, Baden. Eine uralte Handelsstraße zieht mitten über die Ebene, durchbricht den Wasgau bei der Zaberner Stiege, den Schwarzwald bei dem Pforzheimer Tore, verbindet das Westerreich, wie unsere Väter sagten, mit dem inneren Deutschland; wo sie den Rhein überschreitet, liegt Straßburg, das Köln des Oberrheins, sein Münster als eine Landmarke weitum im Oberlande sichtbar, wie der Kölner Dom in den bergischen Gauen. Ein Prachtbild deutscher Landschaft! — so hat noch jeder gedacht, der am frischen Morgen, wenn die Fetzen der Nebel noch an den Felskegeln hangen, auf die Wälle von Schlettstadt trat. Droben auf dem Gebirg der dunkle Tann, den das entwaldete welsche Land kaum kennt: weiter niederwärts jene hellen Kästenwälder, die niemand mehr missen mag, wenn er einmal heimisch ward am Rheine; am Abhang die Rebgärten und drunten jene schwellende duftige Ebene, die dem alten Goethe noch in der Erinnerung überschwengliche Worte des Preises für sein „herrliches Elsaß" entlockte. Auch wir Jüngeren, die wir, mit der Schönheit des Gebirges besser vertraut als die Söhne des achtzehnten Jahrhunderts, für die Reize der Ebene weniger Sinn zeigen, hier müssen wir doch mit einstimmen in das Entzücken des Altmeisters, wenn er die breiten Fruchtbäume mitten im Kornfeld schildert und die alten Linden der Wanzenau und das Spiel des Sonnenlichts, das sich in der weiten welligen Fläche in unzähligen Mulden fängt und bricht.

Und mit dem Efeu, der das Gemäuer umrankt, schlingt auch die deutsche Sage ihr wunderbares Gespinst um die hundert Burgen des Sundgaus. Hier am rauschenden Wasserfall stieg die Riesenjungfrau zu der Nideck hinauf und trug das Bäuerlein mitsamt dem Pfluge und den Rossen in der Schürze. Dort auf Tronja hauste der grimme Hagen der Nibelungen; droben auf dem Wasgenstein tobten die wilden Kämpfe unseres Walthariusliedes. Hier im Tale der Zorn ging Fridolin zum Eisenhammer; dort an der Bergkirche fließt ein Tränenbrunnen der schmerzensreichen heiligen Ottilie, wie jenseits ein zweiter in der stillen Talbucht bei Freiburg. Überall tummelte sich in dem lustigen Ländchen deutscher Humor, deutsche Laune und Lebenslust. Der Graf von Rappoltstein war König aller Sänger und fahrenden Leute des Heiligen Reichs, berief alljährlich die meisterlose Schelmenzunft zu einem ausgelassenen Pfeiferlandtage. Auf dem Rathause zu Mühlhausen bewahrt man noch den Klapperstein, der keifenden Weibern umgehängt wurde. Ohne den goldenen Wein von Rangen stiege der zierliche Turm der Theobaldskirche zu Thann nimmermehr so kühn in die Lüfte; es war ein gesegnetes Weinjahr, da kamen die Winzer dem verzweifelnden Baumeister zu Hilfe, mischten den Kalk mit edlem Moste, daß die Fugen des lustigen Baues auch hielten.

In der älteren Geschichte deutscher Kunst hat das Elsaß immer einen ehrenvollen Platz behauptet: seit jener Otfried vor tausend Jahren in der Weißenburger Klosterzelle seinen Krist dichtete — das älteste große Denkmal altdeutscher Dichtung, das uns geblieben — seit Gottfried von Straßburg das liebeglühende Lied von Tristan und Isolde sang und Herr Walther von der Vogelweide das Dichterlob Reinmars von Hagenau verkündete; seit in Thann und Straßburg jene Wunderwerke gothischer Baukunst sich erhoben, und Martin Schongauer für die gute Stadt Colmar seine treuherzigen Bilder malte. Vornehmlich die Schelmerei, das neckische Spiel des Witzes blieb den leichtlebigen Söhnen unserer Grenze immer eine Freude. Fast alle namhaften Humoristen unserer älteren Literatur waren Elsasser oder doch der Landschaft gesellig verbunden. In Straßburg schrieb der freidenkende, liebenswürdige Schalk Sebastian Brandt sein Narrenschiff, Thomas Murner die boshaften Satiren wider die Lutheraner. Georg Wickram, der in seinem Rollwagen die lustigen Schwänke unserer Altvordern sammelte, war ein Colmarer Kind, und in dem lothringischen Forbach lebte Fischart — der Gewaltigste unter den wenigen Deutschen, die in der komischen Dichtung geniale Kraft offenbarten.

Und welches Gewirr politischer Kräfte, welche Macht und Kühnheit deutschen Bürgertums sammelte sich in dem kleinen Lande, als noch die Löwen der Hohenstaufen von der Hochkönigsburg herrschend niederschauten: elf freie Städte des Reichs, darunter Hagenau, die Lieblingsstadt des Rotbarts, der er die Reichskleinodien anvertraute, und, alle überstrahlend, Straßburg. Was hat die Hauptstadt des Departements Bas-Rhin getan und erlebt, das sich auch nur vergleichen ließe mit der uralten, in ihrer Kleinheit großen, in ihrer Bescheidenheit stolzen Geschichte der deutschen Reichsstadt? Ihr Bistum hieß das edelste unter den neun großen Stiftern, die sich die Pfaffengasse des Rheines entlangzogen; von der altdeutschen Redlichkeit und Tapferkeit ihrer Bürger ging allezeit großes Gerücht im Reiche. So teilte sie getreulich alle Schicksale der rheinischen Städte, auch die Krankheiten, die Leib und Seele unseres Bürgertums heimsuchten — den schwarzen Tod und seinen Genossen, den Judenbrand. Sie stand fest zu der rheinischen Hansa, rang wie Köln in harten Fehden mit ihrem Bischof, sah die großen Häuser der Zorn und Müllnheim um die Oberhand kämpfen, wie Köln seine Weisen und Overstolzen, sah die Zünftler wider die Geschlechter sich erheben, bis endlich nach dem Siege der Zünfte in dem gemeinen Stadtbuch jene treffliche Verfassung aufgezeichnet wurde, die Erasmus als ein lebendig Beispiel wohlbestallten Regimentes mit dem Staate von Massilia verglich. Die Grenzstadt ließ sich gern des Reiches starke Vormauer nennen, ihre Bürgerschaft sah mit tiefem Hasse auf die welschen Nachbarn, zog mit den Schweizern vereint wider die Burgunder ins Feld, enthauptete den Landvogt Karls des Kühnen zu Colmar. Glückliche Tage, da der feste Pfennigturm den Schatz der reichen Stadt kaum fassen konnte und Guttenberg hier seine ersten Versuche wagte, da der Ruhm der Straßburger Meistersänger weithin durchs Reich flog und die Bauhütte des Münsters bis nach Thüringen und Sachsen hinein Gericht hielt über die Zunftgenossen, da die befreundeten Züricher auf ihrem glücklichen Schiffe den heißen Breitopf zu Tal führten und Bischof Wilhelm von Hohenstein jenen prunkenden Einritt hielt, den die feine Feder Sebastian Brandts uns so köstlich geschildert hat.

Es kam die Zeit der Reformation. Deutschland erstieg zum zweiten, wie heute zum dritten Male einen Höhepunkt seines Lebens, und auch das Volk im Elsaß griff hocherregt mit ein in die großen Kämpfe des deutschen Geistes. In Straßburg, in Schlettstadt und Hagenau leiteten Dringenberg und Wimpfeling die gelehrte Arbeit der Humanistenschulen, Gailer von Kaisersberg predigte im Straßburger Münster deutsch wider die Mißbräuche der Kirche — ein Reichtum geistiger Kräfte, wovon das heutige Elsaß sich gar nichts träumen läßt. Mit Leidenschaft ergriff das mißhandelte Landvolk die weltbefreienden Lehren von Wittenberg; die Bauern im Elsaß erhoben den Bundschuh auf der Stange, wie nebenan die Bauern im Speyergau und im Schwarzwald. Sie kämpften und litten wie jene, der Straßburger Bischof hielt zu Zabern das grausame Strafgericht über die Meuterer wie der harte Speyerer auf Grombach und auf der Kästenburg. Die evangelische Lehre aber blieb aufrecht in den Städten. Vierzehn Städte des Reichs, an ihrer Spitze Straßburg, unterzeichneten auf dem Reichstage zu Speier jenen Protest der sieben Fürsten, der dem neuen Glauben den Namen geben sollte. Nun begann Martin Bucer in Straßburg sein reiches Wirken; die Stadt stand vermittelnd zwischen den Lutheranern des Nordens und der Lehre Zwinglis, sie schenkte dem Protestantismus freigebig seine nie fehlenden Waffen, gründete die Bibliothek, das Gymnasium und später jene ruhmreiche hohe Schule, an der Hedion nnd Capito lehrten. Als die Protestanten zu Augsburg ihren Glauben bekannten, da überreichte auch Straßburg mit noch drei oberdeutschen Städten sein freieres Bekenntnis, die Tetrapolitana. Dann ward die Stadt, wie die anderen Hauptstädte Oberdeutschlands, Augsburg, Ulm, Nürnberg, mit hineingerissen in das Unglück der Schmalkaldischen Waffen. Noch blieb eine Hoffnung: Frankreichs Hilfe. Aber die deutsche Stadt verschmähte den Bund mit dem Reichsfeinde. Den Tod im Herzen beugte ihr Bürgermeister Jakob Sturm seine Knie vor Karl V., denn der Hispanier war doch der Kaiser. Und als sechs Jahre darauf die Ruchlosen unter den deutschen Protestanten wirklich den Kriegsbund mit Frankreich schlossen und König Heinrich II. als Beschützer deutscher Libertät seine Heere gegen den Rhein vorsandte, da hielt Straßburg abermals treu zu Kaiser und Reich, schloß den Franzosen seine Tore.

Und dies reiche Jahrtausend deutscher Geschichte sollte ganz zerstört sein durch zwei Jahrhunderte französischer Herrschaft? Nur wir Deutschen hier in dem Oberlande, das unsere Väter so gern das Reich nannten, ermessen vollständig, wie fürchterlich die hunnische Wut der Franzosen an uns gefrevelt hat. Wie anders wäre der Anblick unseres Vaterlandes, wenn wir neben den herrlichen Städtebildern des alten Danzig, Lübeck, Nürnberg auch das alte Speyer, das alte Worms, Freiburg, Heidelberg besäßen, jene türmestolzen, hochgiebligen Städte, die Merian noch kannte! In der Kirche von Landau steht noch das Grabmal, das Ludwig XIV. seinem Statthalter im Elsaß, dem wilden Katalanen Montclar, dem Zerstörer der prachtvollen Madenburg, errichten ließ; da wird in hochtönendem Latein die christliche Tugend des ruchlosen Mordbrenners gepriesen und salbungsvoll also geschlossen: „gehe hin Wanderer und lerne, daß der Kriegsruhm erst durch die Tugend verherrlicht wird!" Und war nicht solcher gotteslästerlicher Frevel noch schmählicher für uns, die wir ihn litten, als für die Missetäter selber? Aber das Völkerrecht kennt keine Verjährung. Auch das Weichselland des deutschen Ordens und sein Meisterschloß die Marienburg fielen einst durch die Verräterei deutscher Stände in die Hände der Fremden; drei volle Jahrhunderte vergingen, bis das erstarkende Deutschland sich mächtig genug fühlte den Raub von den Polen zurückzufordern. Mit gleichem Rechte sühnen wir heute, was Frankreich vor zwei Jahrhunderten an unserem Westen verbrach.

Sobald die drei lothringischen Bistümer durch den Verrat Moritzs von Sachsen an Frankreich gekommen, trachtete die Pariser Politik in schlauer

Berechnung zunächst das Elsaß zu gewinnen, weil dann der umklammerte Überrest Lothringens von selber nachfolgen mußte, und die unsägliche Erbärmlichkeit jener zahllosen kleinen Herren, die sich in das Elsaß teilten, gewährte den Zettelungen französischer Ränke den dankbarsten Boden während der faulen Friedensjahre nach dem Augsburger Religionsfrieden. Auf den Trümmern von Hohen-Barr steht noch zu lesen, daß Johann von Manderscheidt, Bischof von Straßburg, im Jahre 1584 hanc arcem nulli inimicam errichtet hat. Die Grenzfeste gegen Frankreich — niemandem feindlich! Liegt nicht in diesen zwei Worten die grimmigste Satire auf die schimpfliche Ohnmacht des sinkenden deutschen Reichs? Gemahnen sie nicht an jene köstliche Inschrift „gib Frieden, Herr, in unseren Tagen", welche das streitbare Heer des Fürstbischofs von Hildesheim auf seinen Hüten trug? Also war der hohe Adel der weiland großen deutschen Nation bereits in seiner sittlichen Kraft erschüttert, als im dreißigjährigen Kriege der Kurfürst von Bayern das Elsaß den Franzosen preisgab und dann der Westfälische Friedensschluß in vieldeutigen Worten die Rechte, welche bisher dem Hause Österreich dort zugestanden, der Krone Frankreich übertrug.

Es war eine Notwendigkeit, daß Frankreichs schroffe Staatseinheit jetzt darauf ausging, die Trümmer deutscher Kleinstaaterei, welche in seinem neuen Gebiete noch eingesprengt lagen, vollends zu zerstören. Seine Residenten saßen in Straßburg, in seinem Solde standen jene drei Gebrüder Fürstenberg, welche die Höfe von München, Köln und Straßburg beherrschten und den empörten Zeitgenossen die Egonisten hießen. Doch während der Adel also Frankreichs Netze spann, blieben dem Volke im Elsaß deutsche Geisteskraft und deutsche Treue noch lange unverloren. Eben damals ward in Rappoltsweiler jener Philipp Jakob Spener groß, der den sittlichen Gehalt des erstarrten Luthertums zu neuem Leben erweckte, und freudig jubelte das Volk dem Brandenburger zu, der mit den Franzosen am Oberrheine rang und dann die Schweden bei Fehrbellin aus seinen Marken schlug. Ein Volkslied, gedruckt zu Straßburg 1675, zu singen nach der alten Protestantenweise „Gustav Adolf hochgeboren" hebt also an: „der Große Kurfürst zog mit Macht, um Frieden zu erlangen, er suchet der Franzosen Pracht und ihres Trotzes Prangen zu brechen durch die Kriegeskunst." So grüßte die ferne Westmark den ersten Helden des neuen nordischen Staates zum ersten Male mit dem Namen des Großen.

Unterdessen bohrte sich die französische Politik tief und tiefer in das morsche Reich; die zehn kleinen Reichsstädte im Elsaß wurden der Souveränität des Königs nnterworfen, und dann gab ein Verrat, dessen schmutzige Fäden noch heute im Dunkeln liegen, auch Straßburg in Ludwigs Hände. Welch ein Tag, jener 24. Oktober 1681, da der neue Herrscher seinen Einzug hielt: die Bürger der freien Reichsstadt auf den Knien Treue schwörend, während draußen deutsche Bauern an den Schanzen der Zitadelle frondeten! Am Tore des Münsters empfing Bischof Franz Egon von Fürstenberg den König, dankte ihm, daß er den Dom den Ketzern wieder entrissen, und rief: Herr, nun lässest du deinen Diener in Frieden fahren, seit er seinen Heiland gesehen! Rebenac aber, Ludwigs Gesandter, beteuerte in Berlin, der König sei im geringsten nicht gemeint gewesen, den Frieden des Reichs zu brechen. Grausame Mißhandlungen wider die Straßburger Protestanten bildeten den würdigen Abschluß des ewig schmachvollen Hergangs. Dann hat die

Hauspolitik der Habsburger dreimal die bereite Gelegenheit der Wiedereroberung versäumt und schließlich auch Lothringen preisgegeben.

Die Franzosen begannen langsam und vorsichtig die Lande zu gallisieren: nach Jahren erst wurde die selbständige Verwaltung der lothringischen Allemagne beseitigt, abermals nach Jahren die deutsche Kanzlei am Hofe zu Versailles aufgehoben. Und doch ist gerade in dieser Zeit der Fremdherrschaft das Elsaß dem deutschen Volke tief ins Herz gewachsen. Denn deutscher ist kein Buch, als jenes einzige, das von dem allerschönsten Geheimnis des Menschendaseins, von dem Werden des Genius erzählt, und wärmer, inniger kein Bild aus Goethes Leben als die Geschichte der glückseligen Liebezeit im Elsaß. Aus dem Pfarrhause von Sesenheim ist ein Strahl der Liebe in die Jugendträume jedes deutschen Herzens gedrungen; dies deutsche Haus bedroht von der Überflutung welscher Sitte — das scheint uns allen wie ein entweihtes Heiligtum. Das frohe, sang- und tanzlustige Völkchen aber, das Goethe kannte, lebte so dahin, wenig bekümmert um sein politisches Zwitterdasein, wenig berührt von fremder Sprache und Sitte. Die Straßburger Hochschule begann zwar schon nach französischer Weise mehr auf die praktische Brauchbarkeit als auf die Tiefe des Wissens zu halten; doch sie lehrte noch deutsch, stand durch ihre Zierden Schöpflin und Koch mit der deutschen Wissenschaft in lebendigem Verkehre, ward von vielen jungen Männern aus dem Reiche, von Goethe, Herder, Lenz, Stilling, Metternich besucht. Die Stadt hielt auch unter der drückenden Oberaufsicht königlicher Prätoren ihre alte Verfassung fest, nannte sich selber eine freie Stadt unter Frankreichs Schutz und war hundert Jahre nach der Einverleibung noch ebensowenig französisch, wie Danzig polnisch war unter dem Schutze der Krone Polen.

Erst die Revolution hat die Elsasser dem Staate und der Staatsgesinnung der Franzosen eingefügt. Sie vereinigte die noch übrigen kleinen deutschen Herrschaften des Elsaß mit dem französischen Gebiete, vernichtete hier wie überall das Sonderrecht der Provinz. Selbst der alte glorreiche Name des Landes mußte den für die französische Eitelkeit charakteristischen Bezeichnungen „Oberrhein" und „Niederrhein" weichen. — Niederrhein hier, wo der Strom noch nicht einmal große Schiffe trägt! In den Stürmen der großen Umwälzung lernten die Elsasser, wie alle Bürger Frankreichs, ihrer Vergangenheit vergessen. Und dies ist der wesentliche Grundzug der modernen französischen Staatsgesinnung, der letzte Quell der Krankheit ihres Staates: die Nation hat gebrochen mit ihrer Geschichte, was über die Revolution hinausliegt ist ihr tot und abgetan. Vor dreißig Jahren begann die Stadt Straßburg die Herausgabe ihrer treuherzigen alten Chroniken, ein Werk der Heimatliebe, ohne Zweifel; aber den Deutschen, dem seine Vorzeit noch eine lebendige Wahrheit ist, überkommt ein unheimliches Frösteln, wenn er die kühle Vorrede liest, die der Maire der Stadt, Schützenberger, geschrieben. Da wird von der herrlichen reichsstädtischen Zeit genau in demselben Tone geredet, wie von der Tatsache, daß die achte Legion einst in Argentoratum ihr Standlager hatte. Was vor dem vergötterten Jahre 89 geschah, gehört der antiquarischen Forschung; keine Brücke führt mehr hinüber von dem Heute zum Gestern.

Gräßliches, Ungeheures mußte geschehen, um eine so grundtiefe Wandlung der Staatsgesinnung zu vollziehen; kaum irgendwo sonst hat der Konvent seinen Vernichtungskrieg wider die Provinzen so blutig, so erbarmungslos geführt wie in Straßburg. Die treue und schwere Art der deutschen Bürger vermochte den launischen Zuckungen des gallischen Geistes so schnell nicht zu folgen. Die Stadt schwärmte für das konstitutionelle Königtum und hielt noch fest an ihrem Glauben, als die Pariser längst die Krone zerbrochen hatten; sie begeisterte sich sodann für das rhetorische Pathos der Gironde, als die Pariser schon die Jakobinermütze trugen; und als sie endlich den Jakobinern verfiel, da blieb in ihren heimischen Demagogen, in Eulogius Schneider und dem Schuster Jung, doch noch ein Zug von deutschem Idealismus, deutscher Billigkeit lebendig. Also waren die Straßburger den Terroristen als Gemäßigte verdächtig, und nun stürzte sich die Gleichheitswut, die Einheitsraserei des Konventes mit scheußlicher Wildheit auf die deutsche Stadt. St. Juste und Lebas erklärten die Guillotine in Permanenz um das Elsaß zu „nationalisieren" und von den deutschen Barbaren zu säubern. Die deutsche Tracht ward verboten, das Münster zum Tempel der Vernunft geweiht, seinem Turme die rote Mütze aufgestülpt; alles Ernstes beantragte der Klub der Propaganda, jeden Bürger, der nicht französisch rede, zu deportieren.

Derweil also unter blutigen Gräueln der Trotz der deutschen Stadt dahinsank, wurde das Landvolk durch die Wohltaten der Revolution für Frankreich gewonnen. Hier galt noch deutsches Bauernrecht, der Bauer litt unter harten grundherrlichen Lasten, war da und dort noch leibeigen und wurde jetzt durch die Nacht des vierten August plötzlich ein freier Grundbesitzer. In einem Teile des inneren Frankreichs dagegen herrschten der Halbbau oder andere drückende Pachtsysteme, und die neuen Gesetze änderten wenig an der Lage des Landvolks. So geschah das Seltsame, daß Frankreichs deutsche Bauern die Revolution segneten, während das französische Landvolk in der Vendee sie leidenschaftlich bekämpfte. Der alte Freiheitstrotz der Alemannen erwachte; die Bauern im Elsaß drängten sich zu den Fahnen der Republik, und während der Kämpfe jener wilden Tage berauschten sie sich an zwei neufranzösischen Gedanken, welche mit jener Verachtung der Vorzeit fest zusammenhängen: fortan lebte in ihnen ein fanatischer Gleichheitssinn, dem jeder noch so harmlose Vorzug der Geburt als Feudalismus verhaßt ist, und das maßlose Selbstgefühl des vierten Standes, der in Frankreich nicht vergessen kann, daß einst das Dasein des Staates auf den Spitzen seiner Piken ruhte. Graf Wurmser aber, unter dessen Befehl das österreichische Heer vor den Weißenburger Linien focht, war ein Elsasser Edelmann, tief eingeweiht in die geheimen Umtriebe seiner unzufriedenen Standesgenossen; er verhehlte nicht, daß sein gutes Schwert die Herrlichkeit des Junkertums wiederherstellen solle. Also erschien der Krieg gegen Deutschland dem Elsasser Landmann als ein Krieg für die Freiheit des Leibes und der Scholle.

Dann ward das Volk vollends bezaubert durch den Ruhm des Soldatenkaisers, der die kriegerische Kraft dieser Deutschen so trefflich zu nutzen verstand. Das Deutsche Reich ging jammervoll zugrunde. Die Elsasser Pfeffel und Matthieu spielten die Vermittler beim schmutzigen Tauschgeschäft, als unsere Fürsten sich in des Reiches Fetzen teilten. Die letzte Achtung vor dem deutschen Staate war dahin. Als Deutschland endlich sich erhob, als die Verbündeten in Frankreich einfielen, da wähnte das Volk im Elsaß abermals die Segnungen seiner Revolution bedroht. Die festen Plätze, von Bürgern und Soldaten tapfer verteidigt, hielten lange stand, in den Vogesen führten bewaffnete Bauerscharen den kleinen Krieg, kreuzigten gefangene deutsche Soldaten, verübten unmenschliche Greuel, also daß Rückert über die entdeutschte Zucht des Landes klagen konnte. Zahlreiche Bilder in den Kirchen und altfränkischen Bürgerhäusern erinnern noch jetzt an diesen Volkskrieg wider die étrangers. Es folgte die elende Zeit der deutschen Demagogenjagd; deutsche Flüchtlinge fanden im Überrhein Schutz und Zuflucht, Straßburger Pressen druckten was die deutsche Zensur verbot, und der Elsasser schaute mit Verachtung auf die alte Heimat als auf ein Land der Ohnmacht und der Knechtschaft. Und da ja immer widernatürliche Zustände unheimliche Volkskrankheiten erzeugen, so wurde grade dies eroberte deutsche Land zum Herde des Chauvinismus. Der Lauf des Rheines, der Saar, der Mosel verwies die Landschaften auf den Verkehr mit Deutschland, sie verlangten nach neuen Eroberungen, rühmten sich alle anderen Provinzen Frankreichs an „Patriotismus“ zu übertreffen, sendeten ihre Söhne mit Vorliebe in das Heer, und vor zwei Jahren waren allein die kriegslustigen Lothringer bereit, den Vorschlag der allgemeinen Wehrpflicht anzunehmen, den die Selbstsucht der Franzosen verwarf. Ein anschauliches, dem Deutschen schier unbegreifliches Bild von dieser französischen Gesinnung der Grenzlande geben die vielgelesenen „nationalen Romane“ der beiden Elsaß-Lothringer Erckmann und Chatrian, der Friedensprediger unter Frankreichs Dichtern. Grunddeutsche Menschen, diese wackeren Pfalzburger, die hier auftreten, deutsch in Sprache und Empfindung, doch die Erinnerung an die alte Verbindung mit dem Reiche ist ihnen verloren bis auf die letzte Spur, sie schwärmen für die Trikolore, hassen ingrimmig den Prussien, und die Erzähler selber — schreiben französisch!

Wohl faßt uns Deutsche ein Grauen, wenn wir heute in Gunstett und Weißenburg die blinde Wut von 1815 wieder aufleben, wenn wir diese deutschen Menschen in deutscher Sprache wider die „deutschen Hunde“, die „Stinkpreußen“ schmähen und gleich reißenden Tieren wüten sehen gegen ihr Fleisch und Blut. Und dennoch sind wir nicht befugt, den Stab zu brechen über das verirrte Volk, das trotz alledem zu den tüchtigsten deutschen Stämmen zählt. Schon Arndt entschuldigte mit gutem Grunde die Elsasser wider Rückerts herben Vorwurf. Was uns an den Unseligen empört, ist doch nichts anderes als der alte deutsche Partikularismus, als jener verhängnisvolle Trieb des Deutschen, etwas anderes, etwas Besseres zu sein als der deutsche Nachbar, das eigene Ländle für das Land der Mitte zu halten und bei dem einmal ergriffenen Banner in blinder Treue festzustehen — nur daß hier unter höchst unnatürlichen Verhältnissen die alte deutsche Erbkrankheit in der allerhäßlichsten Gestalt erscheint. Sehet hin auf die mißbrauchten Unglücklichen, die bei Wörth und Forbach den deutschen Kriegern meuchlerisch in den Rücken fielen: so sind die Deutschen, welche die große Auferstehung unseres Volkes während der letzten zwei Jahrhunderte nicht mit erlebten, und so wären wir heut alle, wenn es kein Preußen gäbe. Der Elsasser ist nicht ein Franzose schlechtweg, er will es nicht sein, er blickt mit Mißtrauen, oft mit Haß auf den Welschen; er fühlt sich als ein Glied des auserwählten Völkchens, das alle Franzosen durch Fleiß und kriegerische Kraft, alle Deutschen durch sein Franzosentum übertrifft. Auch andere Deutsche setzten einst ihren

Stolz darein, den Königen von Polen, Schweden, Dänemark, England deutsche Treue zu erweisen; noch grimmiger als heute die Elsasser kämpften einst die Stettiner für die Krone Schweden gegen den Großen Kurfürsten. Erst der erstarkende preußische Staat hat uns anderen ein deutsches Vaterland wiedergeschenkt.

Woher sollten auch die Elsasser Achtung lernen vor dem deutschen Wesen? Was anders sahen sie vor ihrer Tür als die Lächerlichkeit der Kleinstaaterei und — jene Spielbank von Baden, wo deutsche Gemütlichkeit sich demütig beugte vor französischer Unzucht? Das alte Reich, dem sie einst treulich angehangen, war versunken; von dem neuen Staate, der sich glorreich emporhob, wußten sie nichts. Wie lang ists her, daß bei uns selber die öffentliche Meinung als Deutschlands Fall beklagte, was Deutschlands Erwachen war? daß es wohl eine französische und habsburgische, doch nicht eine deutsche Geschichte gab? Noch am Anfang des Jahrhunderts pflegte der deutsche Patriot den letzten Grund der deutschen Zerrissenheit in der Entstehung des preußischen Staats zu suchen. Und wie war doch das Bild von Deutschland, das noch vor vierzig Jahren unsere Radikalen, nach Heines Vorgang, zu entwerfen pflegten? Die deutsche Nation ein philosophierendes und biertrinkendes, doch übrigens unschädliches und bedientenhaftes Volk, ihre Kleinstaaten durch die große Revolution und den großen Napoleon mit einigen Freiheitsgedanken gesegnet, doch leider im Norden der Staat des Korporalismus und des Feudalismus, der räuberische Staat der hoberaux. Eben dies Zerrbild von Deutschland ist in Frankreich bis zum heutigen Tage lebendig geblieben. Allerdings hat das zweite Kaiserreich, das sich so viele unfreiwillige Verdienste um Deutschland erwarb, auch das Selbstgefühl der Elsasser ein wenig erschüttert. Einzelne Denkende erkannten wohl die sonnenklare Tatsache, daß jeder deutsche Staat heute ungleich freier ist als das kaiserliche Frankreich; doch die Masse des Volks, mißleitet von einer unbeschreiblich dummen Provinzialpresse, blieb ohne jede Kunde von dem ungeheuren Umschwung, der sich in Deutschland vollendete, sie lebte weiter in den alten Träumen.

Hat sich nun in diesem französisch-gesinnten deutschen Stamme eine eigentümliche neue Gesittung herausgebildet? Die Elsasser, nach deutscher Weise geneigt die Not zur Tugend zu machen, gefallen sich oft in der Versicherung, ihr Land bilde das vermittelnde Glied zwischen der romanischen und der germanischen Welt, sei darum heute bedeutsamer für das Kulturleben Europas denn früher als deutsches Reichsland. Niemand hat diesen Gedanken geistreicher und feiner entwickelt als der hochgebildete Ch. Dollfus aus Mühlhausen. Um das Jahr 1860 schien es wirklich, als sollte die Provinz mit Erfolg dieses Vermittleramtes warten. Die Revue germanique, zumeist von Elsassern geschrieben, versuchte den Franzosen ein treues Bild von deutscher Wissenschaft zu geben; der Temps, gleichfalls von Elsassern geleitet, bemühte sich unser Staatsleben unbefangen zu würdigen. Auch Franzosen von altkeltischem Blute äußerten damals, nur das Wiederaufgraben der halbverschütteten germanischen Kräfte könne dem französischen Boden neue Triebkraft schenken, und wir Deutschen schauten mit ehrlicher Freude dem ungewohnten Treiben zu. Doch alle diese Versuche sind gänzlich gescheitert, und sie mußten scheitern. Die Freude der Franzosen an den Werken unseres Geistes beruhte jederzeit auf der stillschweigenden Voraussetzung, daß wir noch immer jenem alten Zerrbilde entsprächen, noch immer ein staatloses Volk von Dichtern und Denkern seien. Sobald die böhmischen Siege die Macht des deutschen Staates offenbarten, trat im französischen Leben eine Wandlung ein, die wir Deutschen nicht genugsam beachtet haben. Der Einfluß deutscher Ideen kam ins Stocken, die Revue germanique ist längst untergegangen, der Temps hat dem neuen Norddeutschen Bunde genau dieselbe Gehässigkeit erwiesen wie alle anderen französischen Blätter, und nach allem Gräßlichen, was wir in den jüngsten Wochen erlebten, ist für die nächste Zukunft eine noch tiefere Entfremdung zu erwarten.

Und war denn das Elsaß in Wahrheit ein Vermittler zwischen Deutschland und Frankreich? Zum Vermitteln gehört doch ein gegenseitiges Geben und Empfangen. Was aber haben wir von den Elsassern empfangen? Was waren sie uns? Ihre guten Köpfe gingen einfach dem deutschen Leben verloren, wurden Franzosen mit einem Anflug deutscher Bildung, wie jener Dollfus selber, dienten den Fremden, nicht uns. Der Verlust der deutschen Provinzen würde für Frankreich unendlich mehr bedeuten als eine Verminderung der 89 Departements um drei; er wäre nicht bloß ein furchtbarer moralischer Schlag — denn diese Lande sind der Stolz der Nation, der vielumkämpfte Preis alter Siege, die gerühmte terre classique de la France — sondern auch eine ganz unersetzliche Einbuße an geistigen Kräften. Man erstaunt, in jeder großen Stadt Frankreichs, überall und in allen Lebensstellungen, die fleißigen, gescheidten, zuverlässigen Söhne des Elsaß zu finden. Die Bevölkerung des Departements Niederrhein, die doch nach deutscher Weise gesund und fruchtbar ist, hat sich in den fünfziger Jahren erheblich vermindert, durch das massenhafte Ausströmen in die Städte Frankreichs. Und diese regelmäßige Aufsaugung deutscher Kräfte durch das französische Volk sollten wir als eine gesunde Wechselwirkung anerkennen — jetzt da wir die Macht besitzen den krankhaften Zustand zu beendigen? Die Schweiz ist wirklich ein Land des Überganges, der Vermittlung; hier lernen, verbunden durch eine lose und freie Verfassung, drei Nationen einander zu würdigen nnd zu schonen. Doch der zentralisierte Staat, das herrische Volkstum Frankreichs kann einer Provinz weder ein selbständiges Kulturleben noch eine eigene Sprache gestatten.

Die amtliche Statistik verschmäht dort grundsätzlich nach den Sprachverhältnissen zu forschen, wie ihr Direktor Legoyt oftmals laut bekannte. Der Staat nimmt an, daß jeder Franzose französisch verstehe; die Welt darf nicht erfahren, wie vielen Millionen Basken, Bretonen, Provençalen, Flamländern, Deutschen die Staatssprache fremd ist; die abweichende Volkssprache soll zum Dialekte, zur Sprache der Unbildung herabgewürdigt werden. Mit rücksichtsloser Beflissenheit hat die französische Bureaukratie im Elsaß auf dies Ziel hingearbeitet, so fanatisch, daß Napoleon III. zuweilen die Plumpheit der Übereifrigen ermäßigen mußte. Der gesamte höhere Unterricht ist französisch, neuerdings versucht man sogar durch die Einführung französischer Kindergärten die Jugend schon im zartesten Alter der Muttersprache zu entfremden. Wer reines nordisches Hochdeutsch spricht wird zuweilen mit halbgebildeten Elsässern sich leichter verständigen wenn er sein Französisch zu Hilfe nimmt: den Leuten ist nur der Dialekt der Heimat noch ganz geläufig. Aber das Unternehmen, die Sprache eines großen Kulturvolks herabzudrücken zu der Roheit des keltischen Patois der Bretonen, ist ein Wahnwitz, eine Sünde wider die Natur. Ewig wahr bleibt der Spruch unserer derben Altvordern: „also deutsch Herz und welsches Maul, ein starker Mann und lahmer Gaul, zusammen sich nicht schicken.“ Die aufgedrungene fremde Sprache hat die höheren Stände des Elsasses in ihrem Gemüte, in ihrem Seelenleben unsäglich geschädigt, dem geistigen Leben der Provinz den Charakter einer Bastardbildung, die nicht Fisch nicht Fleisch ist, aufgeprägt. Unglückliche Geschöpfe, diese deutschen Knaben, die dort in goldgeränderten Lyzeistenmützen unter der Obhut eines eleganten Abbés einherziehen: an Boileau und Racine soll sich ihr deutsches Gemüt erheben, und in der Sprache Goethes reden sie greulich welschend mit den Dienstboten!

In dem Kampfe selbständiger Kultursprachen erringt leider die Formgewandtheit meist den Sieg über die Tiefe, die Gediegenheit der Bildung. Denn am letzten Ende hängt das Volkstum des jungen Geschlechts von den Müttern ab; und Frauen widerstehen nicht leicht dem Zauber der glänzenden Form. Während in der Regel das Weib, treuer als der Mann im Guten wie im Schlimmen, auch zäher als er an der väterlichen Sitte festhält, verwelschen die Elsasser Frauen schneller als die Männer; das lehrt der Augenschein, das lehrt die von allen Volksbibliotheken der Provinz übereinstimmend berichtete Wahrnehmung, daß die Frauen fast nur französische Bücher lesen. Die Sprache des Staats, der guten Gesellschaft und der großen Geschäfte ist französisch; desgleichen die Sprache der Bücher und der Zeitungen — (denn jene barbarische deutsche Übersetzung, die der Franzose Herr Schneegans neben den französischen Text seines Niederrheinischen Couriers zu stellen pflegt, wird besser mit einem mitleidigen Schweigen übergangen). Wer jemals drei Generationen eines Elsasser Hauses nebeneinander sah, der hat auch die zunehmende Verwelschung der höheren Stände handgreiflich vor Augen gehabt. Erinnert man diese Menschen an ihre herrliche deutsche Vorzeit, so hilft ein zuversichtliches „wir sind Franzosen“ über alle Gründe hinweg; der Gelehrte, wie jener Schützenberger, fügt wohl auch einige tiefsinnige Redensarten hinzu über die Wandelbarkeit aller irdischen Dinge, die selbst das Volkstum zerstöre. Der Staatsdienst, die Niederlassung zahlreicher Franzosen in der Provinz, mannigfache Familien- und Geschäftsverbindungen beschleunigen die unnatürliche Entartung. Von den großen Geschlechtern des Landes sind die einen auf das rechte Ufer gezogen, so die Schauenburg, Böcklin, Türkheim, die anderen sämtlich dem französischen Wesen verfallen — so die Reinach, Andlau, Vogt von Hunolstein. Ein Zorn von Bulach war es, ein Sohn jenes ruhmvollen alten Reichsbürgergeschlechts, der kürzlich im gesetzgebenden Körper in stürmischer chauvinistischer Rede die Befestigung von Hüningen verlangte, damit das Vaterland nicht dem Deutschen zur Beute falle.

Wie herrlich erscheint neben solcher Verwelschung der Gebildeten das treue Beharren der alemannischen Bauern bei der Sitte der Väter. Hier, unter den kleinen Leuten, wo die Bildung nichts gilt und das gesamte geistige Leben im Gemüte enthalten ist, herrscht noch unumschränkt die deutsche Sprache, die auch unter den Vornehmen noch oft die Sprache des Gemütes, des häuslichen Herdes geblieben ist. Tritt der deutsche Wanderer in ein Dorf der Vogesen, so begrüßt ihn am Eingang irgendeine Verordnung in französischer Sprache oder eine auf die Mauer gemalte Anzeige der großen Pariser Reklamefirma Chocolat Meunier und Au pauvre diable. Doch im

Dorfe selbst ist alles deutsch: rote Westen, große Pelzmützen und Dreispitze — uralte Volkstrachten wie nur in den entlegenen Tälern des Schwarzwaldes. Oft gilt der Name Welsch noch als Schimpfwort, oft reden nur der Maire, der Kantonnier nnd einige jüngere weitgewanderte Burschen geläufig die fremde Sprache; alle Verordnungen, die das Volk ernstlich kennen soll, müssen in beiden Sprachen verlesen werden. Die Kinder französisch zu unterrichten ist entweder unmöglich oder sie vergessen nach wenigen Jahren das mühselig Erlernte. Freudig wie der Dithmarscher betrachtet der Sundgauer Bauer das Storchennest auf seinem Strohdach, er steht mit seinem Storche in gemütlichem Verkehr wie jener mit seinem Hadbar, nimmt gewissenhaft wie jener den Mietzins in Empfang, den der Vogel alljährlich herunterwirft. Liest er etwas, so liest er die herzhaften Schwänke des Hinkenden Boten, wie sein Schwarzwälder Nachbar drüben. Unter den Holzhauern oben im Wasgau, die im Winter die Stämme auf mächtigen Schlitten den jähen Abhang hinunterstoßen, ist für den Forscher noch ein reicher Schatz uralter deutscher Sagen und Bräuche zu heben; der Welsche belegt die handfesten Gesellen mit dem köstlichen Namen schlitteurs.

Doch die gewaltigste unter allen den Kräften, welche das deutsche Wesen noch aufrechthalten, ist der Protestantismus, der feste Schild deutscher Sprache und Sitte hier wie im transsylvanischen Gebirg und an den fernen baltischen Gestaden. Die starke Wurzel unserer modernen deutschen Bildung bleibt doch das freie lebendige Nebeneinander der Glaubensbekenntnisse, und an diesem Grundzuge deutschen Lebens, der uns von dem katholischen Süden wie von dem lutherischen Norden unterscheidet, hat das paritätische Elsaß vollen Anteil. So lange der Landmann noch aus deutschem Gesangbuche „Ein' feste Burg ist unser Gott" singt, wird das Deutschtum im Wasgau nicht untergehen. Jener liebevoll werktätige Geist, der in dem alten Spener und später in dem trefflichen Oberlin, dem Wohltäter des Steintals, waltete, lebt noch heute in den wackeren evangelischen Seelsorgern des Elsaß, und vielleicht sind sie die einzigen im Lande, welche im stillen die Rückkehr zu Deutschland ersehnen. Treue Liebe zu dem Lande der Dragonaden und der Cevennenkriege konnte die schändlich mißhandelte evangelische Kirche ja doch niemals hegen. Deutsche Wissenschaft, der freie kühne Forschermut der Tübinger Schule waltet unter den trefflichen Gelehrten der Straßburger evangelischen Fakultät, deren einige noch deutsch lehren; den Franzosen danken sie nur einen rührigen praktischen Sinn, der die erkannte Wahrheit auch dem Leben, der Verfassung der Gemeinden einzuprägen sucht.

Und was ist überhaupt gesund und tüchtig im Elsaß? Was hebt diese Landschaft empor aus jenem finsteren Nebel der Genußsucht und der pfäffischen Verdummung, welche über den meisten anderen Provinzen Frankreichs ruht? Allein ihr Deutschtum. Deutsch ist jener rührige Bürgersinn, jener unausrottbare Drang nach Selbstverwaltung, der auch vor den Künsten napoleonischer Präfekten nicht gänzlich weichen und vor dem monarchischen Sozialismus des zweiten Kaiserreichs sich nicht beugen wollte. Mögen die ehrenwerten Mitglieder der société industrielle de Mulhouse immerhin glauben, daß sie Franzosen seien mit Leib und Seele, und an den Straßenecken ihrer Arbeiterstadt die Inschriften place Napoléon und rue Napoléon anbringen — dies bewundernswürdige Unternehmen freien Bürgergeistes konnte doch nur auf germanischem Boden entstehen, wie auch das große städtische Arbeitshaus Ostwald bei Straßburg nur durch eine deutsche Stadt gegründet werden konnte. Die cités ouvrières in französischen Städten, wie in Lille, sind durch den Staat geschaffen. Deutsch ist die tätige Sorge der Gemeinden und Hausväter für den Volksunterricht, die immerhin bewirkt hat, daß durchschnittlich von hundert Neuverheirateten im Oberrhein nur 6 bis 7, im Unterrhein nur 2 bis 3 nicht schreiben konnten — ein Ergebnis, das neben den deutschen Zuständen bescheiden, neben den französischen glänzend erscheint. Deutsch ist der Geist jener Volksbibliotheken und Gesangvereine, die mit den Präfekten in beständigem Hader lagen; deutsch ist trotz der welschen Sprache die gelehrte Bildung, die in der Revue critique und den Werken der Provinzialhistoriker so Tüchtiges leistet; deutsch auch unter Französischredenden der naturfrischere, derbere und jugendlichere Zug des Lebens, der von keltischer Unzucht wohl angefressen, doch noch nicht zerstört ward. Und sind nicht auch die Kriegertugenden des Elsasses deutsch? Seine Treue und Mannszucht, jener Fleiß in der Ausbildung des einzelnen Mannes und jene Lust am sorgfältigen Schießen, die ihn allein unter allen französischen Soldaten zum Parteigängerkriege befähigen und hier allein eine erste Art freiwilliger Volksbewaffnung, die franctireurs, hervorgerufen haben?

Doch leider, mögen wir die unverwüstliche deutsche Art des Elsassers preisen, der Gelobte nimmt das Lob nicht an; er bleibt dabei, daß er kein Schwabe sei und alle Schwaben gelbe Füße haben. Er ist durch Frankreich früher als wir Deutschen in das großartige Getriebe der modernen Volkswirtschaft eingeführt worden, er dankt ihm musterhafte Verkehrsanstalten, ein weites Marktgebiet, den Zufluß gewaltiger Kapitalien, hohe Arbeitslöhne, die noch heute zur Erntezeit den badischen Feldarbeiter scharenweis über den Rhein ziehen. Er hat von den Franzosen einiges savoir-faire gelernt, seine Betriebsamkeit steht im ganzen höher als die deutsche nebenan, sticht in einzelnen Zweigen — so in der Kunstgärtnerei — sehr auffällig ab von der Bequemlichkeit des badischen Nachbars. Er ist seinem großen Staate verbunden nicht bloß durch alte Treue und alten Stolz, sondern auch durch materielle Bande, deren Macht wir in unserem freieren Staatswesen selten nach Gebühr würdigen. Die bureaukratische Zentralisation bietet unter tausend Sünden doch den einen Vorzug, daß sie wie ein fester Mörtel in jede Fuge des sozialen Gebäudes dringt, das Herausbrechen eines Steines aus der Mauer unsäglich erschwert. Welche Arbeit bis alle die tausend Fäden abgeschnitten sind, die von Straßburg und Colmar nach Paris hinüberführen. Die fonctionnomanie der Franzosen, ihre Sucht vom Staate Vorteil zu ziehen, und sei es nur durch ein bureau de tabac, ist auch in diese Grenzlande hinübergedrungen. Eine Unzahl von Beamten, Pensionären und Veteranen lebt in der Provinz, und sind nicht fast alle großen Verkehrs- und Kreditinstitute in Wahrheit Staatsanstalten? Welche Macht liegt nicht in der Hand der großen Ostbahn, welche dem Namen nach eine Privatbahn, tatsächlich eng mit dem Staate verbunden ist! Kommt das Land an Deutschland und diese Bahn bleibt was sie ist, so wird jeder Bahnwärter und jeder Schaffner französische Propaganda treiben.

Den geringsten Widerstand vermutlich wird die Wiedereroberung im Niederelsaß finden; hier ist ein Drittel des Volks protestantisch, ein schwunghafter Verkehr geht nach Baden und der Pfalz. Weit ungünstiger liegen die Dinge am Oberrhein, wo ein mächtiger Klerus den Haß eines lebhaften, leicht erregbaren Geschlechts wider Deutschland schürt und an dem protestantischen Zehntel der Bevölkerung kein Gegengewicht findet. Die Industrie von Mülhausen arbeitet zumeist für Frankreich, obwohl die Kattun- und Musselingeschäfte des Platzes seit den neuen Handelsverträgen auch auf den Leipziger Messen stark vertreten sind. Die alten Erinnerungen der Schweizerstadt widerstreben dem deutschen Staate; ihre Patrizier tragen geflissentlich französische Gesinnung zur Schau; ihre Arbeitermassen, weither, zumeist aus Deutschland, zusammengewürfelt, zeigten sich immer empfänglich für das hohle Pathos des Pariser Demagogentums. Die allergehässigste Feindseligkeit aber droht uns in Deutschlothringen. Hier, unter einem fast ausschließlich katholischen Volke, hat deutsche Gesittung niemals so großartig sich entfaltet wie im Elsaß; seit mehr denn hundert Jahren wird sie durch die schlechten Künste des französischen Beamtentums mißhandelt — am rohesten in den alten luxemburgischen Landstrichen um Diedenhofen — und der gewohnte Verkehr führt das Landvolk nach zwei französischen Städten, nach Metz und Nanzig.

Gewiß, die Aufgabe, hier die zerrissene Kette der Zeiten wieder anzuknüpfen, zählt zu den schwersten, welche jemals den staatenbildenden Kräften unseres Volks gestellt wurden. Kapital und Bildung, in Posen und Schleswig-Holstein die treuen Bundesgenossen des Deutschtums, sind hier unsere Gegner. Das deutsche Wesen ward furchtbar verwüstet in den höheren Ständen dieser Westmark. Was uns greulich scheint ist ihnen heilig. Sie gedenken mit Stolz, daß einst Rouget de l'Isle in Straßburg jene glühenden Verse dichtete, die den Feinden Frankreichs, den Deutschen, Tod und Vernichtung drohten, und daß der Soldatenkaiser einst durch das Austerlitzer Tor hinauszog zum Kampfe wider uns; die Stadt, die in den Geisterschlachten der deutschen Reformation als eine Heldin focht, rühmt sich heute — so lautet die Phrase — de porter fièrement l'épée de la France. Was uns lächerlich scheint, dünkt ihnen selbstverständlich. Sie erröten nicht, sich Monsieur Schwilgué oder Stöcklé zu nennen, sie lassen sich die uralten Namen ihrer Städte in Wasselonne, Cernay, Séléstat verwelschen, nehmen selbst das unbeschreiblich abgeschmackte Obernay (für Oberehnheim) gefügsam hin und halten für vornehm, antwergmestres zu schreiben, wenn sie in ihren französischen Geschichtswerken von den Meistern der alten Zünfte reden; sie wundern sich, daß wir die Achseln zucken, wenn wir auf dem Marktplatz zu Rappoltsweiler das Denkmal zu Ehren der großen Gewerbetreibenden des Ortes betrachten und dort die Namen Meyer Jacques, Muller Etienne im Stile der Präfekturtabellen aufgezählt finden. Was uns Freiheit ist däucht ihnen Zwang. Sie haben in einem Staatsleben, dessen Parteien samt und sonders dem Despotismus frönen, das Verständnis verloren für die Wahrheit, daß jede gesunde Freiheit Lasten und Pflichten auferlegt; sie schauen mit Widerwillen auf die Grundpfeiler des deutschen Staats, die allgemeine Wehrpflicht und die selbständige Gemeinde. Und mit all ihrer Ergebenheit erscheinen sie den Welschen doch nicht als ebenbürtig. Der Franzose weiß die frische Kraft des Elsassers gewandt auszubeuten, doch er spottet im stillen dieser ehrlichen têtes carrées. Die neufranzösische Kunst, alle zehn Jahre einmal sich umzudenken, will unter den zähen Schwaben schlechterdings nicht heimisch werden; die Elsasser sind auch in unseren Tagen, wie einst in der Revolution, jener periodisch wiederkehrenden allgemeinen Fahnenflucht, welche das Parteileben der Franzosen auszeichnet, nur zögernd, unwillig gefolgt: als der Präsident Ludwig Napoleon seine berüchtigte Kaiserreise durch Frankreich hielt und das ganze Land dem neuen Götzen zujauchzte, da begegnete ihm allein im Elsaß stolzer republikanischer Sinn. Solche Treue versteht der Franzose nicht. Selbst Duruy, der unserer Bildung näher steht, als die meisten seines Volks, sagt über die Bevölkerung des Elsaß, nach einigen Worten verdienten Lobes, herablassend: mais elle délaisse trop lentement son mauvais jargon allemand et son intolérance religieuse. — Mauvais jargon allemand — die Muttersprache, jenes treuherzige Alemannisch, das dem jungen Goethe so warm und traulich zum Herzen klang! Intolérance religieuse — das treue Festhalten am evangelischen Glauben! — So fremd stehen die Franzosen ihren deutschen Staatsgenossen gegenüber.

Eben hierin liegt für uns ein Unterpfand der Hoffnung. Der Quell deutschen Lebens ist wohl verschlammt, doch nicht versiegt. Reißet diese Menschen aus dem fremden Erdreich heraus, und sie sind so deutsch wie wir. Die ausgewanderten Elsasser und Lothringer in Amerika halten sich regelmäßig zu den Deutschen, jubeln heute, wie diese, unseren Siegen zu. Der deutsche Geist der Muse Ludwig Uhlands fand kaum irgendwo einen so hellen Widerklang wie in den Liedern der Elsasser August und Adolf Stöber. Wie ergreifend klingt aus solchem Munde die Mahnung an die Straßburger: „soll eure Söhn' umwinden der Treue festes Band, und soll sie ewig binden an's deutsche Vaterland!" Und dort in Kleeburg, nahe jenem Gaisberge, den jüngst die tapferen Niederschlesier in gräßlichem Kampfe erstürmten, stand die Wiege Ludwig Häussers — des treuen Mannes, der uns zuerst die Geschichte unseres Freiheitskrieges mit deutschem Sinne erzählt hat. Auch andere deutsche Gaue waren einst ähnlicher Verderbnis verfallen wie heute das Elsaß. Zu den Bürgern von Köln und Koblenz war unter der faulen Herrschaft des Krummstabs, unter dem eisernen Joche des Kaiserreichs kaum eine schwache Kunde gedrungen von Friedrichs Taten und Schillers Gedichten, von allem Großen und Echten der neuen deutschen Geschichte; ein Jahrzehnt preußischer Herrschaft hat die Verlorenen dem deutschen Leben wieder erobert. Wurzelt das fremde Wesen heute in Colmar und Mülhausen ungleich tiefer als weiland am Niederrhein, so sind doch auch Kraft und Selbstgefühl der deutschen Nation seitdem unermeßlich gewachsen. Schon beginnen die Elsasser zu zweifeln an der Unüberwindlichkeit ihres Staates, den mächtigen Aufschwung des Deutschen Reiches mindestens zu ahnen. Verbissener Trotz, tausend im Dunkeln schleichende französische Ränke werden uns jeden Schritt erschweren auf dem neueroberten Boden; doch der letzte Erfolg ist zweifellos, denn für uns streitet, was stärker ist als fremde Lügenkünste — die Natur selber, die Stimme des Blutes.

3.

Wer ist stark genug, diese verlorenen Lande zu beherrschen und durch heilsame Zucht dem deutschen Leben wiederzugewinnen? Preußen, allein Preußen! Ich weiß es wohl, es leben im Norden der klugen Leute viele, die vorsichtig abmahnen: berührt nur jetzt nicht diese heikle Frage, erweckt nur jetzt nicht den kaum eingeschlummerten Groll der Parteien. — Wunderlicher Irrtum! Die Frage, die sich hier erhebt, steht über allen Parteien;

es ist die Frage, ob diesem deutschen Kriege auch ein deutscher Friede folgen, ob beide aus einem Guß und Geist sein sollen, ob, wie die Schwerter schlugen allein um des großen Vaterlandes willen, auch die Satzungen des Friedens sich richten sollen allein nach den Geboten deutscher Sicherheit und Ehre, nicht nach partikularistischen Erbärmlichkeiten. Und gerade jetzt soll die Presse offen reden, solange das Eisen des heiligen Völkerzornes noch im Feuer geschmiedet wird, solange der herrliche Einmut dieses Krieges noch nicht überwuchert ist durch das kleine Spiel der Parteien. Das Auge unseres Volkes ist hell, sein Herz weit genug, um nach verständiger Belehrung das für Deutschlands Sicherheit Notwendige einzusehen. Sollten einzelne Verräter durch das offene Hervortreten der unabweisbaren nationalen Forderungen bewogen werden, ihre Maske vor der Zeit abzunehmen und ihren alten Lieblingsruf „lieber französisch als preußisch" wieder anzustimmen, so wird der Abfall solcher Gesellen der deutschen Sache nicht schaden.

Schreitet der Krieg in dem angehobenen großen Gange weiter, so wird der Feldherr der Deutschen im Namen der Verbündeten den Frieden schließen und was an Land zu fordern ist, an die Verbündeten insgemein abtreten lassen. Das weitere Schicksal der eroberten Lande bliebe dann als eine innere deutsche Angelegenheit den Verhandlungen zwischen den deutschen Verbündeten vorbehalten; denn es ziemt uns Deutschen nicht, die traurigen Überreste unserer Zersplitterung auf einem Friedenskongresse zur Schau zu stellen und der höhnenden Welt zu zeigen, daß unsere politische Einheit noch bei weitem nicht so reif ist, wie die Einheit des deutschen Heeres. Sollen aber diese Verhandlungen zwischen den Verbündeten rasch und einträchtig zu gedeihlichem Ende führen, so muß eine feste und einmütige öffentliche Meinung den Regierungen erleichtern das Notwendige zu wollen. Was hemmte, nächst dem Neide des Auslands, die deutschen Staatsmänner von 1815? Die zerfahrene Unsicherheit des Geistes der Nation. Die einen dachten dem Erzherzog Karl, andere dem Kronprinzen von Württemberg die Herzogskrone des Elsaß zu geben, selbst Arndt forderte nur im allgemeinen die Befreiung des deutschen Stromes. Zeigen wir heute, daß wir gelernt in großen Tagen, daß wir für das Vaterland auch zu leben verstehen, während unsere Väter nur zu sterben wußten für Deutschland, daß an die Stelle jener unbestimmten nationalen Einigkeit, welche die Männer des zweiten Pariser Friedens beseelte, heute die Einheit des klaren politischen Willens getreten ist.

Im Norden geht heute das Wort im Schwange: wir wollen die Süddeutschen belohnen für ihre Treue — eine jener unklaren Redensarten, die, einem warmen Gefühle entspringend, in Zeiten gemütlicher Erregung leicht gefährlich werden. O, wenn jene Norddeutschen, welche diese Phrase nachsprechen und sich dabei sehr edel und sehr großmütig dünken, nur einmal sehen könnten, wie die Augen fester und einsichtiger süddeutscher Männer bei solchen Worten funkeln! Wir wollen keinen Lohn, heißt es da, und will man uns durchaus danken, so belohne man mindestens nicht den Partikularismus unserer Höfe, den wir mühsam niederhielten! — Ich rede hier unter dem Eindruck dringender Mahnungen, die mir von süddeutschen Freunden zukommen und mich auffordern, in diesen Jahrbüchern das süddeutsche Interesse zu vertreten. Der Gedankengang dieser süddeutschen Interessenpolitik lautet schlicht und unwiderleglich also:

Frankreich wird und kann nicht ehrlich Frieden schließen. Solange sein Heer und seine Verwaltung sich nicht völlig ändern, solange eine gänzlich umgestaltete Volkserziehung nicht ein neues Geschlecht heranbildet, wird das französische Volk nie im Ernst verzichten auf die natürlichen Grenzen, noch auf den Wahn, daß Deutschlands Schwäche Frankreichs Stärke sei. Wir im Oberlande können uns nicht in Ruhe unseres Daseins freuen, nicht mit Zuversicht den fieberisch erregten Grimm der gallischen Vandalen verachten, solange nicht das Elsaß in starker Hut ist. Der preußische Adler allein versteht festzuhalten, was seine Fänge ergriffen; in jeder schwächeren Hand ist das Grenzland nur ein Besitz auf Zeit. Wir kennen besser als die Freunde im Norden jene Mächte des Widerstandes, welche in Straßburg und Mülhausen gegen das Deutschtum sich aufbäumen. Das preußische Gebiet soll sich wie ein schützender Mantel von Wesel über Metz und Saarlouis bis nach Straßburg und Belfort um unsere bedrohte Grenze legen. Preußen wird vielleicht nicht immer von starken, gewiß nicht immer von genialen Männern geleitet werden; die Zeit kann kommen, da ein verzagter preußischer Partikularismus sich wieder einmal die Frage vorlegt: „ist das Hemd uns nicht näher als der Rock? ist es für den norddeutschen Staat unerläßlich, Süddeutschland um jeden Preis zu verteidigen?" Solche Fragen sollen in dem neuen Deutschland nicht mehr möglich sein; darum wollen wir Preußen durch das einzige Band, das in der Politik immer die Probe hält, durch seine eigenen Lebensinteressen an uns ketten. Wir haben immer beklagt, daß der Staat, der Deutschland lenkt, scheinbar mindestens ein ausschließlich norddeutscher Staat war; jetzt bietet sich die unschätzbare Gelegenheit ihn hineinzuziehen in das süddeutsche Leben, die unwahre, willkürliche Trennung von Nord und Süd für immer abzutun. Er hat einst, in einer der kleinsten Epochen seiner Geschichte, das süddeutsche Land Ansbach-Baireuth mit preußischer Staatsgesinnung erfüllt; er wird heute, im Glanze der Macht und des Ruhmes, ähnliche Aufgaben mit gleichem Erfolge lösen. Dem Deutschen Reiche aber wird es zum Heile gereichen, wenn die führende Macht in ihrem eigenen Hause süddeutsche Eigenart zu würdigen lernt, wenn die bürgerlichen Kräfte ihrer Westprovinzen verstärkt werden und den noch unreifen sozialen Zuständen ihres Ostens ein Gegengewicht bilden — kurz, wenn der preußische Staat alle Gegensätze des deutschen Lebens in sich einschließt und versöhnt.

Was kann man im Norden so ernsten Gründen entgegensetzen? Nichts als die selbstgenügsame Rede: Preußen ist stark genug, um auf jede Gebietserweiterung zu verzichten. Wie großmütig klingt dies Wort — wenn nur nicht der träge Kleinsinn des Partikularismus sich dahinter verbärge! Was ist hochherziger, was deutscher: mit dem Münchener Hofe ein bequemes Verhältnis eingehen, indem man seiner Eitelkeit schmeichelt, und dann gemächlich zuschauen, wie Bayern sich vergeblich abquält an der Bändigung einer meuterischen Provinz — oder selber das Wächteramt am Rheine übernehmen, dessen Preußen allein warten kann, und entschlossen eine Herrschaft antreten, die dem Staate zunächst nur Lasten und Kämpfe bringt? Nein, wahrlich, nur ein übertriebenes Zartgefühl, ein falscher Edelsinn verhindert die norddeutsche Presse bisher, das Notwendige zu fordern, das süddeutsche Blätter, wie die wackere Schwäbische Volkszeitung, schon längst gefordert haben. Alle anderen Pläne, die man für die Zukunft der Grenzlande ersonnen hat, sind töricht, so töricht, daß die Widerlegung einige Überwindung kostet. Wozu auch im Ernst antworten auf den Vorschlag, Elsaß und Lothringen sollten einen neutralen Staat bilden — als ob Europa sich gar nicht satt sehen könnte an dem ekelhaften Anblick der nation luxembourgeoise! Fürwahr, nur das Hirn eines englischen Manchestermannes, umwölkt von den Dünsten der Friedenspfeife, konnte so seltsame Blasen werfen. Kein Wunder, daß alle Feinde Deutschlands den Einfall loben; ein bequemerer Weg, um für Frankreich alles Verlorene wiederzugewinnen, läßt sich ja nicht erdenken.

Kaum weniger ungesund erscheint der Vorschlag, dies deutsche Außenwerk einem Mittelstaate anzuvertrauen. Ist es nicht, als wären wir aus dem großen Jahre 1870 in die Zeiten des Bundestags zurückgeschleudert? als hörten wir sie wieder, jene weisen Denker der Eschenheimer Gasse, die uns besorglich vor dem Feuer der Zentralisation warnten, während uns das Sumpfwasser der Kleinstaaterei bis über die Schultern reichte? jene tapferen Schützenfestpatrioten, die so stürmisch riefen: Deutschlands Einheit, aber mit der Hauptstadt Nürnberg? — Badens Fürst und Volk haben sich in schweren Tagen treu bewährt; wir übersehen jetzt erst vollständig, was es bedeutet, daß hier dicht vor dem Feinde vier Jahre lang eine ehrliche nationale Politik aufrecht blieb. Sollen wir heute zum Dank diesem Staate eine Last auferlegen, die ihn erdrücken muß? Der Plan, ein oberrheinisches Königreich Baden zu gründen, ist durch allzu andächtiges Beschauen der Landkarte entstanden, und ein alter norddeutscher Irrtum hat ihm im Norden einige Anhänger geworben. Weil Baden von Rotteck und Liebenstein bis herab auf Mathy und Roggenbach eine lange Reihe namhafter politischer Köpfe unter seinen Söhnen zählte, so pflegt man im Norden von den geistigen Kräften des Landes Erwartungen zu hegen, denen ein Staat dritten Ranges nicht entsprechen kann. Im Lande selber denkt man bescheidener. Jeder verständige Mann schaudert bei dem Gedanken an einen Karlsruher Landtag, der zur Hälfte aus Elsassern bestünde. Wer vermöchte die starken ultramontanen und radikalen Parteien des Landes, die heute eine verständige liberale Mehrheit darniederhält, dann noch zu bändigen, wenn sie mit den verwandten Parteien im Elsaß sich verbündeten? Ein solcher Staat wäre, wie weiland das aus Belgien und Holland zusammengeschweißte Königreich der Niederlande, eine Augenweide für den Kartenzeichner und, wie jenes, eine politische Unmöglichkeit.

Doch die badische Regierung denkt ohne Zweifel klug und patriotisch genug, um einen solchen Gewinn, der das Verderben des Landes wäre, von der Hand zu weisen. Um so mehr darf sie Gehör fordern, wenn sie, die zu allernächst beteiligte, ihrer Pflicht gemäß, entschieden Verwahrung einlegt gegen eine Vergrößerung Bayerns durch das Elsaß. Ich will nicht den Schmutz einer kleinen Vergangenheit aufwühlen, doch in Karlsruhe kann man unmöglich vergessen haben, daß Bayerns Gelüste nach der badischen Pfalz das Großherzogtum während eines vollen Menschenalters beunruhigten, derweil Preußen diese ganze Zeit hindurch Badens redlicher Beschützer war. Und sind unsere Grenzen sicher in Bayerns Händen? Man stelle sich die bayrische Regierung vor unter einem minder deutschgesinnten Könige als Ludwig II. ist, wie sie unablässig ringt mit der unbotmäßigen, durch Frankreich aufgestachelten Provinz, bis endlich der böse Nachbar zur guten Stunde mit dem Vorschlage heraustritt: nehmt ganz Baden und Württemberg und gebt uns das Unsere wieder! Wahrlich, auch der Staat soll beten: führe mich nicht in Versuchung! Was sind alle Verträge und Bundesverfassungen gegen die rohe Wirklichkeit des Länderbesitzes? Zwar, Gott sei Dank, so Unwürdiges steht in dem neuen Deutschland schwerlich zu erwarten. Das edle Blut, das die Gefilde von Wörth und Weißenburg gerötet, hat Preußens und Bayerns Waffen fest verbunden; kein anderer Lord Castlereagh darf uns heute wie vor fünfundfünfzig Jahren höhnisch zurufen: der lose Deutsche Bund kann das Elsaß nicht behaupten! Doch immer bleibt die böse Frage: besitzt Bayern die geistige und politische Kraft um das Elsaß mit sich zu verschmelzen? Offenkundige Tatsachen geben die Antwort. Wer hat im Jahre 1849 die deutschgesinnte linksrheinische Pfalz dem Königreiche Bayern gerettet? Die Waffen Preußens. Die Ergebnisse der bayrischen Verwaltung in der Pfalz sind, milde gesprochen, sehr bescheiden geblieben. Jeder schöpferischen Kraft entbehrend, hat sie von den napoleonischen Institutionen der Provinz nur allzu vieles träge aufrechterhalten, und im Elsaß muß grade die despotische Verwaltung der Franzosen von Grund aus zerstört werden! Die Pfälzer sind deutsch mit Leib und Seele, doch dem bayrischen Staate blieben sie stets halb fremd, fast feindlich; ihre Abgeordneten saßen im Münchener Landtage fast immer als eine geschlossene Landsmannschaft zusammen. Der schwache, unnatürliche Körper des Königreichs vermochte nicht das Sonderleben der Provinz zu brechen, und im Elsaß ist grade die Zerstörung eines unnatürlichen Sonderlebens unsere wichtigste Aufgabe!

Sage niemand: in dem neuen Deutschland kommt wenig darauf an, welchem Einzelstaate eine Landschaft angehört, der Münchener Landtag muß sich doch mit der Rolle eines Provinziallandtages begnügen. — Das heißt leichtsinnig eine Entwicklung als vollendet ansehen, welche erst im Verlaufe langer Jahre sich vollziehen kann. Gewiß wird die gewaltige Erhebung dieses Krieges nach dem Frieden auch einen staatsrechtlichen Ausdruck finden — in irgendwelchen Formen, die sich heute noch nicht beurteilen lassen. Die Einheit des Heerwesens, die im Kriege so herrlich erprobte, wird wohl unzweifelhaft auch im Frieden fortdauern; von ihr führt eine unhemmbare Schlußfolge zur gemeinsamen Diplomatie und von da zum gesamtdeutschen Parlamente. Auch der Norddeutsche Bund wird und muß jenen beiden bewährten Grundsätzen treu bleiben, die er aufgestellt hat nicht aus Furcht vor Frankreich, sondern in richtiger Erkenntnis der deutschen Zustände. Er wird nach wie vor erklären: wir nötigen keinen süddeutschen Staat zum Eintritt, aber wir wollen auch die schwer errungene Macht unserer Bundesgewalt nicht im geringsten auflockern. Darnach ist doch keineswegs sicher, daß der bayrische Hof sich sofort entschließen wird dem Bunde beizutreten. Und wenn er auch eintritt, so bleiben doch noch immer sehr wesentliche Unterschiede bestehen zwischen den einzelnen Bundesstaaten. Das Gebiet der inneren Verwaltung wird von den Bundesgesetzen nur zum kleinsten Teile berührt.

Und eben die Verwaltung, die gänzliche Neugestaltung der Regierungsbehörden, der Gemeinden, der Schulen muß in Elsaß-Lothringen das Beste tun. Die preußische Verwaltung hat aber am Rhein handgreiflich bewiesen, daß sie mit allen ihren Schwächen der französischen wie der kleinstaatlichen überlegen ist. Man vergleiche die jüngste Geschichte dreier großer rheinischer Städte, die sämtlich durch Festungsmauern in ihrer natürlichen Entwicklung gehemmt werden. Wie kläglich stand das in Schmutz und Bettel verkommene

Köln der napoleonischen Tage neben dem goldenen Mainz und dem wohlhäbigen Straßburg; und wie weit hat heute die stattliche Metropole des Niederrheins ihre beiden Schwestern überflügelt. Das ist der Segen der preußischen Gesetze. Nur Preußen vermag unter den französischen Beamten im Elsaß die unerläßliche rücksichtslose Ausfegung vorzunehmen, die feindlichen Kräfte durch tüchtige heimische zu ersetzen. Nur Preußen kann mit ruhiger Kraft den Belagerungszustand aufrechterhalten, der in einzelnen Bezirken des verlorenen Landes wohl nötig sein wird. Die Schattenseite der preußischen Verwaltung, die Vielschreiberei, wird den Elsässern nach der Korruption und der Tabellenseligkeit ihrer Präfekturen sehr harmlos scheinen. Ein mächtiger Staat, der die Rheinländer und Posener mit seinem Geiste durchdrungen hat, wird auch das Sonderleben halb französischer Alemannen zu beherrschen wissen, und wie die preußischen Parteien vor vier Jahren sich sofort über alle neuen Provinzen verbreiteten, so werden auch die Elsässer dereinst mit den Parteien Preußens sich verbinden und darauf verzichten, im Berliner Landtage eine Landsmannschaft zu bilden.

Der Friede muß manches Band zerreißen, das jenen Grenzlanden teuer war. Darf Deutschland auch noch die unnütze Grausamkeit begehen, die Elsasser von den Lothringern zu trennen, Metz an Preußen, Straßburg an Bayern zu geben? Der Friede soll die Elsasser abscheiden von einem mächtigen Staate, der ihr Stolz und ihr Ruhm war. Darf Deutschland zu der gewaltsamen Befreiung auch noch die Demütigung fügen und die bescheidene blauweiße oder gelbrote Fahne da aufhissen, wo die weiland weltherrschende Trikolore der Revolution geweht hat? Nein, diese Deutschen sind gewöhnt an den weiten Gesichtskreis eines großen Staats; sie wissen es gar nicht anders, als daß sie preußisch werden müssen, wenn sie aufhören Franzosen zu sein. Geben wir ihnen einen Ersatz für das Verlorene: einen großen glorreichen Staat, eine mächtige Hauptstadt, freien Wettbewerb um die Ämter und Ehrenstellen eines weiten Reiches. Sie haben in der Einförmigkeit des französischen Staats jeden Sinn verloren für jene verwickelten Zustände des deutschen Bundeslebens, die wir selber oft kaum verstehen. Sie können lernen preußische Bürger zu werden, doch sie würden es lächerlich finden, wenn sie einem Könige in München, einem Oberkönige in Berlin gehorchen müßten. Nur hier keine halben, künstlichen Verhältnisse, wo allein die einfache handgreifliche Wirklichkeit des deutschen Staats frommen kann; nur hier keine Bundesfestungen, kein reichsunmittelbares Bundesgebiet — oder wie sonst die überklugen Vorschläge spielender Dilettanten lauten.

Wir alten Kämpen der deutschen Einheit haben vor sechs Jahren die Einverleibung der Elbherzogtümer in den preußischen Staat gefordert, obwohl der Erbanspruch eines deutschen Fürstenhauses uns im Wege stand — und diese Jahrbücher sollten heute empfehlen, daß ein Kleinstaat sich einniste in den hundertmal schwerer bedrohten rheinischen Herzogtümern, wo kein Grund des Rechtes wider Preußen spricht? Will man den einzig deutschen Gesichtspunkt aufgeben und nicht fragen: was ist für das große Vaterland heilsam? — sondern nach Krämerweise berechnen, welcher Anteil an dem Siegespreise den einzelnen Bundesgenossen zukomme, so gelangt man zu dem baren Unsinn: man müßte die Grenzlande unter, ich weiß nicht wieviele, Kleinstaaten verteilen — ein würdiges Seitenstück zu jener lächerlichen Zersetzung des Saardepartements, welche im Jahre 1815 den Hohn Europas erweckte. Um jene Zeit, da das Selbstgefühl der preußischen Macht noch in der Wiege lag, konnte Gneisenau noch vorschlagen, Preußen solle das Elsaß an Bayern geben und dafür die ansbach-baireutischen Lande zurücknehmen. Heute sind solche Ländervertauschungen unmöglich. Die Nation weiß, wie zufällig ihre Binnengrenzen gezogen sind, sie duldet jene trennenden Grenzpfähle nur noch mit stillem Unwillen, ohne rechten Glauben, und verwirft darum jede neue willkürliche Veränderung. Preußen ist nicht imstande, den Bundesgenossen ihren Anteil am Siegespreise in Land und Leuten auszuzahlen. Muß es denn sein, ist die bundesfreundliche Gesinnung des Münchener Hofes anders nicht zu gewinnen, so mag allenfalls das nördliche Elsaß mit Hagenau und Weißenburg an Bayern fallen — was immerhin ein häßlicher Notbehelf, eine Grausamkeit gegen die Elsasser wäre. Nur das wesentliche, der ununterbrochene Saum der Grenze von Diedenhofen bis Mülhausen kann ohne schwere Schädigung Deutschlands von Preußen nicht aufgegeben werden.

Man verweist uns warnend auf den Einspruch Europas. Nun wohl, wollt ihr bei den Fremden Rat suchen, so wird ihr Vorschlag vermutlich dahin gehen, es solle der Großherzog von Hessen mitsamt seinem Herrn v. Dalwigk König im Elsaß werden. Es steht nicht anders, wir sind umringt von geheimen Gegnern. Selbst Englands unwürdige Haltung entspringt nicht bloß der trägen Friedenslust, sondern auch dem stillen Argwohn gegen die unberechenbare Macht des neuen Deutschlands. Und gleich den großen Mächten verfolgen auch die Schweiz und die Niederlande mißtrauisch unser Erstarken. Also von grollenden Nachbarn beobachtet, vertrauen wir tapfer allein auf unser Recht und unser Schwert. Ist Deutschland mächtig genug, die Grenzlande den Franzosen zu entreißen, so darf es sie auch, unbekümmert um den Einspruch des Auslands, dem preußischen Staate zur Obhut übergeben.

Die Lösung der Elsasser Frage entscheidet über die nächste Zukunft des deutschen Staates. Denn Bayern, durch das Elsaß verstärkt und die süddeutschen Nachbarn rings umklammernd, wäre die Großmacht des Südens. Wer aber diese große Zeit versteht, der darf nicht wollen, daß an die Stelle des unglücklichen preußisch-österreichischen Dualismus ein preußisch-bayrischer trete, daß Baden und Württemberg haltlos zwischen Preußen und Bayern einherschwanken. Die Zeit ist für immer vorüber, da deutsche Mittelstaaten noch wachsen konnten. Napoleon I. hat die Königreiche unsres Südens geschaffen, auf daß ihr Scheinkönigtum das Emporsteigen einer wirklichen deutschen Königsmacht verhindere, auf daß ihre Scheinmacht die Macht Deutschlands untergrabe. Diese Kronen haben sich heute durch wirkliche Treue den Dank der Nation und Verzeihung für den Makel ihres Ursprungs verdient; das Blut, das strömen mußte um den Norden und den Süden zu vereinigen, ist Gottlob geflossen im Kampfe wider den Erbfeind, nicht im Bürgerkriege. Auch wir radikalen Unitarier freuen uns dessen und sind nimmermehr gewillt, die Souveränität der bayrischen Krone wider den Willen der Bayern selber zu schmälern. Aber man fordere nicht, daß wir die Macht der Mittelstaaten, die ohnehin zu groß ist für einen festen nationalen Staat, noch erhöhen. Sollen wir heute, da der helle Tag des deutschen Königtums glorreich anbricht, die Zahl der Zaunkönige noch um einen vermehren? Sollen wir den Sieg über den dritten Napoleon dadurch feiern, daß wir die Schöpfung des ersten Bonaparte verstärken? Nein, wir wollen Deutschlands Einheit, nicht ein trügerisches deutsches Gleichgewicht.

Schlaue Köpfe raten wohl, man solle Bayern durch eine Vergrößerung seines Gebietes dem Eintritt in den Deutschen Bund günstig stimmen. Wer also redet, ahnt wenig von der Naturgewalt des nationalen Gedankens. Bayerns Eintritt ist lediglich eine Frage der Zeit, er wird so sicher erfolgen wie die Knospe zur Frucht wird. Ist das Elsaß preußisch und, samt Baden, in den Deutschen Bund aufgenommen, so können wir getrost Nachsicht üben gegen den Münchener Souveränitätsdünkel und geduldig harren, bis Bayern durch die Erkenntnis des eigenen Vorteils in den Bund gedrängt wird. Fällt das Elsaß an Bayern, so kommt unsere europäische Politik aus der ewigen Unsicherheit, unsere deutsche Politik aus einem schwächlichen Schaukelsysteme nicht heraus. — Der Scheelsucht der fremden Mächte bietet sich nur ein Mittel um einen gerechten deutschen Frieden zu verhindern: sie muß versuchen Bayern von Preußen hinwegzuziehen. Soll dies verhindert werden, so muß die öffentliche Meinung in Nord und Süd einmütig erklären: wir wollen, daß Elsaß und Lothringen preußisch werden, nur so werden sie deutsch! Der Geist der Nation hat in diesen gesegneten Wochen schon eine wunderbare Kraft bewährt; er wird auch, wenn er sich einträchtig für einen klaren politischen Gedanken erhebt, den Münchener Hof heilen können von krankhaft ehrgeizigen Träumen, die eine verständige bayrische Staatskunst nicht hegen darf.

Die Elsasser lernten das zersplitterte Deutschland verachten, sie werden uns lieben lernen, wenn Preußens starke Hand sie erzogen hat. Wir träumen heute nicht mehr, wie Arndt vor Jahren, von einem neuen deutschen Orden, der das Grenzland behüten müsse. Die nüchternen, gerechten Grundsätze, die wir in allen neuerworbenen Provinzen erprobten, reichen auch hier im Westen völlig aus. Nach einer kurzen Übergangszeit strenger Diktatur können die Lande ohne Gefahr in den Vollgenuß preußisch-deutscher Verfassungsrechte eintreten. Ist das Beamtentum erst durch massenhafte Pensionierungen gesäubert, verfolgt unbarmherzige Strenge jeden Versuch des Verrats, so werden eingeborene landeskundige Beamte hier, wie überall in den neuen Provinzen, gern verwendet werden. Selbst das gute altpreußische Herkommen, wonach die Truppen in der Regel in ihrer heimischen Provinz garnisonieren, kann hier nach und nach eine vorsichtige Anwendung finden. Wir Deutschen verachten jenen bubenhaften Krieg gegen Stein und Erz, darin die Franzosen Meister sind; wir haben am Niederrhein die Denkmäler Hoches und Marceaus in Ehren gehalten und denken uns auch an keinem, den Elsassern und Lothringern ehrwürdigen Erinnerungszeichen zu versündigen. Noch weniger an ihrer Sprache. Der deutsche Staat kann nur deutsch sprechen, aber er wird in den gemischten Bezirken dieselben milden Regeln befolgen, die in Posen und Schleswig-Holstein gelten; in die Gewohnheiten des häuslichen Lebens meisternd einzugreifen kam dem preußischen Staate nie in den Sinn. Unsere ganze Hoffnung ruht auf dem Wiedererwachen des freien deutschen Geistes. Wenn in den Schulen die Muttersprache wieder ernst und rein gelehrt wird, wenn die evangelische Kirche wieder in ungeschmälerter Freiheit sich bewegen darf, wenn eine verständige deutsche Provinzialpresse das Land wieder einführt in die Kenntnis deutschen Lebens, so hat die Heilung des erkrankten Landes begonnen. Und ist es müßige Spielerei, einen Gedanken auszusprechen, der einem Gelehrten sich unwillkürlich aufdrängt? Warum sollte Straßburgs ehrwürdige Hochschule, wiederhergestellt nach schimpflicher Verstümmelung, für die deutsche Gesittung am Oberrhein nicht ebenso segensreich wirken wie Bonn gewirkt hat für den Niederrhein? Eine andere Rhenana im Oberlande — wahrlich, ein würdiger Abschluß dieses deutschen Krieges, dieses Kampfes der Ideen wider sinnliche Selbstsucht!

Die Arbeit der Befreiung wird hart und mühsam; die ersten deutschen Beamten und Lehrer in dem entfremdeten Lande sind nicht zu beneiden. Der monarchische Sinn des deutschen Volkes ist hier durch gräßliche Parteikämpfe gründlich zerstört; die Ultramontanen am rechten Ufer werden nicht säumen mit den Freunden am linken ein festes Bündnis zu schließen, und auch unter den deutschen Liberalen werden sich der guten Seelen viele finden, welche jeden Schmerzensschrei der Elsasser wider die Borussifizierungswut gläubig aufnehmen. Dennoch kann die Provinz nicht auf die Dauer ein deutsches Venetien bleiben. Einzelne Familien der höheren Stände mögen entrüstet auswandern, wie einst die Patrizier Danzigs vor dem preußischen Adler flohen; die anderen werden sich wieder einleben in das deutsche Wesen, gleichwie der polonisierte deutsche Adel Westpreußens unter preußischer Herrschaft seine alten deutschen Namen wieder angenommen hat. Schon die materiellen Vorteile, die der deutsche Staat bringt, sind wertvoll: leichtere, besser veranlagte Steuerlasten, geordnete Finanzen; für das Saar- und Moselland die Eröffnung der natürlichen Verkehrswege; Zerstörung jener nutzlosen Vaubanschen Festungswerke, welche, aufrechterhalten durch die veraltete Kriegskunst der Franzosen, den Aufschwung so vieler elsassischer Städte bisher lähmten. Selbst die Industrie des Landes wird nach einer freilich sehr harten Übergangszeit im deutschen Osten einen neuen weiten Markt finden. Doch das alles tritt zurück vor den idealen Gütern des deutschen Staatslebens. Wie? diese deutschen Knaben sollten grollen, weil sie nicht mehr gezwungen werden welsch zu lernen? Die Bürger sollten uns auf die Dauer zürnen, weil sie fortan ihre Bürgermeister frei wählen dürfen? weil sie mit höhergebildeten, pflichtgetreuen, deutschredenden Beamten verhandeln sollen? weil wir ihnen statt der nichtigen Generalräte einen selbsttätigen Provinziallandtag, statt des corps législatif ein mächtiges Parlament bieten? weil ihre Söhne alle gleichberechtigt eine kurze Dienstzeit in der Nähe der Heimat verbringen sollen, statt während langer Jahre als heimatlose Landsknechte in nomadischen Regimentern umherzuziehen? weil sie jetzt unbehelligt an den zahllosen Vereinen und Versammlungen unseres freien und heiteren geselligen Lebens teilnehmen können? Erfreuliche Folgen für die Zukunft verspricht auch der tödliche Haß, den der ultramontane Klerus dem preußischen Staate entgegenbringt; solche Feindschaft muß nach und nach alle Protestanten, alle freidenkenden Katholiken der Provinz für Preußen gewinnen.

Gedemütigt, von wütenden Parteien zerfleischt, kann Frankreich in den nächsten Jahren schwerlich an einen Rachekrieg denken. Gewinnen wir diese Frist, so steht zu hoffen, daß Straßburg dann schon aus seinem Schutte neuerstanden ist und die Elsasser sich schon mit ihrem Schicksal versöhnt haben. Die Enkel aber werden dereinst die zweihundertjährige französische Episode in der Geschichte ihrer deutschen Landschaft ebenso befremdet und ebenso kalt betrachten, wie die Pommern heute die anderthalb Jahrhunderte des schwedischen Regiments. Noch nie und nirgends hat ein deutscher Gau bereut, daß er unter Preußens Schutz sich erholen durfte von der Herrschaft der Fremden, die immer nur ein glänzendes Elend ist.

Wer kennt nicht Uhlands Münstersage, das schöne Gedicht, das die Liebe der Deutschen für das Jugendland Goethes so fein und tiefsinnig ausspricht? Der alte Dom erdröhnt, da der junge Dichter seinen Turm besteigt:

im großen Bau ein Gähren,
als wollt' er wunderbar
aus seinem Stamm gebären
was unvollendet war. —

O Ludwig Uhland, und ihr alle, die ihr einst in öden Tagen den Traum vom großen und freien Deutschland träumtet! Wieviel gewaltiger als eure Träume sind doch die Zeiten, die wir schauen! Wie vieles andere noch, das unvollendet war, soll jetzt neugeboren werden in dem uns wiedergeschenkten deutschen Lande! Schier dreihundert Jahre sinds, da führte ein Hohenzoller, Markgraf Johann Georg, als erwählter Koadjutor von Straßburg, den Titel Landgraf im Elsaß; doch sein junger Staat wagte nicht den Anspruch zu behaupten. Der mächtige Strom deutscher Volkskraft, der einst im Mittelalter ausbrechend über die Slawenlande des Nordostens seine breiten Wogen wälzte, flutet heute zurück gen Westen, um sein verschüttetes altes Bette, die schönen Heimatlande deutscher Gesittung, von neuem zu befruchten. In denselben Marken des Westens, wo unser altes Reich die tiefste Schmach erduldete, wird heute durch deutsche Siege das neue Reich vollendet; und dies so oft, so schändlich von deutschen Lippen geschmähte Preußen baut uns den Staat, der waffengewaltig und gedankenschwer, stolz von Jahrhundert zu Jahrhundert schreiten soll.

Friedenshoffnungen.

Heidelberg, 25. September 1870.

Kaum zwei Monate sind verflossen, seit das deutsche Schwert aus der Scheide fuhr, und schon regt sich in Millionen Herzen die tiefe Sehnsucht nach einem gerechten Frieden. Zwar unser Geldmarkt hat diesmal die Krisis leichter überstanden als vor vier Jahren; doch wer die unermeßliche zerstörende Kraft des Krieges erkennen will, der braucht nur jene feiernden Massen zu betrachten, welche in geschäftigem Müßiggang durch die Straßen unserer Städte sich umhertreiben. Wir empfinden jeder am eigenen Leibe, wie der Krieg alle Gedanken, alle Gewohnheiten dieses arbeitenden Geschlechts auf den Kopf stellt, und wie töricht darum der Argwohn ist, als könne unser Volk in Waffen jemals einer Politik der Eroberung frönen. Wir werden uns vermutlich noch eine gute Weile in Geduld fassen müssen. Seit jenem Gottesgerichte von Sedan hat unser Heer einen gefährlichen militärischen Widerstand nicht mehr zu überwinden, aber die gräßliche Zerrüttung des Staats- und Volkslebens unserer Feinde erschwert den Abschluß des Friedens. Was wir in den jüngsten Wochen an den Franzosen erlebten, überbietet die finstersten Erwartungen; wir blicken entsetzt in einen Abgrund der Verderbnis, wir sehen die Macht der Lüge so riesengroß angewachsen in dem unseligen Volke, daß wir kaum noch auf Genesung hoffen können. Unter allen Franzosen, die bisher ihre Stimme erhoben — von Guizot und Thiers bis zu Gambetta und Favre, von Renan und dem Herzog von Joinville bis zu Ollivier und Palikao — ist auch nicht einer, der nicht angefressen wäre von dem Wahne der nationalen Selbstvergötterung, nicht einer, der sich entschlösse den Tatsachen ehrlich ins Gesicht zu sehen. Die Phrasen des Bonapartismus haben wir immer gleichmütig hingenommen, denn die Lüge ist sein Wesen; doch jener gemachte radikale Phrasenschwall, den die Republikaner von heute in die Welt hinausschreien, erfüllt jeden freien Mann mit grenzenlosem Ekel. Hannibal steht vor den Toren, und diese Helden der Freiheit erproben die Kraft ihrer Arme an den Ladenschildern der Hoflieferanten! In solchem Chaos ist nichts wahrscheinlich, nichts unmöglich. Da der Geldbeutel in Frankreich jederzeit das empfindlichste Glied des menschlichen Körpers war, da die napoleonische Legende das Landvolk bis ins Mark erfüllt und auch die Armee Bazaines die Republik noch nicht anerkannt hat, so kann vielleicht das Unglaubliche geschehen, die Zurückberufung des Gefangenen von Wilhelmshöhe durch eine konstituierende Versammlung: er wußte doch mindestens Hab und Gut vor den Plünderern zu schützen! Wir Deutschen aber schauen mit höchster Unbefangenheit dem wüsten Toben zu, wenngleich wir glauben, daß die Republik unter allen Staatsformen die für Frankreich verderblichste ist und die Stellung der Nation in Europa erschweren muß. Wir hegen keine, schlechthin keine Vorliebe für irgendeine Partei der Franzosen, denn sie sind allzumal unsere Feinde; wir wünschen nur bald eine anerkannte und mächtige Staatsgewalt erstehen zu sehen, auf daß wir unsere Hand rasch aus dem Schlamme herausziehen können. Die Zeit der großen Kriegstaten scheint mit dem Tage von Sedan abgelaufen; die diplomatische Aktion tritt wieder in den Vordergrund.

Die deutsche Revolution bleibt ihrem Charakter treu, sie vollbringt ihre entscheidenden Schläge durch kriegerische Kräfte, unter der tatsächlichen Diktatur der Krone Preußen. Der öffentlichen Meinung verbleibt dabei nur eine bescheidene Mitwirkung, und ein Teil der Presse findet es in der Tat bequem, vorderhand auf die Kundgebung selbständiger Ideen zu verzichten. Trotzdem ist in der Stille die Arbeit der Gedanken fortgeschritten und eine erfreuliche Klärung der öffentlichen Meinung vollzogen. Kein Zweifel mehr, die ungeheure Mehrheit der Nation fordert die geraubten deutschen Provinzen zurück; nur ein kleiner Haufe unverbesserlicher Demagogen widerspricht. Es ist bezeichnend für die Unfähigkeit des deutschen Radikalismus, daß gerade diese Partei, die unter allen am meisten Grund hat sich zu schämen, deren Weissagungen samt und sonders sich als töricht erwiesen haben, heute zuerst den Waffenstillstand der Parteien bricht. Schlechte Gesellen, die noch vor wenigen Wochen den deutschen Waffen die Niederlage wünschten, erdreisten sich heute, im Namen der Sittlichkeit uns vor dem Raube zu warnen; phantastische Verehrer der republikanischen Phrase preisen den Heldenmut des Leonidas von Laon und verfechten die

Unantastbarkeit des heiligen Bodens der Freiheit; unversöhnliche Gegner des Norddeutschen Bundes stimmen mit ein, weil sie wissen, daß die Nation, wenn ihr auch diesmal der gerechte Siegespreis entgeht, sich erbitttert von der Politik des Grafen Bismarck abwenden wird. Das alles wird den gesunden Sinn der Deutschen nicht beirren. Die Mannen der sogenannten Volkspartei warnen vor der Wiedereroberung von Elsaß-Lothringen, folglich ist sie notwendig — nach einem Naturgesetze, das noch niemals täuschte.

Die Grenzlinie, welche wir zu fordern haben, erregt wenig Streit mehr; die ausschweifenden Träume historischer Romantiker finden geringen Anklang bei der gesunden Nüchternheit der Deutschen. Die Mehrheit begreift, daß der Besitz welscher Provinzen unseren nationalen Staat schwächen muß, sie verlangt daher als ein notwendiges Übel nur soviel welsches Land, als zur militärischen Deckung des Elsaß und des deutschen Lothringens unentbehrlich ist. Wie weit diese militärisch notwendige Grenze reicht, darüber steht dem Nichtfachmanne kein selbständiges Urteil zu; und nachdem soeben der Bundeskanzler, offenbar nach dem Rate des Generalstabs, den Besitz von Metz als strategisch unersetzlich bezeichnet hat, halten wir für patriotische Pflicht der Presse, auf untergeordnete Bedenken zu verzichten und dem Reichsfeinde gegenüber wie ein Mann diese Forderung der Krone Preußen zu unterstützen. Die unbedingte Trennung der Staaten nach der Sprachgrenze ist kein politisches Prinzip; wir würden unsere diplomatische Stellung erschweren, wenn wir eigensinnig einen Grundsatz aufstellen wollten, den alle großen Mächte als revolutionär und gefährlich bekämpfen. Der Einwurf, Frankreich werde sogleich ein Trutz-Metz errichten, sagt leider gar nichts. Das Verhältnis zwischen den beiden Nachbarvölkern ist durch die Pariser Sünden dieses Sommers auf lange hinaus vergiftet. Begnügt sich Deutschland die Metzer Festungswerke zu schleifen, so wird Frankreich irgendwo sonst in seinen Ostmarken ein neues Ausfallstor gegen uns errichten, — was kein Friedensschluß gänzlich verhindern kann: — wir aber wären gezwungen die Wälle von Metz an einer anderen Stelle Deutsch-lothringens wieder aufzubauen. Die Entfestigung der volkreichen Städte ist ein frommer Wunsch; wir alle teilen ihn, doch die Erfahrungen dieses Krieges versprechen ihm keineswegs eine baldige Verwirklichung. Wenn das düstere Schicksal Straßburgs lehrt, daß die engen Vaubanschen Festungswerke heutzutage nicht mehr genügen, so beweist umgekehrt die zähe Ausdauer der Armee Bazaines, daß eine von einem befestigten Lager umgebene große Stadt noch immer gewaltige Widerstandskraft besitzt.

Auch über die Frage, wem das eroberte Land zufallen solle, beginnt man sich zu verständigen. Der wunderliche Vorschlag, in jenen Westmarken eine neue Staatsform, ein Reichsland mit erblichen Statthaltereien zu gründen, kann heute schon als abgetan gelten. Die große Mehrzahl der süddeutschen Blätter gesteht mit ehrenhafter Selbsterkenntnis ein, daß Preußen allein stark genug sei die gefährdeten Lande zu beschirmen; nur die Form der Unterordnung unter die Krone Preußen ist noch streitig. Im Verlaufe der jüngsten Wochen ist ein neuer Vorschlag aufgetaucht: man solle die Provinz als ein Vorland Deutschlands unter die Oberhoheit des Bundesfeldherrn stellen, ihre Verwaltung von Bundeswegen besorgen, die Einnahmen an die Bundeskasse abführen, ihren Bewohnern vorderhand die Wehrpflicht und die Teilnahme am Parlamente versagen. Der Gedanke verdient reifliche Prüfung, denn er hat offenbar nichts gemein mit jenen phantastischen Reichsstatthalter-Träumen, ja er tritt mit einer Bestimmtheit auf, als ob er den wirklichen Absichten des preußischen Kabinetts entspräche. Dennoch müssen wir gestehen, daß uns eine solche Ordnung nur haltbar scheint als ein Notbehelf für kurze Zeit, keineswegs als ein dauernder Zustand.

Für den Augenblick mag dies Provisorium manchen Verlegenheiten vorbeugen. Zwar das Mißtrauen der fremden Mächte wider Preußens Eroberungslust wird dadurch schwerlich beseitigt; sie werden wahrscheinlich in dem Hergang nur eine verhüllte Annexion erblicken. Wertvoller ist, daß jeder Streit zwischen den deutschen Verbündeten von vornherein abgeschnitten wird; auch kann das gute Einverständnis unter den Bundesgenossen nur gewinnen, wenn bayrische und badische Beamte mit den preußischen bei der Verwaltung der neuen Provinz zusammenwirken. Zum ersten Male in unserem Jahrhundert erscheint Deutschland als Eroberer feindseliger Gebiete, die neuen Provinzen stehen zu uns etwa wie die Südstaaten nach dem Bürgerkriege zu der Union von Nordamerika standen, und der Gedanke liegt nahe, auch diese feindlichen Bundesglieder, wie jene Rebellenstaaten, eine Zeitlang unter die Diktatur des Bundes zu stellen. Es geht schlechterdings nicht an, daß schon während der schwierigen Anfänge des neuen Deutschen Bundes die Elsaß-Lothringer im Reichstage erscheinen um den mißtönigen Chor der Polen und Dänen zu verstärken. Aber man sehe sich vor, daß wir nicht, um einer augenblicklichen Verlegenheit auszuweichen, uns für alle Zukunft schwere Gefahr bereiten!

Als eine dauernde Ordnung ist ein reichsunmittelbares Vorland im neunzehnten Jahrhundert unmöglich. Auch die Staatenbünde der Niederlande und der Schweiz haben einst was das gute Schwert der Verbündeten erwarb als gemeines Bundeseigentum behandelt. Doch niemand in in der Welt hat jemals die politische Mißbildung dieser gemeinen Vogteien und Generalitätslande bewundert. Es galt immer als ein Zeichen der Trägheit, der Unfähigkeit, daß jene Republiken nicht vermochten, ihre neuerworbenen Gebiete als gleichberechtigte Glieder dem Bunde beizufügen. Die gemeinen Herrschaften am Niederrhein wie in den Alpen sind durch die Revolution spurlos hinweggefegt worden, denn sie ruhten auf den überwundenen Gedanken des Patrimonialstaats, auf der Vorstellung als ob das Recht der Eroberung ein privatrechtliches Eigentum an Land und Leuten begründe. Und solche Verhältnisse sollten sich in unseren hellen Tagen erneuern lassen? Nein, das „Reichsland" ist nur haltbar solange Ausnahmezustände in den neuen Provinzen bestehen, solange die Diktatur des Bundesfeldherrn über den Unterworfenen schaltet. Aber die Nation darf nicht dulden, daß ihre Westmarken zu einer Brutstätte des Absolutismus werden. Sie muß fordern, daß den Elsaß-Lothringern sobald als irgend möglich die allgemeine Wehrpflicht auferlegt werde; unser Heer hat sich als ein mächtiges Band der nationalen Einheit erwiesen, und es frommt nicht, eine verbitterte aufgehetzte Jugend in einem pflichtenlosen Leben noch mehr verwildern zu lassen. Den Elsassern kann die Teilnahme am Deutschen Reichstage nicht auf die Dauer versagt werden; das parlamentarische Leben, ein Hemmschuh für die erste Organisation des eroberten Landes, ist späterhin ein unschätzbares Mittel der Verständigung und Versöhnung. Sobald aber die neue Provinz in den Reichstag aufgenommen wird, kann man ihr auch einen Landtag für die Beratung ihrer inneren Angelegenheiten nicht versagen — und hier zeigt sich alsbald die Unmöglichkeit des ganzen Planes.

Wie hochherzig klingt die Versicherung: „die Siegesbeute des gesamten Deutschlands soll keinem Partikularismus, auch dem preußischen nicht, dienen" — und doch würde die Gründung eines Reichslandes grade den allerverwerflichsten Partikularismus, den elsaß-lothringischen, befördern. Ein Straßburger Landtag wäre ein Tummelplatz des Vaterlandsverrats, französischer Ränke und republikanischer Wühlereien. Nein wahrlich, ein so gefährdeter Besitz bietet keinen Boden für politische Experimente; die alte deutsche Unart, das Einfache und Notwendige nicht zu wollen, ist hier am allerwenigsten am Platze. Unser Reich ist kein Einheitsstaat. Der gegenwärtige Krieg hat die Fortdauer der Einzelstaaten auf lange hinaus gesichert. Darum wird auch der Preußische Landtag, weit entfernt sein Ansehn einzubüßen, noch lange ein wichtiges Glied des deutschen Staatslebens bleiben; es ist keineswegs gleichgültig, ob die neue Provinz an der Arbeit dieser Versammlung teilnimmt oder ob sie die wichtigsten Geschäfte der inneren Politik durch einen selbständigen Landtag besorgt. Die Provinz war bisher fast willenlos geleitet durch die Pariser Bureaus; das also eingedrungene Franzosentum wird nicht ausgerottet, wenn man dem Lande eine Sonderstellung einräumt, sondern nur wenn man es einfügt in das feste Gefüge des preußischen Staats, wenn das Ansehen der preußischen Krone, die Willenskraft des preußischen Beamtentums den französischen Sympathien und Wühlereien entgegentreten.

Die Elsasser sind noch erfüllt von dem Wahne der Unüberwindlichkeit Frankreichs, sie werden noch lange unseren Sieg als ein Werk des Zufalls betrachten, das ein anderer Glücksfall wieder beseitigen könne; es gilt, ihnen das Bewußtsein zu erwecken, daß die Franzosenherrschaft unwiderruflich und für immer abgetan ist. Diese Überzeugung werden sie gewinnen, sobald sie aufgenommen sind in den preußischen Staat und die schroffe Energie der preußischen Verwaltung auf sie einwirkt. Solange sie nur ein Reichsland bilden, werden sie immer meinen, in einem Provisorium zu leben, immer hoffen, Deutschland selber glaube nicht recht an die Dauer der Eroberung. Die an die harte Zentralisation des französischen Staats gewöhnten Elsasser mögen sich vielleicht endlich darein finden, den französischen mit dem preußischen Großstaate vertauschen zu müssen, doch sie werden spotten, sie werden sich nichts Bestimmtes dabei denken können, wenn sie abstrakte Deutsche werden sollen, während alle anderen Deutschen einem konkreten Einzelstaate angehören. Und, ehrlich gestanden, wir Deutschen selber können uns nichts Klares vorstellen unter dem Begriffe eines reichsunmittelbaren Landes: denn soweit dieser Anachronismus heute noch einen Sinn hat, ist offenbar der preußische Staat selber reichsunmittelbares Land. Welche unübersehbare Fülle bündischer Staatsformen bietet nicht schon heute der Norddeutsche Bund — von Luxemburg an, das nur dem Zollvereine angehört, bis hinüber zu Waldeck, das im Namen des Landesherrn von Preußen verwaltet wird! Der Eintritt des Südens wird die übergroße Mannigfaltigkeit unzweifelhaft noch verstärken. Ist es ratsam, in dies so wunderbar verzwickte und verschnörkelte Bundesrecht ohne dringende Not noch ein neues politisches Gebilde einzuführen? Und wo sind die Organe des

Bundes, welche fähig wären eine Landesverwaltung zu leiten? Der Bund besitzt weder einen Unterrichtsminister noch einen Minister des Innern, sein vielgeplagter Bundeskanzler kann dem Reichslande nur beiläufige Aufmerksamkeit widmen. So liefe denn alles praktisch darauf hinaus, daß sich unter einer halbselbständigen Provinzialverwaltung ein elsaß-lothringisches Sonderleben entwickelte, und grade dies ganz und gar verdammenswerte, dies vaterlandsfeindliche Sonderleben der Westmarken muß durch rücksichtslose Kraft zerstört werden.

Man erinnert immer wieder an den Widerwillen Europas — als ob nicht grade die Mißgunst des Auslandes bewiese, daß die Einverleibung des Elsaß in den preußischen Staat das für Deutschland einzig Heilsame ist. Man hofft, das gemeine materielle Interesse der deutschen Staaten an dem Reichslande werde ein Band der Einheit bilden — als ob dieses erfreuliche Ergebnis sich nicht durch einfachere Mittel erreichen ließe. Was hindert denn, die gesamten Einnahmen der preußischen Provinz Elsaß der Bundeskasse zu überweisen, oder eine neue Verteilung der Matrikularbeiträge zu vollziehen, wonach Preußen für diese zwölfte Provinz eine unverhältnismäßig größere Summe zu zahlen hätte? Das preußische Beamtentum zeigt menschlicherweise wenig Neigung, die in den neuen Provinzen kaum überstandenen Annexionsfreuden unter schwierigeren Verhältnissen nochmals zu genießen. Eifrige Preußen verweisen bedenklich auf die unförmliche Gestalt, welche der soeben erst leidlich abgerundete Körper des Staats nach der Erwerbung des Elsaß annehmen würde; sie rufen verächtlich: dies entdeutschte Gesindel ist des preußischen Namens nicht würdig. Auf solche Bedenken läßt sich nur antworten: noblesse oblige! Der preußische Partikularismus zeigt sich diesmal nicht in der Begehrlichkeit, sondern in der Entsagung. Die neue Provinz bringt dem Staate allerdings nicht eine Machterweiterung, sondern vorderhand nur widerwärtige Lasten. Aber der Staat ist um Deutschlands willen verpflichtet diese Lasten auf sich zu nehmen; er kann das Führeramt in Deutschland nur dann glücklich behaupten, wenn er selber mit eintritt in die Reihe der süddeutschen Staaten. Er hat in kleineren Tagen eine noch weit ungünstigere Gestaltung seines Gebiets ertragen; er hat die Schwaben von Sigmaringen, die Lothringer von Saarbrücken zu treuen preußischen Bürgern erzogen und wird auch die Schwaben von Schlettstadt, die Lothringer von Saargemünd, die mehr an den Sünden ihrer Väter als an eigenen Sünden kranken, dem deutschen Staatsleben wiedergewinnen.

Mit kurzen Worten: Über die Formen des Provisoriums zu streiten ist müßig; solange wir noch im Feldlager stehen, sind wir allzumal verpflichtet die Maßregeln der preußischen Krone zu unterstützen. Aber sobald die friedliche Ordnung sich herstellt, wird der Deutsche Reichstag darauf dringen müssen, daß die neue Provinz in den preußischen Staat aufgenommen wird und in den Berliner Landtag eintritt — wenn anders wir nicht eine elsassische Frage, eine offene Wunde am Leibe unseres Reiches, schaffen wollen. Der provisorische Zustand darf nicht lange währen; denn niemand weiß, wie bald der neu auflebende Kampf der Parteien oder eine Verschiebung der europäischen Verhältnisse uns erschweren wird das Notwendige zu tun.

Doch das ist ja das Herrliche dieser großen Zeit, daß sie die Vernunft der Geschichte mit übermächtiger Beredtsamkeit sprechen läßt und der deutschen Politik grobe Mißgriffe kaum noch gestattet. Die Einverleibung der neuen Provinzen in den preußischen Staat wird über lang oder kurz erfolgen denn sie liegt in der Natur der Dinge, und derselbe Zwang der Tatsachen muß schließlich auch bewirken, daß das letzte Ziel dieses gewaltigen Krieges, die Vereinigung des Südens mit dem Norden, erreicht wird. Die Höfe von München und Stuttgart haben ihre Vertragspflicht erfüllt ebensosehr um ihre Unabhängigkeit, ihr Dasein zu retten, als um dem Gebote des nationalen Gedankens zu gehorchen; die bekannte Rede des bayrischen Kriegsministers läßt darüber keinen Zweifel, daß ein verständiger Partikularismus den rettenden Entschluß in München entschieden hat. Nachdem jetzt die süddeutschen Truppen wacker mitgeholfen zum glänzenden Siege, sieht sich die preußische Regierung durch alle Gründe des Anstands und der Billigkeit gezwungen, ihren Verbündeten nicht durch vorzeitiges Drängen lästig zu fallen. Man mag das Berliner Kabinett zuweilen übertriebener Zurückhaltung zeihen — wir wenigstens hätten ein derberes Einschreiten gegen die landesverräterischen Umtriebe des Herrn v. Dalwigk gewünscht — doch es ist natürlich, daß die Krone Preußen zuerst abwartet, welche Vorschläge Bayern zu bieten hat für die deutsche Verfassung. Der Münchener Hof scheint noch immer einen festen Entschluß nicht gefunden zu haben, noch immer, wie seit vier Jahren, zu schwanken zwischen drei Parteien. Aber wir hoffen, die erregte Stimmung des bayrischen Volkes werde solchem Zaudern ein Ziel setzen. Es gibt Zeiten, wo das natürliche Gefühl der Massen eine Macht wird im Leben der Staaten.

Ganz Bayern hallt heute wieder von Bewunderung für Preußens Staat und Heer; jeder bayrische Soldat, der heimkehrt aus dem Kampfe, ist fortan gepanzert gegen die schändlichen Verleumdungen, welche eine Rotte von Pfaffen und Demagogen wider seine norddeutschen Waffenbrüder zu schleudern pflegt. Die Krone Preußen hat der Geschichte dieser Mittelstaaten einen neuen reichen Inhalt geschenkt; Bayerns gesamte Vorzeit weist nichts auf, was sich den welthistorischen Tagen von Sedan vergleichen ließe. Das arme Volk, jederzeit empfänglich für die rauhe Herrlichkeit des Krieges, hört sich nicht satt an den Wundermären der jüngsten Tage; die Krone der Wittelsbacher wird den Bayern selber klein und armselig erscheinen, wenn sie wieder versuchen sollte sich abzusondern von dem großen Deutschland. Das Volk ist in diesen Krieg geschritten voll der festen Zuversicht, die deutsche Einheit werde sich erheben aus Blut und Greueln. Es wäre ein Unglück und ein Frevel, wenn dieser treue Glaube betrogen würde. Ein tiefer Ingrimm, bitterer, gefährlicher als die Verstimmung von 1815, würde sich der deutschen Herzen bemeistern, wenn selbst die wunderbaren Triumphe dieses Krieges den Eigensinn der kleinen Höfe nicht zu brechen vermöchten. Sollte das mit Mut und Talent nicht überschwenglich ausgestattete Münchener Kabinett wirklich die Tollkühnheit finden, die Nation in solcher Zeit mit Undank zu belohnen? Wir zweifeln daran.

Wie der heutige Krieg nur die Arbeit des böhmischen Krieges fortsetzt, wie er die Unabhängigkeit Deutschlands, die wir damals gegen Österreich erkämpften, vor Frankreichs Übermut sicherstellt, so kann auch die deutsche Verfassung, welche aus diesem Kriege hervorgehen wird, nur eine Fortbildung des Werkes von 1866 sein. Nicht die schwarzrotgoldene Fahne.

die in den Todeskämpfen des alten Bundestages schmachbeladen niedersank sondern die auf den Schlachtfeldern Lothringens ruhmvoll erprobte schwarzweißrote Fahne ist das Banner des neuen Deutschlands. Wenn einzelne bayrische Blätter hochtrabend erklären, das Kinderröckchen des Norddeutschen Bundes genüge nicht mehr für die Manneslänge des ganzen Deutschlands, so verweisen wir, um solche Überhebung zu heilen, gelassen auf die Landkarte und auf die statistischen Tabellen. Das Gemeinwesen des Nordens hat sich soeben in einem großen Kriege herrlich bewährt. Wir bedürfen keines Neubaus, keiner konstituierenden Versammlung; es genügt, wenn die süddeutschen Staaten sich der norddeutschen Bundesverfassung unterordnen mit Vorbehalt einiger Änderungen, welche zugunsten Preußens und Bayerns unerläßlich sind. Ich sage: zugunsten Preußens und Bayerns; denn daran läßt sich ja gar nicht zweifeln, daß die Erweiterung des Norddeutschen Bundes von der Krone Preußen mindestens ebensoviel Selbstverleugnung fordert wie von der bayrischen Krone. Als im vergangenen Frühjahr der Eintritt Badens in den Bund zur Unzeit angeregt wurde, da erinnerten diese Jahrbücher warnend an die noch allzu schwache Zentralgewalt des Bundes. Fast alle die Bedenken, welche wir damals aussprachen, gelten noch heute. Die Kraft des Widerstandes wird in dem erweiterten Bunde stärker, die Übermacht Preußens geringer sein als in dem Norddeutschen Bunde; das Fehlen jeder wirklichen exekutiven Gewalt, die Zwittergestaltung des Bundesrats, der zugleich ein Staatenhaus und ein Bundesdirektorium vorstellt, muß zu mannigfachen Übelständen führen. Wenn wir dennoch heute alle Bedenken unterdrücken, so geschieht es nur, weil inzwischen die sittliche Macht des nationalen Gedankens unermeßlich gestiegen ist, weil wir der Nation nach diesem Kriege die Kraft zutrauen, auch unter einer widerspruchsvollen Verfassung ein gesundes Staatsleben zu führen. Wir sind darauf gefaßt, daß der erweiterte Bund nicht ganz so leicht und rasch erstarken wird wie bisher der Norddeutsche; wir denken nicht an verfrühte Experimente und betrachten den Plan eines deutschen Fürstenhauses, den Graf Münster soeben wieder ausspricht, als ein Traumgebilde, das erst in einer fernen Zukunft Fleisch und Blut gewinnen kann. Aber eine wesentliche Schwächung der bereits errungenen Bundesmacht ist für Norddeutschland unannehmbar.

Vor allem der Artikel 78 der Bundesverfassung, der uns die Entwicklungsfähigkeit unseres Gemeinwesens verbürgt, muß aufrecht bleiben; von einem Veto Bayerns gegen Verfassungsänderungen kann gar nicht die Rede sein. Der bayrische Staat muß sich darein finden, nichts mehr zu sein als das zweitmächtigste Glied des Deutschen Bundes, er muß einmal für allemal verzichten auf jene unheilvolle Großmachtspolitik, von der man einst rühmte, sie habe Bayern groß gemacht. Ist man in München gewillt die wesentlichen Sätze der Bundesverfassung anzuerkennen, so kann die Verständigung über Nebenpunkte nicht schwer fallen. Bayern hat nicht nur dieselbe Ausnahmestellung zu beanspruchen, welche dem Königreich Sachsen zugestanden wurde, sondern auch eine billige Berücksichtigung seiner volkswirtschaftlichen Verhältnisse, die Fortdauer seiner Bier- und Branntweinsteuer usw. Sollte man in München die häßliche kornblumenblaue Uniform als eine unveräußerliche Stammeseigentümlichkeit betrachten, so wird dies schwerlich ein Hindernis bieten. Es ist heut nicht die Zeit um Nebenfragen zu rechten;

die Agitation im bayrischen Volke, welche den Eintritt in den Bund unter mäßigen Vorbehalten verlangt, verdient rückhaltlose Unterstützung. Wagt Bayern den entscheidenden Schritt, so ist auch Württembergs und Badens Eintritt unzweifelhaft. Preußen aber hätte dann nur eine geringe Änderung des Stimmenverhältnisses im Bundesrate zu fordern, wozu die Erwerbung der oberrheinischen Lande den einfachsten Anlaß bietet. Ein Bund, in dem Preußen ernstlich Gefahr liefe überstimmt zu werden, wäre offenbar eine Unwahrheit. Der Eintritt der Südstaaten bedarf der Genehmigung des Parlaments, doch der Reichstag wird an den Verträgen der Kronen nachträglich wenig ändern können. Wir können diesen unvermeidlichen Übelstand unserer von oben geleiteten Revolution ertragen, weil unser Grundgesetz selber die Fortbildung des Bundesrechts gestattet und erleichtert. Noch ist nicht sicher, ob die Dinge so günstig verlaufen werden. Aber uns scheint, der Münchener Hof — und bei ihm allein liegt die Entscheidung — sei heute nicht mehr in der Lage dem deutschen Gesamtstaate Bedingungen vorzuschreiben. Will er die schwere Verantwortung auf sich nehmen, die gerechten Erwartungen der Nation zu täuschen, so droht über das kleine Königreich eine Zerrüttung hereinzubrechen, die selbst einen mutigen Mann erschrecken mag.

Nach großen Siegen verlangt das Volksgemüt stets, majestätische Zeichen und Namen zu sehen, welche den errungenen Erfolg gleichsam verkörpern. Der alte Traum von Kaiser und Reich liegt den Deutschen tief im Blute. Soll jener Zug schwermütiger Sehnsucht, der sich noch immer in der Staatsgesinnung der Deutschen erkennen läßt, ganz verschwinden, soll das frohe Bewußtsein, daß uns eine neue glückliche Zeit angebrochen ist, auch die Massen unseres Volkes durchdringen und erwärmen, so wird unser neues Gemeinwesen den Namen des Deutschen Reichs führen müssen. Nicht prahlerische Eitelkeit, sondern die Macht einer tausendjährigen Geschichte redet aus dem Wunsche, der heute im Süden überall widerhallt — aus dem Verlangen, es möge der Nation vergönnt werden, ihren siegreich heimkehrenden Feldherrn als deutschen König zu begrüßen. Nur freilich hat das deutsche Königtum dann allein Sinn und Wert, wenn es der vorhandenen Einheit zum Symbole dient, nicht, wenn sein großer Name die Nation trösten soll für eine ungenügende politische Ordnung. —

Noch einmal bewährt sich heute die alte Schicksalsgemeinschaft der beiden großen Völker Mitteleuropas. Derselbe Krieg, der den Deutschen das Werk von 1866 vollendet, schenkt den Italienern die ewige Stadt. Der Papst verliert seine weltliche Herrschaft in demselben Augenblicke, da er sich für unfehlbar erklärt. Die europäische Welt nimmt diesen humoristischen Einfall der Geschichte gleichgültig auf, ja sie schaut mit Verachtung auf einen Hof, der einen großen Erfolg nicht der eigenen Kraft, sondern der Laune des Glücks verdankt. Nur sollte man gerechtermaßen nicht vergessen, daß die ehrenwerte Haltung des italienischen Volks einen großen Anteil hat an der jüngsten Wendung der florentinischen Politik. Wir können heute nicht mehr daran zweifeln, der Kriegsbund mit Frankreich war bereits abgeschlossen, nicht durch die Regierung, wohl aber durch den elenden Hof; nur der rasche Siegeszug der deutschen Waffen und der laute Widerspruch der Italiener selbst hat den unheilvollen Plan vereitelt. Zwar sangen fast alle großen Blätter des Landes wieder das alte Lied von dem natürlichen Bunde der romanischen Völker; wir entsinnen uns noch einer Abhandlung des gefeierten Publizisten Bonghi, die mit zynischer Unbefangenheit bewies: das sei nun einmal das Gesetz der Natur, daß jede Nation, die sich konstituiere, dem glücklichen Nachbarn einen Bissen abgeben müsse, Deutschland habe diese Pflicht versäumt und werde folglich von Rechts wegen gezüchtigt. Aber die bonapartistische Consorteria des Palastes Pitti und ihre Zeitungen vertreten nicht die öffentliche Meinung. Die große Mehrheit der Nation, die einen aus verständiger Einsicht, die anderen aus Haß gegen den Mann von Mentana, jubelten den deutschen Siegen zu; die Presse der Aktionspartei stand von vornherein auf unserer Seite. Auch eine gewichtige deutsche Stimme wandte sich an das Nachbarvolk: Theodor Mommsen schrieb ein kleines Meisterstück, eine Reihe offener Briefe, welche, gewandt eingehend auf den Gedankengang der Südländer, den Italienern das Recht dieses deutschen Krieges erklärten. In verwandtem Sinne sprach schon vor dem Kriege eine merkwürdige kleine Schrift von Giuseppe Ratti „Über die Bündnisse Italiens" [1]). Der geistreiche Verfasser faßt das Nationalitätsprinzip nach italienischer Weise in einem radikalen Sinne, den wir nicht billigen, er fordert Wien für den deutschen, Triest für den italienischen Staat; doch er zeigt vortrefflich den tiefen Gegensatz der Interessen Frankreichs und Italiens, er sieht — und wir mit ihm — in Deutschland den natürlichen Verbündeten der Italiener und preist die deutsche Tüchtigkeit mit einem warmen Lobe, das uns zuweilen erröten macht.

Italiens Freiheit ist nicht gesichert, solange die Sprache, die Sitten, die Politik der Franzosen noch die Halbinsel beherrschen. Der Sturz des zweiten Kaiserreiches eröffnet dem vielgeprüften Volke die Aussicht wieder sich selber anzugehören; die Tage der unfruchtbaren Mittelmäßigkeit, welche seit Cavours Tod mit ihrem leeren Parteigezänk das Land verdarb, sind hoffentlich zu Ende. Durch die Eroberung Roms kann der Radikalismus entwaffnet und der Weg geebnet werden für die nüchternen Arbeiten der Wirtschaftspolitik und der Unterrichtsreform, welche den verwahrlosten sozialen Zuständen der Nation vor allem not tun. Doch dies Ziel wird kaum erreicht werden, wenn nicht die Italiener abermals eine schwere Pflicht der Entsagung üben. Rom soll eine italienische Stadt sein; die ewige Stadt mag, da die Sehnsucht der Nation dies fordert, den Namen der Hauptstadt Italiens führen, doch kein Freund Italiens kann wünschen, daß König und Parlament dort ihren Wohnsitz aufschlagen. Wenn dieser nichtige, zwischen Sinnlichkeit und Bigotterie hin und her schwankende Hof an einem Orte lebt mit den geriebenen geistlichen Ränkeschmieden des Vatikans, so wird er den feinen Netzen klerikaler Politik auf die Dauer schwerlich entgehen; dann wäre die schwache Dynastie vollends entwurzelt, Italiens Leiden verewigt.

Wir Deutschen fühlen wohl mit einigem Stolze, daß unser Volk heute keinem anderen des Weltteils nachsteht; doch wir verschmähen die Übertreibungen des prahlerischen Teutonentums. Wir dürfen nicht wünschen, daß unser Sieg über Frankreich den Niedergang der romanischen Rasse herbeiführe. Welche Aussicht, wenn zu dem leider unleugbaren Verfalle

---

[1]) Agli Italiani Teodoro Mommsen. Berlino 1870. — G. Ratti, Le alleanze d'Italia. Milano 1870.

Frankreichs und Spaniens auch noch die Zerrüttung Italiens hinzuträte, wenn in Rom wie in Paris und Madrid eine Republik entstünde, die nicht leben und nicht sterben kann, wenn die drei großen romanischen Völker sämtlich, unfähig im eigenen Hause Frieden und Gedeihen zu finden, in die fieberische Unruhe abenteuernder Politik verfielen! — Mancher verspätete Prophet meint heute tiefsinnig: dieser Krieg mußte kommen! — als ob die deutsche Politik nicht mit vollem Rechte gestrebt hätte, den Krieg in Ehren zu vermeiden. Und schon werden wieder besorgte Stimmen laut, die uns versichern, Deutschlands Einheit müsse dereinst noch im Kampfe gegen das gesamte Europa sich erproben. Es gibt leider der düsteren Anzeichen viele, welche solche Weissagung zu bestätigen scheinen. In den romanischen, den slawischen, den skandinavischen Völkern liegt ein gewaltiges Kapital des Neides gegen das siegreiche Deutschland angesammelt; die europäische Diplomatie wird durch das verschobene Gleichgewicht der Mächte gezwungen, sich gänzlich umzudenken, sie findet sich ungern in neue, durchaus veränderte Kombinationen. Wir aber hoffen, es werde unserem Staate im Laufe der Jahre gelingen, das Mißtrauen des Auslandes zu zerstreuen. Ein verständiger Grund Deutschland zu bekämpfen besteht für keine der europäischen Mächte, und die schrecklichen Folgen der blinden nationalen Eifersucht liegen vor Augen auf den Feldern von Metz und Sedan. Unser Reich bedarf einer gerechten, maßvollen Staatskunst, welche dem besiegten Feinde nicht mehr auferlegt als das Notwendige und der widerwilligen Welt die Überzeugung aufzwingt, daß Deutschlands Einheit den europäischen Frieden verbürgt.

Der Sozialismus und seine Gönner.

Berlin, 20. Juli 1874.

1.

Die Engländer preisen, nicht ohne Verwunderung, an ihrem Robert Peel, daß ein beständiger Drang des Zweifels und der Selbstprüfung, an active doubt, in ihm lebendig gewesen; sie bezeichnen damit eine der höchsten und seltensten Tugenden des Politikers. Auch dem begabten Menschen fällt es schwer, gleichen Schritt zu halten mit dem Leben seines Volkes; immer von neuem tritt an ihn die Pflicht heran sich ernstlich zu fragen, ob er in Wahrheit noch ein Bürger sei der Welt, die ihn umgibt. Zumal die alltäglichen Erscheinungen des sozialen Lebens, die Verkehrsformen und Standesgewohnheiten, darin wir aufgewachsen, schmeicheln sich uns ein wie ein willkommener Zwang des Schicksals. Wer in diesem Zeitalter heißer Arbeit mit heftigen Ellenbogenstößen, mit der Gewissenlosigkeit des Handelnden sich Bahn bricht durch das Gedränge des Wettbewerbs, der wird kaum jemals auf den Zweifel verfallen: ist die Verteilung der Güter, die Gliederung der Gesellschaft, der ich meine soziale Macht danke, auch gerecht und den sittlichen Ideen des Jahrhunderts gemäß?

Anders der stille deutsche Gelehrte. Lenkt er einmal seine Blicke auf die schweren Gebrechen und Widersprüche unseres sozialen Lebens, so kann ihm jener tätige Zweifel, der den Mann der Geschäfte selten berührt, leicht zur gefährlichen Versuchung werden. Seine philosophische Bildung drängt ihn, die Grundbegriffe seiner Wissenschaft mit dem Pfluge der Kritik täglich umzuackern; sein reiches Wissen bietet ihm eine Fülle entgegengesetzter Gesichtspunkte, unheimlicher historischer Parallelen, bis schließlich der Boden unter seinen Füßen schwankt und der vielgestaltige Wunderbau der modernen Gesellschaft, das Werk der Arbeit reicher Jahrtausende, ihm nur als ein Zustand greulicher Verwesung erscheint. Der leidenschaftliche Parteikampf, welcher heute die deutsche nationalökonomische Wissenschaft bewegt, zeigt genugsam, wohin solche maßlose Zweifelsucht führt. Besonnene Gelehrte wetteifern beharrlich neue „Fragen" aufzuwerfen, die niemand zu beantworten weiß. Männer der Mittelparteien erproben ihren Scharfsinn durch schonungsloses Verdammen unserer sozialen Ordnung, reden über alles was besteht mit einer ingrimmigen Bitterkeit, die wir sonst nur aus dem Munde der Demagogen zu vernehmen pflegten. Der Schopenhauersche Pessimismus — diese Modetorheit unserer Tage, die ihre jämmerliche Willensschwäche durch maßlosen Dünkel zu verdecken sucht — brütet über willkürlichen Geschichtskonstruktionen, stellt dem Volke Kants und Fichtes den Werdegang der Menschheit als eine ewige Krankheit dar und verleitet die Nationalökonomen zu einer volkswirtschaftlichen Erbsündenlehre, die um nichts fruchtbarer und um vieles trostloser ist als die theologische. Am letzten Ende dient dieses Heer von Anklagen, das sich gegen die bürgerliche Gesellschaft heranwälzt, doch nur als bequeme Flankendeckung für die Bestrebungen der Sozialisten, der geschworenen Feinde jeder edlen Gesittung.

Eine grundtiefe Umwälzung, wie sie Deutschland erst einmal in den Tagen Luthers erlebte, ist über unser Volksleben hereingebrochen. Wir sind mit einem kühnen Sprunge aus der Dürftigkeit der Kleinstaaterei in die großen Verhältnisse des nationalen Staates hinübergetreten; wir haben die ungeheuren wirtschaftlichen Kräfte dieser Nation zu freiem Wettbewerb entfesselt, und während wir soeben zum ersten Male ganz verstehen, was Geldwirtschaft ist, überrascht uns bereits die Wirtschaftsform der Zukunft, die Kreditwirtschaft, durch eine Fülle neuer Gebilde. Diese plötzliche Erschütterung aller alten Ordnung und das entsetzliche Elend, womit die Völker stets den Übergang zu neuen Wirtschaftsformen erkaufen müssen, haben den modernen Sozialismus aus seiner französischen Heimat auf unseren Boden hinübergelockt. Noch ist der deutschen Sozialdemokratie kein wahrhaft neuer, fruchtbarer Gedanke entsprungen, nichts was nicht schon in Frankreich durch Wort und Tat seine Widerlegung gefunden hätte. Aber die Führer des Sozialismus gebieten über eine prahlerische Zuversicht, die in der Geschichte deutschen Parteilebens ihresgleichen nicht findet; sie erklären mit so hartnäckiger Frechheit Schwarz für Weiß und Weiß für Schwarz, daß der harmlose Zuhörer sich unwillkürlich fragt, ob er sich nicht vielleicht doch geirrt habe. Sie kennen als erfahrene Demagogen das Gemüt der Massen, das Verlangen des kleinen Mannes nach einer festen, sicheren, zweifellosen Autorität, die ihm imponierend entgegentritt; sie wissen, daß man dem Volke den Glauben an ein besseres Jenseits nur dann zu rauben vermag, wenn man ihm ein feistes Diesseits in nahe Aussicht stellt, und schildern darum den baren Unsinn, das faule und satte Schlaraffenleben der Zukunft in so bestimmten Umrissen, mit so brennenden Farben, als ob ein Zweifel gar nicht denkbar sei.

Der leitende Gedanke der ganzen Richtung ist unverkennbar die nackte Sinnlichkeit, die grundsätzliche Verleugnung alles dessen, was den Menschen über das Tier emporhebt; ihr Glaubensbekenntnis — jenes klassische Wort, das kürzlich im „Volksstaat" zu lesen stand: „Entweder es gibt einen Gott, dann wären wir freilich geleimt; oder es gibt keinen Gott, dann können wir an dem Bestehenden ändern soviel uns beliebt." Während die unseligen Menschen also zu der niedrigsten Stufe des Denkens, die ein vernünftiges Geschöpf erreichen kann, herabgesunken sind, verkündet Herr Hasenclever feierlich, er stehe auf der Höhe der Idee und die Waffen des Klassenstaats würden niemals zu ihm hinauf reichen. Widerspricht nun ein ehrlicher Mann, der ernsthaft an sich selber gearbeitet und darum mit Demut seine eigene Kleinheit fühlt, mit Ehrfurcht die Gebilde einer tausendjährigen Geschichte betrachtet, so donnern ihm die Weltbeglücker barsch entgegen: Die träge Welt hat noch jede neue Wahrheit zuerst als Narrheit belächelt! In tausend Formen wiederholen sie die alte Gotteslästerung Berangers, die einst Louis Blanc in der Literatur des Sozialismus einbürgerte:

De la croix que son sang inonde
un fou qui meurt nous lègue un Dieu!

Nicht jedermann findet auf solche Prahlereien die trocknene Antwort, daß die träge Welt nicht bloß neue Wahrheiten, sondern auch alte Narrheiten, die sich für neue Wahrheiten ausgeben, zu belächeln pflege, und daß es dem Propheten obliege Recht und Sinn seiner frohen Botschaft zu beweisen.

Auf das arglose Gemüt des Gelehrten macht die diktatorische Zuversicht der sozialistischen Apostel doch einigen Eindruck. Er sagt sich, daß wir Gebildeten in diesem Zeitalter reflektierter Bildung von dem Gemütsleben der Massen leider sehr wenig wissen, er sieht in den tobenden Volksversammlungen der Sozialisten elementarische Kräfte entfesselt, deren Macht er nicht zu berechnen weiß. Er nimmt die Prahlereien der Demagogen für bare Münze und glaubt treuherzig, daß wirklich die „ungezählten Hungerbataillone des Deutschen Reichs", entschlossen wie Ein Mann, hinter diesen Schreiern stünden. Aus den Reihen der Stände, welche unter der wirtschaftlichen Krisis der Gegenwart am schwersten leiden, der gebildeten Mittelklassen, dringen bittere und nur zu berechtigte Klagen an sein Ohr; so redet er sich ein, der Glaube an die Grundlagen aller bürgerlichen Ordnung sei in seinen Tiefen erschüttert. Um nur nicht ungerecht zu werden gegen eine Richtung, deren bodenlose Gemeinheit er im stillen ahnt, kommt er den Gegnern Schritt für Schritt entgegen und verhandelt so lange mit ihren Vorposten, bis die Führer, die über den harmlosen Mann sich ins Fäustchen lachen, ihn mit ihren Truppen umstellt haben und er mitten im Lager der Feinde steht. Dazu die Furcht vor den gestaltlosen Schreckbildern einer ungeheuren Zukunft. Wenn unsere besitzenden Klassen unleugbar oft durch ihre Gleichgültigkeit gegen das Los der Arbeiter gefehlt haben, so stehen wir heute im Begriff, durch die Angst vor den Massen uns noch weit schwerer zu versündigen. Ein sehr wohlmeinender und sehr frommer Gelehrter, E. Kuntze verkündet soeben in einer Schrift über die „soziale Frage" als ganz unzweifelhaft: die internationale Sozialdemokratie müsse, die Grenzen aller Länder durchbrechend, ringsum in Europa zur Herrschaft gelangen, und zuletzt werde eine weltbürgerliche Tyrannis, ein modernes Cäsarentum, die Besitzenden von der Herrschaft des Pöbels erlösen, alle Europäer gleichmäßig unter ihr eisernes Joch beugen. — Und dies in dem glorreichen Jahrhundert, das die Einheit Deutschlands und Italiens wieder auferstehen sah!

Nein, wahrhaftig nicht mit dieser Seelenangst strümpfestrickender Betschwestern darf ein Volk, das soeben in drei Kriegen seine sittliche Kraft bewährt hat, in seine große Zukunft schauen. Solche nervöse Furchtsamkeit trägt die Hauptschuld an jener Verwirrung aller wissenschaftlichen und sittlichen Begriffe, die wir heute auf dem Gebiete der Volkswirtschaft befremdet wahrnehmen. Schon gilt es für unziemlich dem offenbaren Verbrechen mit sittlichem Ernst entgegenzutreten. Wenn der große Volksmann X. mit der üblichen rüpelhaften Betonung mir treuherzig erklärt, er denke zur rechten Stunde unsere Paläste und Akademien mit Petroleum anzufeuchten — so darf ich ihm nicht ebenso treuherzig erwidern: „Großer Mann, ich finde das niederträchtig und werde mich nötigenfalls zur Wehre setzen.“ Nur ein geistloser Mensch oder ein hartherziger Krämer mag sich solche Antwort erlauben. Ich bin vielmehr verpflichtet anzuerkennen, die unholde Schale jener Drohungen umschließe einen edlen Kern unergründlicher sozialpolitischer Weisheit — nur schade, daß besagter Volksmann diese Weisheit als elende Bourgeois-Halbheit entschieden verdammt.

Sollen wir fortfahren, durch ganze und halbe Zugeständnisse die Feinde aller idealistischen Bildung täglich zu ermutigen? Eine Gesellschaft, welche nicht die Grundgedanken ihrer wirtschaftlichen Ordnung als unantastbar ansieht, verliert zuletzt jede Kraft des Widerstandes gegen die Barbarei. Hinter dem massiven common sense der Engländer, der die sozialdemokratischen Träume ohne viel Federlesens als Aberwitz abfertigt, verbirgt sich viel hartherzige Klassenselbstsucht, viel gedankenlose Beschränktheit, aber auch der politische Takt eines kampfgewohnten freien Volkes. Deshalb allein ist die britische Arbeiterbewegung von den wüsten Orgien des Chartismus auf erreichbare Ziele abgelenkt und jene menschenfreundliche Fabrikgesetzgebung des neuen Englands, die wir alle in unserem Vaterlande frei nachzubilden hoffen, ermöglicht worden — weil die Besitzenden dem erregten Haufen mit unbeirrter Ruhe zeigten, daß kein Stein und kein Brett aus dem Baue der bestehenden Eigentumsordnung herausgebrochen werden dürfe. Der tapfere Rechtssinn der höheren Stände war allezeit der Felsen, daran der blinde Glaube mißleiteter Massen sich die Hörner abstieß.

Und kein Volk hat jemals fester Rechtsbegriffe so dringend bedurft wie heute das deutsche. Wer unter uns mag heute noch bezweifeln, was die erste und höchste Aufgabe dieser blutig erkauften Friedensjahre sei? Die gewaltigen Umwälzungen der jüngsten Zeit haben Politik und Volkswirtschaft dermaßen in den Vordergrund unseres nationalen Lebens gerückt, daß wir Gefahr laufen, das Eigenste unseres Wesens, den alten Adel deutscher Bildung zu verlieren. Das feste Haus des deutschen Staates steht aufgerichtet, stark genug jedes Kleinod edler Menschenbildung zu beherbergen; werden die prächtigen Gewölbe auch wirklich mit Schätzen sich füllen? Die harte Arbeitslast dieser Zeit, das Übergewicht unserer Mittelklassen mit ihrer natürlichen Vorliebe für die Mittelmäßigkeit, der wenig entwickelte Formensinn und die wenig durchgebildeten geselligen Sitten unseres Volkes, das alles droht uns amerikanischen Zuständen entgegenzutreiben — oder vielmehr einer Kulturbarbarei, die noch häßlicher wäre als die Gesittung Amerikas, da der tief philosophisch angelegte Deutsche ohne reiche Bildung leicht verwildert. Noch steht unsere Wissenschaft als ein starker Damm vor diesen heranwogenden Fluten. Aber alle Bildung bedarf des Gefühls der Sicherheit. Was könnte uns in solcher Lage grausamer treffen, als ein sozialer Kampf — wenn die Begehrlichkeit des Pöbels, aufgestachelt durch unser scheues Zurückweichen, von dem frechen Worte zur frechen Tat schritte und dann die gemeine Angst um Haut und Beutel die letzten Trümmer des deutschen Idealismus auf dem Altar des goldenen Kalbes opferte?

Nichts hat die geistige Kraft der Franzosen so tief und nachhaltig geschädigt, wie jenes phantastische Buhlen mit dem Kommunismus, das zur Zeit des Julikönigtums für geistreich galt. Man schwärmte für die ekelhaften Erfindungen der sozialistischen Muse Eugen Sues, weil die Opposition zum guten Ton gehörte; man bewunderte den großen Chourineur, der freilich einige Dutzend seiner Mitmenschen gemetzelt hatte, doch ein Mann des Volkes und folglich fromm, engelrein und edel war. Als aber in jener gräßlichen Junischlacht die wirklichen Chourineurs auf die Barrikaden stiegen und gefangene Soldaten bei lebendigem Leibe in Stücke sägten, da scholl der Angstruf der besitzenden Klassen gellend über Frankreich hin, und das Feuer der Idee verlosch für viele Jahre. Es folgte die blutige Rache, dann die Knechtschaft und der Sinnenrausch des zweiten Kaiserreichs, dann nochmals die Raserei der Kommune und jene teuflisch kalte Grausamkeit der geretteten Gesellschaft, welche heute in Kaledonien zum Entsetzen der Welt ihre Opfer foltert. Dürfen wir Deutschen aus doktrinärer Systemsucht und Begriffsspalterei in denselben Fehler verfallen, zu dem einst Widerspruchsgeist und Phantasterei die Franzosen verleitete? Nein, soll der schwere soziale Kampf der Gegenwart nicht, wie einst der Streit der Kirchen, zu einem Zeitalter der Bürgerkriege führen, sondern in der unscheinbaren Arbeit gewissenhafter Reformen seine friedliche Lösung finden, so muß wer ein Herz hat für deutsche Bildung ohne Vorbehalt eintreten für die wirtschaftliche Ordnung, welche diese Bildung stützt und trägt. Wir können den begründeten Forderungen der Masse — und es sind ihrer nur allzu viele — dann allein gerecht werden, wenn wir genau wissen und furchtlos aussprechen, was wir ihr *nicht* gewähren wollen. —

Beide Parteien der heutigen nationalökonomischen Wissenschaft, Kathedersozialisten und Manchestermänner — wie die gehässigen Kriegsnamen lauten — haben bisher die Spalten dieser Jahrbücher jederzeit offen gefunden. Wir hielten für wünschenswert, daß die Gärung der Meinungen in ruhiger Debatte sich kläre. Wenn die Redaktion heute unternimmt ihre eigene Ansicht über die „soziale Frage" darzustellen — dieser marktschreierische Ausdruck neu-napoleonischer Erfindung ist nun einmal leider in unsere anspruchslose Sprache aufgenommen — so muß ich weit ausholen und die Leser um geduldige Nachsicht bitten. Es wird nicht abgehen ohne die Wiederholung uralter Wahrheiten, da die ruhelose Kritik unserer Tage grade die Grundbegriffe der sozialen Wissenschaft benagt und untergraben hat — und vielleicht auch nicht ohne einige Langeweile. Denn wer die Geschichte nimmt, wie sie ist, der bemerkt freilich nur selten das milde, kaum durch leichtes

Gewölk getrübte Sonnenlicht, das in Rankes Erzählungen einen zierlichen Kreis vornehmer und satter Menschen bestrahlt; er soll auch dem mißhandelten geringen Manne in die kummerblassen Züge schauen, er darf den Blick nicht scheu abwenden von jener Welt viehischer Leidenschaft, frecher Sünde, herzbrechenden Elends, welche seit den Sklavenkriegen des Altertums bis zu den Raubzügen gallischer Bagauden, seit den Jacquerien des Mittelalters bis zu dem Mordbrande der Kommune die Gebrechlichkeit unseres Geschlechtes stets von neuem bekundet hat. Aber er sieht auch nicht, nach der Weise der Sensationsromane sozialistischer Tendenzhistoriker, beständig einen schwarzen, von grellen Blitzen durchzuckten Gewitterhimmel über der historischen Welt. Er kann den holden Aberglauben an die natürliche Harmonie der Interessen nicht teilen, sondern bescheidet sich, in dem natürlichen Kampfe der Interessen das Walten sittlicher Gesetze aufzusuchen.

Ich gehe aus von der Abhandlung meines Freundes Schmoller über „Die soziale Frage und den preußischen Staat", die wir im Aprilheft mitteilten. Dieser beredte Aufsatz ist mit lautem Lobe im „Neuen Social-Demokraten" nachgedruckt worden; nur der beste Teil der Arbeit, die Schilderung der Sozialpolitik des preußischen Königtums ward, wie begreiflich, teils weggelassen, teils verhöhnt. Viele liberale Blätter andererseits schalten den Verfasser als einen Tempelschänder im sozialen Reiche, ja — so gehässiger Ingrimm heftet sich an alles, was die Klassenkämpfe der Gegenwart berührt — einzelne Stimmen schienen sehr geneigt, den Aufsatz dem Vaterauge der Staatsanwaltschaft zu empfehlen. Ich brauche nicht zu sagen, daß weder jenes Lob noch dieser Tadel mein Urteil bestimmt; es geschieht ja zuweilen, daß gute Gedanken rascher von Phantasten gewürdigt werden, als von besonnenen Männern. Ich würde fürchten Schmoller zu beleidigen, wollte ich erst versichern, daß man von ihm immer lernt auch wo man nicht beistimmt. Aber ich glaube, und ich hoffe zu beweisen, daß die leitenden Gedanken seiner Arbeit unhaltbar sind.

Die Sozialisten pflegen ihre Zukunftsträume nicht aus der Natur des einzelnen Menschen, sondern aus dem Wesen der Gesellschaft abzuleiten; sie sehen in der Volkswirtschaft das Gebiet der gesellschaftlichen Zusammenhänge, wie Lassalle in seiner schwerfällig doktrinären Sprache sagt, und hierin liegt ihr bestes wissenschaftliches Verdienst. Auch Schmoller versucht seine düstere Aussicht der sozialen Geschichte auf die Natur der menschlichen Gemeinschaft zu begründen. Er spricht kurzweg aus: „die wirtschaftliche Klassenbildung entspringt aus Unrecht und Gewalt", er sieht in diesem ursprünglichen Unrecht eine „gleichsam tragische Schuld", die sich vererbt von Geschlecht zu Geschlecht und erst nach Jahrtausenden in dem langsam erwachenden Rechtsgefühle der höheren Klassen eine niemals genügende Sühne findet. Angenommen, jene Behauptung sei wahr, so würde sie doch gar nichts erklären; sie läßt das Warum des Warum im Dunkeln. Ich frage: woher kommt denn „Unrecht und Gewalt"? wie ist es denn möglich, daß ein Stamm von Menschen den andern unterwerfen kann? Antwort: weil die Menschen ungleich sind von Natur, weil mit dem Dasein der Menschheit die Ungleichheit gegeben ist, weil selbst in den halbtierischen Lebensformen roher Pfahlbauer eine Mehrheit von Menschen sich nicht denken läßt ohne die Ungleichheit der Gestaltung der Erdrinde, von der sie leben, ohne die Ungleichheit des Alters, des Geschlechts, der Kräfte des Leibes und der

Seele, der Kinderzahl und der persönlichen Bedingungen, des Besitzes und des Glückes — mit einem Worte: ohne die Ungleichheit der Macht. Und die Macht entscheidet in den Daseinskämpfen ursprünglicher Menschheit.

Hier enthüllt sich denn sofort der Grundirrtum aller Sozialisten und auch mancher gelehrten Nationalökonomen, welche so gern auf den Rationalismus des achtzehnten Jahrhunderts mitleidig herabsehen. Aus allen ihren Gedanken redet der leibhaftige Jean Jacques Rousseau; sie fußen samt und sonders, die meisten ohne es selber zu wissen, auf dem Wahngebilde der natürlichen Gleichheit der Menschen. Wer einmal durch dies gefärbte Glas geblickt, ist nicht mehr imstande die historischen Dinge unbefangen zu betrachten. Wer aber die Geschichte nicht meistern, sondern bescheiden von ihr lernen will, der beginne mit der Erkenntnis, daß die Natur alle ihre höheren Geschöpfe ungleich bildet. Er versuche einen Gedanken bis in seine Tiefen zu verfolgen, der, scheinbar einfach und geringfügig, dem ernsten Sinne eine Welt neuer Anschauungen erschließt und das harte Absprechen über die Anfänge der menschlichen Gesellschaft von vornherein verbietet — den Gedanken nämlich, daß jeder Mensch sich selber ungleich ist im Verlaufe seines Lebens. Der Tod macht alle gleich, sagt das sichere Gefühl des Volkes, und der fromme Glaube getröstet sich unserer Gleichheit vor Gott, denn alles irdische Leben ist Ungleichheit. Gewiß ist der Wilde dem Wilden weniger ungleich als wir Kulturmenschen uns voneinander unterscheiden, da jener erst wenige Kräfte seines Wesens entwickelt hat; doch die vorhandene Ungleichheit wirkt in einfachen Zuständen unmittelbar, bedingend und gestaltend, auf die Gemeinschaft. Die Kraft ringt mit der Kraft, wo der Kleine dem Großen im Wege steht, da wird er gebändigt. An diesen notwendigen Kämpfen haftet nicht mehr Unrecht, nicht mehr tragische Schuld als an jeder Tat unseres sündhaften Geschlechts. Daß der Starke den Schwachen bezwingt, ist die Vernunft jenes frühen Lebensalters der Menschheit, wie es die Vernunft des Kindes ist zu spielen und um den kommenden Tag nicht zu sorgen. Jene Hungerkriege, die wir noch heute unter den Negerstämmen erleben, sind innerhalb der wirtschaftlichen Zustände Innerafrikas ebenso notwendig, ebenso berechtigt wie der heilige Krieg, den ein edles Kulturvolk zur Rettung der höchsten Güter seiner nationalen Gesittung führt. Hier wie dort wird ums Dasein gekämpft, hier um das sittliche, dort um das natürliche Leben; und der gesittete Mensch ist ebensowenig berechtigt, über das „Unrecht" jener Neger zu schelten, wie der Mann befugt ist die Vernunft der Kindheit anzuklagen. Wer da beklagt was ist und nicht anders sein kann, und sich erdenkt, was nicht ist und nicht sein kann, der fällt in das Leere und Eitle.

Die bürgerliche Gesellschaft ist der Inbegriff der Verhältnisse gegenseitiger Abhängigkeit, welche mit der natürlichen Ungleichheit der Menschen, mit der Verteilung von Besitz und Bildung gegeben sind und durch den Verkehr in einem unendlichen Werden sich täglich neu gestalten. Sicherlich empfängt die soziale Gemeinschaft ihre ersten Formen zunächst durch den rohen sinnlichen Trieb der Selbsterhaltung; aber steht es denn nicht ebenso mit allen Anfängen unserer Gesittung? Von jedem der großen ursprünglichen Vermögen der Menschheit gilt was Aristoteles vom Staate sagt: γινομένη μὲν τοῦ ζῆν ἕνεκεν, οὖσα δὲ τοῦ εὖ ζῆν ἕνεκα — sie entstehen um des Lebens willen und bestehen um des schönen und vernünftigen Daseins willen. Die Wissenschaft ist in ihren ersten Anfängen nur ein zusammengewürfelter Haufe von Kenntnissen, der aufbewahrt wird um den Zwecken des natürlichen Lebens zu dienen; Jahrtausende verfließen, bis dieser Notbehelf des sinnlichen Menschen zu einer selbständigen Welt der Theorie heranwächst. Der Staat verfolgt ursprünglich nur den Zweck, die gegebene Ungleichheit der Volksgenossen durch seine Macht zu schützen, den Einzelwillen Schranken zu setzen; er wird ertragen um des Lebens, um der äußeren Ordnung willen und lernt erst spät seine sittliche Aufgabe verstehen. Die Sprache erhebt sich langsam aus dem Reiche der sinnlichen Anschauungen in das Gebiet der Ideen. Die Religion offenbart sich zuerst als die Furcht des natürlichen Menschen vor den unbegreiflichen Mächten, die sein Schicksal bestimmen; aus dieser sinnlichen Empfindung, aus den ersten Regungen des Kausalitätstriebes und dem Drange die Außenwelt zu beseelen, steigt dann im Laufe der Jahrhunderte die Macht des lebendigen Glaubens empor. So empfängt auch alle soziale Ordnung ihre ursprüngliche Gestalt durch die sinnliche Bedürftigkeit des Menschen, und es bleibt hier wie überall die sittliche Aufgabe unseres Geschlechts, das Natürliche durch die Vernunft zu entwickeln, das Selbstische in das Allgemeine zu erheben. Das ist der Inhalt aller Geschichte.

Blicken wir von diesen allgemeinen Sätzen hinüber auf die Tatsachen der ältesten Geschichte, so wird vollends klar, daß die Theorie von dem ursprünglichen Unrecht den wirklichen Verlauf der Dinge gradezu auf den Kopf stellt. Jedermann weiß, das Menschengeschlecht wie der einzelne vollzieht die größten Sprünge seiner Entwicklung in den Tagen der Kindheit; der Erwachsene kann nie wieder eine so grundtiefe Wandlung seines ganzen Seins erleben wie einst da er sprechen lernte. Zu jenen großen ersten Schritten der jugendlichen Menschheit, welche immer wieder die Bewunderung der Rückschauenden erregen und auch den Skeptiker an die göttliche Vernunft der Geschichte erinnern, zählt aber unzweifelhaft — die Einführung der Sklaverei, eine rettende Tat der Kultur, die auf jene fernen Jahrtausende mindestens ebenso erweckend und sittigend eingewirkt hat wie das Christentum auf eine spätere Epoche. Jägervölker kennen die Sklaverei nicht; denn der wehrlose Knecht ist hier wertlos, und in diesem rohen Dasein regt sich noch nicht der Gedanke, daß es menschlich sei, den Fremdling nicht zu fressen oder zu morden. Auch Hirtenvölker, so lange sie noch still für sich hinleben, bedürfen der Sklaven nicht; dem Herdenbesitzer dienen die Stammgenossen und vielleicht einzelne anderen Stammes, welche durch Schuld oder Unglück ihre Herde verloren haben; hier ist das Gemeinwesen die erweiterte Familie und darum geschichtslos, ohne Entwicklung. Erst wenn die Völker seßhaft werden, tritt die Sklaverei in die Geschichte ein, mit ihr die erste schwache Ahnung von dem Werte des Menschenlebens und die erste nachhaltige Arbeit.

Der Barbar verachtet die Arbeit, er schafft nur für das Heute, selbst der hochbegabte Germane pflog stolzer Ruhe nach der Erregung des Krieges und der Jagd. Nur die harte Faust des Siegers kann in jener rauhen Welt die für die Zukunft sorgende Arbeit erzwingen; nur so entsteht wirkliches Kapital, die Vorbedingung aller reineren Gesittung. Ohne die scharfe Scheidung eines herrschenden und eines dienenden Standes sind die Anfänge der Kultur weder nachweisbar, noch denkbar. Von der Trägheit der Barbaren zur Sklaverei, von da zur gebundenen und endlich zur freien Arbeit, das ist im großen der aufsteigende Werdegang der Gesellschaft. Und wie jede große Wendung der Geschichte lange nachwirkend neue Kräfte der Gesittung entbindet, so kommt auch erst mit der Ansiedlung und der unfreien Arbeit ein Zustand leidlichen Friedens für das Menschengeschlecht. Niemand glaubt mehr an den Krieg aller gegen alle, womit einst Thomas Hobbes die Welt erschreckte. Nicht der einzelne kämpft gegen den einzelnen in den Anfängen der Geschichte; wohl aber steht der Stamm mißtrauisch gegen den Stamm und sieht in dem Fremdling den Feind. Die erste Berührung unfertiger Völker ist immer feindlich; nur tapfere Stämme haben ein Werden, eine Zukunft, während die feigen ohne Geschichte dahinwelken wie das matte Geschlecht auf den Inselwolken der Südsee. Erst dann kommt einige Ruhe und Stetigkeit in das historische Leben, wenn der Sieger lernt die Besiegten nicht mehr zu verjagen oder zu vernichten, sondern zu benutzen, sie als dienende Glieder seinem eigenen Gemeinwesen einzufügen. Nur durch Eroberung und Unterjochung werden die Horden zu Völkern, fähig ein Bild der Menschheit aus sich heraus zu gestalten. Einen freundlicheren Weg zu so hohen Zielen kennt die Geschichte nicht; fest und derb sind die Fäden, die sie an ihrem Webstuhl ausspannt.

Und dieser ungeheure Fortschritt der menschlichen Dinge, eine Schonung für den Besiegten, ein Gewinn für den Sieger, dieser erste Beginn der Menschenachtung, des Friedens und der wirtschaftlichen Voraussicht — er wäre Unrecht und Gewalt? Nenne man ihn immerhin Gewalt, wenn man den Kleinsinn des Sittenrichters so weit treiben will, alle bahnbrechenden Taten der Menschheit, auch die Reformation und die Gründung des Deutschen Reiches, als Gewalttaten abzufertigen. Aber wo ist das Unrecht? Wer bleibt denn Sieger in jenen elementarischen Kämpfen der Geschichte? Die Kasten Indiens sind bekanntlich das Vorbild der ständischen Gliederung aller indogermanischen Völker. Die Kaste aber heißt Varna, die Farbe. So bezeugt die Sprache, was der Philosoph voraussetzt und der historische Forscher bestätigt: die weiße, höher begabte Rasse hat die dunkleren, niederen überwältigt, und diese ursprüngliche Schichtung der Völkergeschiebe wirkt bestimmend fort auf den gesamten Verlauf der sozialen Geschichte. Wo immer uns in helleren Jahrhunderten ein Daseinskampf der Völker entgegentritt — sei es die Ansiedlung der hellenischen Eroberer an dem Küstensaume der barbarischen Balkanhalbinsel, oder das Anstürmen der wandernden Germanen wider das alternde Rom, oder der Kampf der Deutschen wider die Wenden und Litauer oder die Entdeckung der neuen Welt — überall waltet über einer Fülle des Werdens, schmerzlichen, kämpfereichen Werdens ruhevoll dasselbe sittliche Gesetz: das Gemeine soll dem Edlen dienen, das Veraltete dem Jugendlichen und erwirbt das Recht fortzudauern allein durch diesen Dienst. —

Nein, die Lehre vom sozialen Apfelbiß und Sündenfall entstellt und verzeichnet die historischen Erscheinungen. Versuchen wir, auf dem entgegengesetzten Wege eine hoffnungsvollere und einfachere Ansicht der sozialen Geschichte zu gewinnen. Wir stellen die Frage: wie hat der große Gedanke der Gleichheit seinen Weg gefunden inmitten der natürlichen Ungleichheit des Menschengeschlechts? und welche Schranken sind diesem Gedanken gesetzt durch die Natur der Gesellschaft?

Lassalle versuchte bekanntlich alle großen Institutionen der Gesellschaft kritisch zu vernichten, indem er behauptete, sie seien „historische, nicht logische

Kategorien". Er handelte als ein weltkluger Demagog, denn man stelle nur alles schlechthin in den Fluß der Zeit, und der frechen Willkür ist Tür und Tor geöffnet. Aber glücklicherweise ist diese Lehre ein schülerhafter Irrtum. Wer von der Erkenntnis ausgeht, daß das Vernünftige ist — und ohne diesen Gedanken wird alles Philosophieren zur Spielerei — der gelangt sofort zur Einsicht, daß absolute sittliche Ideen in der Geschichte vorhanden sein müssen — einer Wahrheit, welche von der empirischen Forschung durchweg bestätigt wird. Mit dem Dasein der Menschheit sind sittliche Ideen gegeben, die zunächst in sinnlicher, unfertiger Gestalt erscheinen und wohl ihre Form in unendlichem Wechsel verändern, doch niemals ihr Wesen. Die sittlichen Ideen nun, welche das wirtschaftliche Leben von Haus aus tragen und bestimmen, sind: die Ehe, das Eigentum und die Gliederung der Gesellschaft — alle drei so unzertrennlich, daß sie miteinander stehen und fallen. Ehelose Völker haben nie bestanden, weil sie sich nicht denken lassen. Scheinbare Ausnahmen, Naturspiele gleichsam der Geschichte, wie Delos, wo kein Weib gebären, oder die sagenhafte Jomsburg, wo keine Frau leben durfte, stoßen die Regel nicht um, denn sie bestanden und dauerten nur durch das eheliche Leben der Nachbarn. In der Monogamie der modernen christlichen Völker, welche das Weib dem Manne sittlich gleichstellt, rechtlich unterordnet, ist die absolute Form der Ehe gefunden, unwandelbar bis an das Ende der Geschichte, mag immerhin in einer demokratischen Zukunft die Stellung der Kinder noch unabhängiger und an dem Rechte der Ehescheidung usw. einiges geändert werden. Was über die volle und unauflösliche Lebensgemeinschaft von Mann und Weib hinausstrebt, verfällt einfach dem sittlichen Schmutze, so die bekannte „freie Liebe" der Sozialisten, die kotgeborene Göttin des Bordells. Die Geschichte der Ehe ist typisch für die Entwicklung der Gesellschaft. Sie zeigt auf der einen Seite ein stetiges Wachstum der persönlichen Freiheit, dergestalt daß die Ehe heutzutage, von den Schranken der Sippe, des Standes, des Volkstums fast völlig befreit, lediglich durch den Willen der Gatten begründet, und die häusliche Sitte der Gesinnung des Hauses selber überlassen wird; auf der anderen Seite die ebenso beständig wachsende Einwirkung des wirtschaftlichen Gesamtzustandes und des rechtlichen Gesamtwillens. Je enger die Menschen sich im Raume drängen, desto mehr wird die Ehe verspätet und der einzelne abhängig von der Lage der Volkswirtschaft; und je klarer der Staat seine sittliche Aufgabe versteht, um so kräftiger übt er sein Recht, die Familie zur Erfüllung ihrer sittlichen Pflichten, vor allem zur Erziehung der Kinder zu zwingen.

Mit der Ehe ist das Eigentum, mit dem Bette Tisch und Herd gegeben. Die herkömmliche Lehre, wonach Okkupation und Arbeit der Rechtsgrund des Eigentums sein sollen, trifft nicht den Kern der Sache. Das Eigentum ergibt sich unmittelbar aus dem Begriffe der Persönlichkeit, aus dem Drange der Selbstbehauptung und Selbsterweiterung. Der Mensch ist und entfaltet sein Wesen nur indem er die Dinge seinem Willen unterwirft, sie zu Mitteln seines Willens erhebt. Die einfachsten Werkzeuge haben bekanntlich den Zweck, die Glieder des menschlichen Körpers zu verstärken und zu ersetzen; der Hammer ist die verhärtete Faust, Löffel und Becher die vervollkommnete hohle Hand. Nur weil der Trieb die Dinge zu beherrschen im Wesen der Persönlichkeit liegt, ist der rechtbildende Gemeingeist dahin gelangt, gewisse Akte wie Okkupation und Arbeit als eigentum-schaffend anzusehen. Erst unter diesem Gesichtspunkte wird der ganze Wahnsinn der kommunistischen Lehren offenbar; sie vernichten einfach die Persönlichkeit. Gesunde jugendliche Völker verstehen unter Freiheit zuerst immer das Recht des Mannes seinen eigenen Herd zu haben und sich eine kleine Welt zu schaffen, die von seinem Willen beherrscht und ein Abbild seines eigenen Wesens wird. Ein unreifer, aber ein lebensfähiger Gedanke, der im Verlaufe der Geschichte wohl vertieft und erweitert, doch niemals aufgehoben werden kann. Grade in den Zeiten vollendeter Kultur, wo das Recht der Persönlichkeit und ihrer allseitigen Ausbildung tief und geistvoll verstanden wird, erscheint die Freude am Eigentum sehr stark und unbefangen. Rafael und Leonardo, alle Heroen des Cinquecento leben des Glaubens, daß der königliche Mensch auch königlich erscheinen, in der Welt sich ausbreiten, für großes Schaffen großen Lohn finden müsse; und man betrachte nur einen Augenblick das Bildnis Albrecht Dürers um zu fühlen, wie auch dieser anspruchslosere Deutsche in denselben Anschauungen lebte. Da es in unseren Tagen des sozialen Neides für geistreich gilt nur die Kehrseite des Eigentums, die Sünden der Selbstsucht zu betonen, so scheint es nicht müßig wieder einmal an eine alte Wahrheit zu erinnern: der Mensch wird erst durch das Eigentum was er sein soll, der Herr der Erde, er beseelt die Dinge, macht sie für sich lebendig erst indem er sie seinem Willen unterwirft. Nur das Eigentum und, was damit untrennbar zusammenhängt, das Erbrecht gibt der Familie Bestand, dem einzelnen die Aussicht, fortzudauern in seinen Werken und seinen Kindern, und dadurch erst sich völlig auszuleben.

Also gelangen wir von dem persönlichen Elemente, das der Begriff des Eigentums enthält, sofort zur Erkenntnis seiner sittlichen Bedeutung für die Gesellschaft. Ein Volk umfaßt nicht bloß die nebeneinander, sondern auch die nacheinander lebenden Geschlechter. Mögen die Manchestermänner auch hier wieder über die Mystik der Historiker klagen — dieser einfache Gedanke, die reife Frucht der Arbeit der historischen Juristenschule, ist unanfechtbar, handgreiflich für den schlichten Sinn. Der Mensch allein ist ein historisches und darum das einzige wahrhaft gesellige Wesen. Er empfängt in Sprache und Sitte, in Recht und Wirtschaft die Werke der Väter; sie leben mit ihm und er schafft an ihnen; er steht als ein lebendiges und, wenn er will, als ein bewußtes Glied in der Kette der Zeiten. Auf Schritt und Tritt fühlt er die Schranken, welche dem historischen Willen gesetzt sind. Er lebt nur, indem er der Gesamtbildung seines Volkes sich unterwirft; was den Genius zuweilen als eine beengende Fessel drückt ist für die träge Mehrheit ein heilsamer Zwang zum Fortschreiten, zur Tätigkeit. Die großen Jahresringe des Völkerlebens, die Generationen, sind durch eine Gemeinschaft der Lebensansicht zugleich verbunden und beschränkt, welche auch der starke Mensch nicht gänzlich durchbrechen kann. Wie beredt hat einst Niebuhr gegen Fichte, den Verherrlicher der schrankenlosen Macht des Willens, den schönen Satz verteidigt, daß der reichste Dichtergeist in den Tagen Alexanders des Großen schlechterdings kein vollendetes Kunstwerk schaffen konnte. Der Große wie der Geringe empfindet diese Abhängigkeit. Der Geschäftsmann verliert Geld und Mühe, wenn er Waren feilbietet, die dem Urteil der Zeit, der Mode, nicht mehr genügen; und der geniale Erfinder verhungert, wenn sein schöpferischer Gedanke dem Verständnis der Zeit vorauseilt; zehn Jahre nachher vielleicht bringt derselbe Gedanke Tausenden neuen Wohlstand, und der Name des Toten lebt in aller Munde. Solche tragischen Fälle, von den Sozialisten gern ausgebeutet zu heftigen Anklagen wider die heutige Gesellschaft, entspringen notwendig aus der Natur des Menschen als eines historischen Wesens. Ihre Wiederkehr kann durch keine denkbare Form der sozialen Ordnung ganz verhindert werden; denn wer mag dem süßen Wahne huldigen, daß King Mob, wenn er jemals in Ikarien regierte, die Ideen großer Köpfe besser und rascher würdigen würde als die heutige öffentliche Meinung auf dem Markte der freien Konkurrenz?

Die historische Bedingtheit alles Menschenlebens ganz zu begreifen gelingt nur dem Denker; aber auch der sinnliche, im Endlichen befangene Mensch gewinnt ein annäherndes Verständnis dafür — durch das Eigentum und das Erbrecht. Erst durch das Eigentum erhält der Wille des schlichten Menschen eine Vergangenheit und eine Zukunft; erst dadurch lernt er verstehen, daß sein Leben auf der Arbeit der Jahrtausende ruht und berufen ist diese Arbeit weiterzuführen. So erhebt er sich über das Tier, das von keiner Vergangenheit weiß und in seinem Leben nur wiederholt was immer war. Und so führt das Eigentum, dessen Selbstsucht man schilt, in die Gesellschaft zuerst eine sittliche Kraft ein, welche das Gegenteil der Selbstsucht ist — die Pietät, die Ehrfurcht vor dem Bestehenden. Sie umschlingt den Menschen mit den segensreichen Banden der Gewohnheit; aus der Liebe zu den ererbten heimischen vier Pfählen erwächst der edle Stolz der Vaterlandsliebe und die Gewißheit, daß der vielgestaltige Reichtum nationaler Gesittung niemals dem öden Einerlei des Weltbürgertums weichen kann. Die gleißenden Lockungen des Sozialismus, der „allen Menschen alle Güter der Kultur" verheißt, müssen an dem mächtigen historischen Gefühle der Menschheit unfehlbar scheitern. Der Isländer weiß sehr wohl, daß seine unwirtliche Heimat ihm nur einen winzigen Bruchteil jener Güter schenken kann, und doch hängt er treu an diesem kargen Boden und beweist durch solche fromme Selbstbeschränkung, daß noch das stolze Germanenblut der Goden in seinen Adern fließt.

Durch diese ethische Begründung wird das Eigentum besser gesichert als durch die überschwänglichen Lobsprüche der Verherrlicher des Geldes. Die so oft wiederholte und noch jüngst von David Strauß angepriesene Behauptung Thomas Buckles, daß die Menschheit ihre größten Fortschritte der Liebe zum Gelde verdanke, ist offenbar falsch, selbst wenn wir nach Buckles trivialer Weise unter Fortschritt nur das improvement, die Verfeinerung der Technik und des sinnlichen Lebens, verstehen wollten. Grade die für die Volkswirtschaft fruchtbarsten Erfindungen waren meist das Werk einer streng wissenschaftlichen Forschung, welche nach äußerem Lohne nicht fragte. Vollends in den großen Wandlungen des sittlichen Lebens, welche Buckles Materialismus freilich nicht sehen kann, erscheint der wirtschaftliche Trieb als ein untergeordnetes Moment; einer der größten Fortschritte der Geschichte, die Begründung des Christentums, ging hervor aus dem Geiste der Weltverneinung, aus der tiefen Verachtung aller zeitlichen Güter.

Die Geschichte des Eigentums zeigt bekanntlich unablässigen Wechsel. Denn das Eigentum tritt in Kraft nur durch die Anerkennung von seiten des Staates, und da der Staat durch diese Anerkennung Macht verleiht, so legt er den Eigentümern auch Pflichten auf, setzt ihrem Willen Grenzen, welche nach den Lebensbedürfnissen der Gesamtheit sich beständig verändern.

Kein Volk der Geschichte entbehrt gänzlich des Privateigentums und des Erbrechts; mindestens ein Teil der fahrenden Habe unterliegt überall dem freien Belieben des einzelnen, und in irgendwelchen Formen vererbt sich die soziale Machtstellung des Vaters überall auf das folgende Geschlecht. Aber auch kein Volk hat jemals das Eigentum als ein so unumschränktes Recht angesehen, wie es in den Theorien des Privatrechts, losgetrennt vom Staatsrechte, erscheint. Niemand hat meines Wissens diese Entwicklung geistvoller geschildert als Karl Knies in seinem Werke „Die politische Ökonomie nach historischer Methode", einer allzu wenig bekannten Schrift, deren tiefe und wahre Gedanken heute von hitzigen Schülern bis zum Unkenntlichen entstellt werden. Im großen gesehen gleicht die Entwicklung des Eigentums der Geschichte der Ehe: die Menschheit wächst aus einem rohen Kommunismus, der nur schwache Anfänge des Privateigentums erträgt, zur persönlichen Freiheit empor, aber in demselben Maße steigen auch die Ansprüche des Staates und der Gesellschaft an das grundsätzlich anerkannte Eigentum des einzelnen. —

Mit der Ehe und dem Eigentum ist endlich die Gliederung der Gesellschaft gegeben — im Grunde eine Tautologie, denn Gesellschaft ist Gliederung. Schon das Haus besteht nur durch die Unterordnung des Weibes und der Kinder unter den Willen des Hausherrn, der die Arbeiten der Familie verteilt und leitet. Die Gliederung der Gesellschaft wird bedingt durch die Selbsterhaltung der Gemeinschaft, also in einfachen Zuständen allein durch den Nahrungserwerb; ein unscheinbarer Fortschritt der wirtschaftlichen Technik, wie die beginnende Düngerbenutzung, kann hier die gesamte Verfassung von Staat und Gesellschaft verändern. Doch auch das Kulturvolk kommt von diesen ersten Vorbedingungen des Daseins nicht los. Wenn harte, schmutzige, halbtierische Arbeiten notwendig sind für die Erhaltung der errungenen Gesittung, dann gibt sich die Gesellschaft stets, und von Rechts wegen, eine Ordnung, welche die Befriedigung dieser Bedürfnisse der Gesamtheit sichert.

Unser Geschlecht ist aber so gebrechlich und bedürftig von Natur, daß die ungeheure Mehrheit der Menschen immer und überall der Sorge um das Leben, der materiellen Arbeit ihr Dasein widmen muß. Die Millionen müssen ackern und schmieden und hobeln, damit einige Tausende forschen, malen und regieren können. Umsonst versucht der Sozialismus durch leeres Wutgeschrei diese herbe Erkenntnis aus der Welt zu schaffen; der Beweis ihrer Wahrheit liegt schon in der Tatsache, daß die Menschheit lange Jahrtausende brauchte, bis der Beruf des Staatsmannes, des Künstlers, des Gelehrten nur entstehen konnte. Keine Verbesserung der Technik kann dies Verhältnis jemals aufheben. Die Erleichterung der Produktion entlastet allerdings den Menschen von vielen mechanischen Arbeiten und stellt den Arbeiter freier. Das Seherwort des Aristoteles: „wenn die Weberschiffchen von selber gehen, brauchen wir keine Sklaven mehr" ist längst in Erfüllung gegangen; und wer die Dienerscharen Ostindiens neben das bescheidene Häuflein der europäischen Dienstboten stellt, darf sich froh gestehen, um wieviel besser wir die Kraft des Menschen zu benutzen, seinen Wert zu schätzen wissen. Gleichwohl ist die Kopfzahl der sogenannten arbeitenden Klassen im Laufe der Geschichte verhältnismäßig nicht wesentlich gesunken; in der Blütezeit Athens konnte bereits ein ebenso großer, vielleicht ein noch größerer Bruchteil der Bevölkerung den idealen Zwecken des Staates, der Kunst und Wissenschaft und einer edlen Muße leben, wie im heutigen Berlin. Denn jeder große Erfolg der wirtschaftlichen Arbeit erweckt neue materielle Bedürfnisse in unendlicher Folge. Seit wir gelernt haben, den Raum durch die Kraft des Dampfes einigermaßen zu beherrschen, arbeitet eine täglich wachsende Menschenmenge an der Überwindung des Raumes, die doch nur ein Mittel ist für die Zwecke der wirklichen Kultur. Wo eine Eisenbahn unter normalen Verhältnissen, in einem Lande schon rührigen Verkehrs, gebaut wird, da wächst bekanntlich die Zahl der Pferde; das Verkehrsbedürfnis steigt dermaßen, daß die Nebenstraßen allein mehr Kutscher und Zugtiere beschäftigen als früher das gesamte Land. Andererseits gehen die Weberschiffchen nicht ganz von selbst, die eisernen Sklaven der neuen Industrie bedürfen der menschlichen Leitung und Hilfe. Man denke noch so hoch von der möglichen Vervollkommnung des Maschinenwesens, es wird doch ewig dabei bleiben, daß Millionen mit Schmutz und Unrat, mit häßlicher und eintöniger Arbeit sich befassen müssen. Keine Kultur ohne Dienstboten, das folgt notwendig aus dem Gesetze der Arbeitsteilung. Die Maschine kann in der Regel nur Massenbedürfnisse befriedigen, sie wird darum niemals die niederen persönlichen Dienstleistungen verdrängen.

Die bürgerliche Gesellschaft eines reichen Volkes ist immer eine Aristokratie, auch unter demokratischer Staatsverfassung. Oder, um ein sehr verhaßtes aber wahres Wort auszusprechen — die Klassenherrschaft, richtiger: die Klassenordnung, ergibt sich ebenso notwendig aus der Natur der Gesellschaft, wie der Gegensatz von Regierenden und Regierten aus der Natur des Staates. Die Sozialdemokratie bekennt schon durch ihren Namen, daß sie den Unsinn will. Auf einem ihrer Kongresse ward bereits, wie in unbewußter Selbstverhöhnung, die Frage aufgeworfen, ob nicht ein fünfter Stand entstehen würde, wenn dereinst der vierte Stand am Ziele seiner Wünsche angelangt sei. Ganz gewiß würde er entstehen! Sobald die heutigen Arbeiter sich in eine Klasse privatisierender Gentlemen verwandeln, welche zwanzig Stunden des Tages den freien Künsten des Schlafens, Trinkens und Redehaltens widmen, muß unfehlbar zu ihren Füßen ein neuer Stand sich bilden, der durch wirkliche Arbeit die wirtschaftlichen Bedürfnisse der Gesellschaft befriedigt. Jede soziale Revolution kann nur die bestehende Aristokratie zu maßvollem Gebrauche ihrer Macht zwingen oder eine neue Aristokratie auf den Platz der alten erheben. Auch die schrankenlose Konkurrenz bewirkt nur, daß der einzelne auf der Stufenleiter der Gesellschaft schneller auf- und niedersteigt, doch sie bricht diese Leiter nicht ab. Der einzelne Nordamerikaner wird wohl binnen weniger Jahre erst Barbier, dann Staatsmann, dann Flickschneider und endlich Bankdirektor. Aber auch in dieser jungen Welt der sozialen Wandlungen gilt unabänderlich das Gesetz: nur einer Minderzahl ist beschieden, die idealen Güter der Kultur ganz zu genießen; die große Mehrheit schafft im Schweiße ihres Angesichts.

Kein Zweifel, durch die aristokratische Verfassung der Gesellschaft wird manches Talent verstümmelt. Die Natur ist ein königlicher Haushalter, sie wirtschaftet mit vollen Händen. Sie erzeugt stündlich im Tier- und Pflanzenreiche unzählbare neue Keime, die vor der Zeit untergehen; sie stattet ihre Lieblinge unter den Menschen so verschwenderisch aus, daß man dreist sagen darf: alle großen Männer der Geschichte waren größer als ihre Werke, keiner konnte jede Gabe seines Wesens ganz entfalten. Darnach ist sicher, daß jederzeit unter den hart arbeitenden Massen einzelne groß angelegte Naturen leben, welche allein durch die soziale Ordnung verhindert werden den angeborenen Adel zu offenbaren. Das verkannte Genie hängt gern solchen schwermütigen Gedanken nach. Da Gneisenau noch als ewiger Hauptmann in seiner kleinen schlesischen Garnison lebte, sprach er oft traurig: während mein unglückliches Vaterland zu den Füßen des Fremden liegt, geht vielleicht irgendwo in einem preußischen Dorfe ein Cäsar hinter dem Pfluge! Aber die Geschichte rechnet mit großen Zahlen. Wenden wir uns von den tragischen Ausnahmen suchend nach dem Gesetze, so erkennen wir: das Menschengeschlecht ist darum so bedürftig geartet, die Fristung des Lebens und die Befriedigung der groben Bedürfnisse nehmen darum einen so ungeheuren Teil seiner Kräfte in Anspruch, weil immer nur eine kleine Minderheit fähig ist das Licht der Idee mit offenen Augen zu sehen, während die Masse nur den gebrochenen Strahl erträgt. Beide Sätze, die Tatsache und ihre Erklärung, sagen im Grunde dasselbe. Wer da wähnt, die Mehrzahl der Menschen könne in dem reinen Äther des Gedankens sich bewegen und sei dennoch durch eine rätselhafte Tücke des Schicksals verdammt worden endlichen Zwecken zu leben, der verfällt einer Philosophie der Verzweiflung, welche sich selber aufhebt; und freilich gefällt sich heute die modische Aufklärung in einer moralischen Rückenmarkskrankheit, sie hält für weise, mit schönen Reden über „das Unbewußte" die sinnlose Behauptung zu verteidigen, daß die Welt nur ein schlechter Witz dämonischer Kräfte sei.

Auch diesmal bestätigt die Geschichte und die tägliche Erfahrung was der Denker voraussetzt. Jeder Professor weiß, daß ein beträchtlicher Teil seiner Schüler im Grunde besser getan hätte ein schlichtes Handwerk zu lernen; und wie erschreckend groß ist noch immer die Zahl der sogenannten Gebildeten, welche trotz ihres Wissens innerlich roh bleiben. Die Gesundheit des Volkslebens verlangt eine harmonische Verteilung der Arbeiten, dergestalt daß die rein wirtschaftlichen Berufe das ihnen gehörende Übergewicht behaupten. Wagt eine Nation die sinnliche Bedürftigkeit unseres Geschlechts zu verkennen, mißachtet sie die hausbackene Prosa des materiellen Erwerbes, so wird sie von politischer Schmach und sittlicher Krankheit heimgesucht. Wie schwer haben einst Deutschland und Italien gelitten unter der unnatürlichen Überschätzung des literarischen und künstlerischen Lebens; diese alte Wahrheit bleibt noch immer wahr, obgleich wir Deutschen heute längst Gefahr laufen in den entgegengesetzten Fehler zu verfallen. Die große spanische Nation setzte ihr Alles ein für die gewaltigen Ideen der Glaubenseinheit, des katholischen Weltreichs, der Ritterehre, der gottbegeisterten Kunst und verkam zuletzt an Leib und Seele, weil sie den unscheinbaren Fleiß des Handwerks verachtet hatte. Nichts erregt tiefere Teilnahme als der tragische Untergang solcher Völker, die sich an einer großen Idee verbluteten; und doch darf der Historiker nicht verkennen, daß dieser einseitige Idealismus ebenso unnatürlich, ebenso schuldvoll ist wie etwa die rasende Dollarjagd in Chicago, wo die Menschen, nach dem amerikanischen Sprichworte, nicht wie Menschen, sondern wie Jagdhunde leben. Der edelste Sozialismus, der jemals auf Erden bestanden, der Sozialismus der ersten Christen, trug in sich eine Welt von Kräften des Gemüts, Mächte der Freiheit und des Lebens, und erschien gleichwohl den besten Römern als ein Feind des Staates und ein Feind der

Kultur. Mit gutem Grunde; denn seine tiefsinnige Weltverachtung löste den Menschen von allen sinnlichen Banden, stellte Forderungen, denen die bedürftige Menschennatur nicht gewachsen ist. Die Kirche griff erst dann reinigend und erweckend in das soziale Leben ein, als sie sich abfand mit dieser Welt des Bedürfens, als sie sich einfügte in das Römerreich, das von dem Sinne christlicher Bruderliebe wenig oder nichts besaß, als sie sich beschied diese schlechte Welt allmählich mit ihrem Geiste zu durchdringen. Und so wird es bleiben. Das Menschengeschlecht kann sich nicht abtrennen von den groben Bedürfnissen, die sein Dasein bedingen, darum bleibt seine Mehrzahl angewiesen auf die Bewältigung des Stoffs.

Regelmäßig hängt die tägliche Beschäftigung des Menschen mit dem Maße seiner Bildung zusammen. Die nationalökonomische Kritik ist so übergeistreich geworden; es tut not, sie zuweilen an das platt Alltägliche zu erinnern. Auch der Arbeiter des Geistes, auch der Sozialist des Katheders wird dann und wann durch die Wechselfälle des Lebens, etwa durch einen Ortswechsel gezwungen, sich eine Weile allein mit den niederen Bedürfnissen des Daseins zu befassen. Wenn er dann zwei, drei Tage lang Bücherkisten geordnet und Frachtbriefe geschrieben hat und endlich mit dumpfem Kopfe den vollendeten Greuel betrachtet, so überkommt ihn vielleicht die Frage: wie mag es aussehen in den Köpfen dieser braven Packer, die bei den Umzugsfreuden nur meine Diener waren? Und der Beruf des Möbelpackers ist noch sehr anständig, weit sauberer und feiner als viele ebenso nötige Gewerbe. Die durchschnittliche Gesinnung der arbeitenden Klassen hat Aristoteles für alle Zukunft gezeichnet. Χαίρουσιν ἐάν τις ἐᾷ πρὸς τοῖς ἰδίοις σχολάζειν; wer Tag für Tag der groben Arbeit lebt, dessen Gedanken erheben sich selten über den Kreis seiner persönlichen Interessen, das wirtschaftliche Leben nimmt ihn überwiegend in Anspruch. Beweist doch die sozialistische Bewegung der Gegenwart von neuem, daß die Masse nicht durch politische Ideen, sondern durch wirtschaftliche Begehren erregt wird.

Jener Satz hat nichts gemein weder mit der zynischen Menschenverachtung des achtzehnten Jahrhunderts gegen die „von der Vorsehung zum Dienen bestimmten Klassen“, noch mit dem giftigen neufranzösischen Hasse wider die classes dangereuses; weder mit der hoffnungslosen Lehre von der „Notwendigkeit des Elends“, noch mit der Denkfaulheit des reichen Bauern, der den Daumen auf den Beutel hält in dem behaglichen Glauben, zu hungern sei eben der Lebensberuf des Armen. Der alte Denker stellt einfach eine Tatsache hin, die sich an jedem Tage wiederholt. Man eifert heute gern: wie sündlich, daß die Sorge um das Leben, die nur ein Mittel ist für den freien Geist, für Tausende den Inhalt des Lebens bildet! Das Zeitalter deutscher Humanität dachte anders: „Nur der verdient sich Freiheit wie das Leben, der täglich sie erobern muß!“ Ein hartes und beschränktes Dasein, tief erfüllt von unbefangener Selbstsucht, ist dem Arbeiter beschieden, aber ein gesundes und ehrenwertes Leben, wenn er seinen Platz in der Gesellschaft kräftig behauptet und die Ehre der Arbeit lebhaft empfindet. Unsere Zeit, die sich so gern ihrer historischen Bildung rühmt, darf doch nicht wieder nach der Weise des alten Naturrechts den Menschen als ein isoliertes Wesen auffassen. Wir verstehen ihn als ein Glied der Gemeinschaft und folgern daraus: weil zur Bewahrung unserer Kultur die harte Arbeit von Millionen unentbehrlich ist, darum kann der geistige Horizont unzähliger

Menschen nicht sehr weit über den Kreis der wirtschaftlichen Dinge hinausreichen.

Das künstliche Aufpfropfen zusammenhangsloser wissenschaftlicher Kenntnisse wird diese Regel nimmermehr umstoßen. Auf allen Gassen hallt es heute: „Bildung macht frei" — wenn man nur nicht auch auf allen Gassen erleben müßte, wie Bildung unfrei macht und den Menschen zum Knechte der Phrase erniedrigt. Wer ein Herz hat für die arbeitenden Klassen, der sorge zunächst, daß unsere Schulpflicht ernstlich durchgeführt werde, Fortbildungsschulen dem Vergessen des kaum Gelernten vorbeugen; von den wenig nachhaltigen Erfolgen unserer Volksschulen gibt ja fast jede Rechnung kleiner Handwerker ein Zeugnis. Erst auf so wohl beackertem Boden kann der Unterricht in einigen Fächern der Naturwissenschaft, der Geographie, der vaterländischen Geschichte, welche in den Gesichtskreis des schlichten Mannes fallen, reife Früchte bringen. Hier gilt Luthers goldener Spruch „wenig und wohl", nicht das modische „viel und oberflächlich". Die beliebten anspruchsvollen Arbeitervorträge über Spektralanalyse, über die Reformen in Japan, über das Reich der Azteken, die oberflächlichen allseitigen Redereien eines großen Teiles unserer Volkszeitschriften zerstören geradezu den Seelenfrieden des Arbeiters wie den Frieden der Gesellschaft. Alle Halbbildung ist schamlos. Sie hat die naive Scheu vor dem Hergebrachten überwunden ohne sich aufzuschwingen zu der bewußten Ehrfurcht, welche der Denkende vor der Vernunft der Geschichte hegt; sie tritt mit grinsender Frechheit an das Heilige und Große, und leider vergißt die soziale Seelenangst unserer höheren Stände nur allzu oft, daß der zuchtlosen Halbwisserei gegenüber jeder Gebildete als ein eingefleischter Aristokrat sich zeigen und ohne Umschweife sagen soll: „Das verstehst du nicht!" Das Verständnis methodischer Wissenschaft setzt nicht nur eine formale Bildung voraus, welche den arbeitenden Klassen fehlen muß; es verlangt auch eine Freiheit und Sicherheit der sittlichen Weltanschauung, die nicht gelehrt wird, sondern erlebt sein will.

Einer meiner Freunde, Demokrat und radikaler Naturforscher, gestand mir neulich: unser Darwinismus, folgerecht durchgedacht, ist den Ideen der reinen Demokratie wenig günstig. Gewiß. Es liegt eine unzerstörbare Wahrheit in den horazischen Versen, die frecher Junkerhochmut so oft mißbraucht hat: fortes creantur fortibus et bonis. Durch die Teilung der Arbeit und die Gliederung der Gesellschaft entsteht ein erblicher Unterschied der Sitten und Lebensansichten, welchen der Durchschnitt der Menschen nur schwer überwindet. Wie wir von den Eltern Dasein und Begabung empfangen — freilich nach Gesetzen, die uns verhüllt bleiben — so nehmen wir auch mit der Luft des väterlichen Hauses Anstandsgewohnheiten und Ehrbegriffe, bestimmte Vorstellungen von dem sittlichen Werte der Lebensgüter in uns auf, welche dem Durchschnittsmenschen zur anderen Natur werden. Die Tüchtigkeit der regierenden Klassen der Geschichte beruht zum guten Teile auf der Vererbung der sittlichen Gesinnung. Keine regierende Klasse in Europa ist so frei und zugänglich gestaltet, wie unser deutscher Beamtenstand. Er schließt sich ab durch einen geistigen Zensus, der in der Regel nur von dem leidlich Bemittelten bezahlt werden kann, aber auch dem Armen nicht unerschwinglich ist; er hat jederzeit, von dem alten Derfflinger bis auf Minister Rother und zahlreiche hohe Beamte der Gegenwart,

Söhne der niedersten Klassen in seine höchsten Ehrenstellen emporgehoben, und wir alle wollen, daß in Zukunft bei der Beförderung der Würdigen wie bei der Ausstoßung der Unwürdigen die Geburt noch weniger als bisher in Betracht kommen soll. Doch die Mehrzahl der Beamten ist immer aus denselben Schichten der Gesellschaft, aus dem Adel und dem gebildeten Bürgertum hervorgegangen; sie brachte aus dem Hause der Eltern feste Ehrbegriffe und verfeinerte Gewohnheiten mit und erfüllte die Männer aus dem Volke, welche in ihre Reihen eintraten, mit den gleichen Anschauungen. Was diese tatsächliche Erblichkeit des Beamtentums für den deutschen Staat bedeutet, das haben wir alle empfunden, als wir Gefahr liefen, sie zu verlieren. In der Zeit der großen Gründungen gewann es den Anschein, als wollten die Söhne der gebildeten Klassen, fortgerissen von der wilden Jagd nach Gewinn, die wenig einträgliche Laufbahn des Beamtentums aufgeben; damals fragte sich jedermann: wie nun, wenn jemals Männer von unfeinen geselligen Formen, von groben Ehrbegriffen unseren Staat regierten? Mit schönen Worten hat Kaiser Wilhelm soeben, in der Verordnung über die Ehrengerichte der Offiziere, wieder an diesen aristokratischen Geist überlieferter Standesehre erinnert. Es war die Sprache eines guten und großen Fürsten, der die sittlichen Grundlagen der bürgerlichen Gemeinschaft kennt; und solange „edle Sitte und guter Ton" in unserem Offizierkorps waltet, wird das Heer eine Säule des deutschen Staates bleiben.

Monarchische und aristokratische Staaten überragen die reine Demokratie durch ruhige Entwicklung und nachhaltige Lebenskraft. Denn sie wissen die vorhandene aristokratische Gliederung der Gesellschaft zu schonen und für den Zweck des Staates zu benutzen, während die Demokratie sie zu zerstören trachtet und daher leicht jede Stetigkeit der politischen und sittlichen Überlieferungen verliert und durch den wilden Kampf der Ämterjagd zuletzt das Edle dem Gemeinen unterwirft. Die historische Klassenbildung sorgt für die Lebenszwecke des Staates und der Gesellschaft weit sicherer und einfacher, als irgendein ausgeklügeltes System der Arbeitsverteilung. Die gemäßigten Sozialisten verherrlichen die gleiche Erziehung aller Kinder und wollen dann jenen Knaben, die im Examen sich bewähren, eine höhere Bildung von Staats wegen geben. Offenbar eine Sünde wider die Natur. Denn dies System reißt den Knaben willkürlich von der Vergangenheit seines Hauses los, entfesselt einen rasenden Ehrgeiz, der jedes Rechtsgefühl zerstört, und gibt schließlich gar keine Gewähr für die Herrschaft der Besten. Den Aberglauben an die Unfehlbarkeit der Examina sollten wir den Mandarinen Chinas überlassen; die Lebenskraft starker Männer spottet jeder Voraussicht, auch der Weisheit sozialistischer Staatsbehörden. Der Musterknabe, der uns einst, und mit Recht, als unerreichbares Ideal strebsamer Schülertugend vorgehalten wurde, sitzt heute vielleicht, gleichfalls mit Recht, als ein Subalternbeamter irgendwo im Erzgebirge, und der träumerische Junge, der beharrlich die Fragen der Lehrer überhörte, ist heute ein Künstler von europäischem Namen.

Es ist keineswegs die Aufgabe der Gesellschaft, alle Menschen zum Genuß aller Güter der Kultur heranzuziehen. Mit Befremden hören wir solche Aussprüche aus dem Munde trefflicher Gelehrter, wie Schmoller und Brentano. Wer in einer Zeit sozialen Hasses und Neides diese Schlaraffenbilder hinstellt, ohne augenblicklich die feste und enge Beschränkung hinzuzufügen: „soweit die Gliederung der Gesellschaft es gestattet", der ist entweder ein gewissenloser Demagog oder — er schwärmt, wie jene „eitel junge Leute, Icari, Phaetones, obenan und nirgend aus", von denen Martin Luther sagte: „sie wollen zwölf Kegel auf dem Boßleich umbschieben, da ir nur neune daraufstehen." Die Teilnahme aller an allen Segnungen der Kultur ist nicht bloß ein vielleicht unerreichbares Ideal, wie Brentano selber zweifelnd hinzufügt, sondern gar kein Ideal. „Jedem das Seine" ist Menschenrecht, „Jedem dasselbe" gilt im Haushalt der Tiere. Gewiß befähigt nur reiche Bildung, alle Güter der Kultur wahrhaft zu genießen; und doch ist weder denkbar noch wünschenswert, daß alle Menschen höheren wissenschaftlichen Unterricht erhielten. Der höhere Unterricht setzt ja voraus, daß unter ihm noch eine Durchschnittsbildung bestehe. Damit die gelehrte Bildung möglich werde, müssen die Gymnasien und Universitäten gebaut und unterhalten werden, es müssen Millionen fleißiger Hände die Mittel schaffen für ihren Bestand. Und wer soll dies tun, wenn jedermann eine geistige Ausrüstung empfängt, die ihren Träger unlustig und unfähig macht zu grober Arbeit? In solchen Worten liegt gar nichts von dem hartherzigen Fabrikantenhochmut, der noch vor einem Menschenalter zu sagen liebte: „der Arbeiter darf nicht zu klug werden"; es liegt darin lediglich die Erkenntnis, daß die Mehrheit der Menschen ein gewisses Maß der Bildung nicht überschreiten kann, ohne selber tief unglücklich zu werden und den wirtschaftlichen Bestand der Gesellschaft, den Fortschritt der Kultur zu gefährden. „Der Sozialismus führt einfach zum Kretinismus", sagte Konstantin Rößler sehr richtig, vor Jahren, als er noch nicht zu den Gönnern der Zukunftswirtschaft gehörte.

Es gibt schlechterdings nur einen Weg, um alle Güter der Zivilisation allen Menschen zu schenken: er ist ebenso einfach als sicher. Entfesselt nur die Bestie im Menschen, schraubet das Maß der allgemeinen Bildung soweit herunter, daß der Kluge nicht mehr wissen, genießen und besitzen kann als der Dumme; gebet die Herrschaft, da eine Gemeinschaft ohne Leitung nicht bestehen kann, aus der Hand der Gebildeten und Reichen in die Fäuste der Rohen und Armen, des bekannten Herrn Omnes — und das scheußliche égaliser les intelligences wird leibhaftig vor euch stehen; das Regiment des Knüttels wird hereinbrechen, der σκυταλισμός, darin Griechenlands tausendjährige Gesittung unterging. Ihr aber, eurer Menschenwürde froh, schreibet auf das Grab jener deutschen Kultur, die einen Kant und Goethe zeugte und uns beschränkten Aristokraten heilig war, triumphierend den Ausspruch, womit die göttliche Grobheit der Hellenen die vollendete Gleichheit der Kerkyräer zeichnete: ἐλευθέρα Κέρκυρα, χέζ' ὅπου θέλεις, frei ist Korfu, — — wohin du willst!

Liegt aber ein starker Abstand der Bildung im Wesen jeder entwickelten Gesellschaft, dann ist es auch ein Irrtum, „Muße" für den Arbeiter zu fordern, damit er sich wissenschaftlich unterrichte. Ich rede nicht von dem Schlagworte der Sozialisten: „die Kultur der Nationen bemißt sich nach der Kürze ihres Arbeitstages." Diese Tollheit führt offenbar zu dem Schlusse, daß die höchste Gesittung nur aus der vollkommenen Faulheit erblühe. Ich rede von den bescheidneren Weissagungen, welche heute von allen Kathedern widerhallen: die erleichterte Produktion werde den Arbeiter dereinst in den Stand setzen, durch vier- bis sechsstündiges Schaffen seinen Anteil an der täglichen

Gesamtarbeit der Gesellschaft abzutragen. Mit Verlaub, das wird sie nicht und sie soll es nicht. Die schwere Arbeitslast der Gegenwart entspringt nicht der Habgier der Unternehmer, sondern den gesteigerten Bedürfnissen der Gesellschaft, die auch in Zukunft steigen werden, wie ich oben nachwies. Nachhaltiger Ernst der Arbeit bleibt die erste wirtschaftliche Tugend der Völker; der gewöhnliche Mensch leistet aber nichts Rechtes, wenn er nicht seine beste Kraft an seinen Beruf setzt. Der Arbeiter hat ein gutes Recht eine solche Verkürzung des Arbeitstages zu fordern, daß er gesund bleiben, an Weib und Kindern sich menschlich erfreuen kann und zuweilen noch einige Zeit behält um an dem geistigen Leben seiner Epoche, an den öffentlichen Interessen seines Volkes teilzunehmen und einen derben sinnlichen Genuß sich zu erlauben — denn nichts ist törichter als dort puritanische Enthaltsamkeit zu predigen, wo das ganze Dasein von gesunder sinnlicher Kraft erfüllt ist. Aber wirkliche Muße gereicht jedem zum Verderben, der die Sprache der Musen nicht versteht. Ein Arbeiterstand, der durch die Anstrengung weniger Stunden mit seinen sozialen Pflichten sich abzufinden vermöchte, fällt dem Laster und giftiger Wühlerei anheim; er kann Gott sei Dank gar nicht bestehen in dem raschen Leben dieses Jahrhunderts, dessen rastlos wachsenden Anforderungen der Staatsmann, der Soldat, der Gelehrte bei verlängerter Arbeitszeit kaum zu genügen vermag. —

Ist diese durch die Bedürftigkeit der Menschen bedingte aristokratische Gliederung der Gesellschaft wirklich grausam und ungerecht? Doch nur für den am einzelnen haftenden Blick, welcher den großen Zusammenhang der sozialen Erscheinungen nicht übersieht. Es ist so leicht aus dem hochgehenden Gewoge moderner Großstädte einzelne grelle Kontraste herauszugreifen, die jedes menschliche Gefühl empören: dort auf den Tribünen des Rennplatzes drängt sich lachend die geputzte Menge, drunten wird ein edles Rennpferd durch eine Flasche Wein gestärkt, und einige Schritte davon bettelt eine arme Frau um Brot für ihre hungernden Kinder. Wer sagte sich nicht bei solchem Anblick, wie wenig Grund wir noch haben durchgebildeter Gesittung uns zu rühmen? Es sind Eindrücke, ebenso verletzend für den sittlichen Sinn, wie etwa der Anblick einer sozialistischen Zeitung, die im Leitartikel über das haarsträubende Elend der Arbeiter donnert und im Inseratenteile dieselben Arbeiter zu einem Dutzend fröhlicher Gelage einladet. Wer aber die erste Wallung des Gefühls überwindet, erkennt sofort: die moderne Gesellschaft darf nur deshalb hoffen den Zustand der niederen Klassen zu heben, das Elend der Armen zu bekämpfen, weil sie auch Stände umschließt, denen die verfeinerten Genüsse des Luxus erreichbar sind. Oft und bis zum Überdruß hat man nachgewiesen, daß ohne die Anhäufung großer Reichtümer weder die Großindustrie noch die Blüte der Kunst gedeihen kann. Wir sagen mehr. In jedem Kulturvolke leben geborene Virtuosen des Genusses, große Talente von höchster Reizbarkeit, welche ihre Kraft nur in der Luft verfeinerten sinnlichen Daseins entfalten können. Männer wie Wilhelm Humboldt, Friedrich Gentz, Heinrich Heine lassen sich nicht denken ohne die Genüsse des Wohllebens. Solche Naturen haben ein Recht sich den Boden zu erobern, der ihrer Begabung zusagt — nur daß auch für sie das Gesetz der Scham und der Mäßigung gilt, das Gentz und Heine leider mit Füßen traten. Die Persönlichkeit eines gereiften großen Volkes kommt nicht zur allseitigen Durchbildung ohne starke soziale Gegensätze.

Will man diese notwendigen Gegensätze ohne Leidenschaft beurteilen, so erwäge man zunächst: es ist ja doch nur eine theoretische Abstraktion, wenn Arbeiter und höhere Stände wie zwei getrennte Welten einander gegenübergestellt werden. Der Sozialismus bekämpft keinen Einwand seiner Gegner so leidenschaftlich wie die Behauptung: wir alle sind Arbeiter! Begreiflich genug. Dies triviale Wort mag zuweilen, etwa im Munde eines Landtagskandidaten, nur als ein wohlfeiles Mittel dienen um nach der Volksgunst zu haschen, doch es bezeichnet richtig das Wesen der modernen Gesellschaft und trifft die Lehre des Klassenhasses mitten ins Herz. Unbarmherzig wie nie zuvor wird heute jeder Muskel der Gesellschaft zur Arbeit angespannt, niemand unter uns arbeitet härter als der Deutsche Kaiser, denn die Pflichten seines hohen Amtes folgen ihm auf Schritt und Tritt bis in den Lärm der Feste. In diesem mächtigen Getriebe der Arbeit sind zahllose Mittelglieder entstanden, welche in ununterbrochener Stufenfolge von den Höhen zu den Tiefen der Gesellschaft hinüberleiten und den Gegensatz der Klassenanschauungen mildern. Wer vermag in der heutigen Gesellschaft noch den Punkt anzugeben, wo die sogenannten materiellen und die geistigen Berufe sich scheiden? Wer kann auch nur unter den Angestellten einer großen Fabrik diese Grenze mit Sicherheit ziehen?

Stände im Sinne des Rechtes gibt es längst nicht mehr, und zwischen den freien sozialen Gruppen, welche noch bestehen und niemals ganz verschwinden können, vollzieht sich ein ewiges Kommen und Gehen: frische Kräfte steigen auf, verlebte sinken. Man betrachte nur die Stammbäume beliebiger Familien aus den höheren Ständen, und man wird rasch erkennen, was die Sozialisten grundsätzlich leugnen: wie schwer es ist die von den Vätern errungene soziale Stellung zu behaupten, und wie leicht, durch Schuld und Unglück „aus der Kaste zu fallen". Die Teilnahme an den höchsten Segnungen der Kultur hängt zudem mit nichten so ausschließlich von dem Besitze materieller Güter ab, wie der Sozialismus behauptet. Die Söhne der gebildeten Mittelklassen werden im Durchschnitt unzweifelhaft besser, menschlicher erzogen als die verwöhnten Kinder des Reichtums. Solange die Theologie sich noch nicht den Gedanken der Zeit entfremdet hatte, waren die ärmlichen Wände des deutschen Pfarrhauses der klassische Boden guter Kinderzucht, unübersehbar die Reihe der bedeutenden Männer, deren Wiege in so bescheidener Enge stand. Und wenn wir den Mut behalten, die heilsame Strenge unserer Volksschule gegen alle Anfechtungen sozialistischer Zuchtlosigkeit zu behaupten, so wird das starke Talent auch fernerhin, und in Zukunft noch häufiger als bisher, durch diese bescheidene und feste Ausrüstung in den Stand gesetzt werden, emporzusteigen über die Durchschnittsbildung und in die Freiheit methodischen Wissens sich aufzuschwingen.

Wer die aristokratische Gliederung der Gesellschaft als eine Notwendigkeit erkennt, gibt darum mit nichten zu, daß die Ausbeutung des Schwachen durch den Starken in ihr vorherrsche. Was auch gefrevelt ward von oben wie von unten in dem kampferfüllten Werdegange der Gesellschaft, die Regel war immer nicht die Ausbeutung, sondern das wechselseitige Geben und Empfangen. Und hier enthüllt sich der wundervolle Zusammenhang zwischen den Höhen und Tiefen des Volkslebens — eine Gedankenreihe, die selbst den Spötter zur Andacht zwingt. Wenn der kleine Mann mit dem Hammer und dem Spaten sein Brot erwarb die Jahrhunderte hindurch, wer ermöglichte ihm denn dies Schaffen? Allein die höheren Stände. Sie gaben der Arbeit der blinden Körperkräfte Zweck und Inhalt, sie lieferten ihr die Stoffe, die sie bewältigte; sie schufen durch ihre Gesetze Frieden und Ordnung auch für den geringen Mann; sie führten die Heere, deren Siegen das Volk die Sicherheit seiner Arbeit und die Kraft seines Selbstgefühles dankt; sie weckten den Quell der Ideen, der in tausendfach verschlungenem feinem Rinnsal bis in die Tiefen des Volkstums befruchtend dringt. Bleibt es unmöglich, alle Menschen unmittelbar zu dem Genusse der höchsten Güter der Kultur heranzuziehen, so ist doch nicht minder gewiß, daß auch der Arme mittelbar seinen reichen Anteil empfängt an dem idealen Schaffen seines Volks. Jeder Meißelschlag, den die Hand des Künstlers, den Marmor beseelend, führt, jede noch so entlegene Forschung auf dem Gebiete der vergleichenden Sprachkunde kommt den Massen des Volkes zugute. In einzelnen handgreiflichen Fällen wird dieser Zusammenhang zwischen den steilen Höhen des Gedankens und den breiten Niederungen der Gesellschaft selbst der groben Sinnlichkeit erkennbar. Wie vielen hundert Arbeitern hat Schiller Brot gegeben durch den Druck und Vertrieb seiner Schriften; und wer murrt heute noch in München wider die fremden Eindringlinge, welche der Kunstsinn König Ludwigs einst in das bestürzte Ländle rief? Jene Künstler, die man Diener fürstlicher Verschwendung schalt, haben längst neue blühende Gewerbszweige an der Isar eingeführt, den wirtschaftlichen Zustand der bayrischen Hauptstadt gehoben. Der Schatten Kants focht gepanzert mitten unter den tapferen märkischen Bauerburschen, welche bei Großbeeren und Dennewitz sich die Freiheit von Hof und Herd eroberten und nie eine Zeile von dem Philosophen gelesen hatten; ohne den kategorischen Imperativ blieb Preußen geknechtet.

In dieser wunderbaren Gemeinschaft der Arbeit findet jede redliche Kraft ihren Platz und ihre Ehre. Wie die Dichter heute den makedonischen Krieger preisen, der bei Arbela auf den Schild sank, ein bescheidenes und doch ein edles Werkzeug des welterobernden und weltverwandelnden Helden, so hat auch der Fabrikarbeiter von heute seine historische Stellung als ein Kämpfer in den friedlichen Eroberungszügen dieses arbeitsfrohen Jahrhunderts. An der Frage, wer in dem großen Arbeitstausche der Gesellschaft mehr empfangen oder mehr gegeben, wird jeder Scharfsinn zuschanden. Nur die Leidenschaft, nicht die historische Gerechtigkeit kann, wie Schmoller tut, einzelne Glieder dieser lebendigen Gemeinschaft als „die heute enterbten Klassen" bezeichnen; ein sehr reiches Erbe von geistigen und wirtschaftlichen Gütern hat sich in den arbeitenden Klassen angesammelt seit den Zeiten der Sklaverei. Wenn irgendwer ein Recht hat zu klagen, daß die Gesellschaft ihn ausbeute, so ist es sicherlich der Genius. Er gibt immer mehr als er empfängt; doch er klagt nicht, er lebt, des königlichen Gebens froh, er läßt die spendenden Hände nimmer sinken und scheibet versöhnt wie König Friedrich:

Oui, finissons sans trouble et mourons sans regrets
en laissant l'univers comblé de nos bienfaits!

Wie läppisch erscheinen neben solcher Gesinnung der wirklichen Wohltäter der Menschheit die grimmigen Klagen des Sozialismus, die hinter dem bauschigen Gewande philanthropischer Phrasen doch nur den Neid kleiner

Seelen verbergen! Da faselt Louis Blanc von dem Paradiese der Zukunft, wo die legitime Herrschaft des Genius sich zeigen wird in der Größe der Dienste, die er der Gesellschaft leistet, nicht mehr, wie heute, in der Größe der Abgaben, die er der Gesellschaft auferlegt. Als ob wir dazu erst der gelobten Organisation der Arbeit bedürften! Als ob dieser gesegnete Zustand nicht schon längst bestände! Oder glaubt man etwa, Goethe, der vielbeneidete Lieblingssohn des Glücks, hätte von der Gesellschaft auch nur den zehnten Teil dessen, was er an uns getan, zurückempfangen?

Die Lehre von der Ausbeutung des Menschen durch den Menschen zerreißt mit plumper Faust die vielgegliederte Einheit der Gesellschaft. Starke Völker lebten immer des Glaubens, das erste Gebot der Volkswirtschaft sei: viel, sehr viel und gut zu arbeiten; erst in zweiter Reihe stand ihnen die Frage nach der Verteilung der Früchte der Gesamtarbeit. Darf dieser alte gute Grundsatz heute, da Arbeitsscheu und Zuchtlosigkeit in den niederen Ständen furchtbar überhand nimmt, ganz in Vergessenheit geraten? Bevor man den Massen von ihrer letzten Menschenwürde redet, soll man ihnen ruhig sagen: zuerst zeiget euch als Menschen! arbeitet, damit das Gesamtvermögen sich vermehre; und wenn dann Staat und Gesellschaft einen Teil des Gesamt-Arbeitsertrages verwenden um den Naturforschern Laboratorien zu bauen oder den Künstlern Akademien, so seid gewiß, daß diese Verwendung auch für euch Früchte bringt. Solche Früchte stechen allerdings dem begehrlichen Sinne nicht so lockend ins Auge wie der Goldregen Lassallischer Staatsgelder, doch sie zeichnen sich vor den Traumbildern des Sozialismus vorteilhaft aus durch den kleinen Vorzug, daß — sie sind.

Es ist der alte Fluch der Menschheit, daß sie den notwendigen Schmerz der großen Übergänge ihrer Entwicklung durch Irrtum und Leidenschaft noch verschärft. Nun fällt die schwere wirtschaftliche Krisis unserer Tage in eine Zeit der Gärung aller sittlichen Begriffe. Die alte Philosophie gilt für überwunden, eine neue hat sich nicht zur Herrschaft emporgearbeitet. Der matte Eudämonismus, jener Erbfehler der Nationalökonomen, den bei der Betrachtung des Güterlebens nur wenige große Köpfe ganz von sich fern zu halten wissen, findet heute gar kein Gegengewicht an einer festen sittlichen Weltanschauung. Man redet unter den Gönnern des Sozialismus soviel von sittlichem Pathos; und gewiß treibt ein ehrenwertes Mitleid mit der Lage der arbeitenden Klassen diese Gelehrten zu ihrer pessimistischen Auffassung unserer Gesellschaft. Doch die Furcht vor den unberechenbaren Schrecken der sozialen Revolution und der edle Ehrgeiz in der Humanität von keinem überboten zu werden führt unvermerkt zu einer sinnlichen Schätzung des Lebens; ohne es selber gewahr zu werden befreundet man sich mit der tief unsittlichen Lehre des Sozialismus, wonach alle harte Arbeit eine Schande oder doch ein Unglück sein soll. Manche herbe Anklage wider die notwendige aristokratische Gliederung der Gesellschaft würde verstummen, wenn man sich lebhafter der einfachen Wahrheit entsinnen wollte, daß die Arbeit Selbstzweck ist. In dieser Erkenntnis liegt ein herrlicher Erwerb der christlichen Gesittung. Die Kultur des Orients und des klassischen Altertums ging nach glänzenden Erfolgen doch zugrunde, jene Völker entbehrten der nachhaltigen Lebenskraft, weil sie die Würde der Arbeit nie erkannten, in der sogenannten gemeinen Arbeit nur ein verächtliches Mittel sahen. Es ist nicht wahr, was von den Heißspornen des Manchestertums versichert wird und den leitenden Gedanken von Thiers' unglücklichem Buche über das Eigentum bildet, daß die Arbeit zum einzigen Zweck habe — Eigentum zu erwerben. Die Persönlichkeit des Menschen stellt sich dar, entfaltet sich in der Arbeit; der Geist gelangt zum Bewußtsein seiner Unendlichkeit nur, indem er sich endliche Zwecke setzt und für diese tätig ist. Genießend empfangen wir von der Natur, arbeitend beherrschen wir sie.

Darum ist jede redliche Arbeit ehrenvoll, das treue Schaffen auch für die niedersten Bedürfnisse der Gesellschaft kann den fleißigen Menschen niemals den ewigen Zwecken seines Lebens entfremden. Wer zum Meister ward in einem bescheidenen Berufe, steht sittlich höher als wer ein Stümper blieb in der edelsten der Künste. Der Arme wie der Vornehme darf sich das stolze Bewußtsein erobern, daß er als ein Halm dastehe in dem großen Ährenfelde der Gesellschaft, daß er an seiner Stelle unentbehrlich sei. Der Bauer von altem Schrot und Korn denkt kopfschüttelnd mitten im glänzenden Gewühle der Großstadt: „Prahlt und lärmt soviel ihr wollt, ohne uns Bauern hättet ihr doch alle kein Brot!" Er spricht mit solchem naiven Standesstolze die Gesinnung aus, welche unter den arbeitenden Klassen eines kräftigen Volkes die Regel sein soll und heute ganz zu verschwinden droht. Wie der Mensch, dem die Natur nur vier Sinne geschenkt, darum noch kein Recht hat wider das Schicksal zu murren, sondern vielmehr verpflichtet ist aus der Not eine Tugend zu machen, sein Wesen zu vertiefen und dankbarer zu genießen was ihm noch offen steht von den Freuden des Lebens: — wie der Künstler auf abschüssigem, schiefwinkligem Baugrunde nicht verzweifelt, sondern im Besiegen der Ungunst des Raumes seine schöpferische Kraft bewährt: — so ist auch den untersten Schichten der Gesellschaft das Wort gepredigt, daß denen die Gott lieben alle Dinge zum besten dienen. Unsere Alten sprachen gern von der „fröhlichen Armut". Und sicherlich gibt es lautere Tugenden, welche nur in engen Verhältnissen gedeihen und aus der Welt nicht weichen dürfen, wenn das Bild der Menschheit voll und ganz bleiben soll. Es wäre ein Verlust für die sittliche Welt, wenn jemals die ehrwürdige Erscheinung des einfachen Mannes verschwände, der mitten in Arbeit und Sorgen den Glauben festhält, daß es nur eine vollkommene Unfreiheit auf Erden gibt — den Dienst der Lüste und die sinnliche Schätzung des Daseins.

Das wahre Glück des Lebens darf nur gesucht werden in dem was allen Menschen erreichbar und gemeinsam ist. Also nicht im Besitze wirtschaftlicher Güter oder in der politischen Macht, auch nicht in Kunst und Wissenschaft — oder sind etwa die Frauen minder glücklich als wir, sie die im Denken und Dichten niemals an uns heranreichen und doch in der sittlichen Kraft zu tragen und zu dulden jeden Mann übertreffen? — sondern in der Welt des Gemüts: in dem reinen Gewissen, in der Kraft der Liebe, die den Einfältigen über den Klugen emporhebt, und vor allem in der Macht des Glaubens. Dies Menschlichste im Menschen ist von der Gunst der äußeren Umstände bei weitem nicht so abhängig wie die Gegenwart zu glauben pflegt. Vielmehr bewahrt grade in der bescheidenen Enge des kleinen Lebens das Gemüt eine frische, kernhafte, unmittelbare Kraft, welche den Gebildeten oft beschämt. Darum sind die niederen Klassen der Jungbrunnen der Gesellschaft. Aus den unberührten Tiefen ihrer derben Sinnlichkeit, ihres wahrhaftigen Gefühls steigen immer neue Kräfte empor in die Reihen der rascher dahinwelkenden höheren Stände. Die Helden der Religion, welche das Gemütsleben der Völker in seinen Grundfesten umgestalteten, waren zumeist Söhne der Armut; wer kann sich Jesus oder Luther anders vorstellen denn als kleiner Leute Kinder? Dies hatte Fichte im Auge, wenn er mit seiner schroffen Härte sagte, die Schlechtigkeit sei immer am größten in den höheren Ständen. Dies meinte Goethe, wenn er mit seiner liebevollen Milde so oft wiederholte: die wir die niederste Klasse nennen, sind für Gott gewiß die höchste Menschenklasse.

Überhaupt erscheint Goethes Urteil über die niederen Stände, wie sein persönlicher Verkehr mit ihnen als das Muster echter Vornehmheit, eine glückliche Verbindung von aristokratischem Stolz und demokratischer Menschenliebe. Im Staate, in Kunst und Wissenschaft vertritt er streng abweisend das Vorrecht der Bildung; in den einfachen gemütlichen Verhältnissen des Lebens zeigt er eine rührende Güte und Nachsicht gegen den geringen Mann und eine tiefe Ehrfurcht vor den starken und sicheren Instinkten des Volksgefühls, welche in unseren bildungsstolzen Tagen immer seltener wird. Hoffärtig, wie einst der gelehrte Celsus auf die erhabene Einfalt der ersten Christen herniederschaute, blickt heute der aufgeklärte Mann auf den Glauben des Volks. Er sieht, gleich dem beschränkten Buchstabengläubigen, in der Religion nur das Fürwahrhalten gewisser Dogmen und mythologischer Tatsachen; er hofft, daß dieser Pöbelwahn bei reifender Aufklärung verschwinden, und der kleine Mann dereinst, gründlich belehrt über die Gesetze der Volkswirtschaft, mit der Ordnung der Gesellschaft sich aussöhnen werde. Solche Ansichten, heute schon von Tausenden geteilt, beweisen nur, welche tiefe Kluft die Stände unseres Volkes trennt, wie wenig die modische Aufklärung das Gemüt der Massen und den sittlichen Wert dieser sozialen Macht zu würdigen weiß. Sie entspringen dem Hochmut des Wissens und führen zu falschem sentimentalem Mitleid.

Niemals kann die Masse des Volks soweit gebildet werden, daß sie die verwickelten Gesetze des sozialen Lebens wirklich versteht, denn das leere Nachsprechen unverstandener wissenschaftlicher Sätze ist nur eine andere, schlechtere Form des blinden Buchstabenglaubens, ohne die tröstende Kraft der Religion. Und niemals kann auch die durchdachte wissenschaftliche Erkenntnis irgendeinem Menschen den Segen des lebendigen Glaubens ersetzen. Vor den schweren Schicksalsfragen des Lebens, vor den Fragen, welche das Gemüt im Innersten quälen und erschüttern, steht der Gelehrte ebenso ratlos wie der Einfältige. So wenig die Naturforschung jemals wird sagen können, was denn eigentlich dieser „Stoff" ist, dessen Formen und Wandlungen sie nachweist: ebensowenig wird der Historiker jemals das Rätsel der „Persönlichkeit" ergründen, deren Wirken in der Geschichte er erklärt. Wenn ich das Werden und Wachsen eines historischen Helden verfolge, löse ich damit die entscheidende Frage: wie es denn zugeht, daß zur rechten Zeit immer der rechte Mann erscheint? Der Genius ist doch unendlich mehr als ein Produkt seiner Epoche. Die Zeit erzieht ihn wohl, aber sie schafft ihn nicht. Und wenn ich noch so klar erkenne, daß der Mensch ein historisch bedingtes Wesen ist, abhängig von der Ordnung der Gemeinschaft, darin er aufwächst — kann ich damit den posener Polen beschwichtigen, der grimmig fragt: warum muß ich, ein Pole in jeder Faser meines Wesens und fähig in einem aufsteigenden Volke Großes zu wirken, dazu verdammt sein einer Nation, die zu Grabe geht, anzugehören? Sind jene theoretischen Sätze eine genügende Antwort für den armen Arbeiter, der murrend ausruft: warum bin ich, mit meinem Ehrgeiz, meiner Empfänglichkeit für die Reize des Lebens, als der Sohn eines Standes geboren, dem das Emporsteigen so schwer wird? Über solche Fragen führt nur eine dumpfe unfruchtbare Resignation hinweg oder — die Kraft des Glaubens, die in schweren Kämpfen des Gemüts erlebte Überzeugung, daß das Unbegreiflichste zugleich das Allergewisseste ist, daß Gott gerecht ist und sein Ratschluß weise.

Und eben hierin, in der Kraft und Tiefe des religiösen Gefühls sind die Massen jederzeit dem Durchschnitt der Gebildeten überlegen gewesen. Die Macht der Religion in diesen Schichten der Gesellschaft erklärt sich keineswegs allein, wie der Bildungshochmut wähnt, aus dem kritiklosen, für die Wahngebilde des Aberglaubens empfänglichen Sinne der Menge; sie ruht auf einem tieferen und edleren Grunde. Den beladenen Mann, der immerdar für den nächsten Tag mit seinen derben Fäusten schafft, verläßt nicht leicht das demütige Bewußtsein der Hilflosigkeit aller Kreatur, das der Gebildete so gern verspottet; er empfindet lebendiger als dieser die Nichtigkeit weltlichen Glückes, heißer die Sehnsucht nach „ew'ger Ruh' in Gott dem Herrn", wie Goethe singt. Diese heiligen Empfindungen dem Menschengeschlechte zu bewahren war allezeit der historische Beruf der niederen Klassen; durch solchen Dienst nehmen sie unmittelbar Anteil an der idealen Kulturarbeit der Geschichte. Jedermann weiß, wie roh und hart der naive Volksglaube oft erscheint, wie oft er von pfäffischer Herrschsucht mißleitet wird zum Kampfe wider die Gesittung. Aber jedem Kulturvolke kommen auch Zeiten, da die höheren Stände der Schwelgerei des Geistes verfallen und in hochmütiger Überbildung jener unerforschlichen Mächte spotten, die um Wiege und Bahre schwebend den Menschen an seine Kleinheit erinnern. In solchen Tagen erfährt die Welt den Segen der schlichten Frömmigkeit der kleinen Leute. Mitten im Zerfalle der römischen Kultur erwachte, eine Kraft der Jugend, der Christenglaube der Mühseligen und Beladenen; aus der selbstzufriedenen Aufklärung des achtzehnten Jahrhunderts erhob sich „der alte deutsche Gott" der Befreiungskriege, und die verschmachtende Welt trank den Atem seines Mundes. Die frische Kraft des Gemüts, vor allem die Freudigkeit des Glaubens, bleibt die einzige ideale Macht, welche dem einseitig wirtschaftlichen Leben der niederen Stände ein Gegengewicht bietet, und sie ist von ungeheuerer Stärke. Keine Sozialreform wird den arbeitenden Klassen jemals größeren Segen bringen als die alte einfältige Mahnung: bete und arbeite! Ein nur für materielle Güter tätiger Mensch, der nicht mehr herzhaft zu lieben, nicht mehr an eine gerechte Weltordnung zu glauben vermag, ist das kläglichste der Geschöpfe. Vor zwanzig Jahren fuhr ich einmal zu Freiberg in ein Bergwerk ein; als wir dort unten saßen, nahe der ewigen Teufe, rings eingeschlossen von den mächtigen schwarzen Gneiswänden, und einer der Fremden unwillkürlich ein Wort des Staunens aussprach über die Größe Gottes, da polterte unser Führer, ein kleiner Bergmann, plötzlich los in wilden Lästerreden: Ihr seid reich und ich bin arm, wie soll es denn einen gütigen Vater geben? — die bekannten Redensarten, Gott weiß von welchem Demagogen eingesogen, all das schleichende Gift, das einige Jahre zuvor in dem Dresdner Maiaufstande an den Tag getreten war. Ich habe selten im Leben ein so tiefes Mitleid empfunden; was hielt denn den unglücklichen Menschen noch auf der Erde fest, was hinderte ihn dort in die ewige Teufe sich zu stürzen? Nichts als die Feigheit und ein tierischer Instinkt. — Wer den frommen Glauben, das Eigenste und Beste des kleinen Mannes zerstört, handelt als ein Verbrecher wider die Gesellschaft; darum ist gegen den Sozialismus nicht halbe und bedingte, sondern ganze und rücksichtslose Feindschaft geboten.

Aus allem obigen erhellt nur von neuem, daß die aristokratische Gliederung der Gesellschaft erst mit der Menschheit selber untergehen kann. Denn so gewiß das Gemüt und die sinnliche Bedürftigkeit in dem Leben unseres Geschlechts einen viel größeren Raum einnehmen als die Intelligenz, ebenso gewiß wird die Masse immerdar die Masse bleiben. Das will sagen: die große Mehrheit der Menschen trägt ihren Anteil an der Arbeit der Gesellschaft ab, indem sie mit mehr oder minder hellem Bewußtsein ihre Körperkraft einsetzt für die wirtschaftlichen Zwecke der Gesamtheit, und indem sie unbewußt die Kraft des Gemüts den Völkern bewahrt. Diese Ordnung ist gerecht; denn das wahre Glück des Lebens, den Frieden der Seele und die Freuden der Liebe, verschließt sie keinem. Sie ist notwendig; denn nur in dieser Form kann die allseitige Anlage der Menschheit zur Erscheinung kommen; nur so kann jedes Glied der Gesellschaft einige der unserem Geschlechte verliehenen Gaben zur höchsten Stärke ausbilden. Unternimmt man an dieser gegebenen Ordnung zu rütteln, sie des Unrechts und der Gewalt zu zeihen, so versinkt man unwillkürlich in die Gedankengänge des Sozialismus, der sich immer mit dem Wahne trägt, als könnte das Übel von der Erde vertilgt werden. Man verliert die Achtung vor der historischen Welt; man sieht nicht mehr, daß wo kein Schatten, auch kein Licht, wo keine Tiefe, auch keine Höhe ist. So gelangt man endlich zu scharfsinnigen Grübeleien über das Unwirkliche, welche doch nicht höher stehen als jene leeren Vexierfragen, womit der Halbgebildete sich die müßigen Stunden zu kürzen liebt, z. B. was wäre geschehen, wenn Cäsar länger gelebt hätte oder Graf Moltke schon 1863 gestorben wäre? —

Die mit der Ehe und dem Eigentum gegebene aristokratische Gliederung der Gesellschaft setzt allen sozialen Reformplänen feste Schranken, wie die Natur des Staates den Ideen politischer Freiheit unüberschreitbare Grenzen zieht. Die fortschreitende Demokratisierung der Staaten, die wachsende Teilnahme der Volksmasse an der Staatsleitung kann den Befehl der zwingenden Obrigkeit nie beseitigen, denn das verrückte Staatsideal des äußersten Radikalismus, die An—archie, wo niemand regiert, hebt den Staat selber auf. Der berechtigte Drang der Gegenwart nach Sicherung des Weltfriedens kann doch den ewigen Frieden nie herbeiführen, denn der Staat ist Macht, er geht unter, wenn er auf die Betätigung der Macht verzichtet. Ebenso kann der soziale Gleichheitsdrang unserer Tage niemals das Gesetz umstoßen, daß die Gesellschaft leben muß, also die Mehrheit der Menschen den niederen Zwecken der Wirtschaft, der groben Arbeit sich zu widmen hat. Innerhalb dieser Schranken aber vollendet sich in Staat und Gesellschaft eine ungeheure Entwicklung, die wachsende Verwirklichung der Idee der Menschheit, und sie vollzieht sich nur unter harten Kämpfen. Staat und Gesellschaft gehören der ethischen Welt an, sie leben nach sittlichen Gesetzen, und diese unterscheiden sich von den Naturgesetzen dadurch, daß sie persönlichem Leben gebieten, also nicht immer noch überall, nur mannigfach gebrochen und getrübt, sich verwirklichen. Wenn wir vorhin fanden, daß durch die Arbeitsteilung der aristokratisch gegliederten Gesellschaft in Wahrheit niemand ausgebeutet wird, sondern jedes Glied an seiner Stelle dem Gesamtzwecke der Gemeinschaft dient, so ist damit nur eine sittliche Forderung ausgesprochen, welche im großen und ganzen durch den Verlauf der Geschichte erfüllt wird. Es ist damit aber keineswegs gesagt, daß dies sittliche Gesetz in jeder Spanne Zeit und auf jeder Scholle der Erde ins Leben trete; und noch viel weniger, daß die selbstischen Interessen der einzelnen Menschen durch eine natürliche Harmonie miteinander verbunden seien.

Vielmehr besteht ein natürlicher Kampf zwischen der Selbstsucht der Menschen. Das Interesse des einzelnen ist ausschließend, habgierig, gewissenlos von Natur, wird geleitet von der Gesinnung der πλεονεξία, sucht sich zu verwirklichen auf Kosten aller anderen Interessen, zersetzt und zerstört die Ordnung der Gemeinschaft, wenn es sich schrankenlos entfalten darf. Auch das sogenannte wohlverstandene Interesse, der weitblickende Eigennutz, hält die Ordnung der Gesellschaft nicht aufrecht. Der Eigennutz kann nicht weit blicken, er bezieht alles auf sich, betrachtet sein Ich als den Mittelpunkt der Dinge und vermag von dieser Niederung aus nicht den Gesichtskreis des sozialen Lebens zu beherrschen. Die ganze Lehre von dem wohlverstandenen Interesse als der Grundlage der Gesellschaft ist ein Kind der englisch-französischen Aufklärung des achtzehnten Jahrhunderts; die atomistische Anschauung jener Zeit sieht in der Selbstliebe das höchste Prinzip der Moral, läßt Staat und Gesellschaft aus der Willkür der einzelnen hervorgehen, und da sie insgeheim fühlt, daß eine Gemeinschaft nicht durch zentrifugale Kräfte zusammengehalten werden kann, so muß der widerspruchsvolle Begriff des wohlverstandenen Interesses aushelfen. Es gereicht uns Deutschen nicht zum Ruhme, daß solche durch unsere Philosophie längst überwundene Trivialitäten noch heute, lange Jahrzehnte nach Kant und Hegel, von einem Teile unserer Nationalökonomen vergnüglich wiederholt werden. Bei der Erörterung der ethischen Gesetze der Volkswirtschaft zeigen sich Schmoller und seine Freunde den Vorkämpfern des Manchestertums weit überlegen. Ist es nicht tief beschämend, daß die Vorrede zu Bastiats Harmonies économiques, dieser hochkomische Dithyrambus des Mammonspriestertums, in Deutschland Bewunderer gefunden hat und noch heute findet? Da wird die französische Jugend ermahnt zu glauben an die Harmonie aller Interessen. Der Jüngling (— doch wohl nur der wohlgenährte, denn der hungernde glaubt es gewiß nicht!) — der wohlhabende Jüngling also soll sprechen: „Ich glaube, daß der Ordner der materiellen Welt auch der Ordnung der sozialen Welt nicht hat fremd bleiben wollen" usw. Darum folge nur jeder seinem natürlichen Triebe und suche sein Interesse recht zu verstehen, dann ist die Gesellschaft wohl geordnet, il mondo va da sè, und wenn wir folgerecht weiter schließen, so wird der Staat völlig überflüssig!! Denn warum sollten nicht dereinst, nach gründlicher Unterweisung in der alleinseligmachenden Manchesterlehre, die Herren Mörder und Spitzbuben zu der Erkenntnis gelangen, daß der Mensch sich viel behaglicher befindet, wenn er seinen Nächsten nicht totschlägt und nicht bestiehlt? Und somit wäre die Barbarei, die wir Rechtsordnung nennen, durch das wohlverstandene Interesse aller einzelnen glücklich beseitigt! Und somit hätte jener „Ordner der materiellen Welt" ganz vergessen, daß er dem Menschen eine Vernunft und einen Willen geschenkt hat um das Böse in der sozialen Welt zu bezwingen! Ist es zum Verwundern wenn ein so flacher Optimismus, der von der radikalen Sündhaftigkeit des Menschengeschlechts, von der Macht der Dummheit und der Leidenschaft gar nichts ahnt, tiefere Naturen zu heftigem Widerspruche reizt und zu pessimistischen Übertreibungen verführt?

Die ungebändigte Selbstsucht der einzelnen führt notwendig zu Klassenkämpfen. Diese können durch die Übermacht des einen Teiles oder durch das Gleichgewicht der Kräfte von Zeit zu Zeit beigelegt werden; doch einen gesicherten Frieden, eine dauerhafte Ordnung erhält die Gesellschaft nicht durch sich selber, sondern allein durch den Staat, durch den sittlichen Willen der Gesamtheit, der etwas anderes ist als die Summe der selbstsüchtigen Einzelwillen und sich zu diesen verhält wie die Pflicht zur Begierde. Der Staat ruht auf dem Gemeinsinne, einer Gesinnung, welche in der geselligen Natur des Menschen ebenso notwendig, ebenso ursprünglich begründet ist wie die Selbstsucht. Der Staat erscheint anfangs nur als ein Werkzeug der herrschenden Klassen, deren Interessen er zu sichern sucht; erst nach den Kämpfen langer Jahrhunderte gelangt er zum Bewußtsein seines Wesens, er erkennt sich als den sittlichen Gesamtwillen, als die unparteiische Macht, welche schützend und wehrend über den sozialen Gegensätzen steht, vorausschauend über den Kurzsichtigen, gerecht über den Selbstischen. Er gibt diesem seinem Wesen einen Ausdruck in den Formen der Staatsverfassung, stellt das Staatsoberhaupt selbständig über die Klassen der Gesellschaft, und es ist kein Zufall, daß die Monarchie mit ihrer gesicherten Krone, die für sich gar keine Klassenselbstsucht hegen kann, im Durchschnitt weit mehr soziale Gerechtigkeit bewiesen hat als die Republik. Er erweitert stetig das Gebiet seiner Tätigkeit, wird aus einem Rechtsstaate ein Kulturstaat, nötigt die Gesellschaft Opfer zu bringen für ihre leidenden Glieder, erzwingt durch den Befehl der Macht jenes Maß der Bildung, das für den Bestand des Gemeinwesens notwendig ist. Nur die Leidenschaft kann leugnen, daß der moderne Staat diese Zwecke sich wirklich stellt, daß er die Herrschaft der Vernunft und des gemeinen Rechts, nicht die Befriedigung der Selbstsucht einer Klasse erstrebt.

Seit die Welt die Würde und die Freiheit der wirtschaftlichen Arbeit anerkannt hat, seit der Staat nicht mehr wie im Altertum aus einer Minderzahl von politisch tätigen Vollbürgern besteht, ist die Lebensweise der Menschen eine vorwiegend soziale geworden. Durch das freie Spiel der sozialen Kräfte in Wirtschaft, Kunst und Wissenschaft geschehen die großen Schritte der modernen Kultur. Der Staat kann in diese ungeheure Tätigkeit der Gesellschaft nur selten schöpferisch eingreifen; er folgt ihr vielmehr, empfängt von ihr neue Aufgaben, begnügt sich, die neuen sozialen Kräfte, welche die freie Arbeit der Gesellschaft geschaffen hat, in seine Rechtsordnung aufzunehmen, sie zu fördern und mit ihren Gegensätzen auszugleichen. Also hat die in der Gesellschaft tätige persönliche Kraft des einzelnen für uns Moderne einen unendlichen Wert gewonnen, welchen das Altertum nicht kannte; sie gilt uns als der Eckstein aller Freiheit. Wenn der moderne Staat den Umkreis seines Wirkens beständig ausdehnt und darnach strebt die Gesamtheit der Lebenszwecke, welche sein Volk sich stellt, unter seinen Schutz zu nehmen, so wird doch seine Tätigkeit der Art nach bescheidener. Er weiß, daß seine eigene Kraft am letzten Ende auf der persönlichen Kraft seiner Bürger ruht; er will, indem er sich einmischt in die freie wirtschaftliche Arbeit, nicht den Nerv der Gesellschaft, den wagenden Unternehmungsgeist, zerstören, sondern lediglich die Gefahren beseitigen, welche die rücksichtslose Verfolgung wirtschaftlicher Zwecke über die Gesundheit, die Bildung, die Sittlichkeit ganzer Volksklassen heraufzuführen droht.

Wenn Brentano sagt, der freie Staat sei das Zentrum des Volkslebens, darum bezeichne schon das Wort „Staatseinmischung" einen Zustand, wie er nicht sein solle — so trifft diese Behauptung wirklich der Vorwurf politischer Mystik. Eine absolute Grenze für die Ausdehnung der Staatsgewalt läßt sich theoretisch allerdings nicht feststellen; ein rein kommunistischer Staat, wie der entsetzliche Jesuitenstaat von Paraguay, hört darum nicht auf ein Staat zu sein. Wohl aber bildet sich jedes Volk aus den Bedürfnissen und Gewohnheiten seiner Arbeit heraus feste soziale Freiheitsbegriffe, welche der Staat nicht antasten darf ohne den berechtigten Vorwurf willkürlicher „Staatseinmischung" auf sich zu laden. Die moderne Welt kennt den Segen der freien Konkurrenz; sie verlangt darum mit vollem Rechte größere Achtung für das Privateigentum, einen freieren Spielraum für die wirtschaftliche Kraft des einzelnen, als die Völker des Altertums. Wenn ein moderner Gesetzgeber gleich Solon die Gläubiger von Staats wegen berauben, oder gleich Cäsar den Pöbel unserer großen Städte in entlegene Kolonien senden wollte, so würden solche verwegene Taten antiker Sozialpolitik heute vielleicht den Beifall einzelner Doktrinäre finden, aber an dem berechtigten Widerstande der modernen Gesellschaft unfehlbar untergehen.

Während der Staat also zur Erkenntnis seiner sozialpolitischen Aufgaben heranwächst, reift das Selbstgefühl, das Bewußtsein der Menschenwürde in den niederen Klassen. Die unfreie Arbeit, dereinst ein Segen und von den Arbeitern selber kaum als eine Bürde empfunden, erscheint als unnatürlicher Zwang. Zugleich erwacht in den höheren Ständen langsam das Pflichtgefühl, jener lebendige Gemeinsinn, welchen die modische Zeitungssprache mit dem Unworte „selbstlose Gesinnung" zu bezeichnen pflegt. Sie beginnen zu fühlen, daß ihr eigenes Glück durch die Wohlfahrt der vielen bedingt wird, und daß Staat und Gesellschaft mitverantwortlich sind für die Lasten und Leiden der Massen. Ich sage: mitverantwortlich. Denn dies bleibt unter den Übertreibungen der modernen Sozialreformer die allergefährlichste, daß sie der Gesellschaft die alleinige Verantwortung für die Sitten der arbeitenden Klassen zuwälzen wollen und damit aus reiner Menschenliebe den Arbeiter zum unvernünftigen Tiere herabwürdigen. Der Arbeiter, wiederholt man unermüdlich, ist nicht besser und nicht schlechter als er nach seiner Erziehung und Lebensweise sein kann. Als ob nicht mit dem gleichen Rechte jeder gewissenlose Gründer antworten könnte: „Ich bin von Kindesbeinen an gewöhnt worden Geld und Genuß als die höchsten der Güter zu verehren; so ward ich ohne meine Schuld was ich bin: ein Millionär und ein Schurke!" Wie vor einigen Jahrzehnten unter den Medizinern die mattherzige Lehre umging, jedes Verbrechen sei die Folge krankhafter natürlicher Anlage, und der Verbrecher gehöre nicht vor das Forum des Strafrichters, sondern vor den Irrenarzt: so schwirrt durch die jüngste sozialpolitische Literatur ein sentimentales Gerede über die „Mitschuld der

Gesellschaft", das in aller Unschuld darauf ausgeht, dem armen betörten Volke das Gewissen zu ertöten und unsere ohnehin schwächlichen Strafgesetze durch zaghafte Handhabung noch mehr zu verderben. Eine geachtete Zeitschrift von gemäßigt liberaler Richtung schilderte neulich sehr erbaulich die Grausamkeit der Todesstrafe, weil kein großes Verbrechen denkbar sei ohne schwere Gebrechen der Gesellschaft; sie vergaß nur leider den unwiderleglichen Schluß hinzuzufügen, daß vor der höheren Aufklärung überhaupt jede Strafe als Grausamkeit erscheinen müsse! Ganz gewiß beweist jedes Verbrechen die Unvollkommenheit der Gesellschaft, ihre Unfähigkeit die Sünde auszurotten. Ganz gewiß sind viele Fehler des kleinen Mannes nur der Widerschein verwandter Laster in den höheren Ständen, und manches sittliche Elend, das die Massen verwüstet, lebt nur von den Verirrungen der Vornehmen, so die Prostitution. Ganz gewiß gibt es eigentümliche Sünden der Armut, wie es Sünden des Reichtums gibt, und wie jedem Stande, auch dem Stande des Staatsmannes, des Kaufherrn, des Künstlers, sittliche Versuchungen nahetreten, welche anderen Klassen der Gesellschaft fernbleiben. Es ist die Pflicht der Gesellschaft, die sittliche Widerstandskraft der arbeitenden Klassen zu stärken, aber je treuer sie dieses Amtes wartet, um so unbarmherziger soll sie durch ein strenges Strafrecht den alten derben Grundsatz betätigen, daß jeder Mensch zuerst selber verantwortlich ist für sein Tun. So elend ist keiner, daß er im engen Kämmerlein die Stimme seines Gottes nicht vernehmen könnte. —

Die Ausbildung des Staatsgedankens also, das steigende Selbstgefühl der niederen und die reifende menschliche Bildung der höheren Stände führen allmählich unter schweren Kämpfen die Idee der Gleichheit in die Gesellschaft ein. In dieser Hinsicht weist die Weltgeschichte, die sonst so viele unwiederbringliche Verluste verzeichnet, ein unverkennbares stetiges Fortschreiten auf. Die Menschheit hat nie wieder eine Blüte der Künste gesehen wie in den Tagen des Perikles; also in die Welt der Ideale sich zu versenken war nur einer hocharistokratischen Gesellschaft möglich, welche alle gemeinen Sorgen des Lebens auf die geduldigen Schultern ihrer Sklaven türmte, und sicherlich sind die Tragödien des Sophokles und der Zeus des Pheidias um den Preis des Sklavenelends nicht zu teuer erkauft. Was der Schönheitssinn der Höchstgebildeten durch den Untergang jener Vollbürger-Aristokratien des Altertums verlor, das hat seitdem die arbeitende Masse an Freiheit, Behagen und Durchschnittsbildung gewonnen. Welch ein Aufsteigen seit der Zeit, da das Christentum zuerst die Gleichheit aller Kinder Gottes verkündete, bis zu dem freien Arbeiterstande unserer Tage! Welche unendliche Reihe verlebter sozialer Aristokratien, die von aufstrebenden Klassen entthront und beerbt wurden. Wenn der Gegenwart irgendein Ruhm gebührt, so doch gewiß dieser, daß noch in keiner Epoche die soziale Gleichheit vollständiger anerkannt war.

Was ist aber diese Gleichheit? Zunächst nur ein großer Gedanke. Die natürliche Ungleichheit der Menschen erscheint als eine wirksame Kraft schon in den Anfängen der Geschichte, sie baut die Gesellschaft. Erst nach vielen Jahrhunderten erwacht die Vorstellung, daß neben der tatsächlichen Ungleichheit die Gleichheit der Menschen als vernünftiger Wesen bestehe, wie ja auch die allgemeine Menschenliebe nicht ein ursprüngliches Gefühl, sondern aus der Liebe zu den Haus- und Stammesgenossen sehr langsam emporgewachsen ist. Abermals nach vielen Jahrhunderten wird diese Idee, vor Zeiten ein Traum verspotteter Schwärmer, zu einer lebendigen Macht im Völkerleben; sie setzt sich durch, indem sie sich einfügt in die Schranken der auf der Ungleichheit ruhenden Gesellschaft. Die Gleichheit ist ein sittliches Postulat nur für die höchsten und allgemeinen Güter, welche den Menschen zum Menschen machen. Die vernünftige Gleichheit fordert nur ein fünffaches Recht: daß jeder Mensch als Rechtssubjekt anerkannt werde, als rechtsfähig mit dem Anspruch auf gleichen Rechtsschutz; daß ihm als einem Ebenbilde Gottes zustehe frei zu denken und zu glauben; daß er die Gaben des Leibes und der Seele frei gebrauchen dürfe um innerhalb der gegebenen Gesellschaftsordnung so hoch zu steigen als ihm Kraft und Glück erlauben. Damit hängt zusammen die Pflicht der Gesellschaft, jedem ihrer Glieder den Erwerb jenes Maßes von Bildung zu ermöglichen, das nach dem Stande der allgemeinen Gesittung unentbehrlich ist um die persönliche Begabung zu betätigen; endlich die Pflicht der Gemeinschaft, in Fällen äußersten Elends, wo die persönliche Kraft völlig gebrochen ist, Unterstützung zu gewähren. Diese trivalen Sätze sind die Frucht vielhundertjähriger Kämpfe; das Blut und der Schweiß von Millionen haftet daran; in Deutschland haben sie erst durch die Gesetze des Norddeutschen Bundes die Erfüllung gefunden. Vor zehn Jahren noch sah der deutsche Arbeiter verlangend hinüber nach der sozialen Gleichheit des Bonapartismus: heute gilt ihm eine der größten und wohltätigsten Revolutionen, welche unsere Volkswirtschaft je erlebt hat, schon als ein Sieg der Klassentyrannei.

Alle Theorien welche über diese vernünftige Gleichheit hinausstreben und die tatsächliche Gleichheit aller Menschen fordern, sei es auch nur in der verschämten Form eines Programmes für eine ferne Zukunft, sind leere Hirngespinste. Sie zerstören die Gesellschaft, zerreißen das Band zwischen ihrer Vergangenheit und Gegenwart und werden darum in jedem freien Volke, das sich selber und die Arbeit seiner Väter achtet, immer nur einem kalten Nein begegnen. Aus dem vernünftigen Begriffe der Gleichheit folgt nicht die Teilnahme aller an allen Gütern der Zivilisation; damit geht, wie oben nachgewiesen, jede Kultur zugrunde. Es folgt nicht, daß die Gesellschaft darnach trachten müsse das Gesamteinkommen nach und nach gleichmäßiger zu verteilen. Das Ideal der Vermögensverteilung ist nicht die durchschnittliche Gleichheit, sondern das Nebeneinanderbestehen von großen, mittleren und kleinen Vermögen, weil nur dadurch eine vielseitige Gesittung möglich wird. Wenn die Gesellschaft an der Verbesserung der wirtschaftlichen Lage der niederen Stände rastlos gearbeitet hat und auch fernerhin arbeiten wird, so kann und will sie damit nicht den für das Gedeihen seiner Bildung unentbehrlichen Abstand zwischen den Einzelvermögen aufheben. Der in der neuesten Sozialpolitik beliebte Satz: „Wir produzieren vielleicht noch nicht genug um das Einkommen gleichmäßiger zu verteilen" ist wirtschaftlich unhaltbar, da die Gesellschaft dies Gleichmaß gar nicht erstreben soll, auch wenn ihr Gesamteinkommen steigt. Er enthält zugleich eine leichtfertige Herausforderung der rohen Plünderungslust, denn natürlich wird der Kommunismus mit seiner wohlbekannten Berserkerlogik sofort erwidern: „Warum so zaghaft? Werfen wir nur erst alles Privateigentum auf einen Haufen! Wenn dann niemand mehr durch sein persönliches Interesse zur Arbeit gezwungen ist, so wird der Feuereifer der Brüderlichkeit die Gesamtproduktion dermaßen steigern, daß jeder von seinem gleichen Einkommen in Herrlichkeit und Freuden leben kann!"

Aus der vernünftigen Gleichheit folgt ferner nicht die Verteilung des Einkommens „nach Verdienst". Auch diese Theorie denkt den Menschen als ein geschichtsloses Tier, nicht als ein an den Werken der Vergangenheit fortbauendes vernünftiges Wesen. Würde wirklich, wie Schmoller versichert, heute in immer weiteren Kreisen die zweifelnde Frage aufgeworfen: ob denn das Einkommen des einzelnen im Durchschnitt seinen Tugenden, Kenntnissen und Leistungen entspreche? — so bewiese diese Tatsache gar nichts gegen die Gerechtigkeit der bestehenden sozialen Ordnung; sie bewiese nur, daß es heute leider modisch ist unvernünftige Fragen an die Gesellschaft zu stellen. Die Gesellschaft kann und soll nicht die Leistungen der einzelnen schlechtweg belohnen, sondern sie belohnt was jeder leistet mit den wirtschaftlichen Kräften, die er in der bestehenden Gesellschaftsordnung erworben oder ererbt hat. Und sie vollzieht diese Belohnung nicht durch eine allmächtige Staatsgewalt, sondern überläßt dies wohlweislich dem freien Verkehre; denn sie hegt eine tiefe Achtung vor einer höchst legitimen Macht, die der Sozialismus niemals aus der Welt hinweg reden wird, vor einer segensreichen Macht, welche den trägen Menschen zum Hoffen und zum Wagen spornt — vor dem Glücke. Die Zwecke der Gesellschaft zu erfüllen ist die Aufgabe der wirtschaftlichen Arbeit. Wer glücklich spekuliert, wer durch die Gunst des Zufalls das gesellschaftlich Zweckmäßige und darum Wertvolle mit geringen Kosten herstellt, der mag sich mit gutem Gewissen des Erworbenen freuen. Die Gesellschaft kann ihn in solchem Genusse ebensowenig stören als sie den wohlverdienten Mann, der unglücklich spekuliert, entschädigen kann. Das corriger la fortune führt im Privatleben zum Verbrechen, in der Gesellschaft zur Unfreiheit. Wenn Schmoller beklagt, daß auf der freien Rennbahn der modernen Gesellschaft die ungleiche Kraft der Rennpferde nicht durch billig verteilte Gewichte ausgeglichen werde, so läßt sich nur trocken erwidern: die Gesellschaft ist keine Rennbahn. Sie hat nicht die Aufgabe die persönliche Leistungsfähigkeit ihrer Mitglieder zu prüfen, sondern sie soll den durch die Arbeit vieler Geschlechter geschaffenen Kulturbestand durch die Arbeit des gegenwärtigen Geschlechts mehren, und sie vermag dies nur wenn sie auch in jedem einzelnen Hause den Zusammenhang zwischen dem Heute und dem Gestern anerkennt, wenn sie dem Sohne gestattet mächtig zu sein durch die Arbeit des Vaters. Wenn ich mich auf den Wettlauf begebe um das goldene Vlies einer Million, so wird mich ein Nebenbuhler, der vielleicht ein einfältiger roher Mensch ist aber hunderttausend Taler geerbt hat, höchstwahrscheinlich schlagen, habe ich ein Recht mich deshalb zu beschweren? Ein treuer Monarchist wie Schmoller muß sich doch fragen: wohin wir treiben, wenn die nur scheinbar idealistische, doch in Wahrheit grob sinnliche Lehre von der Einkommensverteilung nach Verdienst jemals auf den Staat angewendet würde? Wenn der gesinnungstüchtige Sozialpolitiker fragen wollte, womit dieser oder jener persönlich unbedeutende König seine Macht und sein Einkommen verdient habe? Keine geordnete Gemeinschaft ohne überlieferte, durch die Pietät geheiligte Institutionen, und zu diesen zählt das Erbrecht.

Aus der vernünftigen Gleichheit folgt endlich keineswegs die Unterwerfung der gesetzgebenden Gewalt unter die Kopfzahl, das allgemeine

Stimmrecht. Auch diese Erfindung des monarchischen Sozialismus der Bonapartes wird heute mit gelehrten sozialpolitischen Gründen gerechtfertigt: sie soll das notwendige Bollwerk sein wider die Klassenherrschaft der Besitzenden. Hier muß ich denn bescheiden gestehen, daß ich meine beschränkten altliberalen Ansichten, die ich schon bei der Stiftung des Norddeutschen Bundes wiederholt ausgesprochen, im Verlaufe einer achtjährigen Erfahrung nicht geändert habe. Ich vermute, die Geschichte wird dereinst aus diesen großen Jahren nur zwei wahrhaft verhängnisvolle Mißgriffe der deutschen Politik zu verzeichnen haben: die Gründung des „Reichslandes", das doch nur eingefügt in einen festen Staat seinen Frieden finden kann, und — die Verkündigung des allgemeinen Stimmrechts. Beide Fehler waren freilich die Fehler eines großen Staatsmannes, also entschuldigt, ja teilweis gerechtfertigt durch den Drang des Augenblicks: jener durch diplomatische Verlegenheiten, dieser durch den begreiflichen Wunsch, der murrenden Demokratie ein non plus ultra entgegenzuhalten und dem neuen Reichstage Ansehen im Volke zu verschaffen. Aber die Frage des allgemeinen Stimmrechts berührt zugleich eines der wenigen Gebiete des deutschen Volkslebens, welche Fürst Bismarck nicht völlig übersieht. Er kannte, als er jenen kecken Griff wagte, nur das konservative Landvolk des Nordostens; er kannte nicht die katholischen Massen im Westen, nicht den wahren Charakter der Sozialdemokratie; und er kennt noch heute nicht recht jene bescheidene, halbverborgene und doch so unschätzbare kleinbürgerliche Bildung, welche durch seine Neuerung in ihren Grundmauern bedroht wird. Das allgemeine Stimmrecht steht und fällt mit der Idee der Volkssouveränität. In der demokratischen Republik, wo das Volk der Souverän ist, muß diese Form des Wahlrechts als die allein der Verfassung gemäße ertragen werden. Doch in der Monarchie widerspricht sie den sittlichen Grundgedanken, worauf Staat und Gesellschaft ruhen. Zwar die unmittelbare politische Wirkung der Wahlgesetze ist keineswegs so groß, wie die Doktrinäre annehmen; die Wahlen zum Preußischen Landtage fallen stets nicht viel anders aus, als die Wahlen zum Reichstage. Die Parteimeinungen der „bisher enterbten Klassen" haben im Reichstage mit nichten eine so großartige Vertretung gefunden, wie die Sozialpolitiker träumten, und dies Verhältnis wird schwerlich in nächster Zukunft sich wesentlich ändern. Es ist ja doch nur radikale Phantasterei, wenn man behauptet, die Weltgeschichte habe im neunzehnten Jahrhundert ihren Charakter umgetauscht, sie lege heute ihre Ideen unmittelbar in die Köpfe der Masse nieder. Die zündenden Gedanken der Geschichte werden immerdar zuerst in einzelnen genialen Köpfen Funken schlagen und von dort hinüberwirken auf die Gebildeten; die Masse aber kann sich in einem leidlich geordneten Gemeinwesen selten ganz dem Einfluß des Besitzes und der Bildung entziehen, sie stellt in der Regel ein starkes Heer unter die Parteifahnen der höheren Stände. Wir haben keinen Grund den Ausfall der Reichstagswahlen zu beklagen; sie gaben immer ein ziemlich getreues Bild von den in der Nation vorherrschenden Stimmungen.

Um so verderblicher ist die unmittelbare Wirkung des allgemeinen Stimmrechts: die politische Entsittlichung des Haufens. Unser Staat gewährt überall kein politisches Recht, dem nicht eine Pflicht entspräche; er verlangt von allen, die an der Leitung des Gemeinwesens irgendwie teilnehmen wollen, daß sie sich diese Macht durch Besitz und Bildung erst verdienen; er ist in unablässiger Arbeit tätig für die Verbreitung und Vertiefung des geistigen Lebens; er mildert selbst die allgemeinste seiner Bürgerpflichten, die Wehrpflicht, zugunsten dieser Mächte des Geistes, gibt der Bildung durch das Freiwilligenjahr eine überaus wirksame Belohnung. Diese Vorstellungen stehen uns allen so fest, daß selbst radikale Fortschrittsmänner die Herrschaft der Kopfzahl in den Gemeinden verwerfen, obgleich das Gemeindeleben für den kleinen Mann doch sicherlich wichtiger und verständlicher ist als die Politik. Eben diesen sittlichen Grundanschauungen des deutschen Staates schlägt das allgemeine Stimmrecht ins Gesicht; es belohnt die Unbildung, erweckt den Hochmut der Dummheit. Wer sich nur die Mühe gegeben hat geboren zu werden, empfängt in einem Staate, der wie kein anderer die Kultur zu ehren weiß, nach Verlauf einiger Jahre ohne Beschränkung das höchste politische Recht des Bürgers! Wie sollte der Arme, der eines solchen Rechts sich erfreut, nicht zu dem Schlusse gelangen, daß auch in der Gesellschaft die Geburt ein vollgültiger Rechtstitel sei, der jedem Menschen Macht ohne Arbeit verbürge. Daran ist gar kein Zweifel, das allgemeine Stimmrecht hat die phantastische Überschätzung der eigenen Macht und des eigenen Wertes in den Massen unermeßlich gefördert. Der unversöhnliche Widerspruch zwischen der demokratischen Gleichheit des politischen Stimmrechts und der notwendigen aristokratischen Gliederung der Gesellschaft beweist dem unzufriedenen kleinen Manne sonnenklar die soziale Fäulnis der Gegenwart, macht ihn zum gläubigen Hörer der Demagogen. Das allgemeine Stimmrecht ist in diesem Staate der edlen Bildung die organisierte Zuchtlosigkeit, die anerkannte Überhebung des souveränen Unverstandes, die Überhebung des Soldaten gegen den Offizier, des Gesellen gegen den Meister, des Arbeiters gegen den Unternehmer. Aber diese verheerenden Wirkungen sind schon im Übermaße eingetreten und nicht mehr zu beseitigen; die Wiederaufhebung des einmal gewährten Rechtes würde den längst erwachten Übermut der Unbildung nur noch heftiger reizen. So bleibt uns nur übrig, mindestens den Unterbau unseres monarchischen Staates, die Verwaltung der Kreise und Gemeinden, vor dem Eindringen republikanischer Grundsätze zu behüten und — zu protestieren wider die Behauptung, daß die Belohnung der Unbildung ein Ergebnis erleuchteter Sozialpolitik sei.

Diesen Grundsatz also halten wir fest, bevor wir die Begehren der Sozialdemokratie im einzelnen betrachten: die bürgerliche Gesellschaft eines gesitteten Volkes ist eine natürliche Aristokratie, sie kann und darf die höchsten Arbeiten und Genüsse der Kultur nur einer Minderzahl gewähren, doch sie gestattet jedem ohne Ausnahme emporzusteigen in die Reihen dieser Minderheit. Deutschlands gebildete Stände haben in diesem Jahrhundert ihre Pflichten gegen die niederen Klassen niemals gänzlich vergessen, am wenigsten in den vielgescholtenen Tagen der befreienden sozialen Gesetzgebung des Norddeutschen Bundes. Sie werden auch in Zukunft diese ihre Pflicht erkennen. Aber sie weisen den Wahn zurück, als ob in der sittlichen Welt irgend etwas sich schenken ließe, als ob irgendeine Sozialreform den Arbeitern geben könne was ihnen eine verlogene Wühlerei zu zerstören droht: das Ehrgefühl der Arbeit. Während blutige Untaten von der Verwilderung der Massen erzählen, während die Demagogen auf Märkten und Straßen das Recht auf Nichtarbeit predigen und mit den Werken der

Jahrhunderte wie mit Kartenhäusern spielen, wollen wir Männer der Bildung das Erbe unserer arbeitsfrohen Väter treu bewahren und uns furchtlos bekennen zu dem alten stolzen Wahlspruch deutschen Bürgertums, welcher einst dem Amerikaner Longfellow von den Zinnen und Giebeln Nürnbergs entgegenstrahlte:

the nobility of labour, the long pedigree of toil!

II.

Bei den jüngsten Reichstagswahlen fielen 339 738 unter 5¼ Millionen Stimmen auf die Kandidaten der Sozialdemokratie. Da nun die große Mehrheit der Partei aus jungen, noch nicht wahlfähigen Burschen besteht und jedenfalls viele ihrer Mitglieder in aussichtslosen Wahlbezirken sich der Wahl enthalten haben, so darf man wohl annehmen, daß augenblicklich nahezu eine Million deutscher Männer und Jünglinge der Sozialdemokratie angehört oder anzugehören glaubt. Die Zahl ist freilich beschämend klein für eine Partei, welche die gesamte arbeitende Masse zu vertreten behauptet, doch sie bezeichnet immerhin einen ansehnlichen Bruchteil unserer Nation. Nur mit Widerstreben, nur nach reiflicher Prüfung kann ein deutscher Patriot das harte Geständnis ablegen, daß eine in unserem Volke so mächtige Richtung schlechthin jeder Berechtigung entbehrt. Die deutsche Sozialdemokratie ist wirklich „so schwarz", wie sie von der Mehrzahl der gebildeten Blätter geschildert wird. Sie verdient Beachtung als ein Symptom ernster sozialer Mißstände, aber sie bietet uns keinen einzigen lebensfähigen Gedanken, mit dem sich verhandeln, der sich aufnehmen ließe in die Ordnung unserer Gesellschaft. Neid und Gier sind die beiden mächtigen Hebel, welche sie einsetzt um die alte Welt aus den Angeln zu heben; sie lebt von der Zerstörung jedes Ideals. Wenn die Gönner des Sozialismus als ein schönes Zeichen preisen, daß die Partei neben frechen Wühlern, feilen Demagogen und dem langen Trosse der Gedankenlosen unleugbar auch viele ehrliche uneigennützige Apostel, ja sogar einige schwärmerische Poeten in ihren Reihen zählt: so beweist dies Lob nur von neuem, wie tief die Gegenwart sich verstrickt hat in den Banden ihrer sinnlichen Weltanschauung. Fühlt man denn gar nicht mehr, wie unnatürlich es ist, daß eine Lehre, die alle Ideen leugnet, einem ehrlichen Manne die ganze Persönlichkeit zu erfüllen, ihn aufrichtig zu begeistern vermag? wie schwer die Wurzeln jedes Pflichtgefühls geschädigt sein müssen, wenn ein Idealismus des Neides, eine Begeisterung der Begierde unter uns möglich wurde?

Der Sozialismus ist bekanntlich so alt wie die entwickelte bürgerliche Gesellschaft. Seine modernen Vertreter prahlen zwar gern mit der Neuheit ihrer Gedanken, doch in Wahrheit geben sie nur uralten Träumen eine neue, den Verhältnissen unserer Großindustrie angepaßte Gestalt. Jederzeit kämpft der natürliche Drang nach Unabhängigkeit wider die aristokratische Gebundenheit der Gesellschaft; jederzeit sehnt sich der Mensch aus der Mühsal des Lebens hinaus nach einem Paradiese, das er bald am Anfang, bald am Ende der Geschichte sucht; jederzeit träumt er von einem Steine der Weisen, von einer wundervollen Offenbarung, die mit einem Schlage vollenden soll, was die geduldige Arbeit der Jahrtausende niemals ganz erreicht. Diese Sehnsucht wird zur revolutionären Leidenschaft und erzeugt sozialistische Träume in allen den Epochen, wo der Abstand zwischen den Höhen und den Tiefen der Gesellschaft dem Volksgefühle allzu schroff erscheint oder wo eine starke Veränderung des Wirtschaftsbetriebs neue Formen der sozialen Abhängigkeit an die Stelle der altgewohnten gesetzt hat. Der Sozialismus bewegt sich notwendig in Extremen, da er den festen Boden alles sozialpolitischen Denkens, die Gliederung der Gesellschaft, aufgibt. Daher die bekannte Erscheinung, daß die reinste Tugend und die roheste Sinnlichkeit, die kühnsten Idealisten und die gemeinsten Kotseelen der Geschichte in sozialistischen Ideen sich begegnen. Der Sozialismus predigt bald die weltverachtende Entsagung, bald die grenzenlose Sinnenlust, bald die höchste Macht der Staatsgewalt, bald die vollendete Freiheit und Gleichheit der einzelnen, bald die größte Steigerung der Produktion, bald die unendliche Verzehrung. Seine innerste Natur tritt aber erst dann zutage, wenn er jene Extreme, die einander ausschließen, in ungeheurer Begriffsverwirrung zu vereinigen sucht.

Zu diesem Gipfel des Unsinns, der in der Geschichte nicht häufig erreicht wird, ist die deutsche Sozialdemokratie emporgestiegen. Sie verkündet mit heiliger Entrüstung die Lehre der schrankenlosen Sinnlichkeit und nimmt die Miene des sittlichen Reformators an, indem sie die Grundlagen aller Sittlichkeit zu zerstören trachtet. Sie fordert, wie alle Sozialisten seit Louis Blanc, das gouvernement investi d'une grande force, eine Staatsgewalt von unerhörter Stärke, und begreift gleichwohl den Staat nur als ein Mittel für die Selbstsucht des einzelnen und erklärt, wie jüngst Herr Motteler gegen Graf Moltke, die Selbsterhaltung des Individuums für unendlich wichtiger als die Selbsterhaltung des Staats. Sie sucht den Zweck des Gemeinwesens in der Befriedigung der Begierden aller seiner Glieder und vernichtet doch den berechtigten Drang der Selbstbehauptung. Sie eröffnet jedem die Aussicht auf unendlichen Genuß und verspricht zugleich die Produktion ins Grenzenlose zu steigern.

In den Tagen des großen Bauernkrieges, als der Sozialismus zum erstenmal mächtig eingriff in die deutsche Geschichte, erhob sich eine schändlich mißhandelte, unfreie arbeitende Klasse. Sie forderte mit vollem Rechte die Entlastung des bäuerlichen Bodens, sie verlangte nach einer starken kaiserlichen Gewalt um die Willkür der kleinen Herren darniederzuhalten. Neben diesen lebenskräftigen Gedanken gingen noch einige kommunistische Träume her, einige Erinnerungen an die altgermanische Gemeinschaft von Wald und Weide. Ein starkes Kaisertum vermochte sehr wohl den gesunden Kern dieser Revolution von der phantastischen Hülle unklarer Begehren, überwundener Erinnerungen abzulösen; und es bleibt eine der traurigsten Erinnerungen unserer Geschichte, daß damals die nationale Monarchie uns fehlte und die Klassenselbstsucht der Armen durch die Klassenselbstsucht der Besitzenden blutig niedergeworfen ward. In unserem Jahrhundert dagegen haben die Monarchie und die besitzenden Klassen jene Befreiung der niederen Stände, welche die Tage Luthers erstrebten, in langer Arbeit vollzogen — keineswegs gedrängt durch den kleinen Mann, der sich vielmehr da und dort wider „die neue Freiheit" der Stein-Hardenbergischen Gesetze zusammenrottete, sondern aus richtiger Erkenntnis ihrer sozialen Pflichten. Sie haben soeben den neuen arbeitenden Klassen, welche die Großindustrie hervorgerufen hat, eine in Deutschland bisher unerhörte Freiheit der persönlichen Bewegung gegeben, eine Freiheit, die sich so vollständig bewährt hat, daß wir die kleinliche Bevormundung der Kleinstaaterei mit ihrer Beschränkung der Heiraten, der Arbeitskräfte, der Niederlassung uns kaum mehr vorstellen können. Sie haben den arbeitenden Klassen auch solche Rechte eingeräumt, welche den Besitzenden leicht lästig werden, so das Recht der Arbeitseinstellung. Und auch diese Bewegung vollzog sich ohne Zwang von unten, durch das Pflichtgefühl der höheren Stände, die in gutem Glauben die Notwendigkeit der wirtschaftlichen Freiheit erkannten; die sozialen Gesetze des Norddeutschen Bundes sind ja bekanntlich nicht eine Improvisation, sondern von langer Hand vorbereitet durch die Presse und die Vereine des Liberalismus, in einer Zeit, da eine Sozialdemokratie noch nicht vorhanden war. Noch steht, wie jedermann weiß, die wirtschaftliche Lage der Arbeiter keineswegs im Einklang mit ihrer formalen Freiheit; und es ist nur menschlich, daß die ungebundene Bewegung die Ansprüche der Massen steigert, daß sie unter dem Drucke neuer Leiden den alten Zwang, der kaum von ihren Schultern genommen ward, alsbald vergessen. Wer aber, angesichts der deutschen Gesetzgebung seit 1808, von einer unmenschlich harten Bedrückung der Massen unseres Volkes redet, der lügt mit Bewußtsein; und weil die deutsche Sozialdemokratie von dieser bewußten Lüge ausgeht, darum bietet sie nicht, wie einst die zwölf Artikel der aufständischen Bauern, ein Gemisch von Wahrem und Falschem, sondern den Unsinn schlichtweg.

In den Spalten des Volksstaats und des Neuen Sozialdemokraten klingt kein Ton mehr von jener hochherzigen patriotischen Begeisterung, welche einst aus dem Heilbronner Entwurfe des alten Wendel Hipler redete, nichts mehr von der schwärmerischen Menschenliebe Fouriers, auch nichts von dem trocken geschäftlichen Ernste, womit die englischen Arbeiterblätter die Interessen ihres Standes behandeln. Die tierische Begierde enthüllt sich ohne Scham und tritt jedes Gefühl der Pietät mit Füßen; nur eine letzte Spur menschlicher Ehrfurcht verrät sich noch in dem heidnischen Götzendienste, der mit einem der unsaubersten Talente des Jahrhunderts, mit Lassalle, getrieben wird. V. A. Huber, der treue und kundige Freund des deutschen Arbeiters, meinte schon vor Jahren, eine solche faulige Gärung komme in England kaum in einigen entlegenen Pfützen vor; und sein Urteil würde heute noch härter lauten, wenn er das Verhalten der Sozialdemokratie während und nach dem französischen Kriege erlebt hätte. Frecher zugleich und gedankenloser ist das Evangelium der Sinnenlust unter germanischen Menschen noch nie gepredigt worden. Wir sind gar nicht mehr Atheisten, wir sind mit Gott einfach fertig, schrieb neulich triumphierend F. Engels, und empfahl zugleich, die herrliche materialistische Literatur der Franzosen des achtzehnten Jahrhunderts in guten Übersetzungen unter den Arbeitern zu verbreiten. Der Russe Bakunin, dem das Verdienst gebührt die letzten Worte der kommunistischen Lehren oft zur unbequemen Stunde auszusprechen, sieht in der Religion den Protest des menschlichen Gefühls gegen das Elend der Wirklichkeit und erwartet ihr Verschwinden, sobald das Elend durch die allgemeine Gleichheit beseitigt worden. Solche Anschauungen, die von den radikalsten Köpfen des wissenschaftlichen Materialismus längst nicht mehr der Widerlegung gewürdigt werden, herrschen unter den Führern. Die Masse der Partei aber — jede Nummer ihrer Zeitungen bezeugt es — hält sich kurzerhand an den Lehrsatz „wenig arbeiten und viel genießen"; sie verkündet mit wieherndem Gelächter jene Gesinnung, die schon das Altertum gezüchtigt durch die bekannten Worte: ἡδονὴ τέλος, πόρνης δόγμα· οὐκ ἔστι πρόνοια οὐδὲν, πόρνης δόγμα — die Lust das Ziel des Lebens, der Glaube einer Hure; es gibt keine Vorsehung, der Glaube einer Hure! Daher denn der immer wiederkehrende Versuch, jeden Unterschied zwischen der geistigen und der Handarbeit abzuleugnen; daher die nur allzu erfolgreiche Bemühung, durch prahlerische Worte von Freiheit und Menschenwürde den echten menschlichen Stolz des Arbeiters zu zerstören.

Jeder ehrliche Demokrat geht von der Erkenntnis aus, daß in engen Verhältnissen dieselbe Pflichttreue, dieselbe Hochherzigkeit, dieselbe Würde des Charakters möglich ist wie in höher gebildeten Ständen. Die Presse der Sozialdemokratie dagegen sucht grundsätzlich abzustumpfen was in jedem Menschen stolz und reizbar sein soll, das Pflichtgefühl, und grundsätzlich aufzustacheln was er bekämpfen soll, den Neid und die Eitelkeit. Die Befreiung der arbeitenden Klassen hat unsere Lebensgewohnheiten und Umgangsformen von Grund aus verändert. Solche Zeiten des Übergangs bringen immer sittliche Gefahren für hoch und niedrig; schwer fällt es den besitzenden Klassen, den rauhen Ton des Befehls zu mildern, der in die Tage der sozialen Freiheit nicht mehr paßt; schwerer den Arbeitern, das ruhige Selbstgefühl des freien Bürgers zu gewinnen. In diese Zeit unfertiger Sitten gellt nun der wilde Hetzruf des sozialen Neides. Der Neid gegen die höheren Stände hält die große Mehrzhal der Sozialdemokraten zusammen — so gestand Herr Schweitzer mit der Aufrichtigkeit des Zornes, als er von seinen Genossen sich trennte.

Ängstliche Naturen lieben die zunehmende Verwilderung unserer arbeitenden Klassen allein aus der sozialdemokratischen Wühlerei herzuleiten. Das heißt die Macht der Partei stark überschätzen; ihr Dasein selbst ist ja nur die Folge des großen Umschwungs unserer Tage, der die alten Sitten und Ehrbegriffe zerschlagen hat ohne sie bisher durch neue zu ersetzen. Doch unzweifelhaft steht der zuchtlose gewalttätige Sinn der Massen in einer beständigen Wechselwirkung mit dem Treiben und Hetzen der Sozialdemokratie; beide bedingen sich gegenseitig. Die gelehrten Freunde des Sozialismus pflegen begütigend einzuwenden, der sozialistische Arbeiter lerne doch mindestens nachzudenken. Sie bezeugen damit nur, daß sie selber unwissentlich angesteckt sind von der sinnlichen Sittenlehre des Sozialismus, der in der Verstandesbildung, der sogenannten Aufklärung die Wurzeln der Tugend sucht. Wenn der unzufriedene kleine Mann, der in den neuen Formen der Volkswirtschaft sich noch nicht zurechtfindet, Tag für Tag verkünden hört, die gesamte Ordnung der Gesellschaft beruhe auf Unrecht, die Gewalt müsse zerstören was die Gewalt geschaffen; wenn zudem die Prediger dieser Lehre auf die Geschichtskonstruktionen gemäßigt liberaler Professoren sich berufen: — so mag der Arbeiter bei solchem Unterrichte immerhin einige Kenntnisse ansammeln. Aber sollte nicht auch das Tier, das in jedem Menschenherzen schläft, aus diesen verlockenden Lehren reichen Nahrungsstoff saugen? Ist es ein Zufall, daß die Sozialdemokratie in jedem Zuchthause eine lange Schar gläubiger Bekenner zählt? Trägt eine alltäglich an die Faust apellierende Partei gar keine Mitschuld an der furchtbar überhandnehmenden Roheit der Masse, an jenen feigen Messertotschlägern, die in den Fabrikbezirken des Niederrheins schon so alltäglich geworden sind, daß man kaum noch darauf hinhört? Recht eigentlich die Grundsteine aller Gemeinschaft werden durch die Sozialdemokratie gefährdet, jene einfachen Begriffe von Zucht und Scham, worüber unter gesitteten Menschen gar nicht gestritten werden soll. Die Lehren von dem Unrecht der Gesellschaft zerstören das feste Ehrgefühl des Arbeiters, also daß Wortbruch, schlechte und unehrliche Arbeit kaum noch für eine Schande gelten, und erwecken dafür eine krankhaft mißtrauische Empfindlichkeit wider gerechten Tadel. Ein wackerer schwäbischer Handwerksmeister gestand mir einmal: ich schleiche mich nachts heimlich in die Werkstatt und bessere an der schlechten Arbeit meiner Gesellen; sobald ich sie tadle, laufen sie fort. Kein Haus in Deutschland, das nicht schon den Unsegen des mutwillig genährten sozialen Neides empfände.

Die Umgestaltung unserer Volkswirtschaft hat den arbeitenden Klassen eine große Erhöhung der Löhne gebracht, die in der deutschen Geschichte ohnegleichen dasteht; sie gewannen damit, wie einst die englischen Arbeiter, die Möglichkeit ihre Lebenshaltung dauernd zu verbessern, näher heranzurücken an die Anstandsgewohnheiten der Mittelklassen, welche unter derselben wirtschaftlichen Krisis schwer litten. Wie ist diese Gelegenheit benutzt worden? Im großen und ganzen sehr schlecht; ein bedeutender Teil des Gewinns ward einfach vergeudet. Diese niederschlagende Tatsache erklärt sich nicht allein aus dem überraschend plötzlichen Eintreten jener Lohnsteigerung, das dem mangelhaft gebildeten Arbeiterstande nach so langen Jahren des Darbens allerdings eine schwere Versuchung bereitete. Die Sozialdemokratie trägt die Mitschuld daran, denn sie warnt den Arbeiter täglich vor dem Sparen. Damit er den revolutionären Ingrimm sich bewahre, soll er grundsätzlich verzichten auf die reichen Vorteile, welche ihm die bestehende Ordnung der Gesellschaft bietet. Im selben Geiste bewies vor Zeiten Louis Blanc aus einigen kritiklos zusammengerafften Zahlen der preußischen Statistik den geistreichen Lehrsatz, daß der Volksunterricht in der unfreien Gesellschaft die Massen sittlich verderbe. — Und die Spießgesellen einer Partei, welche also unverhohlen an der Zerstörung jeder sittlichen Ordnung arbeitet, vergleicht ein hochkonservativer Schriftsteller, Herr R. Meyer, mit den ersten Aposteln des Christentums! —

Eine so grobsinnliche Richtung kennt kein Vaterland, kennt nicht die Ehrfurcht vor der Persönlichkeit des nationalen Staates. Die Idee des Volkstums, die bewegende Kraft der Geschichte unseres Jahrhunderts, bleibt dem Sozialismus unfaßbar. Selbst F. A. Lange, der besonnensten einer unter den deutschen Sozialisten, redet geringschätzig von der geographischen Abgrenzung der Staaten und feiert die freien Gemeinschaften der Zukunft, denen sich das souveräne Individuum nach Belieben anschließen oder auch fernhalten wird. Es bleibt der Ruhm des Deutschen Reiches, daß kein Staat der Welt von der Sozialdemokratie mit so überströmendem Hasse verfolgt wird wie der unsere. Allerdings, dies preußische Wesen mit seiner strengen Zucht und ernsten Bildung steht den Plänen des sozialen Umsturzes als ein geschworener Feind gegenüber; auf diesem Staate ruht die neue gerechtere Gestaltung des Staatensystems, die friedliche Entwicklung der Gesellschaft. Dies Volk des Bürgertums bewahrt noch heute, in den Tagen der Großindustrie, einen allzu festen Kern ehrenfesten altväterlichen Fleißes, widerlegt schon durch sein Dasein die Lehren des Klassenhasses; darum ist auch der österreichische Sozialismus in allen Schwankungen der Parteikämpfe seinem Deutschenhasse getreu geblieben. Der deutschen Sozialdemokratie aber wird das unvergängliche Brandmal bleiben, daß F. Engels von ihr rühmen konnte, kein anderer Arbeiterstand sei so unzugänglich für die Lockungen des Chauvinismus — das will sagen: für das Gefühl der Vaterlandsliebe!

Zum Glück ist auch dieses Lob nicht frei von jener verlogenen Prahlerei, welche die Führer der Sozialdemokratie auszeichnet. Wie jede Partei eine träge willenlose Masse nach sich zieht, so verlieren auch die großen Zahlen der sozialdemokratischen Wählerscharen bei schärferer Prüfung viel von ihren Schrecken. Tausende, die sich Sozialdemokraten nennen, sind einfach zuchtlose, unreife Burschen, die überall dabei sein müssen wo gebrüllt und geprügelt wird. Andere Tausende, namentlich in der grundgutmütigen Bevölkerung des Erzgebirges, sind harmlose aber verkümmerte Menschen, die eigentlich gar nichts Bestimmtes wollen, sondern nur das leider berechtigte Gefühl hegen, daß der Staat und die besitzenden Klassen sich ihres Elends allzuwenig angenommen haben; ratlos und verlassen greifen sie dann nach dem rettenden Strohhalm der Sozialdemokratie, ohne sich viel Arges dabei zu denken. Diese Masse der Tepidi, wie Savonarola sie zu nennen pflegte, muß selbstverständlich in einer Arbeiterpartei unverhältnismäßig stark sein. Wie überraschend groß sie aber ist, das zeigten die Erfahrungen des französischen Krieges. Das wütende Schimpfen gegen das Vaterland wird in einem sittlichen Volke allenfalls ertragen solange die Dinge im gewohnten Geleise gehen. Zudem lebt die Masse oft in Anachronismen, sie vermag den Wandlungen der Geschichte nur langsam zu folgen. Man war noch aus den Tagen des Deutschen Bundes daran gewöhnt, daß jeder Patriot wider das deutsche Elend donnerte, alles Bestehende als nichtswürdig verdammte. Daß das deutsche Elend seit dem böhmischen Kriege beendet war, wußte man in diesen Kreisen nicht; die Revolution, die von oben kam, blieb den Massen unverständlich. Sie jubelten, wenn die Volksredner den Steuerdruck und die Wehrpflicht brandmarkten oder den anerzogenen Partikularismus wider Preußen aufregten; von den landesverräterischen Gedanken der Führer ahnten sie wenig. Da kam der Krieg, der Ruf des Vaterlandes klang in jede Hütte. Die Arbeiter Frankreichs widerstanden ehrenhaft den Friedensmahnungen der Internationale; nur die Führer der deutschen Sozialdemokratie predigten den Verrat. Doch sie sprachen zu tauben Ohren. Die Sozialisten im Heere erfüllten ehrlich ihre Soldatenpflicht unter den Fahnen der Monarchie; die träge Masse der Partei begann die Köpfe zu schütteln über die Niedertracht der Führer, die Macht des Sozialismus sank in demselben Maße als die Idee des Vaterlandes im Volke lebendig wurde. Ein rechtzeitiges strenges Einschreiten des Generals Vogel von Falckenstein genügte um die geheimen Zettelungen der Demagogen zu durchkreuzen; die Wahlen von 1871, vollzogen in der gehobenen patriotischen Stimmung der Kriegstage, brachten dem Sozialismus eine schwere Niederlage, und schon wagten manche Patrioten zu hoffen, die Partei werde untergehen unter der Wucht der allgemeinen Verachtung. Diese Hoffnung hat freilich getrogen. Sobald nach dem Friedensschlusse der Staatsgedanke zurücktrat hinter die wirtschaftlichen Sorgen des Tages, erhob die Sozialdemokratie wieder ihr Haupt. Sie hat seitdem, glücklich wetteifernd mit den Ultramontanen, unablässig die großen Erinnerungen der Kriegsjahre besudelt, den Tag von Sedan durch gehässige Gegenfeiern verhöhnt, alles in den Kot gezogen was deutschem Stolze teuer ist und von neuem die alte traurige Erfahrung bestätigt, daß allein in Deutschland der Parteihaß wagen darf an dem Vaterlande selber sich zu vergreifen.

Ihr Einfluß zeigt sich überall dort am stärksten, wo das Ansehen der Staatsgewalt gesunken, die Staatsgesinnung im Volke geschwächt ist. Von jenen 339 738 sozialdemokratischen Stimmen der jüngsten Reichstagswahlen fallen nur 136 028 auf Preußen, also nur etwa zwei Fünftel auf den Staat, welcher drei Fünftel der Bevölkerung, und, neben Sachsen, die größten Industriebezirke des Reiches umfaßt. Die Niedrigkeit dieser Ziffer ist um so auffälliger, da die Agitation der Partei bekanntlich am frühesten in Preußen begann. Und wieder von den preußischen Stimmen kommt mehr als die Hälfte (71 232) allein auf Brandenburg, wo das Großgewerbe der Hauptstadt einen heimatlosen Pöbel ansammelt, und auf Schleswig-Holstein. Die Zahlen der schleswig-holsteinischen Statistik sind beredt. Ein reiches Ackerbauland, das nur in Altona und in wenigen anderen Plätzen eine Großindustrie besitzt und allein auf den großen Gütern des östlichen Holsteins einen gedrückten Tagelöhnerstand, ungesunde soziale Verhältnisse kennt, gibt volle 35,5 Prozent seiner Wahlstimmen (46 739) den Kandidaten der Sozialdemokratie. Warum? Weil der geringe Mann in den Wirren wüster Parteikämpfe den magnetischen Pol verloren hat. Er glaubt nicht mehr recht an das Ansehen der Obrigkeit, an die Heiligkeit von Recht und Gesetz. Er hat die Besitzenden erst dem Dänen, dann dem Augustenburger, dann der Krone Preußen gehorchen sehen; er ist durch die Gebildeten gewöhnt worden seine Arbeitszeit in Parteiversammlungen zu vergeuden und die Beschlüsse der Staatsgewalt für null und nichtig zu erklären. Nun, da dies mit aller Kraft der Lungen verwünschte preußische Königtum gleichwohl herrscht und zugleich die altgewohnten wirtschaftlichen Verhältnisse durch den Zollverein und die Gewerbefreiheit umgestaltet werden, weiß die Masse nicht mehr aus noch ein; ihr instinktives Verlangen nach fester Autorität führt sie in die Arme einer Partei, welche zugleich der Begehrlichkeit schmeichelt und durch die freche Zuversicht ihrer Lügen das Gemüt beruhigt.

Wie der augustenburgische Prätendent also in der Sozialdemokratie der deutschen Nordmark uns ein Andenken hinterlassen hat, so ernten wir im Königreich Sachsen was ein anderer Feind des Reiches, Graf Beust, gesäet hat. Dort erhielt die Sozialdemokratie 36,2 Prozent der abgegebenen Wahlstimmen, 96 571 unter 268 492. Dies unerfreuliche Ergebnis hat seinen Grund nicht allein in der bedrängten Lage der Arbeiter des Erzgebirges, noch in den schweren Unterlassungssünden der sächsischen Fabrikanten, welche seltener vielleicht als irgendein anderer Unternehmerstand im Reiche ein kräftiges Bewußtsein ihrer sozialen Pflichten zeigen. Die Sozialdemokratie verdankt vielmehr ihre Herrschaft im Erzgebirge wesentlich den siebzehn Jahren des Beustschen Regiments, jenem schleichenden Despotismus, der die politische Charakterlosigkeit im Volke großzog, den Glauben an die Macht der Idee tötete, Erwerb und Genuß als die einzigen Zwecke des Daseins verherrlichte. Dazu die sträfliche Nachsicht des Staates gegen die geizige Selbstsucht der Unternehmer — unter einer strengen Bergpolizei wären jene grauenhaften Unglücksfälle in den sächsischen Bergwerken niemals möglich gewesen — endlich und nicht zuletzt der neidische Partikularismus, der in allen Schulen gepflegt ward. Seit die Krone der Albertiner, die dem betörten Volke als die höchste aller irdischen Gewalten galt, dem schändlich verleumdeten preußischen Staate sich beugen mußte, ging den Massen, hier wie in Schleswig-Holstein, die politische Mannszucht verloren. Dies Zusammenwirken der Sozialdemokratie mit dem Partikularismus berechtigt uns zu guten Erwartungen; eine der Zukunft sichere Macht verbündet sich nicht mit einem Leichnam. Überall wo der langsame Verwesungsprozeß der Kleinstaaterei sich abspielt, entfaltet die Sozialdemokratie ihr Banner. Die Gedankenarmut dieser kleinen Kronen sieht dem gefährlichen Treiben untätig zu, rafft sich nur zuweilen zu einem planlosen und darum unfruchtbaren Einschreiten auf. In den kleinen thüringischen Staaten stand bei den letzten Wahlen diese Partei allein — freilich nur mit 14,5 Prozent der Stimmen — den Nationalliberalen gegenüber, und in dem verrotteten letzten Erbreiche der Welfen gewann sie 16 129 Stimmen unter 45 829. Überall geht der Sozialismus Hand in Hand mit dem vaterlandslosen Weltbürgertum und der Schlaffheit der Staatsgesinnung. Die Schweiz ist von der sozialistischen Bewegung fast ganz verschont geblieben, nicht allein weil sie der großen städtischen Mittelpunkte entbehrt, sondern auch weil eine starke eidgenössische Vaterlandsliebe dort in den Massen des Volkes lebt.

Die gelehrten Freunde des Sozialismus verweisen gern auf die englischen Chartisten, welche auch mit weltbürgerlichen Träumen begannen und doch endlich dem Vaterlande sich zu beugen lernten. Man übersieht dabei nur, daß das englische Inselvolk in seiner uralten Staatseinheit, seinem schroffen Nationalstolze Kräfte des Widerstandes besaß, welche unserem unfertigen, allen Einflüssen des Auslandes geöffneten Reiche fehlen. Man übersieht desgleichen, daß der Chartismus von Haus aus englisch war, während die deutsche Sozialdemokratie durch eine Rotte heimatloser Verschwörer vom Auslande her geleitet wird. Hat sich etwa die Sozialdemokratie in dem Jahrzehnt ihres Bestehens dem Gedanken des nationalen Staates irgendwie genähert? Nein, sie ist ihm von Jahr zu Jahr feindseliger entgegengetreten. Lassalle schwärmte doch noch für die deutsche Einheit, nur daß er in dieser, wie in allen politischen Fragen sich als ein falscher Prophet erwies. Er erwartete die Vernichtung der Kleinstaaterei von dem Siege der „Arbeiter" und der Niederlage der „Bourgeoisie". Der wirkliche Verlauf der deutschen Revolution war bekanntlich das genaue Gegenteil. Unsere Einheit ward gegründet durch die Krone Preußen und ihr Heer, sie ward vollendet durch die politische Arbeit der gebildeten Klassen, durch die angeblich reaktionäre „Bourgeoisie", während die partikularistische Reaktion noch heute in dem Adel der Kleinstaaten und in dem „eigentlichen Volke" Lassalles ihre einzige Stütze findet. Gleichviel, Lassalle glaubte noch an Preußens deutschen Beruf. Seit seinem Tode gilt die freche Verhöhnung des deutschen Staates als das Kennzeichen des gesinnungstüchtigen Sozialdemokraten.

Der praktische Politiker kann zwischen den beiden Koterien der Partei, den Eisenacher Ehrlichen und den Lassalleanern durchaus keinen wesentlichen Unterschied entdecken. Die unsterblichen Prügeleien zwischen den verschiedenen männlichen und weiblichen Linien der Sozialdemokratie sind nichts als ein erbärmlicher persönlicher Zank, nicht wert von einem verständigen Manne beachtet zu werden, und sie müssen fortdauern solange die Partei besteht. Denn da der rohe Materialismus alle gemeinen Leidenschaften wachruft, so tritt auch die Herrschaft der Führer in schamloser Frechheit hervor; und da diese Köpfe beständig auf dem Gebiete des Unwirklichen umherschwirren, so können ihre Glaubenssätze bestenfalls nur subjektive Gemütswahrheiten sein, unbeweisbar wie die Dogmen der Theologie und, wie diese, unendlichen Streit gebärend. Die persönliche Stänkerei liegt im Wesen des Sozialismus, wie die Geschichte Frankreichs genugsam beweist. Hüten wir uns vor dem Wahne, als ob solche armselige Streitigkeiten und die schmutzigen Enthüllungen, welche ihnen zu folgen pflegen, das Ansehen der Führer und ihren Einfluß auf die Massen jemals erschüttern würden; aber hüten wir uns auch vor dem gutmütigen Glauben, daß irgendeine dieser Koterien dem deutschen Staate minder feindlich ist als die anderen. Der gerühmte „Föderalismus" der Eisenacher läuft tatsächlich darauf hinaus, daß Herr Karl Marx von England aus sie als unumschränkter Diktator beherrscht, mächtiger als irgendein Häuptling der Lassalleschen „Zentralisten". Und wenn der „Neue Sozialdemokrat" gegen das Deutsche Reich etwas weniger schamlos schimpft als der „Volksstaat", so ist bei einiger Menschenkenntnis der Grund leicht zu entdecken. Das Berliner Blatt hat sich zu hüten vor einer Polizei, welche rascher zugreift als die Leipziger; und seine Redakteure wissen sehr wohl, daß sie preußischen Lesern gewisse grobe Zynismen nicht bieten dürfen, welche der thüringische und sächsische Leser des „Volksstaats" mit partikularistischer Schadenfreude verschlingt. Die Gesinnung bleibt hier wie dort die gleiche. Mögen die einen den demokratischen Volksstaat als das Mittel ansehen zur Verwirklichung der wirtschaftlichen Gleichheit, die anderen umgekehrt den politischen Sieg des Radikalismus erst von der neuen Ordnung der Volkswirtschaft erwarten, das einzig Feste in diesem Meere der Phrasen ist die Zerstörung des monarchischen deutschen Staats. Die Partei erstrebt kurz und gut den politischen Umsturz, und will sie ehrlich sein, so muß sie, wie die Republica social von Barcelona, auf ihr Banner schreiben: Abajo el esistente! Sie lebt in einer Traumwelt von wo keine Brücke hinüberführt zu der Rechtsordnung der Gegenwart.

Die selbsttätige Teilnahme der Bürger an der Verwaltung ist ihr Klassentyrannei, weil jede Selbstverwaltung aristokratisch ist im guten Sinne; der Parlamentarismus gilt ihr als ein Gaukelspiel, darum zeigt sie auch auf parlamentarischem Boden eine vollendete Unfruchtbarkeit. Ich kann von mir selbst wie von vielen anderen Reichstagsmitgliedern versichern, daß wir in das Haus eintraten mit dem ehrlichen Willen, etwas zu lernen von unseren sozialdemokratischen Genossen. Und was lernten wir? Immer wieder dieselben abgestandenen allgemeinen Redensarten über die Klassenherrschaft, bald in leidlich anständiger Form, bald also mit verständlichen Drohungen gewürzt, daß ein durchdringender Petroleumgeruch das hohe Haus erfüllte. Selbst als die große „Arbeiterfrage" der Gewerbeordnung dem Norddeutschen Reichstage vorlag, wußten die Herren Schweitzer und Bebel nur bei wenigen geringfügigen Paragraphen einen praktisch brauchbaren Gedanken vorzubringen. Die Partei steht eben außerhalb unserer Verfassung; sie beweist dies täglich durch ihre Bundesgenossen. Noch heute blasen einzelne Schildknappen der roten Reaktion tapfer in das Horn der

Sozialdemokratie; und denke man noch so mild über die Taktik der Fraktionen der Minderheit, welche naturgemäß überall sich zu verbünden suchen — das Buhlen der Ultramontanen mit dem Sozialismus wirft doch ein grelles Licht auf die staatsfeindliche Natur beider Parteien. Mir ist der Geist der Gesellschaft Jesu selten so deutlich entgegengetreten, wie aus den Arbeiterreden der Herren v. Ketteler und Moufang. Welch ein Meisterstück, jene Predigt, die im Jahre 1869 von dem Mainzer Bischofe auf der Liebfrauenheide vor den Arbeitern der Offenbacher Gegend gehalten und dann in Essen und anderen katholischen Fabrikplätzen massenhaft verbreitet wurde! Die liberale Nationalökonomie, heißt es da, hat den Arbeitern die Menschenwürde geraubt, aber — ob in hiesiger Gegend der Arbeiter Grund habe zu Beschwerden, das vermag ich nicht zu beurteilen. Und so weiter: zuerst flammende Zornreden wider die hartherzige Geldgier der Besitzenden, wider „das grauenvolle Schuldenwesen der modernen Staaten", und dann ein züchtiges Niederschlagen der frommen Augen und die brünstige Versicherung, die anwesenden Arbeiter gegen ihre Unternehmer aufzuhetzen sei keineswegs die Absicht des sanften Gottesmannes! —

So entfremdet der Sozialismus seine Genossen dem Staate, dem Vaterlande, und statt dieser Gemeinschaft der Liebe und Ehrfurcht, die er zerstört, bietet er ihnen die Gemeinschaft des Klassenhasses. Die Natur des modernen Staats drängt zur Ausgleichung der Standesunterschiede. In allen Schichten der Gesellschaft gilt heute das Standesgefühl nur noch wenig neben dem Bewußtsein des Staatsbürgertums, der Vaterlandsliebe. Allein in den niedersten Klassen bemüht sich eine gewaltsame Agitation einen prahlerischen Standesstolz großzuziehen. Und durch welche Mittel! So hündisch ward noch nie ein Perserfürst umschmeichelt wie „das eigentliche Volk" der Sozialdemokratie. Alle die verächtlichen Künste des französischen Radikalismus der vierziger Jahre werden aufgeboten um in der Masse einen bodenlosen Dünkel zu erwecken. „In der Unabhängigkeit des Arbeiters von der öffentlichen Meinung, sagt Lassalle, liegt seine geistige Überlegenheit und sein Beruf zur Umgestaltung des Bürgertums!" Gewiß ist der sozialistische Arbeiter unabhängig von der öffentlichen Meinung der liberalen Presse, doch nur, weil er der öffentlichen Meinung seiner Demagogenblätter sklavisch dient. Der blinde Buchstabenglaube dieser mißleiteten Scharen steht um nichts höher als der Fanatismus jener frommen Rheinländer, die sich an dem Anblick stigmatisierter Jungfrauen erbauen. In Antwerpen wurde mir vor einigen Jahren ein Flugblatt der Internationale in die Hand gedrückt, das die makkers auffordert zum Befreiungskampfe wider die gelddorstige Malthuzianen. Was in aller Welt mögen sich die wackeren flämischen Fabrikarbeiter gedacht haben bei dem Namen des geistvollen und menschenfreundlichen Denkers, den Karl Marx „den Pfaffen Malthus" schimpft! Der Gegensatz des popolo grasso und des popolo minuto, der nur in den engen Mauern italienischer Kommunen eine Zeit lang bestand, wird künstlich hinübergetragen in die vielgestaltige Mannigfaltigkeit der modernen Gesellschaft mit der Unzahl ihrer Klassen und Übergangsklassen.

Was ist denn dieser „Arbeiter", dem die Zukunft gehört? Was ist der vierte Stand? Wer die Macht der Bildung recht zu würdigen weiß, wird unter dem Namen des vierten Standes jene Schichten der Gesellschaft zusammenfassen, welche vorwiegend mit dem Körper tätig sind, an dem geistigen und dem politischen Leben der Nationen erst in zweiter Reihe teilnehmen. Dieser „Stand“ umschließt also eine unübersehbare Menge kleiner Gruppen von grundverschiedenen Interessen, er umschließt namentlich zwei große Klassen, die einander oft in bitterer Feindschaft bekämpfen: die Masse des Landvolks und die Fabrikarbeiter. Mit diesem aus dem Leben geschöpften Begriffe weiß freilich die Lehre des Klassenhasses nichts anzufangen, sie erklügelt einen unversöhnlichen Gegensatz von Arm und Reich, erklärt den vierten Stand als die zum sozialen Selbstbewußtsein erwachte Armut — in erfreulicher Übereinstimmung mit dem konservativen Salonpublizisten Riehl, der schon vor zwei Jahrzehnten dieselbe Definition aufstellte. Aber die moderne Welt denkt Gott sei Dank noch nicht so materialistisch wie ihre Theoretiker. Hunderttausende armer und zufriedener Menschen wollen und werden nicht zum Selbstbewußtsein der Armut erwachen; tausend andere zählen sich selber, trotz ihrer Armut, mit vollberechtigtem Selbstgefühl zu den höheren Ständen, weil sie den Neid verachten, und die Gemeinschaft edler Bildung ihnen wichtiger ist, als die Schwere des Geldbeutels. So bleibt den Sozialisten als vierter Stand nur übrig — die bunte Masse derer, welche mit der bestehenden sozialen Ordnung zerfallen sind, weil sie in engen Verhältnissen leben und, durch Schuld oder Unglück, wenig Aussicht haben emporzusteigen.

Und wer ist denn der gelddurstige Malthusianer? Wer jener hartherzige Unhold, der die Arbeiter ausbeutet? Die „Bourgeoisie“! Dies unübersetzbare und dem deutschen Arbeiter unaussprechliche Fremdwort sagt alles. Wir haben Frankreich geschlagen und unseren Staat längst befreit von den Formeln ausländischer Doktrinen. Nur die deutsche Sozialdemokratie nährt sich nach wie vor von dem Abhub französischer Tische. Vor drei Jahren sah der deutsche Sieger von den Höhen um Paris die Kämpfe der Kommune; dieselben Lehren, welche dort ihre gräßliche Verwirklichung fanden, werden ihm heute in der Heimat als neue Heilswahrheiten gepredigt. Mit einer Unbefangenheit, die bei den einen aus naiver Unkenntnis, bei den anderen aus der Frechheit entspringt, überträgt man die Schlagwörter der Klassenkämpfe des Julikönigtums auf Deutschland und redet, als suchten unsere besitzenden Klassen Schutz unter dem Regenschirme Ludwig Philipps. Und doch liegt der wesentliche Unterschied zwischen dem Staatsleben der beiden Nachbarvölker grade in ihren sozialen Verhältnissen. Wir haben die blutigen Klassenkämpfe der Franzosen in unserer neuen Geschichte nie erlebt und wir werden sie auch nicht erleben, wenn die Hohenzollern bleiben was sie immer waren und unsere höheren Stände nicht Kopf und Herz verlieren vor den Drohungen des Sozialismus. Die Arbeitermassen von Paris haben einst fünf Jahre lang mit diktatorischer Macht den französischen Staat regiert, sie haben sodann dreimal, 1830, 1848 und 1870 die Staatsgewalt über den Haufen geworfen und sind dreimal von den Besitzenden um die Früchte ihres Sieges betrogen worden. Die blutige Spur dieser gräßlichen Kämpfe zieht sich durch die gesamte neuere Geschichte der französischen Gesellschaft. Man öffne ein beliebiges Buch eines französischen Bourgeois-Nationalökonomen: wie vernehmlich klingt da in jedem Kapitel die Sorge des Trembleurs um den Beutel und der ererbte Haß wider die Plünderer, während die meisten Schriften des englischen Manchestertums auch dem Gegner Achtung abzwingen durch ihren ruhigen Ton, durch das tapfere „selbst ist der Mann", das sie zuversichtlich verkündigen. Als diese in gehässigen Klassenkämpfen verbildete Bourgeoisie nach der Julirevolution die Zügel des Staates in die Hand nahm, da begann ein Regiment ständischer Selbstsucht, das manche Sünden des französischen Sozialismus entschuldigt. Höhnisch ruft Guizot den Arbeitern zu: le travail est un frein; frohlockend nennen die Fabrikanten und Kaufleute in der Kammer sich selber die Feudalherren der neuen Gesellschaft. Für das Elend des kleinen Mannes hat die Staatsgewalt kein Auge; er muß zusehen, wie ihm die unentbehrlichsten Waren verteuert werden durch Schutzzölle, deren Ertrag in die Tasche der Unternehmer wandert, und wird durch parteiische Gesetze verhindert mit vereinten Kräften seine gerechten Ansprüche auf höheren Lohn durchzusetzen.

Wo ist nun die Ähnlichkeit zwischen diesem Systeme schmutziger Geldgier und unserem neuen Reiche? Wann hat denn jemals in Preußen eine wirtschaftliche Klasse den Staat für sich ausgebeutet, seit die Hohenzollern den ehernen Felsen ihres Königtums errichteten? Ist dieser Sieger von Königgrätz und Sedan etwa eine Puppe des deutschen Bürgertums, wie jener unkönigliche Kaufmann aus dem Krämergeschlechte der Orleans ein Werkzeug der französischen Bourgeoisie war? Ist dies Heer, dieser Adel, dies königliche Beamtentum im mindesten gesonnen den ehrgeizigen Parteien einer Bürgerkammer zu dienen? Darf man im Ernst behaupten, daß unser Staatshaushalt von einigen großen Bankherren abhängig sei? Und ist der deutsche Bürger nicht von ganz anderem Schlage als der französische Bourgeois? Unser Bürgertum hat viel, sehr viel verloren in den letzten Jahren, hat den lockenden Versuchungen einer Epoche fieberischer Spekulation wenig standgehalten; viele neue Vermögen sind entstanden, von unsauberen Händen durch verwerfliche Mittel angesammelt, und in einem Teile der Presse tritt die feile Habgier dieser Kreise, der Shylockscharakter der schlechteren Elemente unseres Judentums oft in häßlicher Gemeinheit auf. Neben solchen neuen Sünden bestehen noch die alten kleinlichen Gebrechen fort aus einer Zeit beschränkten Stillebens; selbstgefälliges Philistertum, ängstlicher Geiz und jener bequeme Schlendrian, der sich nur durch die Mahnungen der hohen Polizei an seine sozialen Pflichten erinnern läßt. Und trotz alledem bleibt der ungeheure Unterschied aufrecht, daß diese bürgerlichen Klassen nicht, wie in Frankreich, durch die wilden Kämpfe vieler Generationen den Massen des Volkes entfremdet sind; die Brücke der Verständigung ist noch nicht abgebrochen, eine Ausgleichung der streitenden Interessen bei ehrlichem Willen hüben und drüben sehr wohl möglich. Man betrachte die Verhandlungen des Norddeutschen Reichstags über die wirtschaftlichen Reformen. War das die Sprache einer selbstsüchtigen Klasse, welche das gemeine Recht zugunsten ihres Beutels zu verbilden trachtet? In einigen Paragraphen der Gewerbeordnung läßt sich wohl erkennen, daß die Interessen der Unternehmer im Reichstage stark vertreten waren; doch der heute längst durchschaute Hauptfehler jener Debatten lag nicht in der Klassenselbstsucht, sondern in der hoffnungsvollen Unerfahrenheit. Unsere alte Schwäche, die mit unseren starken Seiten so nahe zusammenhängt, trat wieder hervor: der ehrliche Doktrinarismus, der die Kehrseite seines unfehlbaren Systems nicht sah, ja zum Teil nicht sehen konnte. Und ist es denn nicht ein gutes Zeichen, daß alsbald nach dem Zeitraume der Gründungen in Parlament und Presse, überall in der öffentlichen Meinung eine sehr nachdrückliche

Reaktion des sittlichen Gefühls erwachte, daß die feilen Börsenblätter allgemeiner Verachtung verfielen, daß die Nation heute sich offenbar in einem Zustande ernster Selbstbesinnung befindet? Mit kurzen Worten, die deutsche „Bourgeoisie" der Sozialdemokraten ist ein verlogenes Zerrbild; wir aber wollen wahr sein, wir lassen uns nicht von frechen Demagogen die Blattern eines fremden Volks in unseren gesunden Leib einimpfen.

Bei der erregten Masse allerdings findet das Zerrbild Eingang; sie denkt sich unter dem „Bourgeois" ein unbestimmtes soziales Scheusal. In den Fabrikbezirken, wo die „Hände" in hellen Haufen der zentralisierten Kapitalmacht gegenübertreten, wo die prächtige Villa des Fabrikanten vom freundlichen Waldhügel auf den Rauch und Schmutz der Arbeiterstadt herniederblickt — überall wo die Extreme der Vermögensverteilung in unvermittelten Kontrasten erscheinen, entsteht dann leicht ein kriegerisches Klassenbewußtsein, das die Interessen und Wünsche der Fabrikarbeiter unbefangen als die „heilige Sache des Volks" betrachtet. Mit jedem Mittel der Lüge wird dieser Klassenhaß geschürt. Die Sozialdemokratie, so verkünden ihre Führer, kann und will nur eine Arbeiterpartei sein; und die eingeschüchterte öffentliche Meinung nimmt dies Geständnis als selbstverständlich hin, während doch jedermann weiß, daß eine rein ständische Parteibildung immer den öffentlichen Frieden stört, und eine Partei, welche nur Großgrundbesitzer, nur Fabrikanten aufnähme, alsbald der allgemeinen Entrüstung begegnen würde. Auch die Arbeitervereine des Sozialismus schließen den Arbeitgeber grundsätzlich aus. Der Klassenhaß muß aber im Kampfe geschult und gestärkt werden; zu diesem löblichen Zwecke dienen die Streiks. So gewiß die Arbeitseinstellung ein gutes Recht des wirklich bedrängten Arbeiters bleibt, und so gewiß der Heldenmut jener englischen Arbeiter, die um ihrer Standesehre willen grausame Entbehrungen ertrugen, die Bewunderung jedes ehrlichen Mannes verdient: ebenso sind viele Streiks unserer jüngsten Geschichte lediglich dem unerfahrenen Übermut entsprungen, der, aufgebläht durch einen ersten Erfolg, das Unmögliche zu fordern wagte. Viele andere waren das Werk gewissenloser Unruhstifter. Fast alle Fraktionen der Sozialdemokratie versichern bekanntlich, daß sie die Arbeitseinstellung aus Grundsatz verwerfen, und doch sind ihre Führer unermüdlich neue Streiks anzustiften. Es gilt den Klassenhaß zur Wut zu steigern, die Gewohnheit pflichtgetreuer Arbeit zu zerstören, das Rechtsgefühl der Masse zu verwirren durch die Vertragsbrüche, welche bei jeder Arbeitseinstellung mit unterlaufen. Die heidnische Unbefangenheit der Italiener findet oft das rechte Wort für das Geheimnis aller Welt: ihre Sozialisten nennen sich mit Stolz Petrolieri und bezeichnen die Arbeitseinstellung neuesten Stiles als sciopero, Faullenzerei. Die Gewöhnung an Müßiggang und Rechtsbruch, der wüste Klassenhaß und der beständige kleine Krieg gegen die allzu nachsichtige Staatsgewalt droht weite Kreise unseres Volkes ebenso tief zu verderben, wie das Unwesen der geheimen Gesellschaften den französischen Arbeiter verbildet hat. Gleichviel ob jene rohen Pöbelaufläufe, die im Frühjahr 1873 Frankfurt, Stuttgart, Mannheim heimsuchten, mit oder ohne Vorwissen der Führer des Sozialismus geschahen — der innere Zusammenhang zwischen jenem Unfug und dem Hetzen der Sozialdemokratie bleibt unverkennbar. Wenn man die Masse gewöhnt das Recht zu mißachten und die soziale Ordnung als eitel Fäulnis zu verhöhnen, so finden sich auch früher oder später die dreisten Gesellen, welche einmal versuchen wollen, was diese verfaulte Gesellschaft sich bieten lasse.

Vor allem die Wahlen der Sozialdemokratie beweisen, wie zerrüttend die Lehre des Klassenhasses zu wirken beginnt. Gutmütige Gelehrte preisen als ein rühmliches Zeichen deutschen Arbeiterstolzes, daß bei uns schon mehrmals „Arbeiter“ in den Reichstag gewählt wurden, während in Frankreich erst zweimal, in England erst einmal ein solcher Erfolg gelang. Sie bemerken nicht daß sie mit diesem Lobe gradeswegs hinsteuern zu den erleuchteten Anschauungen des Revolutionsministers Carnot, der im Frühjahr 1848 den Wählern Frankreichs erklärte: die alte Meinung, daß Besitz und Bildung den Abgeordneten wohl anstehe, sei ein reaktionärer Aberglaube. Dieser reaktionäre Aberglaube ist eben ein unveräußerlicher Grundgedanke des konstitutionellen Staats. Das normale Verhältnis bleibt immer, daß der Gewählte über dem Durchschnitt seiner Wähler steht. Wenn die sozialistischen Arbeiter heute grundsätzlich ihre Stimmen an halbgebildete Männer geben, welche den Pflichten eines Abgeordneten nicht gewachsen sind und im Parlamente die Gesinnung des Wahlkreises nicht wirksam zu vertreten vermögen, so ist dies Verhalten keineswegs ein Zeichen stolzer Standesgesinnung, sondern eine Wirkung des verbissenen Klassenhasses, der nicht glauben will, daß auch ein Nicht-Arbeiter die Interessen der Arbeiter gerecht und einsichtig wahren kann. Und am Ende läßt das Verfahren nicht folgerecht sich durchführen. Auch eine Arbeiterpartei bedarf gebildeter Führer; fast alle gefährlichen Demagogen der Geschichte gehörten nicht zu dem „Volke“, dem sie schmeichelten, die Leiter der deutschen Sozialdemokratie sind selbst „Bourgeois“. —

Genug, die Sozialdemokratie ist eine Partei der sittlichen Verwilderung, der politischen Zuchtlosigkeit und des sozialen Unfriedens. Von den wirtschaftlichen Zielen der Partei ein klares Bild zu geben, fällt nicht leicht, da sie beständig unter sich hadert und im Entwerfen neuer Pläne kein Ende findet. Gemeinsam bleibt allen Sozialisten die willkürliche Verachtung der gegebenen Tatsachen. In den Schriften der Fourieristen finden sich zuweilen naive Frag- und Antwortspiele wie dieses: Il serait bien heureux que cela fût vrai, mais qui le prouve? — Ce qui le prouve c'est qu'il serait bien heureux que cela fût! Von dem harmlosen Gottvertrauen dieser älteren Sozialisten ist ihren ungläubigen Nachfolgern allerdings nichts mehr übrig; doch geblieben ist der kindisch zuversichtliche Glaube, daß das souveräne Ich nur mit der Wünschelrute auf den Boden zu stampfen brauche um aller Schätze der Welt teilhaftig zu werden. Daß die Erde reich genug sei um allen ihren Bewohnern die Fülle des Glücks zu bieten, steht diesen Träumern fest; und doch zeigt jede ernsthafte statistische Prüfung, wie selbst in den reichsten Völkern das Gesamteinkommen kaum ausreicht um dem Durchschnitte der Menschen ein bescheidenes Dasein zu sichern. Die Menschheit hat durch die verbesserte Technik gelernt, eine größere Kopfzahl als je zuvor auf demselben Raume zu unterhalten; die modernen Völker danken dem Fortschritt der Wissenschaft das unschätzbare Glück, daß sie mit einiger Sicherheit in ihre Zukunft blicken können; wir fürchten nicht mehr, wie das Altertum, den Boden, der uns nährt, durch die Kulturarbeit der Jahrhunderte zu erschöpfen. Gleichwohl hält das Wachstum der Bevölkerung und ihrer Bedürfnisse unwandelbar die alte Regel aufrecht, daß die Mehrzahl der Menschen in beschränkten Verhältnissen leben muß, und die durchschnittliche Arbeitszeit sich nicht erheblich verringern kann. Auf dieser Kargheit der Natur ruht unsere Gesittung; denn sie allein bewirkt, daß die niederen Bedürfnisse der Menschheit durch harte Arbeit jederzeit befriedigt und dadurch erst die idealen Werke der Kultur möglich werden.

Mit der Mißachtung der Tatsachen hängt jener Mangel an historischem Sinne zusammen, der alle Sozialisten auszeichnet. Sie alle zerreißen mutwillig die Kette der Zeiten, sie ahnen nichts von dem Fortwirken der Vergangenheit in der Gegenwart und beginnen die Geschichte mit dem heutigen Tage. Selbst Rodbertus, der Geistvollste der deutschen Sozialisten, ein konservativer Denker, der von den Ausschweifungen der Sozialdemokratie sich immer vornehm fernhielt, kommt von dieser Schwäche nicht los. Sein Ideal, das „reine Einkommenseigentum", das an die Stelle des Kapital- und Grundeigentums treten soll, vernichtet doch jeden Zusammenhang zwischen der lebenden und den vergangenen Generationen, so mild und schonend auch der geistreiche Mann den Übergang einrichten will, und bricht ebenso willkürlich mit der Geschichte, wie das „auf eigene Arbeit gegründete Eigentum", wovon Karl Marx träumt. Lassalle bezeichnet in seinem Vortrage über Verfassung als die Aufgabe der wahren Sozialwissenschaft: „alles aus sich selbst abzuleiten", das will sagen: dem historisch Gewordenen einen willkürlichen Sinn unterzuschieben, der mit den Dogmen des Sozialismus übereinstimmt. So zeigt er denn vergnüglich, wie die unergründliche Schlauheit monarchischer Herrschsucht den Begriff „Kriegsherr" erfunden habe um sich die Macht im preußischen Staate zu sichern — während doch jedes Kind weiß, daß die Hohenzollern das preußische Heer geschaffen haben, und ihre Kriegsherrlichkeit nicht ein erfundener Begriff, sondern eine durch redliche Arbeit verdiente Wirklichkeit ist. Dieselbe knabenhafte Dreistigkeit, die das Historische mit Füßen tritt, kehrt in jeder Schrift der Sozialdemokratie wieder. „Die ganze überlieferte Weltgeschichte ist im Sinne der Herrscher, der Fürsten und der siegreichen Parteien gefälscht" — so versichert F. A. Lange und spricht damit das Herzensgeheimnis des Sozialismus aus. Natürlich lohnt es nicht der Mühe, diese gefälschte Überlieferung ernsthaft zu durchforschen, natürlich genügt es, einige Sätze, die in das System passen, aus dem Gewirr der Tatsachen herauszuheben. Und das eigentliche Ergebnis der Geschichte ist bekanntlich, nach Karl Marx, daß die Kapitalmächte der Gegenwart auf der Sklavenarbeit ruhen, woraus denn die klare Notwendigkeit folgt, mit dem Wahnsinn der Jahrtausende schleunigst aufzuräumen.

Doch leider bewegt sich die wirkliche Geschichte selten auf der schnurgeraden Straße, welche der konstruierende Radikalismus für die einzig mögliche hält, sie zieht gemeinhin die Spirallinie vor. Alle Welt weiß, im dreißigjährigen Kriege gingen etwa zwei Drittel unseres Volkes und ein noch größerer Teil seines Vermögens zugrunde. Erst um das Jahr 1840 gelangte Deutschland wieder auf die Stufe des Wohlstandes, die wir um 1618 schon erreicht hatten. Der weitaus bedeutendste Teil unseres Volksvermögens ist in den jüngsten zwei Jahrhunderten erworben, seine Entstehung läßt sich wenn nicht mit voller Sicherheit, so doch ohne grobe Irrtümer verfolgen; denn in einer so nahen Vergangenheit ist die Fälschung der überlieferten Weltgeschichte ziemlich leicht erkennbar, selbst für minder scharfe Augen als Herr Lange zu besitzen glaubt. Wer hat nun dies deutsche Volksvermögen geschaffen? Ein zünftiges Bürgertum, dessen harte Arbeit lange Jahrzehnte hindurch den besten Inhalt unserer Geschichte bildete, das im Schweiße seines Angesichts langsam emporstieg aus grauenhaftem Verfall und also endlich fähig ward, das Geschenk seiner Könige, die Gewerbefreiheit zu ertragen. Daneben ein völlig verwildertes Landvolk, das durch die Zucht der Monarchie zu rüstigem Schaffen angehalten und mit den Elementen menschlicher Bildung wieder vertraut wurde und endlich, ebenfalls durch das Königtum und die erwachte Vernunft der höheren Stände, die Freiheit des Leibes und der Scholle empfing. Dies sind die Sklaven, welche das deutsche Kapital schufen. Die Behauptung von Karl Marx, das moderne Großkapital sei durch die tyrannische Ausbeutung der Arbeitskräfte Asiens und Amerikas entstanden, ist sogar für England und Holland unwahr, für Deutschland einfach lächerlich. Wie unser schwer geprüftes Volk erst im neunzehnten Jahrhundert die Kraft fand, die politischen Ideen des Zeitalters der Reformation zu verwirklichen, so ist auch die neue Welt für Deutschland erst vor zwei Menschenaltern wirklich entdeckt worden. Jener armselige Passivhandel, der uns vor hundert Jahren mit den Waren der Kolonien versorgte, hat vielleicht in Holland den Reichtum einiger großer Firmen gegründet, das deutsche Großkapital ruht nicht auf ihm. Und weil wir mit gutem Gewissen auf diesen redlich erarbeiteten jungen Wohlstand blicken dürfen, darum besitzt er auch die Kraft, sich zu behaupten gegen die Pläne der Phantasten und der Plünderer. —

Gemeinsam ist ferner allen modernen Sozialisten ein katholisch-hierarchischer Zug des Denkens, der wieder auf den französischen Ursprung dieser Lehren zurückweist. Die tiefe Verwandtschaft zwischen der Bureaukratie, dem rohen Schutzzollsystem und dem Sozialismus hat schon Cavour mit genialer Sicherheit durchschaut. Diesen Freiheitsaposteln fehlt der Glaube an die Freiheit. Sie sehen nicht, daß jede wahre Freiheit sich selber Grenzen zieht, daß mit der freien Bewegung der sozialen Kräfte zugleich die sittlichen Schranken wachsen, welche die öffentliche Meinung denkender Völker der Willkür des einzelnen entgegenstellt. Sie wollen, gleich der katholischen Kirche, durch äußeren Zwang eine sittliche Ordnung herstellen, die nur von innen heraus, durch die Wandlung der Sitten und der Bildung verwirklicht werden kann. Sie denken, wie einst die französische Republik, „die Abschaffung des Elends durch die Liebe" von Staatswegen zu erzwingen. Dabei erwarten sie beständig, nach Franzosenart, einen großen Wundertag der Revolution, eine neue Vierte-Augustnacht, die mit einem Zauberschlage „die Enteignung der Enteigner" herbeiführen soll. Karl Marx weissagt: wie der Unabhängigkeitskrieg der Amerikaner das Signal gab für das Erwachen des dritten Standes, so läutet der amerikanische Bürgerkrieg die Sturmglocke für den vierten Stand; und Lassalle übersetzt diese Phrase in die Bildersprache demagogischer Rhetorik, läßt die Arbeiterfrage an die Pforten der kapitalistischen Gesellschaft klopfen als ein gepanzertes Weib „mit wild wehendem Lockenhaar, erzene Sandalen an den Sohlen". Solche Redensarten waren noch vor drei bis vier Jahrzehnten ihres Eindrucks sicher, als Lamartines Geschichte der Girondisten für ein historisches Werk galt, und die radikalen Poeten des „jungen Deutschlands", die Prosa des Bürgertums verhöhnend, die Poesie allein auf den Höhen und in den Tiefen der Gesellschaft suchten. Heute wissen wir aus schmerzlicher Erfahrung, daß es auf der Welt keine gröbere Prosa gibt als die tierische Wildheit einer Pöbelbewegung. Wir danken dem Schicksal, das uns Deutschen bisher die Orgie eines vierten August erspart hat, und wie einst Stein und Hardenberg die lebenskräftigen Gedanken der französischen Revolution ohne Lärm und Prunk auf gesetzlichem Wege in Preußen einführten, so sind auch wir gewillt, dem alten Charakter unseres Staates treu zu bleiben.

Die Notwendigkeit hierarchischer Organisation der Arbeit wird von allen Sozialisten begründet mit der zuversichtlichen Behauptung, die freie Konkurrenz führe notwendig zur Anhäufung des Kapitals in wenigen Händen. Diesem Schreckbilde der absoluten Börsenherrschaft ruft man entgegen: plus d'exploiteurs, rien que des travailleurs! Keine Hütten und keine Paläste, keine Luxusindustrie und keine Dienstboten, nur ein einziger behäbiger und gebildeter Mittelstand; dann wird mit dem allgemeinen Wohlstand auch die höchste Blüte der Kunst und Wissenschaft sich entfalten — während die oberflächlichste Geschichtskenntnis lehrt, daß die Kunst eine stolze Aristokratin bleibt, und die annähernd gleichmäßige Verteilung des Volksvermögens ohne das allgemeine Banausentum, ohne die Mittelmäßigkeit der Gesittung nicht denkbar ist. Dieser allgemeine Mittelstand der Zukunft soll erzogen werden durch das bekannte enseignement intégral, das den Arbeiter über den Adel und das Bürgertum emporheben wird — womit freilich wieder eine neue Aristokratie geschaffen wäre. Einzelne starke Geister fliegen noch höher und verlangen eine „umgekehrte" Erziehung, dergestalt, daß die Begabten wenig, die Dummen reichlich unterrichtet werden — offenbar eine Erinnerung aus dem kommunistischen Reiche der Inkas, wo man die Schädel der Kinder um der Gleichheit willen zusammenpreßte. Bakunin aber spricht wieder das letzte Wort und beteuert: wenn nur erst alle Menschen, Mädchen und Knaben, durchaus gleich erzogen werden, so wird sich alsbald zeigen, welchem törichten Aberglauben die Welt verfallen war, als sie noch von Talenten redete; was man so nannte, beruhte nicht auf einem natürlichen Unterschiede, sondern auf der Verschiedenheit der Entwicklungsbedingungen!

Es kann mir nicht beikommen, über die viehische Roheit solcher Pläne ein Wort zu verlieren. Nur die Voraussetzung, worauf sie fußen, ist der Prüfung wert: die in weiten Kreisen geteilte Befürchtung, als ob die soziale Freiheit einen unvermittelten Gegensatz von wenigen Überreichen und zahllosen Armen hervorrufen würde. Der Übergangszustand, darin wir leben, drückt und beängstigt die Geister. Unsere Volkswirtschaft hat noch bei weitem nicht die Höhe erreicht, welche der politischen Macht des deutschen Reichs entspräche; sie leidet zugleich unter der beschränkten Ärmlichkeit einer überwundenen und unter den ungewohnten großen Verhältnissen einer werdenden Epoche. Deutschland und vornehmlich sein Osten ist augenblicklich, alles in allem, das teuerste und das unbehaglichste Land Westeuropas. England und Frankreich, Holland und die Schweiz, ja, wenn man die Sitten des Südens bedenkt, sogar Ober- und Mittelitalien sind uns in dem Behagen des täglichen Lebens, in den Künsten des Komforts entschieden überlegen. Unser Verkehr schleppt noch eine Menge geiziger Kleinkrämergewohnheiten mit hinüber in die Tage des Großbetriebs. Ein großer schweizer Geschäftsmann, ein warmer Freund Deutschlands, versicherte mir einst: im Geschäfte ziehe er die Franzosen vor; die Deutschen zahlten unregelmäßig und oft mit schlechtem

Gelde, knauserten bei ihren Lieferungen usw. Aus dem Reichslande ertönt heute allgemein dieselbe Klage. Die genaue Ehrlichkeit und die reichliche Solidität, welche die durchgebildete Volkswirtschaft auszeichnen, sind bei uns noch wenig entwickelt; man kommt noch nicht los von der alten Gewohnheit langer und unsicherer Zahlungsfristen, womit ein schwunghafter Großbetrieb nicht bestehen kann. Die Arbeitsteilung erscheint selbst in der Großindustrie oft noch sehr mangelhaft; der deutsche Fabrikant ist nicht selten nebenbei Detailverkäufer, macht seinen besten Kunden selber Konkurrenz. Über dies Land und seine junge unfertige Kultur ist nun durch ein verhängnisvolles Zusammentreffen zur selben Zeit die volle Freiheit des Wettbewerbs, die moderne Massenproduktion mit ihrem raschen, billigen, ungründlichen Schaffen und zugleich eine Epoche zügelloser Spekulation und einer unerhörten Entwertung des Geldes hereingebrochen. Der Übergang auf eine höhere Stufe wird überall nur um den Preis sozialer Wirren errungen. Verglichen mit den älteren Erfahrungen Englands und Frankreichs erscheint die deutsche Krisis nicht unerträglich; doch wir stehen noch mitten darin und empfinden schmerzlich ihre Härten. Die neugebildeten großen Vermögen stechen grell ab von den bescheidenen Gewohnheiten des gestrigen Tages, die hohen Preise stehen in auffälligem Mißverhältnis zu den noch immer wenig verfeinerten Genüssen, die auf ein festes Einkommen Angewiesenen sehen sich plötzlich auf eine niedere Sprosse der sozialen Leiter herabgestoßen. Kein Wunder, daß die erschreckte öffentliche Meinung diese große, durch mannigfaltige und schwer verständliche Kräfte bedingte Umwälzung auf eine einzige Ursache zurückführen will. Sie sucht nach einem Schuldigen, sie hält sich mit der Hast der Leidenschaft an das alte bequeme is fecit cui prodest; und so ertönen neben wohlberechtigten Zornreden wider den frivolen Schwindel der jüngsten Jahre auch wilde Anklagen gegen das Großkapital, die um nichts verständiger sind als die Klagen der Zeitgenossen Luthers über die Fuggerei.

Offenbar besitzt Deutschland auch jetzt noch nicht genug große Kapitalien, wenngleich wir manche schimpflich erworbene Vermögen neuesten Ursprungs gern verschwinden sähen. Wir brauchen noch weit mehr große Vermögen, wenn wir den Platz einer Großmacht auf dem Weltmarkte dauernd behaupten und unser tägliches Leben reicher und stattlicher gestalten wollen. Diese Kapitalansammlung, die vor unseren Augen sich vollzieht und auch in Zukunft anhalten wird, bewirkt in einem wacker arbeitenden Volke keineswegs, daß nur Cotton-Lords und Proletarier einander gegenüberstehen. Der stetige Gang der Geschichte liebt das Entweder-oder des Radikalismus nicht. Wir haben vor England den unschätzbaren Vorzug eines zahlreichen freien Bauernstandes voraus. Überall wo dieser kleine Grundbesitz von alters her überwiegt, hat er in den letzten Jahrzehnten nicht abgenommen; die intensive Wirtschaft des kleinen Bauern hat den Wettbewerb des großen Kapitals bisher glücklich bestanden. Nur in den Landschaften des Nordostens ist die Gefahr des Latifundienwesens vorhanden; sollte sie drohend werden, so wird ein Staat, der seit Jahrhunderten den Bauern wirksam gegen den Ritter beschützt hat, durch volkswirtschaftliche Theorien sich gewiß nicht hindern lassen, seine alte Agrarpolitik in zeitgemäßen Formen wieder aufzunehmen. Die leidlich gesunde Verteilung des Grundvermögens verbürgt uns, daß Industrie und Handel in Deutschland niemals einen so unverhältnismäßigen Teil der Volkskräfte beschäftigen werden wie in England. Auch auf diesen Gebieten wirkt das Großkapital zwar mit überlegener Kraft, doch keineswegs mit so schrankenloser, zerstörender Übermacht, wie der Sozialismus fabelt. Am Niederrhein, im Erzgebirge, in weiten Strichen Süddeutschlands behauptet sich noch eine schwunghafte Hausindustrie neben den Fabriken, nur daß sie lernen muß den veränderten Bedürfnissen des Marktes sich zu fügen. Viele Zweige der Fabrikation zerstören nicht das Handwerk, sondern geben ihm Beschäftigung und neue Aufgaben. Das ganze weite Gebiet des kleinen Verkehrs wird immer in den Händen eines mäßig begüterten Mittelstandes bleiben.

Die Einwirkung des Staates auf die Verteilung des beweglichen Vermögens kann ein sehr bescheidenes Maß nicht überschreiten, ohne den Unternehmungsgeist zu lähmen und die Rechtsbegriffe zu verwirren. Selbst das Altertum, das der Staatsgewalt einen weit größeren Spielraum einräumte als die germanische Welt, hat diese Wahrheit erprobt. Die nach hellenischen Begriffen freie Volkswirtschaft Athens blühte glänzend auf, brachte dem Staate einen leidlichen Zustand sozialen Friedens. Der gewaltsame Sozialismus des spartanischen Staates ertötete Handel und Wandel, und als das Ansehen der Gesetze schwand, brach der künstlich darniedergehaltene Erwerbstrieb in gräßlicher Wildheit durch; es entstand eine rohe Knechtung der Armen durch die Reichen, welche die Freiheit der Athener nie gekannt hat. Kein Gesetz und kein Seherwort wird die Bildung der gewaltigen Vermögen verhindern, deren die neue Volkswirtschaft bedarf; ihre Zeit ist gekommen. Wer diese Notwendigkeit einsieht, muß auch einige der Mißbildungen ertragen, welche sie mit sich führt. Niemand wird die Geschichte des Hauses Rothschild lesen ohne eine lebhafte Anwandlung kommunistischer Gelüste zu verspüren. Wie dieser alte Amschel das mit dem Blute der verkauften Landeskinder erworbene Vermögen des hessischen Kurfürsten aufbewahrte, wie dann die für die Befestigung des deutschen Oberrheins bestimmten Millionen jahrzehntelang der Bereicherung dieser Firma dienten, wie die zweideutigen Finanzoperationen Österreichs und anderer bankrotter Staaten ihr immer neue ungeheure Gewinste brachten — — genug, die Weltgeschichte hat schönere Blätter. Unbestreitbar ist hier das wünschenswerte Maß der Kapitalanhäufung längst überschritten. Und doch, wenn der Staat sich unterfinge, ein „bis hierhin und nicht weiter" auszusprechen, eine Grenze des erlaubten Vermögens aufzustellen, die er weder mit Sicherheit bezeichnen, noch mit Erfolg aufrechthalten kann, so wäre nicht bloß der Besitz des Millionärs, sondern auch der Sparpfennig des Arbeiters bedroht. Tritt der Wahrer des Rechtes selber das Recht mit Füßen, lediglich aus Zweckmäßigkeitsgründen, nicht entschuldigt durch einen allgemeinen Notstand, dann ist jedes Band der Gesellschaft zerrissen. Eine immer wiederkehrende Erfahrung lehrt, wie selten solche Kapitalmassen auf die Dauer in einem Hause vereinigt bleiben; ist doch selbst der Weltreichtum der Fugger nach wenigen Generationen in bescheidene Teile zerfallen.

Wichtiger ist uns die trostreiche Tatsache, daß Begabung und Neigung den modernen Geldadel sehr wenig befähigen zur Leitung der Staaten. Das scheint im Blute zu liegen. Politisches Talent und politischer Ehrgeiz finden sich wohl unter den Patriziergeschlechtern einiger Städte von reichsstädtischem Gepräge, doch auffällig selten unter den Emporkömmlingen der

Börse. Man kauft sich einige feile Zeitungen um die Geschäfte der Firma zu fördern, man arbeitet hinter den Kulissen des Hofes und des Parlaments für denselben Zweck. Durch solche Künste wird ein Staat der Selbstverwaltung nicht regiert; unsere Presse ist Gott sei Dank weit weniger mächtig als die österreichische, das deutsche Publikum beginnt dem naiven Aberglauben an die Zauberkraft des gedruckten Wortes zu entwachsen. Opfer zu bringen, durch politische Arbeit politische Macht zu erwerben fällt den Männern der Börse schwerer als irgendeinem anderen Stande, die Kurse sind ihnen wichtiger als der Staat; daher das tiefe Mißtrauen des Adels, des Beamtentums, der Mittelklassen gegen diese Kreise. Wir haben die Gerechtigkeit unserer Gesetzgebung sorgsam zu behüten vor dem weitverzweigten mittelbaren Einflusse des Großkapitals; eine Herrschaft des Geldbeutels aber steht für Deutschland nicht in naher Aussicht. —

Solchen Erwägungen ist die erbitterte Masse leider unzugänglich; sie übersieht die ungeheure Zahl der mittleren Vermögen, welche verbindend zwischen das Großkapital und die Armut treten. Sie glaubt, nach den Versicherungen der Demagogen, daß ihr nur eine herzlose Kapitalmasse gegenüberstehe, die „sich vampyrmäßig durch das Einsaugen neuer Arbeit belebt", daß die höheren Stände im Vaterlande „wie in Feindesland leben", als die geborenen Gegner des kleinen Mannes. Und nun versucht man mit ruchloser Berechnung gerade das wichtigste rechtliche Band zu zerstören, das die Arbeiter an die soziale Ordnung bindet: den Arbeitsvertrag. Die hochgesteigerte Arbeitsteilung verringert leider unvermeidlich die Freude an der Arbeit. Wer nur als dienendes Glied einer großen Gemeinschaft tätig ist, beständig denselben Teil eines unverstandenen Ganzen schaffend, der verliert leicht den Glauben an die sittliche Würde der Arbeit. Er kann nicht mehr, wie jeder tüchtige Handwerker, in dem Werke seiner Hände ein Lebendiges sehen, das einige Züge seines eigenen Wesens an sich trägt; er fühlt sich selber nur als ein Rad in einer mächtigen Maschine; die Fabrik mit ihrem entseelenden Zwange, ihrer eintönigen Langeweile erscheint ihm als ein großes Sklavenhaus. Wie muß es auf solche nur zu natürliche Stimmungen wirken, wenn alle Lohnarbeit als eine Entwürdigung des Menschen, der Arbeitsvertrag als eine neue Form der Leibeigenschaft geschildert wird! Ersetzung des Arbeitslohnes durch den Arbeitsertrag — so lautet die Zauberformel, worin sich heute alle Sekten der Sozialdemokratie begegnen.

Der Arbeitsvertrag ist die natürliche Folge der Freiheit der Arbeit, der anerkannten Mündigkeit des Arbeiters. Während einst Gesetze, Zunftordnungen, Gewohnheitsrechte dem Belieben der Vertragschließenden enge Schranken setzten, überläßt der moderne Staat den mündigen Männern selbst, sich zu verständigen über ihre eigenen Angelegenheiten und von der Lage des Arbeitsmarktes Vorteil zu ziehen. Diese Freiheit ergibt sich notwendig aus dem Gedanken der Rechtsgleichheit; darum wird das demokratische Zeitalter, dem wir entgegengehen, den freien Arbeitsvertrag nicht aufheben, diese junge Institution ist vielmehr einer langen Zukunft sicher. Alle Versuche, einen natürlichen Arbeitslohn aufzufinden, sind gescheitert. Selbst der Verfasser des „Isolierten Staats", J. H. v. Thünen, einer der größten Köpfe der nationalökonomischen Wissenschaft, war mit diesem Unterfangen nicht glücklich. Form und Inhalt des freien Arbeitsvertrages entsprechen der Gerechtigkeit und dem wirtschaftlichen Interesse beider Teile.

Der Arbeitnehmer als der Ärmere verlangt nach einem gesicherten Einkommen; er läßt sich durch den Arbeitslohn nicht das Produkt seiner Arbeit bezahlen, dessen Wert vor der Hand noch ungewiß ist, sondern seine auf unbestimmte Zeit vermietete Arbeitskraft. Mag das Arbeitsprodukt unverkauft bleiben oder irgendwie sonst seinen Wert verlieren, der Arbeiter ist für die vertragsmäßig geleistete Arbeit seines Lohnes sicher. Dieser Lohn kann nur mäßig sein, nicht bloß weil er unter allen Umständen, selbst bei unglücklichen Spekulationen, gezahlt werden muß, sondern auch weil die Arbeitskraft an sich nur geringen Wert hat, solange sie nicht das Kapital findet, das sie beschäftigt. Der Arbeitgeber weist der in ihrer Vereinzelung hilflosen Arbeitskraft die Stelle an, wo sie wirken kann für die Gemeinschaft; er stellt ihr die Aufgaben, die sich aus den Bedürfnissen der Gesellschaft ergeben; er allein übernimmt die Gefahr des Unternehmens. Ihm steht die Wahl frei, welche der Arbeitnehmer nicht hat: ob er von seinen Zinsen bescheiden leben oder seine Arbeitskraft und sein Kapital einsetzen will für eine schwierige Unternehmung. Zieht er diesen gefährlichen Weg vor, so darf er von Rechtswegen neben der Verzinsung seines Kapitals einen hohen Unternehmergewinn verlangen. Meines Wissens hat zuerst H. v. Mangoldt nachgewiesen, daß nicht bloß der Grund und Boden, sondern jeder Faktor der Produktion, wenn er unersetzlich selten ist, eine Rente abwirft; wie die ausgezeichnete Arbeitskraft eine Arbeitslohnrente bringt, so hat der geniale Unternehmer Anspruch auf eine Unternehmergewinnrente.

Gegen diese einfachen und der natürlichen Billigkeit sofort einleuchtenden Wahrheiten führt nun der Sozialismus ein Heer von Anklagen ins Feld. Zunächst einige kabbalistische Redensarten über das Geld. Bei dem Namen des Geldes pflegt der Sozialist jede Besinnung zu verlieren; er sieht darin eine geheimnisvolle dämonische Macht, „Gott Vater in Person". Alle Zornworte, welche jemals ein Dichter wider die rasende Geldgier der Menschen ausgesprochen, werden hervorgesucht. Wenn Sophokles singt: οὐδὲν γὰρ ἀνθρώποισιν οἷον ἄργυρος κακὸν νόμισμα ἔβλαστε, so findet Karl Marx darin nicht eine poetisch eingekleidete Anklage gegen die Habsucht, er meint vielmehr, daß erst mit der segensreichen Erfindung des Geldes greuliche Sünden, die in Wahrheit von jeher bestanden, auf die Welt gekommen seien. Der Mensch soll entwürdigt werden, wenn seine Arbeitskraft einem elenden Stücke Geld gleichgestellt wird — als ob dies Stück Geld nicht auch ein Produkt menschlicher Arbeit wäre! Und was erhielte denn der Arbeiter, wenn er statt des Arbeitslohnes den von den Sozialisten versprochenen Arbeitsertrag empfinge? Wieder nur ein elendes Stück Geld, eine Geldsumme, die nach der Versicherung der Propheten größer sein soll, aber unter Umständen auch weit kleiner sein kann als der heutige Lohn. Als dem Freiherrn v. Stein zum ersten Male sein Gehalt aus der preußischen Staatskasse geschickt wurde, da warf er, sagt man, die Geldrollen auf die Erde und weinte vor Zorn. Der Auftritt hat etwas Rührendes; der Trotz des Reichsritters, die aus den Zeiten der Naturalwirtschaft überlieferte Vorstellung, als ob „Geldnehmen" bedientenhaft sei, bäumte sich auf in dem stolzen Manne. Und mit diesen längst überwundenen Adelsvorurteilen sucht heute eine gewissenlose Agitation die Massen zu erfüllen! Die allbekannte Tatsache, daß das Geld als das allgemein begehrte Tauschmittel seinem Besitzer eine starke wirtschaftliche Spannkraft gibt, ihn zu schlagfertiger

Benutzung der Konjunktur befähigt — diese einfache Tatsache wird in ungeheuerlicher Übertreibung dahin umgedeutet, als ob der Austausch von Arbeit gegen Geld nicht mehr ein ehrlicher Tausch von Ware gegen Ware, sondern eine schimpfliche Unterwerfung sei.

Nun hat leider die ältere Nationalökonomie selber dem Sozialismus eine schneidige Waffe geschliffen durch die berüchtigte Lehre: der gemeine Arbeitslohn könne auf die Dauer nicht höher stehen als die Kosten des notdürftigen Lebensunterhalts einer Arbeiterfamilie. Dies „eherne Gesetz", das Lassalle mit so großem Erfolge gegen seine Urheber gewendet hat, wurde oft mit einem empörenden protzenhaften Behagen verkündet, als wäre nichts Entsetzliches daran; man wiegte sich in dem bequemen Wahne, keine Arbeitseinstellung vermöge dies „Naturgesetz" umzustoßen. Heute erscheint es wohl der Mehrzahl der Denkenden fast unbegreiflich, wie nur ein so handgreiflicher Irrtum sich solange behaupten konnte. Das eherne Gesetz geht nicht nur, wie die gesamte abstrakte Volkswirtschaftslehre, von der Ansicht aus, daß die freie Konkurrenz im wirtschaftlichen Verkehre die Regel bilde — während der freie Wettbewerb tatsächlich einen ziemlich engen Spielraum hat und in allen Gewerben, die nur für den örtlichen Verbrauch arbeiten, nicht zur Herrschaft gelangt. Das Gesetz ist auch falsch unter der Voraussetzung der freien Konkurrenz. Der Preis der gemeinen Arbeit wird wie jeder Preis durch das Verhältnis von Angebot und Nachfrage bestimmt, er kann also nur dann auf das Maß der unentbehrlichsten Unterhaltsmittel herabsinken, wenn die Arbeitgeber auf die Dauer der stärkere Teil sind und ihre Überlegenheit mit rücksichtsloser Selbstsucht mißbrauchen. Das eherne Gesetz bezeichnet nicht die Regel, sondern nur den denkbar niedrigsten Stand des Arbeitslohnes. Daß dieser niedrigste Stand immer oder auch nur häufig eintrete, ist eine rein willkürliche Behauptung. Überall wo die Gesamtproduktion schneller wächst als die Kopfzahl der Bevölkerung, steht der durchschnittliche Arbeitslohn über seiner niedersten Grenze; und dies Verhältnis ist die Regel in allen rüstig arbeitenden Kulturvölkern.

Jeder erfolgreiche Streik, der den Arbeitslohn erhöht, widerlegt das eherne Gesetz; darum warnte Lassalle vor Arbeitseinstellungen, er wollte die Krone seiner Sophismen sich nicht vom Haupte schlagen lassen. Wie oft haben in den Lohnkämpfen der jüngsten Jahre die Arbeitnehmer das Feld behauptet! Die Mehrzahl der deutschen Fabrikanten weigert sich bereits feste Lieferungsfristen einzuhalten, weil niemand mehr auf die Arbeiter zählen kann; eine der größten Berliner Fabriken hat den gesamten Reingewinn des vergangenen Jahres auf die Erhöhung der Löhne verwenden müssen, und wieviele andere Unternehmungen sind aus demselben Grunde untergegangen! Nicht bloß die verbündete Arbeitermasse, auch der einzelne Arbeitnehmer kann je nach dem Stande des Marktes dem Arbeitgeber mit Überlegenheit entgegentreten; das lehrt in tausend lächerlichen Zügen die verkehrte Welt, die in unzähligen deutschen Häusern besteht, wo der Dienstbote die Gesetze gibt, die Herrschaft in stummer Verzweiflung sich unterwirft. In fünfundzwanzig Jahren legten nach Hubers Berechnung 6 Millionen englischer Arbeiter ein Kapital von 2500 Millionen Talern zurück. Man denke nur um wenige Jahrzehnte zurück, an die elende Bekleidung der Arbeitermasse Mitteldeutschlands in den Tagen unserer Kindheit; so erkennt man leicht, daß der Arbeiter allerdings imstande ist durch verständige Benutzung einer Lohnsteigerung seine Lebenshaltung dauernd zu verbessern. Dieser Satz hebt das eherne Gesetz auf, er hat sich oftmals zum Segen der niedern Stände bewährt und mag vielleicht in einer nahen Zukunft seinen schweren Ernst den deutschen Arbeitern zeigen. Die sozialdemokratischen Arbeiter pflegen die gewaltige Lohnsteigerung der letzten Jahre nicht der günstigen Konjunktur, sondern den Wühlerkünsten ihrer Führer zuzuschreiben; dieser Irrtum vornehmlich fesselt sie an die Demagogen. Wenn aber die heutige Geschäftsstockung anhalten sollte, wenn der durch die Sünden der Spekulanten wie der Arbeiter schwer geschädigte Ruf der deutschen Industrie sich nicht bald wiederherstellt, dann können die Arbeiter leicht zu ihrem Schrecken erfahren, daß die Lügen des Sozialismus ihnen das einzige wirksame Mittel zur nachhaltigen Verbesserung ihrer Lage aus der Hand geschmeichelt haben.

So dient das eherne Gesetz als ein Werkzeug, um in den Gemütern der Arbeiter hoffnungslosen Pessimismus, revolutionäre Entschlüsse zu erwecken. Zu demselben Zwecke wirkt eine andere plumpe Begriffsverwirrung. Offenbar werden unter dem Namen des Arbeitsvertrages zwei wesentlich verschiedene Verhältnisse zusammengefaßt. Wenn ich mir einen Reisesack zum Bahnhof tragen lasse oder einer Näherin ein Stück Zeug gebe um meinem Töchterlein ein Kleid zu machen, so liegt ein einfacher Tausch vor; die Arbeit erscheint schlechthin als Ware, das Geschäft ist beendigt mit der Auszahlung des bedungenen Lohnes, beide Teile sind und bleiben selbständig. Anders wenn der Arbeiter seine gesamte Arbeitskraft dem Unternehmer für eine bestimmte Zeit vermietet. Auch hier wie bei jenen kurzdauernden Arbeitsleistungen vollzieht sich ein Tausch von Ware gegen Geld, der nach den Regeln des Zivilrechts zu beurteilen ist; und es heißt das Kind mit dem Bade ausschütten, wenn man neuerdings behauptet hat, der Arbeitsvertrag stehe zu hoch um unter die Gesichtspunkte des Zivilrechts zu fallen, ja die gesamte Lehre vom Arbeitsvertrage sei nur eine willkürliche rationalistische Erfindung wie dereinst die Lehre vom ursprünglichen Staatsvertrage. Auch hier verfolgen beide Teile von Rechtswegen unbefangen ihren wirtschaftlichen Vorteil. Der Arbeitgeber entläßt unbedenklich eine Anzahl seiner Arbeiter, sobald er eine Maschine findet, welche mehr leistet, und der Arbeiter kündigt ebenso unbedenklich, wenn ihm anderswo höherer Lohn geboten wird. Aber ein solcher Arbeitsvertrag enthält noch weit mehr als das Versprechen eines Tausches; er begründet zugleich eine schwere persönliche Abhängigkeit. Der Arbeiter unterwirft sich für die Dauer der Arbeitszeit den Befehlen des Unternehmers, er verpflichtet sich mittelbar, seinen Aufenthalt und die gesamte Lebensweise seines Hauses nach den Bedürfnissen der Fabrik einzurichten, kurz er tritt in ein Verhältnis persönlicher Unterordnung, das die verfassungsmäßige persönliche Freiheit des Bürgers zerstören muß, wenn es nicht von beiden Teilen mit sittlicher Hingebung, mit Treue und Wohlwollen eingehalten wird.

Wie der Staat, um der Freiheit willen, jene wirtschaftliche Seite des Arbeitsvertrags nicht berühren, den Austausch von Arbeit gegen Geld nicht durch Lohnordnungen u. dgl. regeln darf, so ist er, gleichfalls um der Freiheit willen, verpflichtet, diesen sittlichen Inhalt des Arbeitsvertrages einer strengen Aufsicht zu unterwerfen und darüber zu wachen, daß die Abhängigkeit des Arbeiters nicht zur Zerstörung seiner Gesundheit und Sittlichkeit mißbraucht werde. Der Arbeitsvertrag hört darum nicht auf ein rechtlicher Vertrag zu sein. Das Recht kennt zahlreiche Verträge, welche sittliche Pflichten auferlegen. Das Deutsche Reich bestraft wegen „Untreue“ die Vormünder, die Bevollmächtigten, die Schaffner und andere Vertrauenspersonen, sobald sie mit Absicht, wenn auch ohne sich selbst zu bereichern, zum Nachteil ihrer Auftraggeber gehandelt haben. Mit verwandten Gründen läßt sich sehr wohl ein strenges Strafgesetz gegen die Tyrannei gewissenloser Fabrikanten rechtfertigen; hat doch selbst das Altertum in seinen milderen Jahrhunderten der Mißhandlung der Sklaven enge Schranken gezogen. Wie es nur wenige dauernde Verbindungen unter den Menschen gibt, denen nicht eine wirtschaftliche Bedeutung anhaftet, so ist auch eine wirtschaftliche Unternehmung selten ohne einen sittlichen Inhalt, welcher die Fürsorge des Staates herausfordert. Nun ist leider bekannt, wie weit unsere unfertige Fabrikgesetzgebung noch zurücksteht hinter der englischen, wie schwer der Krämersinn und mehr noch die Indolenz deutscher Unternehmer sich oftmals an den Arbeitern versündigt hat. Durch solche Beispiele reizt der Sozialismus den Groll der Arbeiter; er wirft hinter einem dicken Phrasengewölke den wirtschaftlichen und den sittlichen Inhalt des Arbeitsvertrages wirr durcheinander, und so erscheint zuletzt den erbitterten Massen der Arbeitsvertrag selber als der Urgrund alles Übels.

Endlich wird noch ein letzter Irrtum der englischen Nationalökonomie für die Lehren des Sozialismus ausgebeutet: der Lehrsatz, daß die Arbeit allein Werte erzeuge. Steht dieser Satz fest, so ist der Arbeitslohn eine offenbare Beraubung. Aber nicht die Arbeit schlechthin schafft die Werte, sondern die den Zwecken der Gesellschaft entsprechende Arbeit, wie schon oft und noch neuerdings vortrefflich von H. v. Sybel nachgewiesen wurde. Und der Unternehmer ist es, der die Arbeitskräfte für die Zwecke der Gesellschaft wirken läßt; er ist die bewegende Kraft, die Seele der Arbeitsgemeinschaft, und die Sprache nennt ihn mit sicherem Instinkte den Arbeitgeber, obgleich er Arbeit zu nehmen scheint. In Wahrheit gibt er Arbeit. Der Plan des Unternehmens muß erst in seinem Kopfe feststehen, das Kapital durch seine Sorge beschafft und geordnet sein, bevor er die Arbeitskräfte herbeiruft um unter seiner Leitung tätig zu werden. Das heutige System der Einkommensverteilung, das dem Arbeiter einen festen Lohn, dem Unternehmer den gesamten Reinertrag zuweist, entspricht im großen und ganzen dem Werte der Leistungen beider Teile, wie es sich auch ohne Zwang aus der Natur des Verkehrs herausgebildet hat. Karl Marx behauptet zwar, in der Großindustrie verschwinde die Persönlichkeit des Unternehmers, das große Kapital wirke durch seine eigene Wucht. Doch grade dieser Lieblingssatz der Sozialisten ist durch die Erfahrungen der jüngsten Krisis gänzlich widerlegt worden. Zahllose Aktiengesellschaften, und manche solide darunter, gingen zugrunde, weil sie ihr Kapital auf Unternehmungen geworfen hatten, welche der monarchischen Leitung bedurften. Die Aktiengesellschaft zeigt sich als eine überlegene Macht nur in dem ziemlich engen Bereiche jener Unternehmungen, die in regelmäßiger Folge beständig dieselben Geschäfte wiederholen und mehr durch die Kraft des Kapitals, als durch die Rührigkeit der Spekulation wirken. Überall wo es gilt zu wagen, die Gunst des Marktes mit raschem Entschlusse zu benutzen, ist der Unternehmer, der mit seiner Person einsteht, unersetzlich; und wie schwer seine Aufgabe, wie gefahrvoll sein Weg, das zeigen die langen Spalten der Konkursanzeigen in jedem Zeitungsblatte.

V. A. Huber in seiner milden maßvollen Weise versuchte einen Vermittlungsvorschlag. Er wollte nicht den Arbeitslohn beseitigen, sondern schloß: da bei jeder Produktion Kapital und Arbeit zusammenwirken, so gebührt dem Kapitalisten sein Zins, dem Arbeiter sein Lohn, außerdem beiden ein Anteil am Reinertrage. Der treffliche Mann weissagte, die Nachwelt werde dereinst nicht glauben wollen, daß man heute diese gerechte Forderung verweigere. Die Forderung ist aber ungerecht, sie enthält einen juristischen Widersinn. Arbeitslohn und Anteil am Arbeitsertrage schließen einander aus; der Arbeiter kann nach strengem Rechte entweder die Bezahlung seiner Arbeitskraft fordern oder einen Anteil am Produkte der Gesamtarbeit, doch nimmermehr beides zugleich. Indem der Arbeiter einen festen Lohn annimmt für seine Arbeitskraft, ohne Rücksicht auf den Wert des Arbeitsprodukts, verzichtet er von Rechtswegen auf jeden Anteil am Arbeitsertrage. Beansprucht er dagegen einen Anteil am Arbeitsertrage, so muß er auf die feste Bezahlung der Arbeitskraft verzichten, er muß als ein Gesellschafter Gewinn und Verlust mit dem Unternehmer teilen, der ebenfalls keinen festen Kapitalzins im voraus erhält, sondern Gefahr läuft bei schlechtem Geschäftsgange den Zins und vielleicht das Kapital selbst zu verlieren. Weil die große Mehrzahl der Arbeiter ein solches Wagnis nicht übernehmen will noch kann, darum wird das Privatunternehmen mit Arbeitslohn und Unternehmergewinn die Regel bleiben in unserer Volkswirtschaft, mindestens für die Zukunft, die wir übersehen können. Weit entfernt dem Untergange entgegenzueilen, steht diese Form des Großbetriebs vielmehr heute erst in den Anfängen einer reichen Entwicklung. Mögen die Sozialisten fortfahren ihre Produktivgenossenschaften zu gründen, wobei jeder Arbeiter zugleich Unternehmer ist: solchen Versuchen steht ein rechtliches Bedenken nicht im Wege, die freie Gesetzgebung unserer Tage läßt sie gewähren. Einzelne dieser „republikanischen Fabriken" können vielleicht gedeihen; die große Mehrzahl wird den harten Wettkampf mit der raschen Schlagfertigkeit der monarchischen Unternehmungen gewiß nicht aushalten.

Die verwickelte Streitfrage wird noch schwieriger durch ein geradezu unberechenbares Verhältnis. Der Arbeiter ist allerdings des Lohnes für die geleistete Arbeit vollkommen sicher, er überläßt die Gefahr der Verwertung des Arbeitsprodukts allein dem Unternehmer. Gleichwohl trägt auch der Arbeiter seinen Anteil an den Verlusten des Unternehmens; sobald die Geschäfte stocken, droht ihm plötzliche Entlassung. Die Gefahr ist freilich weit geringer als das Risiko des Unternehmers. Jedermann weiß ja, wie oft die Unternehmer während vorübergehender Geschäftsstockung ihre erprobten Arbeitskräfte weiter arbeiten lassen, aus kluger Berechnung, zuweilen auch aus Barmherzigkeit; an der Hausindustrie mancher Gewerbszweige des Erzgebirges pflegen kleine Krisen unbemerkt vorüberzugehen, weil die Unternehmer vorziehen auf Lager zu arbeiten. Aber die Gefahr besteht, und tritt sie wirklich ein, so wirkt sie grauenhaft, gibt Tausende dem Hunger preis. Es wäre sündlich diesen Anteil der Arbeiter an den Gefahren des Unternehmens zu unterschätzen; aber wo ist der Maßstab dafür? Für das regelmäßige Risiko des Unternehmers lassen sich zur Not Versicherungsprämien finden, die mit einiger Wahrscheinlichkeit aus vieljähriger Erfahrung sich ergeben; doch wer vermag zu sagen, wie oft die massenhaften Arbeiterentlassungen eintreten, oder gar, welche Gefahr jeder einzelne Arbeiter läuft plötzlich brotlos zu werden? Nur Rücksichten der Billigkeit, nicht Gründe des strengen Rechts sprechen für ein Lohnsystem, das den Arbeitslohn mit einem geringen Gewinnanteile verbindet. Dies kombinierte System ist neuerdings oft versucht worden, vornehmlich in jenen Gewerbszweigen wo der Rohstoff geringen, die Arbeit hohen Wert hat, wo die Tüchtigkeit der Arbeit den Ertrag unmittelbar bedingt. Der Erfolg war nur in seltenen Fällen günstig. Läßt man dem Arbeiter die Wahl, so wird er in der Regel, und mit Recht einen höheren festen Arbeitslohn der unsicheren Hoffnung auf einen Gewinnanteil vorziehen; das lehrreiche Buch von Böhmert über die Arbeiterverhältnisse der Schweiz liefert dafür mannigfache Beispiele. Wenn das kombinierte Lohnsystem in einzelnen Zweigen der Industrie sich auf die Dauer bewähren sollte, so bleibt wohl denkbar, daß der Staat es dereinst für diese Gewerbszweige geradezu anbefiehlt — denn wer darf heute, in den ersten Jugendtagen unserer Großindustrie, schon ein dreistes „unmöglich!" aussprechen? Doch alle diese Versuche sind noch unreif und unfertig, sie bedürfen der Kritik einer langen Erfahrung.

Zur allgemeinen Herrschaft wird der Ertragsanteil der Arbeiter nicht gelangen. Vielmehr erscheint als die Lohnform der Zukunft: der Stücklohn, der als eine Begünstigung des Fleißes und der Tüchtigkeit von den Sozialisten mit scheelen Augen angesehen wird; diese Lohnform gibt dem Arbeiter ein Interesse an dem Arbeitsprodukte, ohne ihn doch zu belasten mit einem Risiko, das ihn erdrücken würde. Die Tatsache, daß der Arbeiter nur in seltenen außerordentlichen Fällen die Gefahr des Unternehmens mit trägt, läßt durch fromme Wünsche sich nicht beseitigen. Die Beteiligung des Arbeiters am Geschäftsgewinn ist ohne einen Anteil an der Geschäftsleitung schwer durchzuführen, und dieser verbietet sich in der Regel von selbst; sie ist völlig undurchführbar, wenn der Unternehmer nicht auf ein längeres Verbleiben seiner Leute rechnen kann, und zu solchen dauernden Verpflichtungen zeigen die heutigen der Freizügigkeit gewohnten Arbeitermassen selten Neigung. Sicherer als durch das Spielen mit zweifelhaften Idealen wahrt der Arbeiter sein Interesse, wenn er durch die gesetzlichen Mittel der Genossenschaften die Erhöhung des Lohnes erstrebt und diesen haushälterisch verwendet; und versteht der Unternehmer die Zeichen der Zeit, die berechtigten Ansprüche eines mündigen Arbeiterstandes, so wird er seinen Arbeitern Rechenschaft ablegen von der Lage des Geschäfts, soweit die Natur des Unternehmens dies erlaubt, und sie zu überzeugen suchen, daß der Lohn den Verhältnissen entspricht. Tantiemen für einzelne hervorragende Arbeitskräfte sind ja durch das reine Lohnsystem nicht ausgeschlossen.

Denkt man schärfer nach, so führt die Lehre vom Gewinnanteile doch zum reinen Kommunismus. In dem weitverzweigten verwickelten Getriebe unserer Volkswirtschaft arbeitet jeder jedem in die Hände, Hunderte wirken mit bei dem Gedeihen des Hauses. Wenn der Junge, der die Schlacken aus der Fabrik abfährt, einen Anteil am Geschäftsgewinne verlangen darf, warum nicht auch die Köchin, die dem Unternehmer einen großen Teil seiner kostbaren Zeit erspart, oder der Buchbinder, der ihm die Geschäftsbücher bindet? Und so weiter bis zur frischen und fröhlichen Aufteilung aller Güter! Der feste Arbeitslohn ist als Regel unentbehrlich für eine Gesellschaft, welche nach dem Grundsatze der Arbeitsteilung schafft und eine Welt überlieferter Kulturgüter zu bewahren hat vor frechen Begierden. Bis zu welchem Wahnwitz die Begehrlichkeit sich versteigen kann, das zeigt die tierisch rohe Forderung, es solle jeder, nicht nach seinen Leistungen, sondern nach seiner Anstrengung belohnt werden!

Die härteste und wirksamste Anklage gegen das Lohnsystem stützt sich auf die traurige Erfahrung, daß der Arbeiter nur selten vermag aus den Reihen seines Standes emporzukommen. Auch der reichlich gelohnte Arbeiter kann nur bei außerordentlichem Glücke selber ein Unternehmer werden; dieser hoffnungslose Zustand drückt die Gemüter schwerer als die Armut. Aber der Vorwurf trifft nicht das Lohnsystem, sondern das unwandelbare Wesen der Gesellschaft. Noch in allen großen Kulturvölkern war das Aufsteigen aus den niedersten Schichten schwierig; es wirkt hier wieder jene heilsame Kargheit der Natur, welche dem Menschengeschlechte die Befriedigung seiner groben Bedürfnisse sichert. Der moderne Staat hat die rechtlichen Hindernisse des sozialen Aufsteigens völlig beseitigt, er stattet die Arbeiterklassen mit jener Elementarbildung aus, die für den modernen Menschen ebenso unentbehrlich ist wie die Waffentüchtigkeit für den Menschen des Mittelalters. Daß damit Großes geleistet ist, lehrt der Augenschein. Nur darf man nicht, nach der Unart des Sozialismus, die kindische Frage stellen: wieviele aus den ärmsten Klassen sind in die Reihen der Reichsten, der großen Kapitalisten eingetreten? Man muß vielmehr den historischen Zusammenhang der Generationen beachten und fragen: wieviele Arbeiter haben ihre Kinder in die Kreise des Mittelstandes emporgebracht? Fragt man also, dann erscheint die Lage des Arbeiterstandes keineswegs ganz aussichtslos. —

So zeigen sich die wirtschaftlichen Pläne der Sozialdemokratie in allem und jedem als leere Utopien. Selbst wo wir scheinbar übereinstimmen, bleibt der Gegensatz der Grundanschauungen unversöhnlich. Auch wir wünschen das Gedeihen der Arbeitergenossenschaften; aber sie sollen nicht, wie der Sozialismus will, die Unternehmungen des Großkapitals verdrängen, sondern auf dem Boden der bestehenden Eigentumsordnung durch die gesetzlichen Mittel der freien Konkurrenz den Arbeitern eine besser gesicherte Stellung neben den Unternehmern verschaffen.

Und wer sind die Hohenpriester dieser Lehre, die alles bekämpft was einem denkenden Manne heilig ist? — Man mag an Karl Marxs Buche über das Kapital die große Belesenheit bewundern und den Talmudistenscharfsinn im Zerspalten und Zerfasern der Begriffe — das eine was den Gelehrten macht, fehlt ihm doch gänzlich: das wissenschaftliche Gewissen. Hier ist keine Spur von Bescheidenheit des Forschers, der im Bewußtsein des Nichtwissens an seinen Stoff herantritt um unbefangen zu lernen; was bewiesen werden soll steht für Marx von Haus aus fest. Man vergleiche Wilhelm Roschers unendlich reichere Gelehrsamkeit und die behutsam sorgfältige Anwendung dieses Wissens mit dem brutalen Fanatismus, der in Marxs Buche einen ungeheuren Stoff zusammenträgt um einen einzigen, falschen Grundgedanken zu erhärten — und der ganze Abstand zwischen dem Gelehrten und dem Rabulisten tritt uns vor Augen. Und ist es denn nicht kindlich naiv, von einem Manne wie Marx die objektive Unbefangenheit des Forschers zu erwarten? Seit einem Menschenalter schürt er jede Tollheit eines heimatlosen Radikalismus; noch in jeder großen Krisis der neuesten Geschichte hat er an seinem Vaterlande gefrevelt — weiß man denn nicht mehr, was die Londoner „Schwefelbande" zur Zeit des italienischen Krieges gegen Preußen sündigte? — und heute wähnt er, als Haupt der Internationale der Träger einer welthistorischen Macht zu sein. Mit all seiner Gelehrsamkeit ist er eine rohe Natur geblieben; von den idealen Mächten, welche die Gesittung der Völker bestimmen, weiß er nichts.

Dasgleiche gilt von seinem fähigsten Schüler Lassalle. Wir Deutschen sind arm an demagogischen Talenten. Während der letzten zwei Menschenalter haben nur drei unserer politischen Männer die Gabe gezeigt, mit großer Wirkung die Massen zu leiten: Friedrich List, Robert Blum und, unedler aber auch erfolgreicher als beide, Ferdinand Lassalle. Seine wirtschaftlichen Ideen sind, wie bekannt, allesamt von Marx entnommen, doch Lassalle versteht diese entlehnten Waffen mit eindringlicher Beredsamkeit und einer seltenen dialektischen Gewandtheit zu gebrauchen. Er ist ein Meister im Erfinden jener sinnlosen Formeln, welche durch den kraftvollen Ausdruck des Unsinns den Hörer verblüffen, als z. B. „das Eigentum ist Fremdtum geworden". Er kennt wie wenige Sterbliche den unwiderstehlichen Zauber, welchen die Frechheit auf das nach Autorität verlangende Gemüt der Massen ausübt; und er handhabt diese Zauberkraft, denn er ist außerstande sich zu schämen. Die Natur versagt ihm diese Gabe, welche dem germanischen Menschen fast niemals gänzlich gebricht. Das Kraftwort Proudhons: „was ich sage wird Sie umbringen" ist der Kehrreim aller seiner Reden. Seine Schrift gegen Bastiat-Schultze ist nicht ganz so schändlich wie das von Lügen strotzende Pasquill wider Julian Schmidt; sie enthält einzelne Abschnitte von siegreicher polemischer Kraft. Doch in allen volkswirtschaftlichen Werken Lassalles zeigt sich dieselbe Unfähigkeit, einen positiven und lebensfähigen sozialen Gedanken zu gestalten, und — dieselbe Verlogenheit. Es bleibt undenkbar, daß ein Mann von seiner Bildung an „die geistige Überlegenheit der Arbeiter" wirklich geglaubt haben sollte. Verdecke man immerhin die menschlichen Schwächen politischer Charaktere mit nachsichtigem Schweigen; nur wenn die Lehre und das Leben einander Lügen strafen, dann darf das Urteil des öffentlichen Gewissens sich nicht zurückhalten. Und, gibt es denn auf der weiten Welt eine gemeinere Verworfenheit als das Demagogentum bei Trüffeln und Champagner? als dies schlemmende und unzüchtige Abenteurerleben eines Mannes, der den Heiland der Leidenden spielte? Selbst in Frankreich hätte die gute Gesellschaft unbarmherzig jeden ausgestoßen, der an dem eleganten Zigeunertreiben des Hatzfeldtschen Kreises teilgenommen; nur wir Deutschen mit unseren unfertigen geselligen Sitten sind duldsamer. — Über die kleinen Leute, die sich als Lassalles Erben gebärden, ist kein Wort zu verlieren.

Und nun frage ich: ist dies eine Partei, mit der wir verhandeln können? Sie hat uns durch ihre schonungslose Kritik auf manche Gebrechen unseres sozialen Lebens aufmerksam gemacht und durch ihre wüste Sinnlichkeit uns gezeigt, wohin der in der Volkswirtschaft früherhin vorherrschende Eudämonismus am letzten Ende führt. Außer diesen beiden negativen, unfreiwilligen Verdiensten gebührt ihr keines. Sie will die Herrschaft der Faust, wir die Herrschaft der Bildung. Wir stehen ihr in jedem Sinne ferner als den Ultramontanen. Wie wir zu diesen sagen: erst erkennet die Souveränität des Staates an, dann können wir über einzelne Streitfragen uns verständigen — ebenso, und noch entschiedener, müssen wir den Sozialdemokraten zurufen: erst unterwerft euch der überlieferten Ordnung der Gesellschaft. Diese Forderung sagt freilich: erst werdet das Gegenteil dessen was ihr heute noch seid! Bedingte Anerkennung richtet gegen den Fanatismus nichts aus, sie leitet ihm nur reines Wasser auf seine schmutzigen Mühlräder. Die verhängnisvolle Verirrung der Hochkonservativen, welche einst den Sozialismus als eine Waffe gegen die Liberalen zu brauchen dachten, hat sich schwer bestraft. Welcher Dank von diesem Hause Österreich zu erwarten steht, das lehren die Geschicke Napoleons III.

Wohl möglich, daß die Macht der deutschen Sozialdemokratie in den nächsten Jahren noch anwächst. Gar zu plötzlich erfolgte die Umwälzung unseres wirtschaftlichen Lebens: gar zu lockend klingt der Ruf der Begierde in diesem nordischen Lande, in dieser Welt der entsagenden Arbeit; gar zu unverständlich erscheinen die Lebensformen einer alten Kulturwelt dem rohen Naturalismus. Alle faulen Glieder des Weltteils arbeiten dem Sozialismus in die Hände: russische Nihilisten, französische Kommunards und nicht zuletzt die römische Propaganda. Auf den internationalen Kongressen der Partei erklingen die radikalsten Reden leider stets aus deutschem Munde, weil wir auch in der Phantasterei unsere Systemsucht, unsere philosophische Anlage bewähren. Die Versammlungen der deutschen Sozialisten übertreffen alle anderen durch die Roheit des Tones; denn natürliche Anmut ist uns spärlich verliehen, der Italiener weiß wohl, warum er uns eine razza inferiore nennt; durchbrechen wir einmal die Schranken der Bildung, so tritt die angeborene Derbheit grell zutage. Unermüdlich reisen und reden und hetzen die Führer; in Leipzig werden, wie man glaubwürdig versichert, zahlreiche Sendboten durch das Auswendiglernen der Werke Lassalles gebildet. Die Schriftsteller der Partei genießen den großen Vorteil, daß sie um ihren Lesern überhaupt etwas zu bieten, die Bücher und Zeitungen der verhaßten „Bourgeoisie“ regelmäßig lesen müssen, während die höheren Stände sich nur schwer entschließen die Herzensergüsse des Sozialismus sorgsam zu verfolgen.

Gleichwohl ist die Organisation der Partei bei weitem nicht so stark, als die allen Utopisten eigentümliche Selbstüberschätzung glaubt. Revolutionäre Tatkraft war in unserem gesetzliebenden Volke immer selten; noch ist die Mannszucht des deutschen Heeres von dem radikalen Toben völlig unberührt geblieben. Die große Mehrzahl der Sozialdemokraten würde zurückschaudern, wenn sie die letzten Zwecke der Führer verstände. Darum dürfen wir noch auf ein langsames Ebben dieser trüben Fluten hoffen. Ein Großes tut schon die jüngste Wandlung der Volkswirtschaft; der stillere Gang der Geschäfte ertötet viele begehrliche Hoffnungen. Größeres kann der Staat tun, wenn er den Ernst des Gesetzes mit festen Händen wahrt. Wir wollen nicht kleinliche polizeiliche Quälereien, welche den Verfolgten nur den Glanz eines wohlfeilen Märtyrertums bringen, wohl aber ein nachdrückliches Eingreifen, sobald das Landesrecht offenbar gebrochen wird, und sodann ein ruhiges Fortschreiten der sozialen Gesetzgebung, das den berechtigten Beschwerden der Masse Schritt für Schritt den Boden nimmt. Noch mehr können die besitzenden Klassen leisten, wenn sie einerseits die überlieferte Ordnung mannhaft verteidigen und den Unsinn als Unsinn bekämpfen, andererseits alte böse Unterlassungssünden sühnen und durch gemeinnütziges Schaffen dem Sozialismus seine schlimmste Waffe, den Klassenhaß, aus den Händen winden. Die soziale Frage spielt in jedem Hause; wir alle haben noch zu lernen, daß die freie Gesellschaft mildere Umgangsformen und erhöhte Tätigkeit fordert. Wenn die arbeitenden Klassen also das Walten strengen Rechtes und menschenfreundlichen Sinnes über sich spüren, dann finden sie vielleicht das Ehrgefühl der Arbeit wieder, ihr bestes Glück, das nur sie selbst sich geben können. —

Neben diesem großen Kampfe der Bildung gegen die Roheit erscheint der Streit der sogenannten Kathedersozialisten und Manchestermänner sehr geringfügig. — Wie die neuere Geschichte der deutschen Gesellschaft überhaupt einen ruhigen Charakter trägt und weder eine englische Adelsherrschaft noch eine gewaltsame Nivellierung der Stände nach französischer Art gesehen hat, so hat auch die Wissenschaft deutscher Nationalökonomie lange eine mittlere Richtung eingehalten. Wir waren durch den aufgeklärten Despotismus an das mächtige Eingreifen einer in der Regel wohlwollenden Staatsgewalt gewöhnt. Fast überall bestand nach Preußens Muster eine monarchische Organisation der Arbeit, welche jedem Stande und jeder Landschaft bestimmte wirtschaftliche Aufgaben zuwies und im ganzen den sozialen Verhältnissen des achtzehnten Jahrhunderts entsprach. Als nachher diese ständische Gliederung ihre Lebenskraft und ihr Recht verlor, da haben auch bei uns die Ideen Adam Smiths umgestaltend eingewirkt, wie überall, wo der alte dritte Stand zum Selbstbewußtsein erwachte. Smith war der volkswirtschaftliche Lehrer Steins und Hardenbergs, das Orakel aller der trefflichen preußischen Staatsmänner, welche den Zollverein schufen; sein Übersetzer, der alte Kraus in Königsberg, erzog den jungen Schön und die ganze ostpreußische Beamtenschule. Und wer wollte die Begeisterung jener Generation für den großen Schotten nicht nachempfinden? Sein Buch erschien als der erste Lichtstrahl der Idee nach Achenwalls Statistik und allen jenen gedankenlosen Kompilationen, die man im achtzehnten Jahrhundert als Kameralwissenschaft bezeichnete. Aber die schottischen Freihandelslehren fielen in die Hände eines geschäftskundigen Beamtenstandes, der seine Amtswürde lebhaft fühlte und keineswegs gewillt war die Macht des Staates zu schwächen. Durch Befehl der Krone, durch ein energisches Vorgehen der Staatsgewalt wurden die Anfänge der neuen sozialen Freiheit der widerstrebenden öffentlichen Meinung auferlegt, mit behutsamer Schonung der überlieferten Zustände. J. G. Hoffmanns Schriften zeigen, wie wenig dies durchaus freihändlerisch gesinnte altpreußische Beamtentum geneigt war den Grundsatz des laisser faire schrankenlos gelten zu lassen. Dieselbe vermittelnde Richtung herrscht auch in der deutschen Wissenschaft jener Zeit. Der reinen Freihändler sind wenige, die meisten erkennen im allgemeinen die Lehren der englischen Schule an und fügen bei jedem Satze ihre Vorbehalte hinzu. Daraus entsteht oft eine prinziplose Haltung; immerhin verraten die gehäuften Widersprüche in den Werken von Lotz und Rau, wie lebhaft der historische Sinn der Deutschen gegen die Herrschaft einer abstrakten Theorie sich sträubte.

Unterdessen begann Hegels tiefere Auffassung vom Staate unmerklich und sicher auch solche Staatsgelehrte zu ergreifen, die sich nicht zu der neuen Philosophie bekannten, und noch stärker wirkte die historische Juristenschule auf die Staatswissenschaft. Nach dem Vorbilde von Savigny und Eichhorn versuchte Roscher das volkswirtschaftliche Leben in seinem historischen Werden zu verstehen; es folgten die Schriften von Knies, die geistreiche Arbeit Bernhardis über das Grundeigentum u. a. Auch einige ältere Nationalökonomen begannen den ethischen Inhalt ihrer Wissenschaft schärfer zu prüfen, so Schüz in dem Aufsatze über die sittlichen Gesetze der Volkswirtschaft. Damit war eine Tat des deutschen Gedankens vollzogen. Die historische Schule begriff die Nationalökonomie als ein Glied in der Reihe der Staatswissenschaften, mithin als eine ethische Wissenschaft, sie erfaßte die Volkswirtschaft in ihrem Zusammenhange mit dem gesamten Volksleben und erkannte das Recht des Staates, in den Interessenkämpfen der Gesellschaft zu vermitteln und zu entscheiden. Von sozialistischen Einflüssen zeigt sich hier keine Spur. Vielmehr erklärte Knies vor zwanzig Jahren, die Gleichheit der Sozialisten sei das genaue Gegenteil historischer Staatsauffassung, und Roscher sprach schon zehn Jahre früher in Schmidts Historischer Zeitschrift sein abweisendes Urteil über den Sozialismus. Die ganze Richtung war wesentlich gelehrt, mehr darauf bedacht, die relative Berechtigung der Wirtschaftsformen verschiedener Zeitalter zu verstehen, als in die Kämpfe der Gegenwart mit reformatorischer Kühnheit einzugreifen.

Währenddem verlangten die mächtigen wirtschaftlichen Kräfte, die unter dem Zollvereine sich zu entwickeln begannen, stürmisch nach Freiheit. Die von Cobden geleitete Freihandelsbewegung schlug nach Deutschland hinüber. Geschäftsmänner und Journalisten bildeten eine deutsche Freihandelsschule, die unter den zünftigen Gelehrten nur wenige Genossen fand. Ihre Wortführer sahen in der Nationalökonomie eine exakte Wissenschaft, eine Arithmetik des Egoismus, sie wollten durch Deduktion aus der unwandelbaren Natur des menschlichen Erwerbstriebes absolute, für alle Zeiten und Völker gültige Regeln ableiten. Die höchste Steigerung der Produktion erschien als die einzige Aufgabe, und mancher Eiferer unter den deutschen Freihändlern sagte mit Ricardo, neben diesem höchsten Zwecke komme die Zahl und der Zustand der Arbeiter wenig in Betracht. Die Freihändler kämpften mit den hemmenden Schranken veralteter Gesetze, sie waren darum sehr geneigt in dem Staate nur einen lästigen Störenfried der Gesellschaft zu sehen. Überall trat ihr Mangel an historischem Sinne hervor, am stärksten freilich der erlaubte und notwendige unhistorische Sinn des Handelnden. Es ist der Mehrzahl der Menschen nicht gegeben, sich selber und ihr eignes Tun nur als historisch bedingte Erscheinungen zu begreifen; selbst die Hegelsche Philosophie, der wir das Verständnis der „Entwicklung" verdanken, warf schließlich die naive Frage auf, was denn der Weltgeist nun anfangen solle, nachdem er in dem Hegelschen Systeme seine Vollendung gefunden habe. Nun gar in den harten Kämpfen der Politik und Volkswirtschaft gelangt kein neuer Gedanke zum Siege, wenn er nicht von seinen Anhängern als eine absolute Wahrheit geschätzt und überschätzt wird. Die praktische Einseitigkeit der Freihändler brachte unserem Volke den Segen der sozialen Freiheit.

Als diese Ideen in den Gesetzen des Norddeutschen Bundes sich verkörpert hatten, ergab sich sofort die Notwendigkeit, den Mißbräuchen der freien Konkurrenz Schranken zu setzen. Diesen richtigen und zeitgemäßen Gedanken vertrat der sogenannte Kathedersozialismus. Die neue Schule umfaßte bald die große Mehrzahl der jüngeren Professoren; ihre Mitglieder hatten sich sämtlich an Roschers historischer Methode gebildet, viele auch durch die Arbeiten des Berliner statistischen Bureaus. Einige wärmere Gemüter unterlagen auch dem Einfluß Lorenz Steins und näherten sich also den Ideen des Sozialismus, welche bisher der deutschen Wissenschaft fremd geblieben und ihr erst durch Steins und Hildebrands historische Darstellungen näher bekannt wurden. Die Nationalökonomie ist darum so arm an klassischen Werken, weil sie an ihre Bearbeiter zwei schwer vereinbare Forderungen stellt: sie verlangt eine umfassende historisch-philosophische Bildung, welche der nichtzünftige Gelehrte selten erreicht, und zugleich eine genaue Kenntnis der Technik, der wirtschaftlichen Gewohnheiten und Gesinnungen, die sich kaum anders als in der Schule des Geschäftslebens erwerben läßt. Nun ergab sich ein sonderbares Verhältnis: die Manchestermänner bekannten eine abstrakte Theorie, aber sie kannten aus langer Erfahrung die Bedürfnisse des Verkehrs; die Theorie der Kathedersozialisten war konkreter, doch ihnen fehlte zumeist jene praktische Erfahrung. Hier die nachdenkliche und oft verschwommene Vielseitigkeit des Gelehrten, dort die einseitige und oft beschränkte Sicherheit des Geschäftsmannes. Ich rede natürlich nur von dem Durchschnitt beider Parteien.

Wer unbefangen draußen steht, erkennt sofort, daß diese beiden Richtungen bestimmt sind sich zu ergänzen, nicht einander zu bekämpfen. Aber, wie das so oft geschieht zwischen nahe verwandten Anschauungen, der erste Zusammenstoß war bitter feindlich. Beide Teile glaubten die wahre Wissenschaft allein zu besitzen, es fehlte nicht an ärgerlichen persönlichen Händeln und gehässigen Denunziationen. In den rein theoretischen Fragen, die bei diesem Streite behandelt wurden, haben die Gelehrten, wie begreiflich, das Feld behauptet. Daß die Gesetze der Volkswirtschaftslehre nicht mit der blinden Sicherheit der Naturgesetze, sondern mit der Freiheit ethischer Gesetze wirken, daß diese Wissenschaft nur durch die Verbindung der deduktiven und der induktiven Methode sichere Ergebnisse finden kann — solche und ähnliche theoretische Wahrheiten, heute noch von manchem Freihändler bestritten, werden vermutlich bald ein Gemeingut aller sein. Desgleichen der Satz, daß in einer hochentwickelten Volkswirtschaft das System des reinen laisser faire unmöglich ist; schon jetzt will fast niemand mehr ein Manchestermann heißen. Doch in der Hitze des Kampfes sind die Eiferer des Kathedersozialismus weiter gegangen; sie haben manche unbestimmte Ideale aufgestellt, welche den Wahngebilden des Sozialismus sehr ähnlich sehen und, durchgeführt, jede Ordnung der Gesellschaft aufheben würden. Sie durchschauten nicht die bewußte Lüge, welche sich hinter den Prahlereien von Marx und Lassalle verbirgt, und hielten sich nicht frei von dem katholischen Gedankenzuge des Sozialismus; sie überschätzten die äußerliche Organisation gegenüber der langsamen und sicheren Wirksamkeit der wirtschaftlichen Freiheit. Daher die vorzeitige Parteinahme für die Gewerkvereine. Selbst der Sozialist Härtel gestand bekanntlich, die deutschen Gewerkvereine hätten bisher fast allein ihre Schattenseiten gezeigt, und auch der wohlmeinende Beobachter kann höchstens sagen, es werde sich vielleicht dereinst eine lebensfähige Gestaltung aus diesem chaotischen Treiben herausbilden. Man darf dem deutschen Fabrikanten nicht zumuten, daß er die Lösung der Arbeiterfrage von diesen Vereinen erwarten solle, die seinem Geschäfte bisher nur Unfrieden und Verwirrung gebracht haben. Die bedenklichste Schwäche des Kathedersozialismus liegt aber darin, daß er so oft den Ton verfehlt hat; und hier mag einem alten Publizisten wohl ein Wort aus eigener Erfahrung gestattet sein. Man kann der öffentlichen Meinung alles sagen; es ist erstaunlich, welche unangenehmen Wahrheiten die Welt sich bieten läßt — wenn man sie zu behandeln versteht. Die große Mehrzahl der Menschen ist weit empfindlicher gegen die Form als gegen den Inhalt der Darstellung. Dieser wenig schmeichelhaften, doch unbestreitbaren Erfahrung soll der Schriftsteller, wenn er wirken will, stets eingedenk bleiben. Er muß Fühlung behalten mit der Durchschnittsempfindung des Publikums. Sein Leser darf den Glauben nicht verlieren: „der Mann gehört doch zu uns“; dann liest er weiter und denkt nach, auch über ketzerische Behauptungen. Den rechten Ton zu treffen ist die Diplomatie des Publizisten; sie verträgt sich sehr wohl mit unerschrockenem Wahrheitsmute. Und gerade an dieser diplomatischen Kunst gebricht es den Schriften des Kathedersozialismus sehr häufig. Ich verarge es keinem reichen Geschäftsmanne, wenn ihn die düsteren Schilderungen von dem erblichen Unrechte der Gesellschaft erschrecken und erbittern; und ohne den guten Willen, ohne die freudige Mitwirkung der besitzenden Klassen bleiben die sozialen Reformen, deren wir bedürfen, doch unmöglich.

Will man sich etwas beruhigen, so wird man leicht finden, daß ein tiefer prinzipieller Gegensatz zwischen den Sozialpolitikern und den Freihändlern nicht mehr besteht. Auch der deutsche Manchestermann hat viel gelernt von den schweren Erfahrungen der Zeit. Die Haltung der Nation während der jüngsten Militärdebatten beweist doch, daß der Liberalismus den Wert einer starken Staatsgewalt zu würdigen gelernt hat; ob einzelne seiner Redner sich zuweilen den Genuß gönnen, über die „unproduktiven“ Heeresausgaben zu klagen, tut nichts zur Sache. Ich kenne im Reichstage keinen einzigen Abgeordneten, der sich einbildete, unsere Volkswirtschaft würde sich nunmehr, nach der Befreiung des Verkehrs, ganz von selber weiter entwickeln. Auch das englische Manchestertum ist über solche Abstraktionen längst hinaus. Jene Fabrikgesetze und Gesundheitsakten Englands, die uns Deutsche beschämen, sind zumeist durch die Führer der Manchesterschule gefördert worden; sie fanden ihre Gegner an den Torys und, wie begreiflich, an dem Geize einiger Fabrikanten. Und zeigt nicht schon der eine Name Schulze-Delitzsch, daß unsere Freihändler den Arbeitern nicht mit harter Klassenselbstsucht gegenübertreten, daß sie keineswegs gemeint sind, die Massen des Arbeiterstandes für die Sünden der Sozialdemokratie büßen zu lassen? Schulzes Genossenschaften sind der Masse der Arbeiter wenig zugute gekommen; in diesem einen Falle hat Lassalle, überall sonst ein falscher Prophet, richtig geweissagt. Man muß die Paradoxie aussprechen, jene Genossenschaften haben darum den edlen Absichten ihres Stifters nicht ganz entsprochen, weil sie so glänzend gediehen; durch ihren raschen großartigen Aufschwung sind sie zu Volksbanken für den Kleinbürger geworden, dem Arbeiter fast unzugänglich. Darum bleibt doch wahr, daß Schulze-Delitzsch für unser soziales Leben mehr geleistet hat als alle Sozialisten insgesamt; und es bleibt nicht minder wahr, daß auch den Fabrikarbeitern — was immer der Staat zu ihren Gunsten befehlen mag — zuletzt nichts anderes eine Erleichterung ihres Loses bringen wird als die vielgescholtene „Selbsthilfe“. Wenige unserer Freihändler sind so folgerechte Anhänger der Manchestertheorie wie Karl Lammers, mit seiner mechanischen Staatsauffassung wird sich ein Historiker schwerlich befreunden; doch wie wohl durchdacht und sachkundig, wie klug und menschenfreundlich sind seine Abhandlungen über Armenwesen und Gesundheitspflege. Es wird hohe Zeit den theoretischen Windmühlenkampf aufzugeben. Sobald man den festen Boden des Geschäftslebens betritt und die hundert Einzelfragen, welche die „soziale Frage“ bilden, ins Auge faßt, erscheint eine Verständigung wohl möglich. So tüchtige Arbeiten, wie Neumanns Gutachten über die Fabrikgesetzgebung, wie das Buch von Goltz über die ländlichen Arbeiter und viele andere Einzelforschungen der Kathedersozialisten finden auch im Lager der alten Manchestermänner den verdienten Dank. Wir wissen alle, daß der Spitzname Kathedersozialismus die wohlmeinende Lehre gemäßigter Männer nicht richtig bezeichnet, obgleich sie ihn leider in einem Anfall burschikosen Übermutes sich selber angeeignet haben. Freihändler sind wir doch allesamt; beständen die sozialen Gesetze des Norddeutschen Bundes heute noch nicht, so würden wir sie morgen verkündigen, trotz aller bitteren Erfahrungen, die wir seitdem angesammelt. Auch darüber sind wir alle einig, daß wir der zwingenden Staatsgewalt bedürfen gegen den Lug und Trug gewissenloser Spekulation wie gegen die Mißhandlung des geringen Mannes. Behaupten wir diesen gemeinsamen Boden und gehen wir dann kalt und bedachtsam an die nüchternen Geschäfte, welche die Lage der Gesellschaft uns aufdrängt.

Wir sind noch nicht gefühllos gegen die Leiden des Volkes, wenn wir verschmähen mit den prahlerischen Führern einer rohen Pöbelbewegung sanfte Liebesblicke auszutauschen. Auch scheint es nicht nötig, bei der Betrachtung sozialer Fragen beständig zu reden, als ob wir im Fieber lägen, als ob die Emanzipation des vierten Standes die „Frage“ des Jahrhunderts sei. Diese Emanzipation steht nicht bevor, sie ist geschehen und bedarf nur der Sicherung. Der deutsche Staat wird seine sozialen Aufgaben dann am sichersten lösen, wenn er so ruhig und anspruchslos vorgeht, wie einst bei den Gesetzen Steins und Hardenbergs, bei der Stiftung des Zollvereins, bei allen befreienden Taten der preußischen Geschichte. —

Zum Schluß dieser kritischen Studie sei noch ein rascher Blick geworfen auf einige der sozialen Übelstände, welche die Verstimmung der Gegenwart hervorgerufen haben. Der Augenblick ist ernst; von der freudigen Zuversicht der großen Kriegsjahre blieb uns wenig mehr. Unter jenen Leiden der Gesellschaft steht in erster Reihe die wirtschaftliche Bedrängnis der gebildeten Mittelklassen, vornehmlich der gelehrten Berufe; die Gesinnung dieser Aristokratie der studierten Leute war für den Gang unserer öffentlichen Meinung immer bedeutsam, zuweilen entscheidend. Sie bezogen noch vor einem Menschenalter ein bescheidenes, aber genügendes Einkommen; heute fühlen sie sich von schweren Sorgen bedrückt. Die Lage der mittleren Beamten und Lehrer ist schlechthin armselig; selbst der hochgestellte Beamte, der berühmte Gelehrte kommt grade aus, wenn er kein ererbtes Vermögen besitzt, für die Zukunft seines Hauses zu sorgen ist ihm versagt. Dies Mißverhältnis erbittert um so stärker, da in vielen gelehrten Berufen der Lohn gradezu im umgekehrten Verhältnisse steht zu dem geistigen Werte der Arbeit. Wenn ein Publizist eine ernste politische Abhandlung schreibt, so erwirbt er weit weniger als wenn er dieselbe Arbeitszeit benutzt um Korrespondenzen über allerhand Tagesneuigkeiten an verschiedene Zeitungen zu senden; und wer mit pädagogischem Geschick ein brauchbares Schulbuch zusammenstellt, verdient mehr als die sämtlichen Verfasser der historischen Quellenwerke, die er ausgeschrieben hat. Der Sozialismus rechnet auf die Verstimmung dieser Kreise; schon im Jahre 1866 erließen die „besitzlosen Handarbeiter" des Genfer Kongresses einen Aufruf „an ihre Leidensgefährten, die besitzlosen Kopfarbeiter". Wie oft hört man aus dem Munde wohlmeinender armer Gelehrten den ärgerlichen Ausruf: „die Sozialdemokraten haben gar nicht so unrecht", worauf dann einige Kernflüche wider die verdammmten Juden und Gründer folgen. Das Börsenspiel, früher hier völlig unbekannt, hat in der wüsten Zeit der großen Gründungen zum ersten Male auch in diesen Schichten der Gesellschaft seine Opfer gefordert, und nicht bloß schwache Naturen erlagen dem ansteckenden Fieber; selbst mancher ehrenwerte Mann geriet auf Abwege, weil ihm sein Einkommen nicht mehr erlaubte den Ansprüchen seines Standes zu genügen. Dies Eintreten der Nicht-Geschäftsmänner in die Wagnisse der Spekulation war unter den Symptomen unserer sozialen Krankheit vielleicht das bedenklichste.

Gegen solche Mißstände gibt es nur ein moralisches Heilmittel, und es kann wirken weil in den Kreisen hoher Bildung die Sprache des sittlichen Ernstes noch verstanden wird. Unter jeder denkbaren Form der Gesellschaft müssen einzelne Klassen vorübergehend leiden — das heißt im Völkerleben: für die Dauer eines oder mehrerer Geschlechter. Heute sind wir Arbeiter des Geistes die Leidenden, der notwendige Umschwung der Volkswirtschaft vollzieht sich zunächst zu unserem Schaden, und was auch Staat und Gemeinde zur Linderung des Übels getan haben und noch tun werden, die Männer der geistigen Berufe sind für die nächste Zukunft auf ein sehr bescheidenes Leben angewiesen, sie werden durch die aufstrebende Geldmacht auf eine niedrigere Stufe der Wirtschaft herabgedrückt. Man befreie sich durch ruhiges Nachdenken von der sinnlichen Vorstellung, als ob das Einkommen nach Verdienst verteilt werden sollte. Wie die Rechtsordnung niemals mit der Ordnung des sittlichen Lebens sich decken kann, wie jederzeit schwere sittliche Vergehungen vor dem Richter straflos bleiben, so kann auch die Verteilung des Einkommens niemals genau dem sittlichen Werte der Arbeit entsprechen; darum fallen Recht und Wirtschaft gleichwohl nicht aus dem Bereiche der ethischen Welt heraus. Selbst eine ideale Verfassung der Gesellschaft darf doch nur der wirtschaftlichen Arbeit wirtschaftlichen Lohn geben. Je stärker in einem geistigen Berufe die wirtschaftliche Berechnung hervortritt, je mehr der Arbeiter des Geistes ein Geschäftsmann ist, um so größer von Rechtswegen sein Lohn. Es ist nur billig, daß der Rechtsanwalt mehr erwirbt als der Rechtshistoriker. Der Zeitungskorrespondent ist wesentlich ein Neuigkeitsverkäufer, wenngleich er bei dieser wirtschaftlichen Arbeit auch ideale politische Zwecke verfolgen kann; wer aber den Ehrgeiz hegt, durch selbständiges politisches Denken seine Nation zu belehren und bloß nebenbei auf wirtschaftlichen Gewinn hofft, der widmet nur einen geringen Teil seiner Kraft wirtschaftlichen Zwecken und darf daher nur geringeren Lohn beanspruchen als jener. Es gibt eben Arbeiten, die über jede wirtschaftliche Schätzung hinaus liegen. Nichts irriger, als der Lehrsatz der Manchesterschule, das Talent sei ein „geistiges Kapital". Die große Begabung kann, wenn sie den

Zwecken der Wirtschaft dient, eine hohe Arbeitsrente abwerfen und dadurch die Kapitalbildung ermöglichen, doch Zinsen bringt das Talent nicht.

Das ganze System der Selbstverwaltung ruht auf dem idealistischen Gedanken, daß nicht jede Arbeit ihren wirtschaftlichen Lohn finden soll. Wie die Ehrenbeamten unserer Kreise und Gemeinden durch tägliche Opfer und Anstrengungen nichts erwerben als den Einfluß und das Selbstgefühl einer regierenden Klasse, so muß auch der Gelehrte unserer Tage durchdrungen sein von der Überzeugung, daß das Beste was er sein nennt ihm nie bezahlt werden kann, daß sein Beruf, des Feuers auf dem Herde der Gedanken zu warten, niemals edler und stolzer war als in diesem Jahrhundert des Erwerbes. Allerdings zwingt ihn heute die Not, sorgsamer als unsere Väter pflegten auf den äußeren Lohn seiner Arbeit zu achten; doch unsere Wissenschaft würde ihren alten Charakter verlieren, wenn dies Streben unter den deutschen Gelehrten je so stark würde wie in Frankreich. Freie Geister suchen den Wert des Geldes darin, daß man sich wenig darum zu kümmern braucht; nur zu oft wird dieser ideale Wert des Besitzes dem deutschen Gelehrten unter bitteren Sorgen fühlbar. Überfällt ihn dann auf Augenblicke der Neid gegen die Glücklichen der Börse, der Zweifel an der Gerechtigkeit der sozialen Ordnung, so lege er sich nur die einfache Frage vor, worauf alles ankommt: möchtest du mit jenen Glücklichen tauschen? Und ist es denn gar so traurig, zu leben wie wir leben: — ein wenig für uns, ein wenig für unser Haus und zu allermeist in freier Hingebung unserem Volke und seinen besten Gütern? Ohne ein starkes Bewußtsein der Ehre der geistigen Arbeit können die gebildeten Mittelstände die wirtschaftliche Umwälzung der Gegenwart nicht überstehen, und ihr Ansehen in der deutschen Gesellschaft ist noch immer so groß, daß sie wohl imstande sind sich dies Gefühl zu bewahren. —

Noch ernsthafter erscheint der überraschten öffentlichen Meinung das gewaltige Anwachsen der großen Städte. Wir Deutschen sind das einzige Kulturvolk, das ohne eine große Stadt sich die Stellung einer Großmacht erobert hat; die Vorzüge und die Schwächen ländlich-kleinstädtischer Bildung liegen uns tief im Blute. Nun unternehmen die aufstrebenden Kräfte einer neuen Zeit vor unseren Augen dies alte unnatürliche Gebrechen zu heilen, das allein aus den Wirren und dem Unglück einer höchst verwickelten Geschichte sich erklärt. Unsere Hauptstadt wird bald die größte Kommunalverwaltung der Welt besitzen — (London und Paris sind ja nicht Gemeinden in deutschem Sinne) und als „Provinz Berlin" den beengenden Formen der Städteordnung entwachsen. Auch in anderen großen Verkehrsplätzen drängt sich die Bevölkerung zusammen, das flache Land und die kleinen Städte empfinden das Abströmen der Arbeitskräfte. Unterdessen beginnt die Naturwissenschaft seit zwei Jahrzehnten die Fragen der öffentlichen Gesundheitspflege zu untersuchen. Wir entdecken mit Beschämung, in welcher Barbarei wir dahingelebt haben; uns ist zumute, als ob unsere Großväter noch nicht gewußt hätten, was Atmen und Riechen ist. Während die Stadtvölker des Altertums den Bau ihrer Städte immer unter der Erde, bei den Schleusen begannen, und die Cloaca maxima uns noch heute von den Anfängen Roms erzählt, hat der bäuerliche Germane an die tausend Jahre in Städten gelebt, ohne für Reinlichkeit und Gesundheit ernstlich zu sorgen. Heute werden wir dieser vielhundertjährigen Schäden plötzlich inne. Überall fehlt es an dem Unentbehrlichsten: an Luft und Licht, an Wasser, an Sauberkeit; und natürlich werden solche Mängel in den Großstädten am schwersten empfunden. Unsere Hauptstadt gleicht augenblicklich einem jungen Menschen in jenem anmutigen Alter, da die Arme und Beine aus den Kleidern herauswachsen und eine tropische Vegetation die Gesichtshaut bedeckt. Eine zusammengewürfelte Menschenmasse, die noch nicht heimisch geworden, lebt eingeengt in unerschwinglich teueren Wohnungen: noch fehlen fast alle die Hilfsmittel entwickelten Verkehrs, welche allein dies bedrängte Leben wieder zur Natur zurückführen können. Jedes Verbrechen, jede Pöbelroheit, jeder Schwindel und jeder soziale Kampf, der sich abspielt in diesem unfertigen, großartigen Treiben, wird von einer skandalsüchtigen Presse mit ungeheuerlicher Übertreibung in die Welt hinausgerufen.

Welch ein Fest für den deutschen Kleinstädter! Wie einst in den kläglichen Jahren der Reaktion Riehl die großen Städte für die „Wasserköpfe der Zivilisation“ erklärte, und der Kreuzzeitungszuschauer seinen frommen Lesern durch haarsträubende Schilderungen aus dem demokratischen Berliner Sodom christliche Erbauung und unchristliche Unterhaltung bereitete: so jammert heute die gelehrte Welt über „die Babelsucht“ der modernen Menschheit, niemand beweglicher als Herr Arminius in seinem herzlich gut gemeinten und herzlich philisterhaften Buche über die Wohnungsnot. Was für Greuel werden nicht durch kummervolle Sozialstatistiker an den Tag gebracht! „Die Berliner Volksseele ist schon im Verwelken“; denn „die soziale Tragfähigkeit“ des Berliners hat sich vermindert, im Jahre 1861 ernährte in der Hauptstadt ein selbsttätiger Mann durchschnittlich 1,564 Menschen, im Jahre 1870 nur 1,427 — oder aus der Salbung ins Deutsche übersetzt: die Zahl der Junggesellen hat sich etwas vermehrt, eine größere Anzahl von jungen Männern ist aus der Provinz in die Geschäfte und die Bildungsanstalten der Hauptstadt übergesiedelt, was sich in den Anfängen großstädtischen Lebens von selbst versteht. Auch die radikalen Wahlen der fluchbeladenen Stadt werden als ein Nationalunglück geschildert; und sie erklären sich doch einfach aus dieser Überzahl junger Männer, wie aus dem Geiste souveräner Kritik, der in allen größeren Städten vorherrscht, und Gott sei Dank gilt ein Berliner Abgeordneter in unserem dezentralisierten Vaterlande durchaus nicht mehr als ein Abgeordneter für Schievelbein oder Schöppenstedt. Haben diese Tugendhelden nie etwas gehört von dem Tage von Mars la Tour? Brandenburger schlugen die bewunderungswürdigste Schlacht der neuen Kriegsgeschichte, und die Berliner Kinder standen ihren märkischen Kameraden in keiner Tugend des Kriegers nach. Die Tragfähigkeit dieser babylonischen Volksseele muß also doch noch etwas aushalten können, und das Schicksal Ninives, das man uns androht, scheint noch in behaglicher Ferne zu liegen.

Die beschaulichen Betrachtungen über das Elend der großen Städte führen schließlich stets zu dem geistreichen Ergebnis, daß jedes Ding zwei Seiten hat, und daß es geborene Großstädter wie geborene Kleinstädter gibt. Wo eine Menschenmenge so groß wie die Bevölkerung der Provinz Schleswig-Holstein auf engem Raum sich zusammenpreßt, da muß das Verbrechen und das Unglück oft in furchtbarer Größe erscheinen; wachsam geht jeder durch das Gedränge, und beiläufig, wer nicht den Stempel des Potsdamers leuchtend auf der Stirne trägt, wird in einer Großstadt weniger betrogen als in manchen kleinen Fremdenstädten. Dafür ist der Mensch auch nirgends freier. Ein starker Mann fühlt sich immer gestählt und gehoben, wenn er dem Zwange, dem Klatsch und der Beobachtung eines kleinen Ortes entflieht und in dem jähen Wechsel von lautem Getümmel und tiefer Einsamkeit, den das großstädtische Leben bietet, sich zugleich in voller Selbständigkeit und als das bescheidene Glied eines großen Ganzen empfindet. Dem Gelehrten namentlich, der sich so leicht für den Mittelpunkt des Weltalls hält, ist es eine heilsame Schule, zuweilen in die trüben Wellen eines großstädtischen Flusses niederzublicken und sich zu sagen: sieh, teuerster Freund, hier könntest du gradeswegs ins Wasser springen, und es krähte kein Hahn danach! In einer schönen akademischen Rede erinnerte neulich Ernst Curtius daran, daß die Sprache mit dem Worte „kleinstädtisch" einen tadelnden Nebensinn verbindet, der dem Namen des Großstädters nicht anhaftet.

Der moderne Verkehr verlangt nicht bloß die Konzentration großer Kapitalien, sondern auch großstädtische Menschen, unternehmende, selbständige Kreaturen, die das vogue la galère! auf ihr Banner schreiben. Und heute, da auch wir Deutschen endlich in diese notwendige Epoche städtischer Kultur einzutreten beginnen, ist es nicht mehr an der Zeit, salbungsvoll zu beklagen, daß der Bewohner der Großstadt nicht bei offenen Türen schlafen kann wie der Inselfriese. Es gilt nur die Härten des unvermeidlichen Übergangs zu mildern, und sie sind leider sehr groß. Alle Welt weiß, was in Wien, Berlin und anderen großen Städten durch Baustellenwucher gesündigt wurde, oft genug unter dem gleißnerischen Vorwande menschenfreundlicher Bestrebungen; und es bleibt ein schlechter Trost, daß die unmäßige Spekulation zuletzt immer sich selbst bestraft, die Strafe trifft selten oder niemals die Schuldigen. Die Erneuerung alten Zwanges, die Beschränkung der Freizügigkeit ist bar unmöglich; auch die Expropriation des gesamten städtischen Grundeigentums, die Herabsetzung aller Mieten auf das Maß des Jahres 1850 und ähnliche Gewaltmittel werden immer nur in den Büchern einzelner sozialpolitischer Schwärmer ein harmloses Dasein führen. Die Mieten der Mittelklassen entziehen sich dem Einfluß von Staat und Gemeinde; höchstens kann eine hohe Besteuerung der unbenutzten Baustellen die Spekulation etwas beschränken. Nur das entsetzliche Elend der Arbeiterwohnungen fordert die Bautätigkeit der Gemeinden heraus; in Halle und anderen Orten hat die Stadtgemeinde mit günstigem Erfolge für gesunde Wohnungen der arbeitenden Klassen gesorgt; in Fällen äußerster Not, aber auch nur in diesen, läßt sich selbst die Expropriation rechtfertigen gegenüber einem tatsächlichen Monopole. Daß auch die Privattätigkeit, richtig geleitet, große gemeinnützige Erfolge erzielen kann, zeigt der von Lord Shaftesbury gestiftete Bauverein. Gegen tief eingewurzelte schlechte Gewohnheiten freilich sind Staat und Gesellschaft machtlos. Die unglückliche „Mietkaserne" ist die Regel in allen deutschen Großstädten, mit der einzigen beneidenswerten Ausnahme Bremens; der Bodenwert richtet sich nach dieser Gewohnheit; und es bleibt nur die Aufgabe der Gemeinden, durch eine strenge Baupolizei den schlimmsten Auswüchsen der alten Sitte entgegenzutreten und gewisse tyrannische Bestimmungen, die sich in den modernen Mietvertrag eingeschlichen, kurzweg zu verbieten. Eine durchgreifende Milderung der Wohnungsnot kann aber erst dann eintreten, wenn unser unreifes großstädtisches Leben sich höher entwickelt hat, wenn das Zuströmen aus der Provinz nach so vielen bitteren

Erfahrungen wieder etwas nachläßt, wenn städtische Eisenbahnen u. dgl. auch in das Bauwesen die wirklich-freie Konkurrenz einführen. —

Daß der Zudrang zu den großen Städten unser flaches Land entvölkern werde, ist nicht wahrscheinlich. Die Freude am Landleben liegt tief im germanischen Wesen und sie wird dauern, wenn nicht ganz ungesunde soziale Zustände den Arbeitern das Land verleiden. In den Fragen der Agrarpolitik hat die Lehre der wirtschaftlichen Freiheit einen durchschlagenden Erfolg errungen: fast niemand wagt jetzt noch vor „Bodenzersplitterung" zu warnen. Bei den heutigen Preisen der Bodenprodukte kann auch der kleine Grundbesitzer wohl bestehen, und man darf als Regel aussprechen: der Zustand der ländlichen Arbeiter ist überall da erträglich, wo sie etwas Grund und Boden besitzen, überall da bedrohlich, wo ihnen dieser Besitz fehlt. Während die Städte des Nordens im Durchschnitt eine kühnere Entwicklung zeigen als die süddeutschen, kommen dem Landvolke des Südens die reichen Vorzüge eines milderen Klimas und einer um tausend Jahre älteren Kultur zugute. Durch die Stein-Hardenbergische Gesetzgebung ist eine neue ländliche Arbeiterklasse entstanden, sie zählt im preußischen Staate noch einmal soviel Köpfe, als der industrielle Arbeiterstand; in den östlichen Provinzen umfaßt sie die große Mehrheit der ländlichen Bevölkerung, und ihre Lage ist auf den großen Gütern oft sehr kümmerlich. Das Zeitalter der großen Agrargesetze scheint noch nicht beendet. Das Verlangen nach eigenem Grundbesitze drängt sich dem ländlichen Arbeiter unwiderstehlich auf. Der große Grundherr sieht sich mehr und mehr auf diese Tagelöhner angewiesen, da die Lust am Gesindedienste sichtlich schwindet, und wenn er die Zeichen der Zeit versteht, so wird er rechtzeitig für die Befriedigung natürlicher Wünsche sorgen, bevor die Not oder vielleicht ein Gesetz des Staates ihn dazu zwingt. Die Auswanderung der Landarbeiter aus jenen dünnbevölkerten Strichen, die Unruhen unter dem hochkonservativen Landvolke Ostpreußens deuten auf schwere soziale Leiden. Aber die Erkenntnis der allereinfachsten sozialen Pflichten ist den Arbeitgebern zuweilen ebenso fremd wie den murrenden Arbeitern; namentlich in den Kreisen des Großbesitzes zeigt sich oft eine erschreckend selbstgefällige Gleichgültigkeit. Ich kenne große Rittergüter, wo der helle Haufe der Knechte und Mägde in demselben Raume schläft, weil „die Leute es so gewohnt sind"; dann jammert der Herr über die allgemeine Liederlichkeit. Ein Armenkind, das zum Gute gehört, wider das klare Recht dem Nachbardorfe zuzuschieben, gilt vielen nicht für schimpflich. Das Organ der hinterpommerschen Großgrundbesitzer empfahl kürzlich als die rechte Lösung der ländlichen Arbeiterfrage: man müsse die Arbeiter durch Strafen bessern! Wer von solcher Trägheit, solcher Selbstüberhebung sich nicht zu befreien vermag, der ist weder berechtigt noch befähigt den zuchtlosen Ausschreitungen der Arbeiter zu steuern. —

Auch unter den städtischen Unternehmern ist solche Gesinnung noch weit verbreitet. Ein reicher Buchhändler erklärte mir einst, die Abgabe der Freiexemplare an die öffentlichen Bibliotheken sei offenbarer Kommunismus. So weist man alles als Raub von sich was um des öffentlichen Wohles willen gefordert wird, und nötigt dadurch den Staat, durch seine zwingende Gewalt für das Wohl der Arbeiter zu sorgen, wie er einst durch Schutzzölle und Privilegien den Wohlstand der Unternehmer gefördert hat. Ein leidlicher Zustand in den sozialen Verhältnissen der Großgewerbe kann offenbar erst eintreten, wenn unsere Großindustrie noch erheblich fortgeschritten ist, wenn sich entschieden hat, welche Zweige der alten Hausindustrie den Wettbewerb auszuhalten vermögen. Vorderhand bedürfen wir einer Gesetzgebung, die nach zwei Seiten hin schlägt. Die Bestrafung des dolosen Kontraktbruches ist zur Notwendigkeit geworden; der Staat soll was in seiner Macht liegt tun um die tief erschütterte Achtung vor dem Rechte herzustellen, und ein bereits bestehendes Gesetz, das beide Teile binden soll und tatsächlich nur einen Teil bindet, wirklich durchführen. Der weite Begriff des „Betrugs" war von jeher das streitige Grenzgebiet zwischen dem Zivilrechte und dem Strafrechte, und von jeher hat der Staat solche Fälle betrügerischer Vermögensverletzung dem Strafrichter zugewiesen, welche der öffentlichen Sicherheit und dem nationalen Rechtsgefühle bedrohlich wurden. Und wer kann noch leugnen, daß der dolose Bruch des Arbeitsvertrages unter den gegenwärtigen Verhältnissen eine hochgefährliche Störung des öffentlichen Friedens bildet? Nicht ein Ausnahmegesetz wird gefordert, sondern die Aufhebung eines privilegierten Unrechts. Diese notwendige Strenge kann auf den Arbeiter nur dann heilsam wirken, wenn er auch die schützende Hand des Staates fühlt. Das Mundellasche Gesetz, das die wöchentliche Arbeitszeit auf 56 Stunden beschränkt, mahnt uns soeben wieder peinlich an die ungelösten Aufgaben deutscher Gesetzgebung; auch Fabrikinspektoren werden wir noch erhalten, da die Aufsicht der gewöhnlichen Verwaltungsbehörden offenbar nicht genügt. Der Staat darf aber an diese großen Arbeiten nur sehr behutsam herantreten, denn die Wiederaufrichtung des Ansehens der Gesetze ist zunächst unsere höchste Pflicht, und nichts würde den sozialen Frieden schwerer schädigen, als eine voreilig experimentierende Gesetzgebung, die sich als unausführbar erwiese. Deshalb scheint auch die Anerkennung der Gewerkvereine durch den Staat noch für lange Zeit unmöglich. Diese Vereine umfassen nur einen kleinen Bruchteil der deutschen Arbeiter und sie ruhen auf einem falschen Grundgedanken. Eine dem Wesen der modernen Industrie entsprechende Organisation muß Arbeitgeber und Arbeitnehmer zugleich umfassen. Die Gewerkvereine dagegen schließen den Arbeitgeber aus, sie wollen parteiisch sein, sie haben bisher wesentlich als ein Werkzeug des Klassenhasses gedient, und — vergeblich sucht man es zu bestreiten — sie haben in England die beste Form des Arbeitslohnes, den Stücklohn, hartnäckig bekämpft. Eine solche Parteibildung irgend zu begünstigen kann nicht die Pflicht des unparteiischen Staates sein; er warte geduldig ab, welche Früchte sie noch zeitigt.

Überhaupt ist die Macht des Staates auf diesen Gebieten weit geringer als manche Sozialpolitiker wähnen. Die bewunderungswürdigen Erfolge, welche der englische Arbeiterstand während des letzten Menschenalters errungen hat, dankt er zumeist nicht dem Staate, sondern sich selber und dem durch schwere Kämpfe geweckten Pflichtgefühle der höheren Stände, dem friedlichen Einvernehmen zwischen gentlemen und workingmen. Dies gilt insbesondere von den trefflichen Unterrichtsanstalten der englischen Arbeiter. Man mutet heute dem deutschen Staate zu, den Fortbildungsunterricht für obligatorisch zu erklären, obgleich die allgemeine Schulpflicht der Kinder in Preußen seit König Friedrich Wilhelm I. besteht und bis zum heutigen Tage noch nicht ganz durchgeführt werden konnte. Wozu ein Zwang gegen Halberwachsene, der entweder die Ohnmacht des Staates kläglich offenbaren oder die Fortbildungsschulen mit unbrauchbaren, widerwilligen Schülern überfüllen muß? Ist es nicht richtiger, zunächst die freie Tätigkeit der Gemeinden und Vereine zu unterstützen, die in den niederrheinischen Städten schon auf glückliche Erfolge verweisen darf? Und führt nicht eine ruhige Prüfung der vielbestrittenen Frage der Arbeiter-Invalidenkassen zu dem gleichen Ergebnis? Auch hier mag die Staatsgewalt aushelfend eingreifen; nimmt sie aber dies gesamte Kassenwesen selbst in die Hand, zwingt sie den Arbeiter durch Gesetz zu Beiträgen, die er vielleicht besser zur Gründung eines eigenen Geschäftes verwenden kann, so maßt sie sich an, als eine irdische Vorsehung über den persönlichen Geschicken von Millionen zu schalten und wird bei solchem Unterfangen schwerlich glücklicher sein als dereinst Napoleon III. —

Unter allen sozialen Übelständen der Gegenwart hat keiner die öffentliche Meinung so leidenschaftlich erregt, wie die ungeheuren Schwindelgeschäfte des assoziierten Kapitals. Auch heute, nach dem großen Zusammenbruch, fühlt sich das beleidigte öffentliche Rechtsgefühl keineswegs befriedigt. Eine gründliche Geschichte dieser Zeit des Fiebers wäre ein Verdienst um die Gesellschaft; das deutsche Gewissen sträubt sich dawider, jenes schmähliche Treiben im Lethe zu versenken, wie die satten Gründer behaglich schmunzelnd verlangen. Die ärgsten Sünder haben den Kopf längst aus der Schlinge gezogen, und unser Strafrecht bietet nur ungenügende Waffen; mußte doch soeben erst eine Entscheidung des Obertribunals eingeholt werden, um den einfachen Grundsatz festzustellen: ein Gründer ist des Betruges schuldig, wenn er den Wert der für die Gesellschaft angekauften Gegenstände zu hoch angegeben hat! Man hat berechnet, daß in Preußen von 1790 bis zum Juni 1870 nur 276 Aktiengesellschaften entstanden und in den folgenden einundzwanzig Monaten 726; das Kapital der preußischen Aktiengesellschaften wurde 1872 auf 507 Millionen Taler angegeben, das der sächsischen schätzte die Chemnitzer Handelskammer auf 200 Millionen. Und welche entsetzliche Reihe schimpflicher Bankrotte seitdem! Wieviele tüchtige Unternehmer sind durch dies Schwindelwesen verdrängt, wieviel rohe Streiks hervorgerufen worden; die tolle Verschwendung der Gründer ermutigte die Arbeiter zu unbilligen Forderungen.

Unter solchen Eindrücken ist man heute sehr bereit, die Lehren des Sozialpolitikers Perrot anzunehmen und alle Aktiengesellschaften für Schwindel zu erklären. Und doch liegt auf der Hand, daß nur die Aktiengesellschaft dem kleinen Kapitale ermöglicht, an den gewinnreichen Unternehmungen des großen Kapitals teilzunehmen. Auch im Transportwesen ist der Staat den Aktiengesellschaften mit nichten so unzweifelhaft überlegen, wie die heute vorherrschende Doktrin behauptet. Ist denn die lächerliche Gestalt des hannoverschen und des sächsischen Staatseisenbahnnetzes, sind die glorreichen Weltknotenpunkte Lehrte und Friedrichsfelde und die zahllosen anderen Abderitenstreiche kleinstaatlicher Staatseisenbahndirektionen ganz vergessen? Ist es etwa ein wünschenswerter Zustand für ein freies Volk, wenn jede Stadt und jedes Dorf den Handelsminister mit untertänigen Bitten bestürmt, wie es in Württemberg jahrelang geschah? Die neueste Tariferhöhung der deutschen Eisenbahnen — soweit ich urteilen kann, ein schwächliches Zugeständnis an die bequeme Selbstsucht der Unternehmer — wurde nur deshalb möglich, weil die Mehrzahl der im Bundesrate vertretenen Staaten selber Eisenbahnen besitzt. Mängel und Vorzüge des Staatsbaus und des Privatbaus halten einander die Wage; das gemischte System, das sich im Norden aus den reichen Erfahrungen einer verwickelten Wirtschaftsgeschichte herausgebildet hat, wird voraussichtlich dauern.

Es steht zu hoffen, daß unser Großkapital nach so schweren Verlusten lernen wird, die Aktiengesellschaften auf ihr natürliches Gebiet zu beschränken. Dann soll auch der Staat die Lücken seiner Gesetze ausfüllen, er soll bestimmen, daß die nicht volleingezahlten Aktien nur als Quittungen, nicht als Aktien zu gelten haben, er soll auch der Minderheit der Aktionäre jederzeit die Einleitung einer gerichtlichen Untersuchung ermöglichen und vor allem die volle Öffentlichkeit der Verwaltung erzwingen. Gewiß beginnt das weltbürgerliche Großkapital kühne Gründungen nur bei der Aussicht auf großen Gewinn, wie soeben Herr Löwenfeld mit preiswürdiger Unbefangenheit eingestanden hat; aber dann muß auch das Publikum imstande sein, die Größe dieses Gewinnes und den wahren Charakter seiner uneigennützigen Wohltäter kennen zu lernen.

Die Übermacht des Großkapitals zeigt sich sehr auffällig in unserm Steuerwesen; es bleibt die Aufgabe der Finanzpolitik, die ungeheueren und so oft völlig unproduktiven Gewinste des Börsenspiels einer wirksamen Besteuerung zu unterwerfen. Doch diese Aufgabe kann nur nach reiflicher Überlegung und niemals vollständig gelöst werden, da das bewegliche Kapital tausend Wege kennt sich dem Auge des Staates zu entziehen. Am wenigsten frommt der modische Naturalismus, der heute wieder gegen alle indirekten Steuern eifert. Die indirekten Steuern sind darum für friedliche Zeiten unentbehrlich, weil in den Tagen der Gefahr allein die direkten Steuern mit Erfolg erhöht werden können. Unser verwickeltes Steuersystem ruht auf dem richtigen Gedanken, daß es „gute" Steuern nicht gibt, daß die harte Last der Besteuerung nur erträglich wird, wenn sie die Steuerkräfte des Volkes an verschiedenen Stellen zugleich anfaßt. Solche in Jahrhunderten angesammelte Erfahrungen sind mächtiger, als die unbestimmte und in ihrer kahlen Allgemeinheit falsche Behauptung, die indirekten Steuern erdrückten den kleinen Mann. —

Unübersehbar drängen sich die Fragen und Probleme jedem auf, der die Aufgaben unserer kampferfüllten Gesellschaft erwägt. Aber ernstes Nachdenken führt auch zurück zu der tröstlichen Überzeugung, daß die einfachen, dem schlichten Geiste verständlichen sozialen Wahrheiten die allertiefsten und fruchtbarsten sind. Jeder reformatorische Schritt des Staates bleibt fruchtlos ohne den tapferen Frohmut der Arbeit, ohne den gemessenen Sinn der Pietät, der die aristokratische Gliederung der Gesellschaft als eine heilsame Notwendigkeit ehrt. Sorgen wir redlich für Bildung und Wohlfahrt des kleinen Mannes; aber hüten wir uns, auch nur durch unbestimmte Zukunftsträume, durch gefühlvolle Klagen über das Unabänderliche das Evangelium des Neides zu unterstützen, das jene erhaltenden Kräfte der Gesellschaft zerstören will. Wenn mir zuweilen schwindlig ward vor all den zerfließenden Glückseligkeitsbildern im Zauberspiegel des Sozialismus, dann hab' ich mich erholt bei deiner Einfalt, du warmherziger und wahrhaftiger Freund unseres armen Volkes, alter treuer Fritz Reuter! Tausende weinten bei deinem Tode, denn von dir hatten sie erfahren, wie reich und ehrenvoll ihr kleines Leben und wie segensreich der alte Fluch der Arbeit ist. Solange

Menschen leben, wird neben dem Denker, der den Wandel der Gestirne berechnet, der Hirtenbube stehen, der ihres goldenen Glanzes sich harmlos freut; und weit wie die Gedanken dieser beiden werden auch die Wege des Glückes auseinandergehen. Aber über diesem Gewirr von Gegensätzen der Bildung und des Besitzes walten ausgleichend sittliche Mächte; der Fanatismus der sinnlichen Glückseligkeit lästert sie, doch er bannt sie nicht. Der wackere Schuster, der einen Stiefel ganz und gut zurechthämmert, steht stolzer da vor Gott und Menschen, als der vornehme Dichterling, der sich an schlechten Versen abmüht. Und die arme Mutter, die auf ihrem Todesbette eine Schar guter und dankbarer Kinder segnet, fühlt sich reicher und scheidet froher aus dem Leben, als der verwöhnte Schlemmer, der in den Armen der Unzucht stirbt. Und so wird es bleiben in allem Wandel der „sozialen Fragen“, so gewiß die Liebe und das Pflichtgefühl in unserem Geschlechte mächtiger sind als Neid und Begierde. —

Die Türkei und die Großmächte.

Berlin, 20. Juni 1876.

Wenn unsere Enkel dereinst auf die Gegenwart zurückblicken, so werden sie vielleicht neidisch fragen: womit wir Alten denn verdient hatten diese wunderbar reiche Zeit zu erleben? Das sechzehnte Jahrhundert hat bisher immer als die gedankenreichste und fruchtbarste Epoche der christlichen Zeitrechnung gegolten; das Jahrhundert aber, das mit dem Jahre 1789 beginnt, ist schwerlich ärmer an schöpferischer Kraft und gewiß weit glücklicher im Gestalten und Vollenden. Alle die großen Ideen, welche das Zeitalter Martin Luthers wohl ahnen, doch nicht verwirklichen konnte, die Freiheit des Glaubens, des Denkens und der wirtschaftlichen Arbeit, sind im Verlaufe der drei jüngsten Menschenalter ein gesichertes Besitztum Europas geworden. Erst die Gegenwart vollendet das Werk des Columbus und darf im Ernst von einer Weltgeschichte reden. Das Traumbild der Hutten und Machiavelli, die Einheit Deutschlands und Italiens, steht leibhaftig vor unseren Augen. Und kaum hat Luthers römischer Antichrist die weltliche Herrschaft verloren, so beginnt auch seinem türkischen Antichrist das Verhängnis zu nahen. Es sind der welthistorischen Wandlungen fast zu viele für ein einziges Geschlecht, und wer darf uns Deutsche schelten, wenn uns die Wirren am Bosporus herzlich unwillkommen erscheinen? Wir brauchen den gesicherten Weltfrieden wie das liebe Brot, wenn unsere gesunkene Volkswirtschaft sich wieder erholen soll. Wir sehen nicht ab, wie diese orientalischen Händel als ein Hebel benutzt werden können um uns zu fördern bei unserer nächsten Aufgabe, bei dem Ausbau der deutschen Einheit. Und da wir zwar die Türkenherrschaft überreif zur Vernichtung finden, doch die Rajahvölker noch in keiner Weise reif zur Selbständigkeit, so würden wir es als ein Glück begrüßen, wenn diese schwierigste aller europäischen Fragen, die durch zahllose halbgelungene Kriege und Aufstände, durch eine

Flut von Depeschen und Büchern nur immer dunkler und rätselhafter geworden ist, noch durch einige Jahrzehnte ungelöst bliebe.

Aber das Schicksal fragt nichts nach unseren Wünschen. Sei es uns lieb oder leid, wir müssen uns endlich an die Erkenntnis gewöhnen, daß der nationale Gedanke, der schon die Mitte des Weltteils neugestaltet hat, auch in der gräko-slavischen Welt gewaltig erwacht ist. Es wäre wider die Vernunft der Geschichte, wenn diese treibende Kraft des Jahrhunderts grade den elendesten Staat Europas ehrfurchtsvoll verschonen sollte. Zum Glück trifft uns die neue Entladung der orientalischen Krisis in einer leidlich günstigen diplomatischen Lage. Der Bund der drei Ostmächte hat sich bereits als eine Macht des Friedens und der Mäßigung bewährt. Er allein läßt heute als möglich erscheinen, was vor einem Jahrzehnte noch ganz undenkbar gewesen wäre: daß das gute Recht der unglücklichen Rajahvölker durch das Einverständnis der großen Mächte einigermaßen gesichert und der unaufhaltsame Zerfall des Osmanenreichs vielleicht ohne einen europäischen Krieg um eine gute Strecke Weges gefördert werden kann. Jedenfalls bietet uns der Dreikaiserbund die Gewißheit, daß Deutschlands Wort bei der Entscheidung im Osten schwer in die Wagschale fallen wird. Die Freundschaft des Deutschen Reichs ist für den Petersburger Hof in der gegenwärtigen Lage gradezu unschätzbar. Nur durch deutsches Gebiet führt der Weg zu den verwundbaren Stellen des Zarenreichs; mit Deutschland verbündet kann die russische Macht wohl geschlagen, doch nicht ernstlich erschüttert werden, das steht nach den Erfahrungen des Krimkrieges außer Zweifel. Ist es wahrscheinlich, daß die starken Hände, welche die deutsche Politik leiten, eine so vorteilhafte Stellung nicht verwerten, oder daß die klugen Staatsmänner an der Newa die Bundesgenossenschaft eines bewährten Freundes, der im Oriente durchaus keine selbstsüchtigen Zwecke verfolgen kann, durch törichte Eroberungspläne mutwillig verscherzen sollten?

Und wie unser Staat fester und mächtiger als vormals in die neue Krisis des Orientes hineintritt, so ist auch die öffentliche Meinung ruhiger und nüchterner geworden. Der Krummsäbel der Osmanen hat längst seine Schrecken verloren; die Türkenglocken sind verstummt, die noch unsere Großväter an die ungesühnte Schuld der Christenheit zu mahnen pflegten. Wir lächeln über die philhellenische Schwärmerei der zwanziger Jahre, und kein Kaiser Joseph will heute noch „die beleidigte Menschheit an diesen Barbaren rächen". Aber verstummt sind auch jene schwungvollen Lobgesänge auf die Freiheit und Bildung des edlen Osmanenvolkes, womit die Presse der Westmächte zur Zeit des Krimkrieges das verwunderte Europa und die nicht minder verwunderten Türken selbst beglückte. Seit der Bluttat von Saloniki, seit dem wunderbaren Selbstmorde des Sultans und der nicht minder wunderbaren Tscherkessenrache findet selbst der gutmütigste deutsche Spießbürger die Zustände in dem Musterstaate David Urquharts „ausgezeichnet aber ekelhaft", wie der Schleswig-Holsteiner zu sagen pflegt.

Auch in früheren Jahren hat es in Deutschland niemals ganz an besonnenen Beurteilern der orientalischen Dinge gefehlt; die beiden klassischen, nur allzu wenig bekannten Bücher von Moltke sowie die Schriften von Roepell und Eichmann sind wohl das Beste und Tiefste, was irgendwo über die moderne Türkei geschrieben worden. Die Masse unseres Volkes aber kommt jetzt zum ersten Male in die Lage, diese entlegenen Händel unbefangen zu betrachten; denn während jeder der früheren Krisen des türkischen Reiches war unsere Aufmerksamkeit durch näherliegende Sorgen in Anspruch genommen. Der Krimkrieg wurde nicht bloß um der Türken willen unternommen, sondern auch um die unnatürliche Herrenstellung, welche Kaiser Nikolaus in Europa behauptete, zu beseitigen. Der Übermut und die Übermacht des Zaren lasteten auf keinem Lande so schwer wie auf Deutschland; er war die mächtige Stütze des Bundestags, der Reaktion und der Kleinstaaterei. Der Zorn des beleidigten nationalen Stolzes trieb damals die deutschen Liberalen in das Lager der Westmächte. Der leidenschaftliche und, wie die Dinge lagen, durchaus berechtigte Haß gegen den Zaren ließ die Frage kaum aufkommen: ob denn die weisen Ärzte zu Paris und London irgendein wirksames Heilmittel für ihren kranken Mann besäßen? Von solcher Stimmung beherrscht konnte Bunsen den Plan schmieden, die gesamte Nordküste des Schwarzen Meeres von Rußland abzureißen und an Österreich zu geben. Selbst ein Staatsmann von der Einsicht und der Nüchternheit des Freiherrn v. Stockmar spielte mit dem phantastischen Gedanken der Wiederherstellung Polens. Im großen Publikum fanden alle die alten polnisch-französischen Märchen über Rußland willigen Glauben; das berüchtigte Testament Peters des Großen, eine der plumpsten Fälschungen, die je gewagt worden, machte wieder die Runde durch Europa, und wieder, wie zur Zeit der Julirevolution, erging sich die liberale Welt im Preise der aufgeklärten Westmächte. Wie anders stehen wir heute! Über Frankreichs europäische Politik täuscht sich niemand mehr, und auch in den landläufigen Urteilen über England hat sich allmählich eine tiefe Wandlung vollzogen, die der Bildungsfähigkeit des deutschen Liberalismus zur Ehre gereicht.

Welcher deutsche Liberale hätte nicht einmal in jungen Tagen den holden Traum geträumt von der natürlichen Bundesgenossenschaft des freien Englands mit dem freien Deutschland! Es bedurfte einer langen Reihe schmerzlicher Enttäuschungen, bis wir endlich lernten, daß die auswärtige Politik der Staaten nicht allein und nicht vorwiegend durch ihre inneren Verfassungsverhältnisse bestimmt wird. Denke man noch so hoch von britischer Freiheit, in der Völkergesellschaft ist das heutige England unzweifelhaft eine Macht der Reaktion. Seine Machtstellung ist ein offenbarer Anachronismus. Sie ward geschaffen in jener guten alten Zeit, da Weltkriege noch durch Seeschlachten und gemietete Söldnerscharen entschieden wurden und es für staatsklug galt in aller Herren Ländern, ohne jede Rücksicht auf Natur und Geschichte, wohlgelegene Seefestungen und Flottenstationen zusammenzurauben. In dem Jahrhundert der nationalen Staaten und der großen Volksheere läßt sich eine solche kosmopolitische Handelsmacht auf die Dauer nicht mehr behaupten; die Zeit wird und muß kommen, da Gibraltar den Spaniern, Malta den Italienern, Helgoland den Deutschen und das Mittelmeer den Völkern der mediterranischen Lande gehören wird.

Man sagt zuviel, wenn man das heutige England dem Holland des achtzehnten Jahrhunderts vergleicht; in dem großartigen Getriebe ihres sozialen Lebens zeigt die Nation noch immer eine gewaltige Tatkraft, und es kann leicht geschehen, daß sie noch einmal, wenn sie sich in den Lebensinteressen ihres Handels verletzt glaubt, die Welt in Erstaunen setzt durch entschlossene Kühnheit. Aber der Gesichtskreis ihrer Staatsmänner ist allerdings ganz so eng, ihre Weltanschauung ebenso altväterisch beschränkt und verstockt konservativ geworden, wie weiland die Politik der sinkenden Niederlande. Überreich und übersatt, verletzbar an hundert Stellen ihres weitzerstreuten Besitzes, fühlen die Briten, daß sie auf der weiten Welt nichts mehr zu wünschen und den jungen Kräften des Jahrhunderts nur noch die Machtmittel eines überwundenen Zeitalters entgegenzustellen haben; darum widerstreben sie hartnäckig allen noch so heilsamen Änderungen in der Staatengesellschaft. England ist heute der unbeschämte Vertreter der Barbarei im Völkerrechte. Sein ist die Schuld, wenn der Seekrieg, zur Schande der Menschheit, noch immer den Charakter des privilegierten Raubes trägt; sein Widerspruch vereitelte auf den Brüsseler Konferenzen den Versuch Deutschlands und Rußlands, den Verheerungen der Landkriege einige Schranken zu setzen. Sieht man ab von den schwächlichen und völlig unfruchtbaren Sympathien, welche die englische Presse der Einheit Italiens entgegenbrachte, so hat die britische Nation während der jüngsten zwei Jahrzehnte jeder, aber auch jeder, jungen und zukunftssicheren Macht, die sich in der Welt emporhob, nur gehässige Feindschaft erwiesen. Sie schwärmte für die Ruchlosigkeit der nordamerikanischen Sklavenhalter; sie war der schreiende, doch Gott sei Dank feige Anwalt der dänischen Fremdherrschaft in Schleswig-Holstein; sie verehrte den Bundestag und das Welfenreich; sie gestattete den Franzosen den Angriff wider das einige Deutschland, den sie hindern konnte, und verlängerte den Krieg durch ihre Waffenverkäufe. Als Herr v. Lesseps den genialen Gedanken des Suezkanals ersann, den der Beherrscher Ostindiens mit beiden Händen hätte ergreifen müssen, da steckten die Briten den Kopf in den Busch wie der Vogel Strauß um nur die segensreiche, doch im ersten Augenblicke unbequeme Notwendigkeit nicht zu sehen; man spottete und höhnte solange, bis das große Werk gelungen war und versuchte dann hinterher, die wider Englands Willen vollzogene Neuerung zu Englands Vorteil auszubeuten. Und nach allen solchen gehäuften Proben von der Unfähigkeit und den beschränkten Vorurteilen der britischen Staatskunst sollten wir Deutschen diesen Staat als den hochherzigen Verteidiger der Völkerfreiheit und des europäischen Gleichgewichts bewundern? Gar zu vernehmlich klingt doch aus den großen Worten, womit England seine orientalische Politik zu umhüllen liebt, der alte Angstruf hervor: am Bosporus verteidigen wir den Ganges. Und warum sollen wir uns Englands Kopf zerbrechen von wegen der indischen Kaiserkrone?

Jedes Londoner Zeitungsblatt bezeugt, daß man dort gar nichts ahnt von dem mächtigen Umschwung aller russischen Verhältnisse. Man redet noch immer wie in den Tagen des Zaren Nikolaus. Kaiser Alexander aber hat nicht nur dem sozialen Leben seines Volkes durch tiefeinschneidende Reformen neue Bahnen eröffnet, sondern auch der auswärtigen Politik des Reichs eine ganz veränderte Haltung gegeben. Nur der blinde Haß kann behaupten, daß Rußland heute noch mit lähmender Übermacht auf Europa drücke. Die Petersburger Politik hat in Nordamerika, in Italien und Deutschland, wie in dem Kampfe gegen Rom bewiesen, daß sie die lebendigen Kräfte des Jahrhunderts zu würdigen weiß; sie darf, nach so vielen Beweisen der Klugheit und der Friedensliebe, zum mindesten erwarten, daß wir ihre orientalischen Pläne nach den Tatsachen, nicht nach den Schauergeschichten englischer Russophoben, beurteilen.

Die slavische Großmacht ist uns, alles in allem, der beste Bundesgenosse gewesen, den Deutschland je gehabt, und gebieterisch drängt sich angesichts dieser Tatsache die Frage auf, ob es denn wirklich unmöglich ist, daß Germanen und Slaven in Frieden nebeneinander wohnen. Wenn unser weitherziger Weltbürgersinn gegen irgendeine Nation gehässige Vorurteile hegt, so sind es sicherlich die Slaven. Mit den romanischen Völkern haben wir uns oft geschlagen und dabei in der Hitze des Kampfes zuweilen einen rasch auflodernden Nationalhaß empfunden; doch die nahe Blutsverwandtschaft, welche alle von der Völkerwanderung berührten Nationen verbindet, die Gemeinschaft der klassischen Bildung und die Dankbarkeit für soviele Geschenke, die uns die ältere Kultur des Westens gebracht hat, führten nach kurzer Entfremdung immer wieder ein gutes Verständnis herbei. Der Slavenhaß dagegen liegt uns tief im Blute und wird auch von drüben aus Herzensgrund erwidert. Wir haben den Völkern des Ostens jahrhundertelang nur als Feinde, als Herrscher oder als Lehrer gegenübergestanden; ihnen zeigen wir noch heute alle harten und herrischen Züge unseres Wesens. Unserer älteren Gesittung froh blicken wir über die Weichsel und die Donau hinüber mit ähnlichen Empfindungen, wie einst der Römer auf das rechte Ufer des Rheines, und nehmen uns nicht einmal die Mühe die russische Sprache zu lernen: — beiläufig eine keineswegs unbedenkliche Erscheinung, denn der gebildete Russe gewinnt durch seine Sprachkenntnis über uns fast die nämliche Überlegenheit, die wir gegen die Franzosen behaupteten. Der Slave erscheint uns, die Wahrheit zu sagen, als der geborene Knecht. Sobald auf die interessanten Völkerschaften, südlich der Donau die Rede kommt, so entschlüpfen dem Deutschen unwillkürlich die geflügelten Worte „Schweinetreiber und Nasenabschneider" — als ob nicht auch unsere Ahnen vor Zeiten in herzlicher Vertraulichkeit mit dem Rüsselvieh gelebt und einer wenig menschlichen Kriegführung sich befleißigt hätten! Dürfen solche herrische Vorurteile dauern? Daran ist nicht zu denken, daß wir jemals für die unfertigen Völker der Balkanhalbinsel eine so tiefe Teilnahme empfinden sollten wie einst für die Einheitsbewegung der Italiener. Aber sie sind doch unsere christlichen Brüder; der Kampf, den sie führen, ist doch nur eine Szene aus dem uralten Kriege zwischen dem Kreuze und dem Halbmond. Uns, die wir kaum erst die Fremdherrschaft in blutigem Kampfe von unserem Nacken geschüttelt, ziemt es doch wahrlich nicht, mit hoffärtigem Kaltsinn die Frage abzuweisen: ob unter dem Joche der türkischen Fremdherrschaft ein menschenwürdiges Dasein möglich ist? —

Durch anderthalb Jahrtausende ist das schönste Land Europas der Herrschersitz zweier großer Reiche gewesen, die beide völlig geistlos, allein durch die vollendete Technik ihres Staatslebens, durch die Kunst der Menschenbeherrschung und Menschenbenutzung sich behaupteten. Eine ausgebildete Geldwirtschaft und geordnete Finanzen, tüchtige Soldaten und ein technisch wohlgeschultes Beamtentum, endlich eine ideenlose Politik, welche doch verstand alle ihre Untertanen mit strebsamer Knechtsgesinnung zu erfüllen — dies waren die Machtmittel, denen das greisenhafte byzantinische Kaisertum seine tausendjährige Dauer verdankte, während ringsumher die jugendkräftigen Staaten der Germanen haltlos zusammenbrachen. Und ebenso allein durch die Kunst des Herrschens, nicht durch irgendwelche sittliche Idee, haben die Nachfolger der Byzantiner, die Osmanen, ihre Macht behauptet. Den Abendländern überlegen durch ihr stehendes Heer, den Orientalen durch die feste Erbordnung im Hause Osmans, unterwarfen sie fast das gesamte Weltreich Alexanders der Herrschaft des Halbmonds; und niemand wird ohne Bewunderung die Herrscherkunst jener gewaltigen ersten Sultane, der Murad und Muhammed betrachten, wie sie den durch byzantinische, venetianische und genuesische Landvögte zertretenen und entmannten Rajahvölkern das neue Joch so fest und sicher auf den Nacken legten, daß den Unterworfenen die Wiedererhebung aus der bodenlosen Tiefe ihrer Knechtschaft lange ganz undenkbar schien.

Ihr Staat war, wie fast alle Staatswesen des Orients, eine Theokratie, der Koran das unwandelbare Gesetzbuch für das politische wie für das religiöse Leben. Hoch über dem gesamten Reiche thronte der mit dem Schwerte Osmans gegürtete Sultan, der Schatten Gottes auf Erden, an nichts gebunden als an das Wort des Propheten. Unter ihm seine Werkzeuge, die Großwürdenträger, die in der glänzenden Zeit des osmanischen Staates zumeist aus den Reihen der christlichen Renegaten hervorgingen, und die Heerschar der Janitscharen, durchweg Christenkinder, in zartem Alter den Eltern geraubt und dann durch eine spartanische Erziehung mit dem ganzen Glaubensingrimm des Islam erfüllt. Unter ihnen das Herrenvolk der Rechtgläubigen. Unter diesen endlich die vielsprachige Herde der Christen, „Schweine mit den gleichen Borsten, Hunde mit den gleichen Schwänzen", verurteilt zu fronden und zu steuern, durch die Kopfsteuer, den Haradsch, ihr verwirktes Leben alljährlich von neuem zu erkaufen, durch den Knabenzins das Heer des Herrschervolks stets von neuem zu verstärken — wenn man nicht zuweilen vorzog sie selber in die Scharen der Asaben einzustellen, wo sie dann als Kanonenfutter dienten oder auch haufenweise in die Gräben belagerter Christenfestungen geworfen wurden, eine lebendige Brücke für die anstürmenden Streiter Allahs. So war die Rajah gezwungen, mit eigenen Händen die Fesseln ihrer Sklaverei immer fester zu schmieden.

Die Kunst der Knechtung hatte hier ein unvergleichliches Meisterstück geliefert, das sich nur erklärt aus dem Sklavensinne der Untertanen von Byzanz und aus den uralten Überlieferungen der orientalischen Politik; denn da Vorderasien nationale Staaten nicht kennt, sondern nur ein gewaltsam zusammengeschweißtes Durcheinander von Völkertrümmern, so hat die Fertigkeit teilend zu herrschen sich hier zu einer dem Abendländer fast unbegreiflichen Virtuosität ausgebildet. Während die Christenheit ihre Ketzer verbrannte, durfte unter dem Halbmond jeder seines Glaubens leben, und noch vor kurzem behauptete Lord Shaftesbury alles Ernstes unter dem Beifall der aufgeklärten Lords des Oberhauses: die Türkei habe in einem Jahrzehnt mehr für das Christentum getan als Rußland in neun Jahrhunderten! In Wahrheit beweist auch diese vielgerühmte Duldsamkeit der Türken lediglich, wie kunstvoll durchgebildet das System der Knechtung war; man wollte nicht die Bekehrung der Unterworfenen, denn nur wenn die Rajahvölker ungläubige Hunde blieben, konnte der Muselman ihnen den Fuß auf den Nacken setzen. Während überall in Europa eine strenge ständische Gliederung die unteren Klassen darniederhielt, durfte am Bosporus der geringste Sklave hoffen, durch Glück und Tatkraft bis zu den höchsten Ämtern des Reiches emporzusteigen; darum haben im sechzehnten Jahrhundert die fronenden Bauern Mitteleuropas die nahende Fahne des Propheten zuweilen mit ähnlichen Gefühlen begrüßt wie späterhin die Heere der französischen Revolution. Doch diese vollendete soziale Gleichheit, die überall den Schemel des orientalischen Despotismus bildet, bestand eben nur für das Herrenvolk der Gläubigen. Zwischen ihm und der Rajah dehnte sich eine unendliche Kluft; die äußerste Frechheit alt-französischen Adelshochmuts reicht nicht von fern heran an jene Gefühle kalter Verachtung und körperlichen Ekels, welche der gläubige Türke noch heute gegen den schweinefleischessenden Giaur empfindet.

Der Sieger fand eine durch wütenden Nationalhaß und finstere religiöse Leidenschaften völlig zerklüftete Bevölkerung vor. Der Grieche haßte den Serben noch grimmiger als den Türken, und greulicher noch als der Anblick des Beters, der sein Gesicht gen Mekka wendet, war dem orthodoxen Sohne der orientalischen Kirche einen Altar der Lateiner zu sehen, wo der Heiland mit übereinander, statt mit nebeneinander genagelten Füßen am Kreuze hängt. Solche Gesinnungen der Rajah boten den festen Boden für jenes kluge System des Auseinanderhaltens der Stämme und der Glaubensbekenntnisse, dem die herrschende Minderheit ihre Sicherheit verdankte. Wie der Staat des Herrenvolkes selber theokratisch war, so wurden die Oberen jeder christlichen Kirche mit Gerichtsbarkeit und Polizeigewalt über ihre Gläubigen ausgestattet und zugleich verpflichtet für die Steuern der Rajah einzustehen. Die Orthodoxen bildeten unter ihrem Patriarchen einen griechischen Dienerstaat innerhalb des türkischen Reiches. Ihre Bischöfe hausten nach Willkür über den Popen und den Gemeinden, nur selten einmal durch einen wild zugreifenden Pascha gestört; sie rühmten sich gegen die Standesgenossen in anderen Ländern: „Ihr seid nur Pfaffen, wir sind Paschas!" Das ist es, was die englischen Türkenverehrer als die unvergleichliche Selbstverwaltung der Osmanen preisen! Der feile Sklavensinn der Rajah sorgte dann von selbst dafür, daß der hohe Klerus zwar seine Herde gemächlich schor, doch den türkischen Herren nie gefährlich wurde. Welch ein entsetzliches Blatt der christlichen Geschichte füllen doch die Schicksale des Patriarchats von Konstantinopel! Diese Würde war lebenslänglich und konnte nur durch Hochverrat oder auf die Anklage der Orthodoxen selber verwirkt werden. Und doch wurde dies wohlgesicherte Amt, das für die Griechen eine Stütze der nationalen Unabhängigkeit sein konnte, für die Türken ein brauchbares Werkzeug der Knechtung. Seit unvordenklicher Zeit hat kein Patriarch seinen Sitz länger als drei Jahre behalten. Der Geist der Simonie durchdrang die ganze Kirche; kaum hatte ein Kirchenfürst durch Bestechung die Wahlstimmen seiner Gläubigen gewonnen, so begannen andere mit dem gleichen Mittel gegen ihn zu arbeiten, bis er endlich vor der Pforte verklagt und abgesetzt wurde. Und so durch Jahrhunderte immer dasselbe unwürdige Spiel! Zum Überfluß führten die großen Kaufherren des Fanars die Geldgeschäfte der Pforte, und der Handel der Christen wurde vor den türkischen Geschäften bevorzugt, weil er höhere Steuern zahlen mußte, ganz wie die fiskalische Politik der Landesherren unseres Mittelalters zuweilen den Schacher der Juden begünstigt hat. So ward der schimpfliche Name der Rajah zur buchstäblichen furchtbaren Wahrheit. Solange sie nicht „an dem Halsbande der Untertänigkeit feilten", mochten sie unter sich ihre Späne austragen, wie das unvernünftige Vieh sich selber überlassen wird; doch sobald sie mit einem Muselman in Streit gerieten, bekamen sie zu fühlen, daß das Wort des Propheten dem Gläubigen förmlich das Recht verleiht den Giaur mit Füßen zu treten. Die vollkommene Rechtlosigkeit der Rajah wurde nur dadurch einigermaßen erträglich, daß jede Gemeinde und jedes Stadtviertel in der Regel nur von Glaubensgenossen bewohnt und also die Streitigkeiten zwischen Christen und Moslemin nicht allzu häufig waren.

Derselbe unnahbare Dünkel, der die Herrschaft der Moslemin über die Rajah sicherte, beseelte auch ihre auswärtige Politik. Niemals, auch nicht als sie ihre Rosse in der Leitha tränkten und die reichen Stätten germanischer Bildung vor ihren Füßen sahen, kam den Osmanen eine Ahnung von der Überlegenheit der abendländischen Kultur. Der Franke galt und gilt ihnen als der Ausbund leichtgläubiger Dummheit; den fränkischen Bären am Narrenseile tanzen zu lassen war und ist den würdigen Effendis des Serails die lieblichste Würze des Daseins. Wie klar und sicher trat doch die einseitige Beschränktheit des orientalischen Fanatismus dem Unfrieden der zersplitterten europäischen Welt gegenüber. Der Muselman kannte nur zwei Reiche auf Erden, das Haus des Islam und das Haus des Krieges; „das gesamte Heidentum ist nur eine Nation", sie zu bekämpfen die unwandelbare Pflicht der Moslemin. Das Abendland aber wurde durch die reiche Mannigfaltigeit seiner Kultur wehrlos gegen die Barbaren: die Uneinigkeit der europäischen Mächte, die Überfülle von Gegensätzen, die unser Weltteil umschließt, war der beste Bundesgenosse der Osmanen von jenem Tage an, da die Genuesen von den Wällen Galatas der Eroberung von Byzanz gelassen zuschauten bis herab zu den christlichen Heldentaten Benjamin Disraelis. Und wieder seit dem Konzile von Mantua, das zuerst die res orientales auf die Tagesordnung der europäischen Diplomaten setzte, bis zu dem Depeschenkriege unserer Tage hat immer das nämliche Hindernis die Eintracht Europas vereitelt: über alles andere hätte man sich zur Not verständigen können, nur nicht über die gewaltige Hauptstadt, die mehr bedeutet als die gesamte Balkanhalbinsel. Mit dem wohlfeilen Rate die Türken aus Europa zu verjagen, war schon deshalb nicht auszukommen, weil ihr Herrschersitz selber halb zu Asien gehört. Der Bosporus ist die Hauptstraße von Konstantinopel, die asiatische Vorstadt Skutari kaum weiter von Stambul entfernt als die europäischen Vorstädte Pera und Galata. Am asiatischen Ufer, bei Anadoli Fanar liegen die Trümmer des Tempels von Gerokoi, wo einst der hellenische Schiffer von der geliebten Heimat Abschied nahm bevor er die Reise antrat nach den Barbarenlanden am Pontus. Solange es dort eine Geschichte gibt, haben die Südostküste Europas und die Nordwestküste Asiens immer derselben griechischen Kulturwelt angehört; es war und ist ein Rätsel, wie sich in Stambul jemals eine neue Macht erheben sollte, die nicht zugleich den wertvollsten Strich von Vorderasien beherrschte.

Erstaunlich nun, wie geschickt die Osmanen in ihrer großen Zeit diese Gunst der Weltstellung und jene Zwietracht Europas zu benutzen wußten. Obgleich sie von der geographischen Lage und der Geschichte der Heidenländer immer nur höchst abenteuerliche Vorstellungen hegten, so errieten sie doch mit dem feinen Machtgefühle der Orientalen jederzeit, wo sie ihre Bundesgenossen zu suchen hatten. Der richtige Blick und der diplomatische Takt, diese alten Vorzüge der herrschaftskundigen Aristokratien, wurden auch in dem Herrenvolke der Balkanhalbinsel erblich. Da der Korangläubige jeden Frieden mit den Heiden nur als einen widerruflichen Waffenstillstand betrachten darf, so stand die Pforte den Abendländern in ungetrübter Gemütsruhe gegenüber. Sie verstand alles von der Zeit zu erwarten und harrte geduldig mit der fatalistischen Gelassenheit der Moslemin, bis die rechte Stunde kam, um alle Verträge zu zerreißen und die noch ungebrochene wilde Naturkraft der Janitscharen und Spahis wider die Giaurs loszulassen. Seit Frankreich zuerst den großen Suleiman in die Händel der Christenheit hineinzog, begannen die Türken zu wittern, daß sie immer mindestens einer der christlichen Mächte willkommen waren; und seitdem ist der Staat der Osmanen von den Staatsweisen des Abendlandes so oft und so salbungsvoll als ein unentbehrliches Gewicht in der Wagschale des europäischen Gleichgewichts gepriesen worden, daß wir uns nicht wundern dürfen, wenn heutzutage alle Säulen des Türkenreichs, die Valis, Mollahs und Ulemas, die schwarzen und die weißen Eunuchen, die Odalisken und die Serailknaben, sämtlich durchdrungen sind von dem fröhlichen Glauben: Allahs wunderbare Barmherzigkeit habe die Augen der dummen Franken mit unheilbarer Blindheit geschlagen.

Mit gutem Grunde wahrlich hat Machiavelli die stolzen Anfänge des Osmanenstaates gepriesen; denn was dem Florentiner Politik hieß, die Kunst zu herrschen, die Macht des Staates zu behaupten und zu erweitern, ward hier mit seltener Klugheit geübt. Aber in dieser Kunst ging auch von jeher das politische Vermögen der Türken auf; ihr Reich entbehrte selbst in seiner großen Zeit jedes sittlichen Inhalts, gleichwie das Staatsideal Machiavellis. Die Macht war Selbstzweck; die Frage, zu welchen sittlichen Zwecken sie verwendet werden solle, ward niemals aufgeworfen. Daß der Staat bestehe zum Vorteil der Herrschenden galt für selbstverständlich; und fragen wir, was die Herrscherkunst dieser langen Reihe kraftvoller Staatsmänner und Feldherren für den Wohlstand und die Gesittung der Menschheit geleistet hat, so ist nur eine Antwort möglich: nichts, rein gar nichts. Als der Eroberer Mohammed den verödeten Palast der Komnenen betrat, da übermannte ihn das Gefühl der Vergänglichkeit irdischer Größe, und er sprach die Verse des orientalischen Dichters:

Es zieht in Kaiserschlössern vor dem Tor
Die Spinn' als Kämmerer den Vorhang vor,
Und in Afrasiabs Säulenhallen
Hört man den Lagerruf der Eule schallen.

Er ahnte nicht, daß er das Schicksal seines eigenen Reiches vorhersagte. Wie eine ungeheure Schuttlawine ist die Türkenherrschaft über jene gesegneten Lande gestürzt, die einst das klassische Zeitalter der christlichen Kirchengeschichte sahen. Das Innere der Halbinsel ist heute so unbekannt, wie die Wildnisse Australiens; erst seit dem Zuge Diebitschs auf Adrianopel gewann die Wissenschaft eine ungefähre Vorstellung von der Gestalt der Gebirgszüge des Balkans. Das Aufsteigen der Türkenmacht zwang die Abendländer sich zu kräftigen Taten aufzuraffen. Da der Osmane die Blüte der Handelsplätze des Mittelmeeres zertrat, so suchte der Europäer den Seeweg nach Indien. Im Kampfe mit den Asiaten entstand das neue Österreich und fand in dem gemeinsam errungenen Schlachtenruhm ein festes Band der Einheit für seine vielsprachigen Völker. Insofern hat sich auch an dem Osmanenreiche die Wahrheit erwiesen, daß jede große historische Erscheinung irgendein positives Ergebnis, einen Niederschlag in dem Werdegange der Menschheit zurückläßt. Aber wo sind die Spuren der Kulturarbeit der Türken selber? Was blieb in Ungarn übrig von den langen hundertundfünfzig Jahren, da die Paschas auf der Königsburg zu Buda hausten? Einige rohe Verstümmelungen schöner christlicher Kirchen und die warmen Bäder von Ofen. Was erinnert in Griechenland noch an die Herrschaft des Halbmonds? Fast allein die Trümmerstätten zerstörter christlicher Ortschaften. Die Verderblichkeit des Regierungssystems lag nicht in den rohen Gewalttaten einzelner Machthaber — denn das Pfählen und Säcken, das Schänden und Schinden und ähnliche landesübliche Lustbarkeiten ereigneten sich, nach orientalischem Maßstabe, nicht allzu oft — sondern in jener unbeschreiblichen Denkfaulheit, in jenem tiefen Seelenschlafe, der den Osmanen auch in den Tagen ihrer kriegerischen Größe immer eigentümlich war und sie selbst in den Augen der Araber als Barbaren erscheinen ließ. Wie der Türke nur drei Berufe wirklich liebt, die Laufbahn des Soldaten, des Beamten und des Priesters, so hat auch sein Staat für Kunst und Wissenschaft, für Handel und Wandel niemals ein Verständnis gezeigt. Seine Volkswirtschaftspolitik, wenn der Ausdruck erlaubt ist, verfolgte lediglich den Zweck, dem Herrenvolke bequeme Verzehrung zu sichern; darum erleichterte man die Einfuhr und erschwerte die Ausfuhr — ganz wie in dem Spanien Philipps II., das überhaupt mit dem Staate des Halbmonds manche überraschende Ähnlichkeit zeigt.

Und dies wahnwitzige System, das den Reichtum Spaniens in wenigen Jahrzehnten zerstörte, lastet auf den Balkanländern seit fast einem halben Jahrtausend! Die Osmanen blieben auch im Glanze ihrer Siege und in der Überfülle erbeuteten Reichtums eine asiatische Reiterhorde, die nie heimisch ward auf dem Boden abendländischer Kultur und über die Weltanschauung des kriegerischen Nomadentums nicht hinauskam. Eine im Schlaf erstarrte Völkerwanderung hatte sich über die Christenvölker des Südostens gelagert. Das Türkenreich blieb der Rajah immer eine gewaltsame Fremdherrschaft. Mochten die feilen Fanarioten um die Gunst der Osmanli buhlen und die Häuptlinge der Bosniaken, den Glauben ihrer Väter abschwörend, dem Beutezuge des Herrschervolkes sich anschließen: die Masse der Südslaven beklagt seit fünfhundert Jahren in unzähligen Liedern und Erzählungen die Völkerschlacht auf dem Amselfelde als den Todestag der alten Freiheit; die Masse der Griechen hat niemals aufgehört die Rache Gottes herabzurufen für jenen Tag der Schmach, da der Eroberer in die Hagia Sophia einritt und die Hufe seines Rosses das schönste Gotteshaus der morgenländischen Christenheit schändeten. Auch das Rechtsbewußtsein der europäischen Welt hat den Bestand des türkischen Reichs niemals als eine sittlich gerechtfertigte Notwendigkeit anerkannt. Das Völkerrecht kennt keine Verjährung des Unrechts. Krieg und Eroberung sind nur Rechtsmittel; sie können nur beweisen, daß der Sieger die sittliche Überlegenheit besitzt, worauf das Recht zur Herrschaft ruht, doch sie allein können für die physische Übermacht ein Herrscherrecht nicht begründen. Solange der Sieger nicht bewährt hat, daß seine Macht getragen wird von den sittlichen Kräften der Geschichte, bleibt sein Erfolg ein Unrecht, das gesühnt, eine Tatsache, die durch andere Tatsachen aufgehoben werden kann. Über die zahllosen Gewalttaten, die zur Begründung der Staatseinheit aller großen Völker Europas nötig waren, ist längst dichtes Gras gewachsen. Das Unrecht, das an der Einheitsbewegung der Deutschen und der Italiener haftet, wird heute schon, nach wenigen Jahren, kaum noch empfunden, weil das Rechtsgefühl der Völker sich sagt, daß jene Revolutionen nur das Tote begruben und das Lebendige erhöhten. Jene Wunden aber, die eine geistig unfruchtbare asiatische Horde der christlichen Gesittung schlug, sie bluten noch nach einem halben Jahrtausend als wären sie gestern geschlagen. Sie werden auch niemals vernarben, solange Europa noch freie und mutige Männer besitzt, die unberührt von Russenfurcht und englischem cant das historische Unrecht beim rechten Namen zu nennen wagen; und — mag die selbstgefällige Engherzigkeit immerhin darüber spotten, am Ende ist es doch stets der Idealismus gewesen, der die Strömung der Geschichte erriet.

Wie fest und sicher auch alle Institutionen des alten türkischen Reiches ineinander griffen, so fehlte dem Staate doch was noch allen Theokratien gefehlt hat, die Entwicklungsfähigkeit. Seine Macht ruhte auf der Herrscherkunst der Osmanen und der Unterwürfigkeit der Rajah. Kam eine dieser beiden Stützen ins Wanken, so stand ihm unaufhaltsamer Verfall bevor, und der natürliche Fortschritt der europäischen Kultur bedrohte bald beide zugleich. Eine gewaltige Bewegung des wirtschaftlichen und des geistigen Lebens, woran die Türkei keinen Anteil nahm, verstärkte allmählich die militärischen und die politischen Kräfte der christlichen Nachbarstaaten also, daß das Machtverhältnis sich gänzlich verschob. Der Halbmond verlor in schmählichen Niederlagen die reichen Provinzen jenseits der Donau, das Abendland gewann das volle Bewußtsein seiner Überlegenheit wieder. Das Osmanenreich ward zu einer Macht zweiten Ranges, der türkische Name aus einem Kinderschreck ein Kinderspott. Dann traf das Zeitalter der Revolution auch die Rajahvölker mit seinem Weckrufe. Langsam und stetig wie das Walten der Naturgesetze vollzieht sich seitdem das Sinken des Herrenvolks, das Wachstum der Herdenvölker. Das erstarkende Selbstgefühl und der steigende Wohlstand der Rajah erweitern täglich die Kluft zwischen Herrschern und Unterworfenen, machen die Versöhnung und Verschmelzung ganz undenkbar. Die Osmanli verkommen an Leib und Seele. Ihre Zeugungskraft versiegt in der Sodomiterei und der Wollust des Harems. Von den großen Zügen des Nationalcharakters blieb fast nichts mehr übrig als der Stolz, die fatalistische Zuversicht und die Unfähigkeit zu jedem Mitleid; nur von Zeit zu Zeit bricht noch die Tapferkeit und der staatskluge Sinn besserer Tage durch die dicke Hülle der unermeßlichen Faulheit, die sich über die Seelen der satten Herren gelagert hat.

Mit der Macht des Reiches schwand auch die Ordnung und die feste Mannszucht; die wilde Raubgier, die unter den großen Sultanen der Vorzeit nur an der Rajah sich ersättigen durfte, wagt sich längst ungescheut an den Staat selber: „der Schatz des Padischah ist ein Meer, und wer nicht daraus schöpft ist ein Schwein". Die Rajah dagegen dankt dem Christentum die immerhin noch erträgliche Reinheit ihres häuslichen Lebens und damit die Fruchtbarkeit der Leiber, die in solchen Rassenkämpfen zumeist entscheidet. Seit dem Frieden von Kutschuk-Kainardsche haben die Griechen fast den gesamten Handel des ägäischen Meeres an sich gebracht; ihr Reichtum wächst nicht bloß in den Häfen des kleinen Königreichs, in Patras und auf Syra; auch in den Städten der kleinasiatischen Küste, in Smyrna, Aiwalü, Pergamos mehren sie sich und gedeihen, während die Türken verarmen und verschwinden. Der Rumänier und der Südslave kann zwar mit der Tätigkeit des vielgewandten Griechen nicht entfernt wetteifern, doch rühriger als der Türke schafft auch er. Die Osmanen selbst gestehen: nach Allahs Willen werden die Giaurs reich und wir verarmen; in ihrem Volke lebt die düstere Weissagung von dem dereinstigen Siege des Kreuzes, und mancher vornehme Türke bestellt sich vorsorglich sein Grab auf dem sicheren asiatischen Boden. Früher oder später wird auch hier, wie in der polnischen Adelsrepublik, das historische Gesetz vollstreckt werden, das unserem arbeitenden Jahrhundert besiehlt: für ein Volk von Rittern und Rentenverzehrern ist in Europa keine Stätte mehr.

Lassen wir uns nicht beirren durch die beliebte Versicherung englischer Touristen: der Türke ist doch der einzige Gentleman unter den Bewohnern der Halbinsel. Gewiß ist er das. Wer ein Stündchen bei Kaffee und Tschibuk verbringen will, wird sich in der Gesellschaft der würdevoll vornehmen, sauberen und ehrlichen Türken unzweifelhaft wohler befinden als unter den gierigen Raubvogelgesichtern der Rajah. Die Sünden der Herren sind eben andere als die Sünden der Diener; Schmutz, Kriecherei und durchtriebene Verlogenheit gedeihen nur in der Knechtschaft. Aber kann die Überlegenheit des geselligen Anstandes den Ausschlag geben in großen historischen Kämpfen? Die Sklavenbarone von Virginien und Karolina zeigten bei flüchtigem Verkehr sicherlich angenehmere gesellige Formen als die harten Farmer und business-men des Nordens oder gar die Neger. Und doch wird es immer eine frohe Erinnerung des deutschen Volkes bleiben, daß wir uns nicht wie die Engländer durch oberflächliche Vorliebe für die Gentlemen des Südens verführen ließen eine nichtswürdige Sache zu verteidigen, sondern mit sittlichem Ernst das bessere Recht des Nordens anerkannten. So soll uns auch die ruhige Würde der Türken nicht über die Tatsache täuschen, daß der Fleiß der Griechen und die Fruchtbarkeit der Slaven dem erstarrten Osmanentum von allen Seiten her über den Kopf wächst. Der orthodoxe Glaube der Rajah ist freilich die unreifste von allen Formen des Christentums. Wer nur nach flüchtigen Reiseeindrücken urteilt, wird den strengen Monotheismus der Mohammedaner wahrscheinlich höher stellen, als den Bilderdienst mancher roher Rajahstämme, die ihre Kruzifixe kaum anders ansehen als der Neger seinen Fetisch; und hat der Tourist gar in der Grabkirche zu Jerusalem mit angesehen, wie die türkischen Kawassen mit ihren Stöcken Frieden stiften zwischen den raufenden, wutschäumenden Bekennern der Religion der Liebe, so meint er sich berechtigt, über das gesamte orientalische Christentum den Stab zu brechen. Wer dagegen den Zusammenhang der Jahrhunderte überblickt, kann doch nicht verkennen, daß auch dort im Osten wie überall die christliche Gesittung über eine unendliche Kraft der Verjüngung und Selbsterneuerung gebietet, während alle Völker des Islam unfehlbar schließlich einen Punkt erreichen, wo das Wort des Korans sich erfüllt: „Änderung ist Neuerung, Neuerung ist der Weg zur Hölle". Selbst die geistreichste aller mohammedanischen Nationen, die den glorreichen Staat der Ommejaden gründete und die Wunderbauten von Granada und Kordoba schuf, blieb plötzlich auf einer Stelle ihres Weges wie gebannt stehen; und diese Erstarrung des Islam gab den spanischen Christen die Macht und das Recht die Ommejaden zu besiegen, obgleich sie zu den Zeiten des Cid geistig noch tiefer unter den Mauren standen als die Rajah heute unter den Osmanen.

Die Türken ihrerseits haben den ihrer Kraft erreichbaren Höhepunkt der Kultur schon längst überschritten; den Griechen aber und sogar den Serben, Bulgaren und Rumäniern kann nur der Befangene abstreiten, daß sie heute nicht mehr sind was sie vor hundert Jahren waren; ihre Kraft ist nach langem todesähnlichen Schlummer unverkennbar wieder in langsamem Aufsteigen. Auch die Zunahme der Franken am Bosporus wird zu einer Gefahr für das Osmanenreich. Unter dem Schutze ihrer Gesandten bilden sie Staaten im Staate; wie wäre es auch möglich die Europäer der türkischen Gerichtsbarkeit zu unterwerfen? Ihre bevorrechtigte Stellung erschüttert das Ansehen der Obrigkeit, wie ihre tatsächlich fast vollständige Steuerfreiheit die Staatseinnahmen schädigt; und neben den siebzehn Gesandtschaften, die mit Ratschlägen, Drohungen, Ränken jeder Art den kranken Mann bestürmen, erscheint der Sultan seinen eigenen Untertanen fast wie ein Unzurechnungsfähiger, den Europa unter Kuratel gestellt hat.

Mit der Kraft wuchs auch das Selbstgefühl der Rajah, das uns Deutschen oft lästig und öfter noch lächerlich erscheint, da der Nationalstolz gemeinhin um so prahlerischer zu poltern pflegt, je bescheidener die Macht und die Taten der Völker sind. Darum dürfen wir doch weder die Notwendigkeit dieser anhaltenden nationalen Bewegung noch ihren Zusammenhang mit den bestimmenden Mächten des Jahrhunderts verkennen. War es nicht ganz natürlich, daß der wieder erwachende Bildungstrieb den Boden aller Bildung, die Muttersprache, wieder in Ehren hielt, daß Bulgarien seinen Karadzic, Griechenland seinen Rhigas und die lange Reihe seiner nationalen Apostel fand, daß die Serben ihre alte schöne Volksdichtung wieder schätzen lernten und überall die Großtaten der Väter, wirkliche und erdichtete, wieder gepriesen wurden? Man glaube soviel man wolle von den geistreichen Hypothesen Fallmereyers, die übrigens nur teilweis eine strenge wissenschaftliche Prüfung vertragen — die Neugriechen haben doch die slavischen und skypetarischen Elemente, die ihr Volkstum umschließt, aufgesogen und mit griechischer Bildung erfüllt; aus schweren Kämpfen und aus den Erinnerungen einer uralten Vergangenheit ist ihnen ein starkes nationales Selbstbewußtsein erwachsen; sie besitzen lebendige Überlieferungen, eine gebildete Sprache und eine bescheidene Literatur, kurz, sie sind eine kleine Nation, höchst unreif noch, aber von unzerstörbar ausgeprägter Eigenart. Armselige Schlauheit, würdig der Demagogenrichter des seligen Bundestags, die sich diese anhaltende Wandlung des Völkerlebens nur aus der Wühlerei russischer Agenten zu erklären weiß! Gewiß war und ist an solchen Agenten kein Mangel, obgleich auch darüber liberale Schwarzseher Erstaunliches gefabelt haben; wie lange ist es doch her, daß Bakunin von der gesamten liberalen Welt für einen russischen Spion gehalten wurde, und wer will heute noch diese unsinnige Vermutung aufrechterhalten? Die despotischen Staatssitten und der energische Patriotismus der Russen haben bewirkt, daß in früheren Jahren fast jeder gebildete Russe seine auf europäischen Reisen gesammelten Beobachtungen, freiwillig oder aufgefordert, der Regierung mitteilte; diese alte Gewohnheit ist sicherlich noch heute nicht ganz geschwunden. Daß panslavistische Fanatiker unter allen südslavischen Völkern ihr Wesen treiben, steht außer Zweifel; und wenn wir die wundersame Persönlichkeit des Herrn Wesselitzky Bogidarovic betrachten, der zuerst als russischer Vertrauensmann, dann als bosnischer Rebellenführer auftrat, so drängt sich selbst kindlichen

Gemütern die Frage auf, ob nicht die Verbindungen dieser Leute in sehr hohe Petersburger Kreise hinaufreichen. Nur wähne man nicht, daß allein durch solche Mittel eine langjährige nationale Bewegung erhalten werden könnte. Wenn die Russen in Petersburg und Moskau für ihre Stammverwandten und Glaubensgenossen einige bulgarische Schulen errichten, wo ist dabei das Unrecht? und würden diese Schulen gedeihen und wirken, wenn das Selbstgefühl und der Bildungstrieb im bulgarischen Volke nicht schon längst erwacht wäre? —

Vielleicht gab es noch einen Weg um inmitten der erstarkenden Rajah die Oberherrschaft des Herrenvolkes zu behaupten. Das Reich konnte vielleicht erhalten werden, wenn man das altbewährte kluge System der Trennung der Stämme und der Kirchen den veränderten Umständen gemäß weiter bildete, die Privilegien der einzelnen Völker und Glaubensgenossenschaften erweiterte, die Christen durch eine wohlgesicherte provinziale Selbständigkeit vor den Eingriffen der mohammedanischen Beamten behutsam bewahrte. Dieser Weg war voller Gefahren, er konnte leicht zur Bildung von halbsouveränen Tributstaaten führen; um ihn einzuschlagen mußte die Pforte ein ungewöhnliches Maß von Selbsterkenntnis und Selbstverleugnung besitzen. Indes er war der einzig mögliche und ward darum auch von dem besten Kenner der türkischen Zustände, von Rußland immer empfohlen. Denn für die Unwandelbarkeit der Theokratien gilt noch mehr als für andere Staaten die alte Wahrheit, daß die Macht der Reiche erhalten wird durch dieselben Mittel, welche sie schufen. Doch da die Pforte gegen russische Ratschläge ein wohlbegründetes Mißtrauen hegte, so wählte sie nach langer Untätigkeit endlich das den Petersburger Ansichten genau entgegengesetzte Verfahren. Mit Machmud II. begann, unter dem steigenden Einfluß der Westmächte, der erstaunliche Versuch, die Türkei nach dem Vorbilde der Einheitsstaaten des Abendlandes umzugestalten. Sultan Machmud schuf ein Heer nach europäischem Muster, Raschid Pascha den Mechanismus einer gleichmäßig zentralisierten Verwaltung, der Hatti-Scherif von Gülhane und der Hat-Humayum Abdul-Medjids verhießen die Gleichberechtigung aller Untertanen des Großherrn, Fuad und Aali-Pascha führten die neu-napoleonische Phrase in das beglückte Türkenreich ein und verkündeten, die Zeit der grandes agglomérations nationales sei auch für den Osten gekommen, eine einige ottomanische Nation müsse geschaffen werden. Heute endlich hat das aufgeklärte Neutürkentum auch noch von dem konstitutionellen Gifte getrunken, das auf solche Völker wirkt wie der Branntwein auf die Rothäute, und fordert einen parlamentarischen Nationalrat neben dem Sultan.

Zu besagtem Nationalrate fehlt leider nur eine Kleinigkeit: die Nation. Die Griechen und Slaven sind keine Türken, sie können und wollen es nicht werden, und die Türken selbst dürfen es ihnen niemals im Ernst erlauben. Diese sogenannte Reformpolitik, die nun seit Jahrzehnten sich abmüht, den Völkerhaß und die Glaubenswut der orientalischen Welt durch einige von dem Tische der Pariser Verfassungsmacher herabgefallene Brocken zu beschwichtigen, ist nichts als eine ungeheure Lüge; und die Gönnerschaft, welche bald Frankreich bald England der türkischen Aufklärung entgegenbrachten, beweist nur, daß diese Westmächte in ihrem selbstgefälligen Kulturdünkel ganz unfähig geworden sind fremdes Volkstum zu verstehen. Um das Schicksal der neutürkischen Reformen vorauszusehen, bedarf es nur einiger

Ehrlichkeit, durchaus nicht der Sehergabe; denn dasselbe Problem, das heute am Bosporus auftaucht, hat den Scharfsinn aller Welt schon einmal jahrelang beschäftigt, als wohlmeinende Diplomaten den Kirchenstaat mit einer Verfassung zu segnen hofften. Der konstitutionelle Sultan ist ebenso unmöglich wie der konstitutionelle Papst. So wenig die Kardinäle jemals eine weltliche Consulta als eine gleichberechtigte Macht anerkennen durften, ebensowenig kann der gläubige Osmane die Rajah als seinesgleichen achten. Mag ein Hat des Sultans immerhin die Christen schonend als Tebah, als Untertanen bezeichnen; nach dem Worte Gottes, das der Padischah selber nicht verletzen darf, bleiben sie doch die Herde. Es ist wieder nur Sand für die Augen des fränkischen Bären, wenn das hochergötzliche Manifest der muselmanischen Patrioten heute den Staatsmännern Europas die Neuigkeit verkündet, der Koran selber befehle nationale Versammlungen. Der Koran sagt: „die Gläubigen sollen von ihrem Volksrate regiert werden" — die Ungläubigen aber sollen ihre Stirn in den Staub werfen vor den Gläubigen. In der Schweiz hat eine gemeinsam verlebte ehrenvolle Geschichte und die werktätige Teilnahme an einem freien und achtungswerten Staate allmählich unter Stämmen verschiedener Zunge ein politisches Gemeingefühl großgezogen, das dem naturwüchsigen Nationalstolze der großen Kulturvölker kaum nachsteht. Doch wo ist die sittliche Kraft, welche in der Türkei die vielgerühmte „Fusion der Rassen" schaffen könnte? Sprache und Bildung, Glaube und Sitte, altheilige Erinnerungen und wirtschaftliche Interessen entfremden die Herde den verhaßten Herren. Die Gewalt allein hält die Todfeinde zusammen. Soll sich die ersehnte neue „ottomanische Nation" stützen auf das erhebende Bewußtsein: wir sind allesamt Untertanen der erbärmlichsten Staatsgewalt Europas? Der Sultan kann die Rajah dem Herrschervolke nicht im Ernst gleichstellen, solange er nicht mit einiger Sicherheit auf ihre Treue zählen darf; er wagt aber nicht einmal Rajahtruppen auszuheben, und daß die Herren und die Herde in denselben Regimentern dienen sollten, wäre vollends ganz unmöglich.

Die Moslemin dürfen einen Rechtszustand, der dem gemeinen Rechte der europäischen Staaten auch nur von fern ähnlich sähe, nicht ehrlich anerkennen, solange nicht eine tiefe geistige Bewegung ihr gesamtes Denken und Fühlen, bis zu den Leibesgewohnheiten herab, von Grund aus umgestaltet hat; und eine solche Reformation kann nicht von der Aufklärung des verachteten Abendlandes ausgehen, sie wäre nur möglich, wenn Allah wieder einen begeisterten Propheten erweckte, der eine mildere Form des Islam verkündigte. Was wir aber heute in der mohammedanischen Welt vor Augen sehen, ist das genaue Gegenteil einer Milderung der Glaubenshärte. Die Religion des Propheten ist von dem Verfalle der mohammedanischen Staaten nicht berührt worden. Er lebt noch immer, der alte stolze, glaubensstarke, kriegerische Islam; in ihm wurzeln noch heute alle männlichen und achtungswerten Kräfte des türkischen Charakters. Blutige Untaten, wie der Aufstand der Sepoys und die Ermordung Lord Mayos, wie der Glaubenskampf der Drusen und die Metzelei von Saloniki, verraten zuweilen, welche elementarischen Mächte in den weiten Landen vom Ganges bis zur Adria unter der Erde arbeiten, bereit sich furchtbar zu entladen. Jedem Sultan, der ernstlich versuchen wollte ein Franke zu sein, wird das Gewissen der Gläubigen zürnend in den Weg treten — fest und unerschütterlich, wie jener Derwisch, der dem Sultan Machmud II. auf der Brücke von Galata zurief: o Giaur Padischah, bist du nicht endlich deiner Greuel satt? Der Derwisch ward erwürgt, doch das gläubige Volk sah einen Glorienschein um seine Leiche schweben. Und das Volk war im Rechte; denn solange der Koran das oberste Gesetzbuch aller Staaten des Islam bleibt, ist die Einführung abendländischer Rechtsbegriffe ein Abfall und ein Frevel.

Darum sind auch alle Reformgesetze der drei letzten Sultane nur ebensoviele Schritte zum Verderben gewesen. Der gefährlichste Zeitpunkt für einen verfallenden Staat tritt immer dann ein, wenn seine Regierung versucht sich zu bessern und damit selber die Kritik herausfordert. Das altbourbonische Königtum fiel nicht in der Blüte seiner Sünden, sondern unter dem einzigen Könige, der wohlmeinend die alten Mißbräuche zu beseitigen strebte; das zweite Kaiserreich brach erst in seiner parlamentarischen Epoche zusammen. So sind auch für das Osmanenreich die schlimmsten Tage erst mit den Reformversuchen gekommen. Die Erfahrung eines halben Jahrhunderts hat dem Grafen Nesselrode recht gegeben, der (in einer merkwürdigen Depesche vom 21. Januar 1827) über die Neuerungen Machmuds II. urteilte: sie erschüttern die alte Kraft des Staates, ohne eine neue an die Stelle zu setzen. — Eine tragische Erscheinung, dieser gewaltige Machmud, die letzte große Gestalt der osmanischen Geschichte! Bis über die Knie ist er im Blute gewatet, um seinem Volke eine bessere Zeit zu bringen, und verzweifelnd sank er ins Grab mit dem Bewußtsein eines verfehlten Lebens. Man verglich ihn einst gern mit Peter dem Großen und die Ermordung der Janitscharen mit der Vernichtung der Strelitzen. Aber der geniale Barbar des Nordens beherrschte ein bei aller Roheit gelehriges und bildsames Volk, das den kühnen Gedanken seines Zuchtmeisters zu folgen verstand; von der Seele des osmanischen Volkes glitten die fränkischen Neuerungen des Sultans spurlos ab wie das Wasser vom Wachstuch.

Die Vernichtung der Janitscharen war ein Gewinn für den Augenblick, da die verwilderten zuchtlosen Scharen den bürgerlichen Frieden bedrohten, doch ein noch größerer Verlust für die Zukunft; denn mit jener Bluttat ward das kluge alte System verlassen, das die Rajah zwang sich selber ihre Rute zu binden. Die Christen behielten fortan die Kraft ihrer männlichen Jugend; die ganze ungeheure Last des Kriegsdienstes und der Bewachung der Unterworfenen liegt jetzt allein auf den Schultern der Osmanen — eine Überspannung der Kräfte des Herrenvolkes, die nur der Herde Vorteil bringen kann. Auch die militärische Kraft des Reiches gewann durch den Gewaltstreich nur wenig, wie sich bald in den Feldzügen gegen Rußland und Ägypten zeigte. Desgleichen war es nur ein Notbehelf für den nächsten Tag, wenn zur Zeit des griechischen Aufstandes die Fanarioten ihre einflußreichen Posten verloren und die Macht des griechischen Patriarchen beschränkt wurde. Auf diesem verlockenden Wege ist die Pforte seitdem weitergeschritten, bis sie endlich neuerdings dem zahlreichsten der Rajahstämme, den Bulgaren, ein nationales Kirchenoberhaupt gegeben und also den alten geistlichen Staat der Griechen zerstört hat. Aber dieser Staat im Staate, wie lästig er zuweilen werden konnte, war doch durch wichtige Interessen an den Bestand des Osmanenreiches gebunden und hielt die Rajah zusammen; seit er vernichtet ward, sind die zentrifugalen Kräfte, die in den Christenvölkern arbeiten, ganz und gar entfesselt.

Verderblicher als alles andere wirkten indes die zahllosen uneingelösten Freiheitsversprechungen der Sultane; denn sie mehrten den alten Todhaß der Rajah noch durch neuen Grimm über frevelhaften Treubruch und entwürdigten die Pforte in den Augen Europas. Wer kennt nicht das possierliche Schaugepränge bei der Verkündigung des Hatti-Scherif von Gülhane? Zuerst trat der Hofastrolog des Sultans vor um mit seinem Astrolabium die gottgewollte günstige Stunde zu berechnen, und als Allah sprach: es ist Zeit, da begann die Verlesung des großen Freiheitsbriefes, der alle Herrlichkeiten abendländischer Duldung und Rechtsgleichheit der Rajah schenkte. Selbstverständlich waren alle diese Hats, einem solchen Volke verliehen, nur „mit Honig beschriebenes Papier“, wie die klugen Moslemin unter sich mit vergnüglichen Augenzwinkern zu sagen pflegen. Ihre Ausführung wurde niemals auch nur ernstlich versucht; die neutürkischen Verehrer des Abendlandes leisteten in der Kunst die Christen zu betrügen genau das nämliche wie die Altgläubigen. Die beiden Freunde Aali und Fuad Pascha gelten wohl mit Recht für die Edelsten und Höchstgebildeten aus den jüngsten Generationen türkischer Staatsmänner. Und doch war es Aali, der die Kreter durch tönende Freiheitsversprechen zur Unterwerfung bewog und nachher alle seine Worte vergaß: Fuad aber sprach den Christen in Syrien seine tiefe Entrüstung aus über das Würgen der Drusen und ließ dann die Streiter Gottes absichtlich entkommen. Das Wort des Propheten und die Natur des Staates sind eben mächtiger als die angelernte europäische Bildung. Das Possenspiel der Reformen erreichte seinen Höhepunkt zur Zeit des Krimkrieges. Der „große Eltchi“, Lord Stratford de Redcliffe regierte in Stambul, und wir begreifen heute kaum noch, wie ein so hochbegabter und menschenkundiger Staatsmann seine ungestüme Willenskraft an eine so ganz unmögliche Politik verschwenden konnte. Er selber hat inzwischen den alten Irrtum längst eingesehen und eingestanden. Die großen Mächte nahmen das wieder einmal wiedergeborene Türkenreich in die Gemeinschaft des europäischen Völkerrechts auf, in demselben Augenblicke, da die Pforte durch den Hat-Humahum sich selber ein feierliches Armutszeugnis ausstellte und unzweideutig bezeugte, wie wenig sie verdiente als europäische Macht behandelt zu werden. Der neue Freiheitsbrief wiederholte lediglich was schon vor anderthalb Jahrzehnten ebenso feierlich versprochen worden, und bewies nur, daß diese Macht weder fähig noch gewillt war den Christen gerecht zu werden. In Wahrheit schied die Türkei durch den Pariser Frieden aus der Reihe der unabhängigen Staaten aus. Die Pforte mußte den Hat verkündigen; das war die Bedingung ihrer Zulassung zum europäischen Konzert. Sie übernahm also gegenüber den großen Mächten die Verpflichtung zu Reformen und trat unter die polizeiliche Aufsicht Europas, obgleich der Wortlaut des Friedens diese unvermeidliche Folge der Tatsachen in Abrede stellte. In der Tat ist die Türkei heute abhängiger als je; in Syrien hat sie bereits die bewaffnete Intervention der Mächte ertragen müssen.

Was waren die Folgen aller dieser gesetzgeberischen Experimente, die so oft im englischen Parlamente mit dem frohlockenden Rufe begrüßt wurden: „die Türkei ist gerettet und die Befreiung der Rajah vollendet“ —? Das Fez hat den Turban verdrängt, die Schönheiten des Serails tragen Pariser Schleppkleider und schmücken wohl auch die Wände mit einigen schlechten europäischen Steindrucken, wobei es freilich vorkommt, daß ein Bild des Prinzen von Wales mit dem Namen darunter den lächelnden Besucherinnen aus Pera als Napoleon III. vorgestellt wird. Die vornehme Welt trinkt Champagner und radebrecht französisch; die junge Türkei bringt von den Pariser Studienjahren einige starkgeistige voltairianische Redensarten heim, spöttelt über den Glauben der Väter und veredelt die altorientalische Unzucht durch die tugendhaften Gewohnheiten der Closerie des Lilas. Man entledigt sich unbequemer Paschas nicht mehr durch die seidene Schnur, sondern verbannt sie und benutzt nur noch ausnahmsweise den Dolch des Meuchelmörders. Die aufgeklärten türkischen Staatsmänner haben sich gelehrig alle Künste napoleonischer Preßleitung angeeignet, sie sind Meister im „Glissieren" zeitgemäßer Korrespondenzen und Entrefilets; in den Journalistenkreisen von London und Paris, doch vornehmlich unter jenen betriebsamen orientalischen Stammverwandten, welche die Wiener Presse beherrschen, finden die am Bosporus gedrehten goldenen Pillen jederzeit einige gefällige Abnehmer. Mit noch größerem Erfolge bemühte sich die Pforte, auch auf den Börsen Europas als ein ebenbürtiges Glied der zivilisierten Staatengesellschaft aufzutreten. Ihr verjüngter Staatshaushalt stellte bald die verwegensten Großtaten des europäischen Gründertums in Schatten. In etwa vierzehn Friedensjahren belastete sich dies Land der unermeßlichen natürlichen Hilfsmittel mit einer Schuldenmasse von über fünf Milliarden Franken, und gelangte endlich zu jenem unvergleichlichen Budget, das von 18 Millionen £ Einnahme zwei für den Haushalt des Sultans, 15 für die Verzinsung der Staatsschuld bestimmte und nur noch eine Million für Heer, Flotte und Verwaltung übrig behielt.

Die alte beschimpfende Kopfsteuer wurde den Christen abgenommen; doch da weder die Rajah im Heere dienen, noch die Osmanli ihr Waffen geben wollten, so kehrte die alte Abgabe unter dem wohllautenden Namen einer Kriegskontributionssteuer zurück und das einzige Ergebnis der Reform war die erhöhte Belastung der Christen. In die Bezirksräte wurden einige Christen berufen, doch sie durften den Mund nicht öffnen; der Giaur blieb rechtlos, da kein osmanischer Richter sein Zeugnis gegen einen Muselman gelten ließ. Das erdrückende System der Steuerverpachtung, der Iltisam, währte fort, allen Verheißungen zum Trotz; denn die Steuerpacht ruht auf der Naturalwirtschaft, die Pforte besaß weder den Willen noch die Macht die rohen Rajah-Bauern auf eine höhere Stufe der Wirtschaft emporzuheben und ihren Beamten blieben die Trinkgelder der Steuerpächter unentbehrlich. Jahr für Jahr schenken verzweifelnde christliche Bauern ihre Güter an die Moscheen um sie als steuerfreie Pachtungen zurückzuempfangen; der Wakuf verdrängt den Mülk, die Latifundien der toten Hand drohen den freien kleinen Grundbesitz ganz aufzuzehren. Ungezählte Aufstände der Mißhandelten bewiesen, daß selbst die Ergebung der Orientalen, die unbegreiflich Schweres zu ertragen vermag, unter diesem Regimente ihre Grenzen fand.

Mit kurzen Worten, das alte System, die Ausbeutung der Rajah durch das Herrenvolk und seine Helfershelfer wurde durch die neutürkischen Reformen nicht im mindesten verändert, nur die Herrscherkraft der Osmanen verschwand. Das Alttürkentum erzwang die Bewunderung seiner Feinde durch die Kraft des Charakters; das neutürkische Wesen mit seiner ungebrochenen Barbarei und dem glitzernden fränkischen Firnis darüber gleicht dem vergnügten Indianer, der sich einen Frack über den nackten tätowierten Leib gezogen hat. Der letzte Grund dieser Unverbesserlichkeit des Staates liegt unzweifelhaft in der verhängnisvollen Tatsache, daß die orientalische Theokratie hier zugleich als die Fremdherrschaft einer kleinen Minderheit auftritt. Rein mohammedanische Staaten, wie Ägypten, sind glücklicher gestellt; sie dürfen, ohne den Bestand der Regierung zu gefährden, einige europäische Gedanken in sich aufnehmen. —

Für die äußere Macht des Reiches war das Zeitalter der Reformen eine Epoche unaufhörlicher Niederlagen und Verluste. Algier kam an Frankreich; Ägypten errang sich die Erblichkeit seines Herrscherhauses und eine selbständige Stellung, welche der Souveränität nahe kommt; in Mesopotamien ist das Ansehen der Pforte geschwächt, in Arabien ein leerer Name; Serbien und Griechenland erkämpften ihre Freiheit; die Donaufürstentümer wurden vereinigt und fast ganz unabhängig, die Mündungen des Stromes fielen erst an Rußland, dann unter die Verfügung einer europäischen Kommission. Von den 16 Millionen Einwohnern der Balkanhalbinsel — so rechnet die Statistik von Jakschitsch — sind heute bereits 7½ Millionen ganz oder fast ganz unabhängig, und der Pforte bleiben in Europa nur noch etwa 8½ Millionen unmittelbarer Untertanen. Die Provinzen fallen ab oder erstarren, die Kraft des Reichs zieht sich mehr und mehr in die Hauptstadt zurück. Das Gewicht dieser Tatsachen wird keineswegs gemindert durch die beliebte Versicherung der Türkenfreunde: die Rajahvölker würden sich niemals befreit haben, wenn nicht Europa, Rußland voran, sie unterstützt hätte. Der Einwand ist genau so geistreich wie die Behauptung: der Baum würde nicht wachsen, wenn er nicht aus Luft und Erde Nahrung söge. Die Rajahvölker leben eben nicht auf einer Insel des Weltmeeres, sondern in der Nachbarschaft stamm- und glaubensverwandter glücklicherer Nationen, und solange nicht das letzte Gefühl brüderlicher Gemeinschaft in der Christenheit erstirbt, muß sich auch immer irgendeine europäische Macht finden, die sei es aus Interesse sei es aus Mitleid sich der Rajah annimmt. Ob die Türken die Erhebung der Serben aus eigener Kraft niederschlagen konnten, bleibt mindestens zweifelhaft; Ibrahim Pascha freilich hätte, ohne die Intervention der europäischen Mächte, die aufständischen Griechen wohl sicherlich zermalmt. Aber jene Intervention war eine offenbare Notwendigkeit; Europa konnte die Vernichtung eines christlichen Volkes durch ägyptische Horden nicht tatlos mit ansehen, und dem großen englischen Staatsmanne, der, endlich einmal brechend mit den Überlieferungen einer engherzigen Handelspolitik, diese Wendung der Dinge herbeiführte, Georg Canning, wird der Ruhm verbleiben, daß er das Notwendige wollte. Heute vollends, nachdem die Pforte so unzählige Versprechungen gegeben und gebrochen hat, ist es für die großen Mächte und namentlich für Rußland ein Ding der Unmöglichkeit geworden, das Schicksal der Rajah allein dem Belieben der Türken zu überlassen. Über das Verhältnis Rußlands zu den Christen der Türkei hat sich Graf Nesselrode einmal sehr herausfordernd, aber offen und zutreffend ausgesprochen. In einem Schreiben an Herrn von Brunnow (1. Juni 1853) berief er sich auf die Sympathien und die Interessengemeinschaft, welche seinen Hof mit der Rajah verbänden und ihm jederzeit ermöglichten sich in die türkischen Angelegenheiten einzumischen. „Man wird, so schloß er, wohl nicht verlangen, daß wir auf diesen Einfluß verzichten sollen, um übertriebene Besorgnisse zu zerstreuen. Gesetzt den unmöglichen Fall, daß wir es wollten, so würden wir es doch nicht können" — und, hätte er hinzufügen dürfen — wenn wir es selbst könnten, so würden die Südslaven doch niemals glauben, daß der weiße Zar seine Hand von ihnen abgezogen hätte. Darauf aber kommt es an. Der zuversichtliche, auf Tatsachen gestützte Glaube der Rajahvölker, daß sie von Rußland und den andern europäischen Mächten nicht gänzlich preisgegeben werden können, ist ein Stachel, der sie beständig zu neuen Erhebungen treibt, ist eine wirksame Macht in der neuesten Geschichte des Orients und wird durch die starken Worte der englischen Presse nicht aus der Welt geschafft.

Von den kleinen Staaten, die sich also unter dem Beistande Europas gebildet, ist bisher keiner zu gesunden politischen Zuständen gelangt. Ein kraftvoller und einsichtiger Absolutismus, der die wirtschaftlichen und geistigen Kräfte des Landes weckt und dabei den Gemeinden einige Selbständigkeit läßt, ist offenbar die für solche Kulturstufen wohltätigste Staatsform. Statt dessen ward überall die ganze Herrlichkeit der neufranzösischen Verfassungsschablone eingeführt. Jedes dieser Völkchen rühmt sich der liberalsten Verfassung der Welt, sucht durch die Abschaffung der Todesstrafe, des Adels, der Orden und ähnliche Scherze alle Modetorheiten des abendländischen Radikalismus zu überbieten. Eine wohlgesicherte Dynastie, diesen großen Vorzug, den die Türkei noch immer besitzt, hat sich noch keiner jener jungen Staaten errungen. Ist der Fürst ein Eingeborener, so wird er abgesetzt, weil der freie Rumänier, Hellene usw. vor seinesgleichen sich nicht beugen will; ist er ein Ausländer, so verjagt man ihn, weil die stolze Nation das Joch der Fremdherrschaft nicht erträgt; aus dieser anmutigen Alternative herauszukommen ist unleugbar schwierig. Ein wüstes Parteigezänk, das seinen eigentlichen Zweck, die Ämterjagd, kaum noch zu verhüllen sucht, entsittlicht das Volk und lähmt die Kraft der Regierungen also, daß selbst der kluge, energische und pflichtgetreue Fürst Karl von Rumänien hier nur einen Teil dessen leisten konnte, was er ohne den Segen parlamentarischer Parteiregierung geleistet hätte. Gleichwohl wäre es unbillig, diese Völker allein nach ihrer schwächsten Seite, nach ihrer Staatskunst, zu beurteilen. Unbestreitbar bleibt doch, daß ihr Verkehr sich langsam hebt, daß namentlich in Griechenland ein ehrenwerter Bildungstrieb erwacht ist, kurz, daß sie heute in jeder Hinsicht glücklicher sind als einst unter der Herrschaft des Halbmonds. An den Abhängen der Akropolis, wo zur Türkenzeit nur einige verfallene Hütten standen, lagert sich heute eine behäbige Mittelstadt mit Kirchen und Schulen und einer aufblühenden kleinen Universität. Und, was für den Politiker am schwersten ins Gewicht fällt — die Befreiung dieser Länder ist schon längst zu einer unwiderruflichen Tatsache geworden, die Wiederaufrichtung des Halbmonds in Athen, Belgrad und Bukarest liegt nicht mehr im Bereiche des Möglichen. Die Erhebung der Rajahvölker hat dauernde, endgültige Erfolge errungen, darum wird sie anhalten und fortschreiten.

Neuerdings hat die Bewegung bereits jene Landschaften ergriffen, welche bisher für die zuverlässigsten galten; die Bulgaren wurden immer als das untertänigste aller Rajahvölker verachtet, Bosnien mit seinen mohammedanischen Begs sogar als der starke Arm des streitbaren Islam hochgeehrt. So bedenklich dies Symptom erscheint, so läßt sich doch nicht verkennen, daß der Abfall bei jedem weiteren Schritte vorwärts auf wachsende Hindernisse stößt. Die Befreiung von Rumänien, Serbien und Griechenland erfolgte unter ungewöhnlich günstigen Umständen. Rumänien hat jederzeit einer gewissen Selbständigkeit genossen; und in Griechenland wie in Serbien hausten kriegerische christliche Bergvölker neben einer geringen Zahl mohammedanischer Einwanderer. Hier konnte also das fremde Volkstum nach dem Siege mit leichter Mühe ausgestoßen werden; die drei befreiten Staaten verfahren jetzt unduldsamer gegen den Islam als die Türken gegen das Christentum. Heute aber nähert sich die Bewegung den Küstenstrichen Bulgariens und Rumeliens, wo die Moslemin in dichten Massen sitzen. Jakschitsch zählt unter den unmittelbaren Untertanen der Pforte in Europa 4,7 Millionen Christen und 3,6 Millionen Mohammedaner, und mag er auch die Zahl der letzteren vielleicht etwas überschätzen, so ist doch klar, daß 3 Millionen Moslemin weder bekehrt noch vernichtet und wahrscheinlich auch nicht vertrieben werden können. Die Pforte hat in den letzten Jahrzehnten etwa eine halbe Million der aus dem Kaukasus entflohenen Tscherkessen nahe der Donau in den Dörfern vertriebener Christen angesiedelt: eine der wenigen Taten moderner osmanischer Politik, welche noch an die Herrscherkunst größerer Tage erinnern. Mit diesen fanatischen Feinden Rußlands, mit den anderen Mohammedanern der Halbinsel, endlich mit den dreizehn Millionen ihrer asiatischen Moslemin darf sie zuversichtlich hoffen den Aufstand in Bulgarien und Bosnien für diesmal noch zu bewältigen — wenn nur ein Funke der alten Tatkraft noch in Stambul lebt und die europäischen Mächte nicht einschreiten.

Und gelänge selbst die Befreiung der beiden aufständischen Provinzen, so wäre die entscheidende Frage der Zukunft des Orients noch immer nicht berührt: das Schicksal der Hauptstadt. Dort am Bosporus und den Dardanellen wohnt jener Teil der Griechen, der seinen Nacken unter das Joch der byzantinischen wie der osmanischen Knechtschaft von jeher am willigsten gebeugt hat. Sie sind reich geworden, diese Menschen, durch schwunghaften Handel und mehr noch durch die Gefälligkeiten türkischer Staatsmänner. Daß dies Volk aus eigener Kraft sich erheben, daß der aus allen Kloaken Europas und Asiens zusammengeronnene Pöbel der Hauptstadt den Kampf wider eine zugleich gefürchtete und bequeme Herrschaft wagen sollte, ist zum mindesten unwahrscheinlich. Bisher deutet noch kein Anzeichen auf eine irgend gefährliche Erregung in diesen Kreisen. Nach menschlichem Ermessen wird der Halbmond nicht eher von den Kuppeln der Weisheitskirche herabstürzen, als bis das Heer einer europäischen Großmacht seine Fahnen aufpflanzt auf jenen alten Mauern, welche der letzte Komnene sterbend verteidigte. Und welche Hemmnisse die Eifersucht der großen Mächte einer solchen Katastrophe entgegenstellt, dies weiß niemand besser als die Pforte; denn mitten in ihrem Verfalle hat sie sich doch noch etwas bewahrt von jener Barbarenschlauheit, welche einst den großen Suleiman bewog den französischen Unterhändler zu fragen: „hat Kaiser Karl Frieden mit Martin Luther?"

Diese Weltverhältnisse allein, und keineswegs die Lebenskraft des Staates selber, berechtigen die Pforte zu der Hoffnung, daß auch diesmal das Verhängnis noch um einige Jahre hinausgeschoben werden kann. Ich würde die Leser beleidigen, wollte ich des breiteren über jenes unheimlich lächerliche Gaukelspiel sprechen, daß der englische Botschafter heute am Bosporus aufführen läßt. So kindlich sind wir dummen Franken doch nicht mehr, daß wir treuherzig glauben sollten, der wissenschaftliche Idealismus der strebsamen Softas habe den ungebildeten Sultan durch Selbstmord beseitigt; es wäre, wie wenn die Theologenverbindung Wingolf den deutschen Kaiser entthronen wollte. „Hinrichtung ist besser als Unruhe", sagt der Prophet. Hinter den Softas standen die Staatsmänner, Alt- und Jungtürken, alle, die den Willen hatten die Herrschaft der Moslemin über die Christenherde zu behaupten. In ruhiger Zeit kann sich unter den Türken eine öffentliche Meinung weder bilden noch äußern, da die freie Presse neuester Erfindung für die Masse des Volkes nicht vorhanden ist; um so gewaltsamer flammt sie dann plötzlich auf in den Tagen der Gefahr, wenn das Herrenvolk sich in seinem Herrscherrechte bedroht glaubt. Hinter den Osmanen aber stand als der Leiter der Revolution Sir Henry Elliot. Dies durchsichtige Geheimnis hat der englische Premier in der Freude seines Herzens ja bereits verraten; denn in einem Augenblicke, da er anständigerweise von der Gesinnung des neuen Sultans noch nichts wissen durfte, erzählte er schon dem Unterhause, daß nunmehr eine bessere Zeit für die Türkei gekommen sei.

Wohl möglich, daß der Weltteil das wunderbare Schauspiel dieser besseren Zeit noch einige Jahre lang betrachten wird. Er kennt die Fabel und die Reihenfolge der Szenen sehr genau und erinnert sich noch lebhaft, wie ausdrucksvoll der große Mime Abdul Aziz einst den wirksamen Schlußvers des ersten Aktes vortrug: „die Türkei soll auf den Grundlagen des Rechtsstaates neugestaltet werden". Aber der dramatische Dichter heißt diesmal nicht Stratford, sondern Elliot und wird wünschen das alte Spiel durch einige neue Erfindungen zu verschönern; vielleicht, daß er uns wirklich noch durch den Galgenhumor eines ottomanischen Parlaments erheitert. Unter den Kaufleuten des Fanars wie unter den armenischen und griechischen Steuerpächtern sind der katonischen Naturen genug, mit dem landesüblichen Bakschisch läßt sich gewiß die erforderliche Anzahl loyaler Rajahabgeordneter anfertigen. Und welcher Ruhm für die Staatskunst Disraelis, wenn ihr gelänge in die Verfassungsgeschichte Europas eine neue Form der konstitutionellen Monarchie einzuführen: den Parlamentarismus ermäßigt durch den Meuchelmord. Wie leuchtend würde dies Bild, in den Dithyramben der englischen Presse, von der bekannten Schilderung der russischen Verfassung sich abheben!

Was die Rajahvölker von der neuen Regierung zu erwarten haben, das gestand soeben die halbamtliche orientalische Korrespondenz in einem unbewachten ehrlichen Augenblicke. Duldung — so schrieb sie — können die Christen verlangen, doch politische Rechte am wenigsten von einem Großherrn, der seinen Thron den Osmanen verdankt. So steht es in der Tat. Wie die Türken einst den Ausbruch der griechischen Revolution mit der Ermordung des Patriarchen von Konstantinopel beantworteten, so haben sie heute auf den bosnisch-bulgarischen Aufstand und die serbischen Rüstungen mit der Entthronung des Sultans erwidert. Es war eine mit der herkömmlichen Brutalität durchgeführte, doch in ihrer Art ganz achtungswerte Erhebung des alten Herrenvolkes. In dem Entschlusse, den Christen den Fuß auf dem Nacken zu halten, sind Alt- und Jungtürken vollkommen einig.

Sie lachen, und mit Recht, über die Behauptung gemütlicher Leute: der Sultan werde, aus Stambul vertrieben, dereinst von Brussa aus ein ungleich glücklicheres asiatisches Reich regieren; ein solches Wiedererstarken einer soeben schimpflich geschlagenen Macht wäre gegen alle Erfahrungen der orientalischen Geschichte. Man fühlt sich so sicher inmitten des Haders der europäischen Mächte, daß wohl mancher türkische Staatsmann im stillen wünschen mag, Rußland möchte der Pforte durch einen falschen Schritt Gelegenheit geben einen Krieg vom Zaune zu brechen. Der neue Sultan steht bereits in der Mitte der dreißiger Jahre; um diese Zeit pflegen in den jüngsten Generationen der Nachkommen Osmans die unvermeidlichen Folgen des Haremslebens sich rasch einzustellen. Aber sollte er selbst auf die Dauer zurechnungsfähiger bleiben als seine beiden glorreichen Vorgänger, so kann er doch den Ursprung seiner Regierung nie verleugnen. Man wird mit Englands Hilfe wahrscheinlich die Geldmittel und die militärischen Kräfte finden um den Verlegenheiten des Augenblicks zu begegnen; man wird vielleicht für die Ermordung der beiden Konsuln statt offenbaren Hohnes eine wirkliche Genugtuung bieten. Doch gibt Allah seinen Segen, so bleibt im übrigen alles wie es ist. Die Rajah kann den Versprechungen der Pforte keinen Glauben schenken, solange nicht im Ministerrate der Pforte einige Christen sitzen — nicht feile Fanarioten, sondern Vertrauensmänner der kleinen Völker — und ein solcher Vorschlag wäre für jetzt einfach unmöglich.

Man mag die Türkei, wie bereits angekündigt, für einen religionslosen Staat erklären; der Padischah bleibt doch der Kalif aller Sunniten, und die mächtige Wirklichkeit des Kalifats wird stärker sein als die papierene Verheißung. Man mag mit der gewohnten Kunst diplomatischer Zögerung den großen Mächten das Lieblichste versprechen, die Valis und Kaimakams werden die ebenfalls altgewohnte Kunst, der Rajah das Leben zu verleiden, nicht verlernen und die englischen Konsuln werden wieder, wie unter Stratfords Regierung, den Befehl erhalten, nichts Nachteiliges über die türkische Verwaltung zu berichten. So gelingt es vielleicht, die Geduld der Welt nochmals hinzuhalten, bis das Reich nach einigen Jahren in eine neue Krisis hineintreibt. In der Politik ist die Lebensunfähigkeit noch keineswegs gleichbedeutend mit dem Tode, das wissen wir Deutschen aus den Erfahrungen unserer Kleinstaaten; und die Macht der Trägheit ist nirgends größer als im Oriente. —

Werden die Dinge wirklich sich so langsam entwickeln? Die Entscheidung hängt an dem Verhalten der großen Mächte.

Wer über die orientalische Frage mit großem Aufwande sittlicher Entrüstung redet, läuft immer Gefahr der Heuchelei verdächtig zu werden. Es ist wenig erbaulich, heute in einem Teile der deutschen Presse die englischen Standreden gegen die moskowitische Selbstsucht wiederzufinden. Unter uns ehrlichen Deutschen sollte sichs doch ganz von selbst verstehen, daß die beiden Hauptkämpfer dort im Osten, Rußland und England, zunächst an ihre eigene Macht denken und beide ihr Ziel verfolgen mit jener vollendeten Gewissenlosigkeit, die seit Jahrtausenden allen Machtkämpfen des Orientes eigentümlich ist. Prüft man unbefangen, so läßt sich nicht verkennen, daß Rußland von jeher den Charakter des türkischen Staates, die Unwandelbarkeit dieser Theokratie richtiger beurteilt hat als die meisten anderen Mächte. In dieser Hinsicht blieb die Petersburger Politik ihren

Gegnern immer überlegen, selbst in solchen Zeiten, wo sie die Widerstandskraft der Türken hochmütig unterschätzte. Die beißende Ironie, womit der russische Bevollmächtigte auf dem Pariser Kongresse die Reformprogramme des Westens zu begleiten pflegte, hat in den Ereignissen der folgenden Jahrzehnte ihre volle Rechtfertigung gefunden.

Die Gründe dieser Überlegenheit liegen nahe genug: die Russen sind selber ein halborientalisches Volk und gelten bei den Moslemin nicht als Franken; sie stehen mit den Asiaten in uraltem Verkehr, verstehen ihre mohammedanischen Untertanen sehr geschickt zu behandeln und haben sich früher als die anderen europäischen Völker eine feste Ansicht über die Zukunft der Balkanlande gebildet, die durch die Kriege und Verhandlungen zweier Jahrhunderte zur nationalen Überlieferung geworden ist. Daß die stärkste slavische Macht, die den Kaiseradler von Byzanz in ihrem Wappenschilde führt, darnach trachten muß, den Halbmond aus dem Czarogrod des Südens zu verdrängen, bedarf keiner Erklärung. Seit die Pforte im Frieden von Kutschuk Kainardsche dem Petersburger Hofe versprechen mußte die christliche Religion und ihre Kirchen zu schützen, gebärdete sich Rußland als der rechtmäßige Protektor der griechischen Christen der Türkei; nur ein Orthodoxer darf russischer Gesandter in Stambul werden. Diese Richtung gegen Byzanz ist den Russen was den Nordamerikanern ihre manifest destiny: eine politische Notwendigkeit, auferlegt durch die Weltstellung des Reiches wie durch die heiligsten Gefühle und Erinnerungen der Nation. In den orientalischen Plänen kommt alles zutage was der Russe von ungekünsteltem Idealismus besitzt, vor allem die Stärke seines religiösen Gefühls. Nicht bloß die Masse des Volks verehrt in ihrem Staate das heilige Rußland; auch den höheren Ständen gilt, trotz ihrer voltairianischen Bildung, Russentum und orthodoxes Bekenntnis für gleichbedeutend, und sehr häufig findet sich in diesen Kreisen eine schwärmerische Verehrung für die allein unwandelbar gebliebene „Urkirche des Christentums". Ein russischer Staatsmann, einer der freiesten Köpfe seines Volks, schrieb mir kürzlich: „in unserem Kultus bleibt der Abendmahlskelch mit einer Decke verhüllt bis zu dem Augenblicke der Verwandlung; der Tag wird kommen, da auch von der orthodoxen Kirche die Hülle fällt und ihr göttlicher Inhalt der Welt sich zeigt." Ich bezweifle freilich, ob die russische Kirche wirklich über einen solchen Reichtum verborgener sittlicher Kräfte gebietet; genug, das innerste Wesen des Staates und der Volksgesinnung nötigt jeden Zaren, das alte Bündnis mit den Glaubensgenossen im Süden aufrechtzuhalten.

Doch die Formen und Mittel dieser Politik haben in rascher Folge mannigfach gewechselt; doktrinäres Festhalten an fertigen Programmen ist der letzte Vorwurf, der sich gegen den Realismus der Petersburger Staatskunst erheben ließe. Im achtzehnten Jahrhundert war Rußland eine für den Frieden der Welt hochgefährliche Macht, gewaltsam ausgreifend, alles verschlingend was im Bereiche seiner Waffen lag; die ländergierige Kabinettspolitik jener Tage fand naturgemäß an dem rohesten Hofe ihre vermessensten Schüler. Man täte in Rußland wohl, heute nicht mehr abzuleugnen was doch historisch feststeht: daß Peter der Große wünschte in Byzanz begraben zu werden; daß Münnich die Türkei als die sichere Beute des Zaren bezeichnete; daß Katharina grenzenlose Eroberungspläne hegte als sie mit Joseph II. und mit Thugut verhandelte und ihren zweiten Enkel auf den

Namen der byzantinischen Kaiser tausen ließ; daß der Friede von Kutschuk Kainardsche durch Rußland in höchst gewaltsamer Weise ausgelegt wurde, und so weiter ins Unendliche. Bis tief in unser Jahrhundert bleiben die Nachklänge dieser Eroberungspolitik vernehmlich. Noch die Erwerbung der Donaumündungen durch Zar Nikolaus war ein gewalttätiger Eingriff in ein fremdes Machtgebiet, den Europa niemals hätte dulden sollen. Erst seit den Reformgesetzen Alexanders II. ist diese Eroberungspolitik aufgegeben. Eine Reform erzeugt die andere, jeder Schnitt in die alten Schäden des Staats legt andere vordem unbeachtete Wunden bloß; die Aufhebung der Leibeigenschaft genügt nicht mehr, das Reich bedarf umfassender Agrargesetze, damit der freie Bauer auch selbständigen Grundbesitz erlangt. Auf Schritt und Tritt erheben sich neue unabweisbare Aufgaben für die Gesetzgebung, und die geringe Zahl wahrhaft gebildeter Männer, welche der Regierung zu Gebote steht, genügt kaum sie alle zu bewältigen. Zudem hat die freie Debatte der letzten zwei Jahrzehnte jetzt erst in Rußland ein wirkliches nationales Leben wachgerufen; wie man gelernt hat die neuen Staatenbildungen Mitteleuropas als eine Notwendigkeit hinzunehmen, so verlangt man auch von der eigenen Regierung eine nationale Politik nach außen.

Und niemand kann bestreiten, daß Zar Alexander dieser Forderung bisher entsprochen hat. Die Bändigung des polnischen Aufstandes war, mit allem Gräßlichen was daran haftet, doch nur ein Akt der Notwehr, erzwungen durch die unbegreifliche Torheit der Polen, wie durch das einstimmige Verlangen des russischen Volkes; und auch jener gewaltige Eroberungszug in Mittelasien ist, so paradox es klingen mag, eine nationale Tat. Den Russen tritt hier nicht, wie den Briten in Ostindien, eine uralte, ebenbürtige Kultur entgegen, sondern die nackte Barbarei: sie erscheinen als die Träger einer überlegenen Gesittung und sind doch durch Abstammung und Sitte den Besiegten nicht unnahbar fremd. Daher vollzieht sich die Eroberung weit leichter und sie bedarf seltener, als einst die ostindische Kompanie, jener nichtswürdigen Mittel, welche zur Unterwerfung Indiens nötig waren. Der Sieger darf hoffen diese Horden allmählich mit seiner Gesittung zu durchdringen, wie er Kasan und Astrachan, die Tataren der Krim und der Kirgisenstämme, ja selbst den größten Teil des Kaukasus bereits russifiziert hat. Wir Liberalen des Westens aber sind der lächerlichen Schamyl-Begeisterung früherer Zeiten allmählich entwachsen und beginnen einzusehen, daß es ein Gewinn ist für die Kultur, wenn die bestialischen Tscherkessen, Suanetier usw. zu Russen werden. Dies gewaltige Hinausfluten des Slaventums gen Osten kann nicht eher anhalten, als bis die gesamten unermeßlichen Landstriche vom Amur und der chinesischen Grenze bis zum Ural ein gesichertes Verkehrsgebiet bilden. Der bekannte Ausspruch des Fürsten Gortschakow: c'est donc toujours à recommencer traf den Nagel auf den Kopf.

Ist es nun irgend glaubhaft, daß eine Regierung, die sich im Innern wie nach außen so große und schwere und doch erreichbare Ziele stellt, gegenüber der Türkei eine napoleonische Abenteurerpolitik führen sollte? Die Russen stehen den Serben und Griechen nicht näher als die Deutschen den Dänen und den Engländern; mit den Rumäniern haben sie vollends nichts gemein als das orthodoxe Bekenntnis und jene unfertige Gesittung, welche die gesamte slavisch-jüdisch-walachische Osthälfte Europas auszeichnet. Der krankhafte Nationalstolz der kleinen Rajahvölker weist den Gedanken, russisch zu werden, weit von sich; der Grieche namentlich verachtet die Moskowiter als Sklaven und Barbaren, obgleich er sich herabläßt sie für seine Zwecke zu benutzen. Man mag den traurigen Staaten Rumänien und Griechenland viel Arges nachsagen; russische Provinzen sind sie nicht, vielmehr sehr eifersüchtig auf ihre nationale Selbständigkeit. Daß fanatische Panslavisten gleichwohl die Eroberung von Byzanz ersehnen ist allbekannt; aber kann eine verständige russische Regierung auf solchen Wahnsinn eingehen? Sie besitzt nicht die Mittel das scharf ausgeprägte Volkstum der kleinen Rajahvölker zu zerstören, sie darf nicht wünschen, sich noch eine zweite polnische Kugel an die Füße zu schmieden, und, vor allem, sie verdankt ihre Machtstellung in den Balkanstaaten großenteils der Ergebenheit der Rajah und kann nicht daran denken diese selbst gewaltsam zu unterwerfen. Manche Geschichtsphilosophen beweisen mit einer Gelehrsamkeit, die einer schöneren Sache würdig wäre: in dem kalten Nordlande lebe sichs doch gar zu ungemütlich, ein natürlicher Instinkt treibe die Russen diese unwirtlichen Striche mit dem holden Süden zu vertauschen. In Petersburg wird man aber sehr wohl wissen, daß ein Volk von 75 Millionen heutzutage nicht nach Belieben eine neue Völkerwanderung beginnen und die Stätte seiner tausendjährigen Arbeit verlassen kann.

Auch das ist nur eine gelehrte Schrulle, wenn man, mit freier Benutzung der bekannten Worte Alexanders I., schwermütig behauptet: der Bosporus sei der Schlüssel zum russischen Hause, das Zarenreich müsse ihn zu besitzen trachten. Der Sund ist doch unzweifelhaft der zweite Schlüssel zum russischen Hause, und wann hat Rußland je versucht, das Byzanz des Nordens, Kopenhagen zu erobern? Wie der Petersburger Hof sich vollauf dabei beruhigen kann, daß der Sund sich heute in den Händen zweier ungefährlicher Mittelmächte befindet, so geht auch sein natürliches Interesse nur dahin, daß der Bosporus von einer befreundeten, orthodoxen Macht beherrscht werde. Rußland will den Bosporus nicht für sich erobern, weil es nicht die Macht dazu besitzt. Kein europäischer Staat, Deutschland am allerwenigsten, kann eine dauernde Niederlassung der Russen in Stambul dulden, schon wegen der fieberischen Erregung, die in solchem Augenblicke durch alle Slavenvölker flammen müßte; und wie wäre es denkbar sich dort zu behaupten, wenn ein deutsches Heer in Polen einrückte, Österreichs Truppen über den Balkan zögen und eine englische Flotte vor der Serailspitze läge? Wer hat ein Recht, dem russischen Hofe solche Gascognerstreiche zuzutrauen?

Kaiser Alexander hat schon beim Beginne seiner Regierung, durch den Abschluß des Pariser Friedens, bewiesen, wie fern ihm dergleichen Träumereien liegen. Er hat sich freilich bei diesem Vertrage nicht auf die Dauer beruhigen können, und mit gutem Grunde. Der Plan der Westmächte, die Reform der Türkei ohne und gegen Rußland durchzuführen, war, wie der Erfolg gelehrt hat, eine Sünde wider Natur und Geschichte. Ungroßmütiger und törichter ward selten ein Sieg ausgebeutet, wie der wahrlich bescheidene Erfolg von Sebastopol. Einem mächtigen Reiche verbieten, das Meer vor seiner Küste mit Kriegsschiffen zu befahren ist unmöglich und ebenso unsittlich wie einst der Vertrag über die Schließung der Schelde oder ähnliche Leistungen der ältern Handelspolitik. Eine so schimpfliche Bedingung hält ein stolzer Staat nur solange er muß. Von solchen Verpflichtungen gilt das Wort: „dann ehrt der Treubruch mehr als die Befolgung". Die Schuld der Kündigung jener Klausel des Pariser Vertrags fällt allein auf die törichten Sieger, die im Rausche des Erfolgs wähnten dem Besiegten Unmögliches auferlegen zu können; der Zornruf der Engländer über den russischen „Treubruch" hat bei dem Rechtsgefühle der europäischen Welt um so weniger Anklang gefunden, da jedermann wußte, daß der Pariser Vertrag schon längst von anderer Seite her gebrochen war. Dem Pariser Frieden zuwider war die Vereinigung der Donaufürstentümer vollzogen worden, und die Pforte hatte den Hat-Humayum, die Voraussetzung jenes Friedens, gradezu mit Füßen getreten.

Neuerdings geht die Arbeit der Petersburger Politik dahin, die Privilegien der christlichen Völker und Kirchen der Balkanhalbinsel zu erweitern und womöglich diese Landschaften zu halbsouveränen Staaten zu erheben. Dies ist schon durchsichtig angedeutet in jener Gortschakowschen Denkschrift von 1867, welche die coexistence parallèle der Rajahvölker fordert, und erhellt noch klarer aus dem Verhalten Rußlands während des bulgarischen Kirchenstreites. Früher hielt der russische Hof immer mit dem Patriarchen von Byzanz gute Freundschaft, gegenwärtig hat er die Ablösung der bulgarischen Nationalkirche von dem Patriarchate eifrig befördert. Er erhebt nicht mehr den förmlichen Anspruch, die Orthodoxen der Türkei allein zu vertreten, bleibt aber nach wie vor die einzige Macht, die über die Rajah etwas vermag. Selbstverständlich hat man in Petersburg dabei seine Hintergedanken: man wünscht eine möglichst ohnmächtige Kleinstaaterei am Balkan, damit der russische Einfluß dort allein herrsche. Darum widerstrebte Rußland einst der Entstehung des unabhängigen Königreichs Griechenland und hoffte vielmehr, drei halbsouveräne Fürstentümer an der Südspitze der Halbinsel zu bilden; darum lief auch die Vereinigung der Moldau mit der Walachei den Petersburger Absichten zuwider. Doch der Grundgedanke der russischen Politik ist durchaus berechtigt; außer der Autonomie der Landschaften gibt es in der Tat keinen Weg mehr die Rechte der Rajah zu sichern. Und da Rußland durchaus nicht in der Lage ist die orientalischen Dinge allein nach seinem Belieben zu ordnen, so erwächst seinen westlichen Bundesgenossen die Aufgabe, den russischen Plänen ihren Stachel zu nehmen.

Wie der Petersburger Hof sich längst darein gefunden hat, das Königreich Griechenland und den rumänischen Einheitsstaat anzuerkennen, so wird er auch einst, wenn Europa es fordert, die Vergrößerung des Königreichs Griechenland zugeben müssen. Selbst der Zusammenbruch der osmanischen Herrschaft in Stambul, der augenblicklich noch ganz außer Sicht liegt, doch dereinst sicher eintreten wird, kann uns nicht mit blindem Schrecken erfüllen, wenn wir die heutigen Machtverhältnisse ruhig erwägen. Das einige, mit Österreich ehrlich versöhnte Deutschland vermag sehr wohl dafür zu sorgen, daß diese Katastrophe, wenn sie kommen muß, unter Umständen erfolgt, die der Westen annehmen kann. Woher wissen denn die Anglomanen, daß ein gräko-slavischer Staat am Bosporus notwendig dem Einflusse Rußlands anheimfallen muß? Diese verkommene, ausgesogene byzantinische Welt bietet in einer absehbaren Zukunft überhaupt keinen Boden für eine bedrohliche Machtentfaltung; der natürliche Gegensatz der Interessen, der tiefe Haß der Griechen gegen die Russen müßte sehr bald hervortreten, und die europäische Diplomatie würde sicherlich nicht geneigt sein, dort am goldenen

Horn, wo sie seit vielen Jahrzehnten gestritten und Pläne geschmiedet und den Herrn gespielt hat, den Russen allein das Feld zu lassen. Kein haltbarer Grund spricht für die Annahme, daß die Zerstörung des osmanischen Staats jenem russischen Weltreiche, wovon die Anglomanen träumen, die Wege ebnen müßte. Aber der große Gedanke, welchen Rußland nach seiner historischen Stellung im Oriente vertritt, die Wiedereinführung der gräkoslavischen Staatenwelt in die europäische Gesellschaft, darf allerdings auf die Zukunft rechnen. Für ihn wirkt die Natur der Dinge. Jede Bluttat im Palaste der Sultane und jede gewinnreiche Fahrt wagender griechischer Schiffer arbeitet dieser Idee in die Hände. Der türkische Hesperidenapfel beginnt bereits die europäische Welt mit seinem Dufte zu verpesten; der Tag muß kommen, da die faule Frucht zur Erde fällt. Der Petersburger Hof hat keinen Anlaß eine sichere Zukunft durch voreilige Schritte zu gefährden; er darf gelassen sagen: wir können warten.

England aber kann nicht warten. Eine Politik, die nur nach der Weise des Fürsten Metternich das Bestehende, weil es besteht, zu erhalten sucht, lebt aus der Hand in den Mund; sie bedarf von Zeit zu Zeit eines lärmenden Schauspiels um dem Weltteil zu zeigen, daß sie auch noch lebe und das bedrohte Europa vor eingebildeten Gefahren zu schützen wisse. Vier Gesichtspunkte namentlich scheinen diese armselige Staatskunst zu leiten. In der glücklichen Abgeschiedenheit der reichen Insel hat man sich noch eine veraltete Vorstellung von europäischem Gleichgewichte bewahrt und quält sein Hirn mit Schreckgebilden, welche heute, nach der italienischen und der deutschen Revolution, jeden Boden verloren haben. Man ängstigt sich um die mediterranischen Seefestungen und sieht nicht, daß Englands unvergleichliche Handelsmarine die Oberhand im Mittelmeer auch dann noch behaupten muß, wenn diese Positionen wieder ihren natürlichen Herren gehören — eine Wendung, die überdies noch in unabsehbarer Ferne liegt. Man will den Bestand des osmanischen Reichs um jeden Preis erhalten, weil die lächerliche Handelspolitik der Türken dem englischen Kaufmann ein unermeßliches Jagdgebiet geöffnet hat. Bei einiger Voraussicht könnte man sich freilich sagen, daß die Herstellung erträglicher politischer Zustände auf der Balkanhalbinsel den Verkehr dieser Länder notwendig beleben und folglich dem ersten Handelsvolke der Welt Vorteil bringen muß. Die Monopolisten haben aber von jeher den kleinen Absatz mit großem Gewinn den bescheidenen Gewinsten aus größerem Absatz vorgezogen. Des augenblicklichen Vorteils froh schwört man wieder auf den Ausspruch Palmerstons: „ich rede mit keinem Staatsmanne, der nicht den Bestand der Türkei für eine europäische Notwendigkeit ansieht", und vergißt, daß derselbe Palmerston in seinen letzten Jahren sagte: „wir werden nicht zum zweiten Male für einen Leichnam das Schwert ziehen". Wie diese Handelspolitik einst, als sie die Erwerbung der ionischen Inseln für zweckmäßig hielt, das unglückliche Parga gemütsruhig der Grausamkeit Ali Paschas überlieferte, so gibt sie heute den Türken Geld und Waffen zur Niedermetzelung der bosnischen Christen. Endlich und vor allem, England zittert für seinen ostindischen Besitz; die neue Kaiserkrone und die gründlich verunglückte Reise des Prinzen von Wales zeigen, wie schwer diese Sorge drückt.

Man fürchtet in London, daß Rußland von Stambul aus den Suezkanal beherrschen könnte, und man will durch Gunsterweisungen an den

Kalifen die Moslemin Hindostans bei guter Stimmung halten und vor moskowitischer Tücke schützen. Wer den mittelasiatischen Eroberungszug der Russen nicht durch die schwarzen Gläser des Herrn Vambery, sondern mit selbständigem Urteile betrachtet, wird freilich fragen, was denn England davon zu besorgen habe. Daß Rußland die zweihundert Millionen Köpfe des anglo-indischen Reiches so beiläufig in die Tasche stecken sollte, ist doch wahrlich nur ein schlechter Witz, der bloß deshalb in Europa einige Gläubige findet, weil die ungemessenen Fernen Asiens auf unseren Landkarten so winzig erscheinen. Vielmehr haben beide Staaten dort im Osten einen gemeinsamen Feind zu fürchten, den Fanatismus des Islam, und bei gutem Willen hüben und drüben war noch vor fünfzehn Jahren eine Verständigung über die Abgrenzung der Machtgebiete nicht undenkbar. Heute ist sie kaum noch möglich. Es war an England, diese Verständigung anzubieten, denn seine Machtstellung in Asien ist ungleich schwerer bedroht als Rußlands neue Besitzungen. Was verschlüge den Russen eine Niederlage hier im Barbarenlande? sie verlören einige hundert Geviertmeilen und gewönnen sie von dem gesicherten Hinterlande aus nach einigen Jahren wieder. Für England dagegen kann ein siegreicher Aufstand in Ostindien furchtbare Folgen haben. Er würde zwar nicht die Kraft Alt-Englands brechen — die Macht der Meereskönigin bliebe selbst dann noch gewaltig — doch sie hart erschüttern und der menschlichen Gesittung einen schweren Verlust bereiten, da er die indischen Lande unabsehbaren inneren Kriegen preisgeben müßte. Die Aufgabe, hunderte von Millionen Eingeborener durch einige tausend Europäer zu bändigen ist unermeßlich schwierig; die wichtigsten Interessen geboten dem englischen Staate, furchtlos ein gutes Verhältnis mit dem unbequemen nordischen Nachbarn zu suchen. Aber beherrscht von der fixen Idee des russischen Weltreichs haben Englands Staatsmänner und sein Volk diese Verständigung wetteifernd erschwert. Jede neue Eroberung der Russen wurde von der englischen Presse mit gehässiger Bitterkeit begrüßt. Wenn England einen Agenten nach Kaschgar sendete, wo er von Rechtswegen nichts zu suchen hatte, so war das ganz in der Ordnung; doch wenn Rußland einen Agenten nach China schickte, wo er ebenfalls nichts zu suchen hatte, so schrie ganz England über die Ruchlosigkeit der Moskowiter. Nicht bloß die unabhängige Presse, auch einflußreichere Kreise gefielen sich in solchen Weherufen, die der alten Mannhaftigkeit des englischen Charakters wenig geziemten. Das bekannte Buch des Generals Rowlinson, das ohne die stillschweigende Genehmigung der höchsten indischen Behörde schwerlich erscheinen konnte, schwelgt geradezu in der Kunst den Teufel an die Wand zu malen. Also rief man beständig in die Welt hinaus, daß man die Russen als Feinde fürchte, und verschärfte dadurch die Gefahren der Lage. Englands Herrschaft in Indien ruht ganz und gar auf seinem moralischen Ansehen; sobald die Bewohner Ostindiens zu ahnen beginnen, daß ein gefürchteter Feind der britischen Herren übermächtig dem Indus näherrücke, können die Bande des Gehorsams leicht sich lockern. Den Petersburger Hof selber zwang die zur Schau getragene Russenfurcht der Briten zu einer unfreundlichen und gelegentlich perfiden Politik. Er ging unbekümmert seines Weges und vertröstete die ängstliche Nachbarmacht von Zeit zu Zeit durch unaufrichtige Beteuerungen. Ohne unbilliges Mißtrauen darf man heute wohl die Vermutung wagen, daß die asiatischen Eroberungen für die russische Regierung nicht bloß ein Selbstzweck sind, sondern zugleich das Mittel für einen anderen Zweck: sie behält sich vor, den Engländern in Ostindien Verlegenheiten zu bereiten, wenn der Untergang des türkischen Reiches zu einem Weltkriege führen sollte.

Also schwanken die englischen Staatsmänner zwischen veralteten Vorurteilen und ängstlichen Besorgnissen hin und her; das Interesse und ein Gefühl innerer Wahlverwandtschaft läßt sie den Türken als die einzigen treuen Freunde erscheinen. Ihre neueste Tat, die Entthronung des Sultans, war ein sehr geschickter Schachzug, nichts weiter; sie bewies nur, daß England ernstlich gewillt ist seinen Einfluß am Bosporus zu behaupten — denn wer möchte im Ernst das erbauliche Märchen glauben, daß Zar Alexander den Dreikaiserbund habe brechen wollen und nur durch Englands Wachsamkeit an der Eroberung von Byzanz verhindert worden sei? Aber einen schöpferischen Gedanken suchen wir bei der Tory-Regierung vergeblich. Sie legt sich die Frage kaum vor, ob das Bestehende der Erhaltung wert und fähig sei; sie fühlt beschämt, wie tief Englands Ansehen während der letzten Jahrzehnte gesunken ist, und bemüht sich, durch lärmende Demonstrationen der Weltgeschichte ein Halt zuzurufen. Darf eine so unfruchtbare Politik auf Bundesgenossen unter den großen Mächten hoffen?

Frankreich hat im Oriente eigentlich nur einmal eine klare, bestimmte und gut französische Politik geführt: zur Zeit seiner Kämpfe gegen das Haus Österreich. Damals dienten ihm die Türken als natürliche Bundesgenossen. Seit dem Ausgang des siebzehnten Jahrhunderts schlug man einen anderen Weg ein: Frankreich erlangte das Protektorat über die Lateiner im osmanischen Reiche und begünstigte eifrig die Propaganda der Jesuiten. Diese unglückliche Politik konnte, bei der geringen Zahl der Katholiken in der Türkei, das Ansehen des französischen Hofes nur wenig erhöhen und verwickelte ihn in unablässige Händel mit Rußland, das den Bekehrungseifer der Lateiner im Oriente immer mit wachem Argwohn verfolgt hat. Nach mannigfachen Schwankungen hat dann Napoleon III. einige Jahre lang die Vormundschaft über die hohe Pforte ausgeübt. Nach seinem Sturze versuchte Marquis de Vogüés noch einmal katholische Tendenzpolitik in Pera zu treiben und fand an dem Fürsten Bismarck seinen Meister. Seitdem hat sich Frankreich in dem großen Diplomatenkampfe am Bosporus wenig hervorgewagt. Wir wissen alle, welche Hoffnung im tiefsten Herzen jedes Franzosen schlummert, aber wir wissen auch, daß Frankreich im gegenwärtigen Augenblick den Vergeltungskrieg nicht wünscht. Marschall Mac Mahon erkennt, daß die Neubildung des Heeres noch nicht ganz vollendet ist, der Herzog Decazes hat viele Proben behutsamer Mäßigung gegeben, die Nation aber will sich gern noch einige Jahre des wirtschaftlichen Glanzes freuen, den sie, den Sieger beschämend, durch bewunderungswürdige Tatkraft sich neu errungen hat. Für die Zwecke, welche den Franzosen allein wertvoll sind, für die Eroberung Belgiens oder eines Stückes vom linken Rheinufer, kann ihnen die englische Flotte wenig nützen; ohne die Bundesgenossenschaft Österreichs oder Rußlands wollen sie den Rachekrieg nicht wagen. Zudem ist Frankreich eine Mittelmeermacht und kann das übermäßige Anwachsen des englischen Einflusses im Südosten nicht wünschen. Dies letztere Bedenken ist auch für Italiens Haltung mitbestimmend. Die Gründe, welche einst den Grafen Cavour zum Kriege gegen Rußland bewogen, sind mit der Einigung der

Nation längst hinweggefallen. Das junge Königreich steht in gutem Einvernehmen mit den drei Ostmächten und wird sich hüten, einigen englischen Schwarzsehern zulieb, diese gesicherte Stellung aufzugeben.

Solange das Dreikaiserbündnis währt, steht für den europäischen Frieden nichts zu fürchten, und die Aussichten dieses Bundes sind noch immer ganz ungetrübt. Begreiflich allerdings, daß in Wien ein Gewirr der verschiedensten Bestrebungen durcheinanderwogt; alle die unzähligen Gegensätze der Parteiung und des Volkstums, welche der Kaiserstaat umschließt, werden durch die orientalische Frage wachgerufen. Die Polen, und mit ihnen ein Teil der Ultramontanen, verlangen den Krieg mit Rußland; der Diktator Langiewicz treibt in Konstantinopel sein Wesen, und Kardinal Ledochowsky schürt am römischen Stuhle den Russenhaß. In gleichem Sinne wirken jene Altkonservativen, die noch immer den alten Metternichschen Lehrsatz predigen, daß Österreich und die Pforte solidarisch verbunden seien. Aber auch eine dichte Schar von deutschen Durchschnittsliberalen bläst in dasselbe Horn, diese Leute glauben durch die bekannten geistreichen Redensarten über das freie England und die Barbaren des Ostens ihren Freisinn zu bekunden. Demgegenüber fordern mindestens vier Parteien die Unterstützung des Aufstandes und Eroberungen südlich der Donau. Die Czechen, Serben und Kroaten wollen ihren Brüdern im Süden helfen; eine ehrgeizige Militärpartei verlangt, unter dem Beifall eifriger Großösterreicher, Ersatz für die Verluste der jüngsten Jahre; eine Fraktion der Ultramontanen wünscht slavisches Land zu erobern um die verhaßten Magyaren in die Enge zu treiben; endlich gibt es leider auch einige verblendete deutsche Enthusiasten, die den Kaiserstaat im Osten vergrößern möchten, damit seine Westhälfte an das Deutsche Reich falle.

Wer aber, wie wir Deutschen draußen im Reich, den Bestand der österreichischen Monarchie und ihrer dualistischen Verfassung ernstlich wünscht, der muß auch einsehen, daß Österreich heutzutage in der Türkei nichts mehr erobern kann noch darf. Es gibt nur eine Eroberung dort im Südosten, die für das Donaureich an sich vorteilhaft wäre: Rumänien. Diese köstliche Erwerbung war einst erreichbar in den großen Tagen des Prinzen Eugen, sie hätte sich durch eine kühne Politik vielleicht noch während des Krimkrieges erzwingen lassen; heute wird sie völlig unmöglich durch den einstimmigen Widerspruch des neugeeinten rumänischen Volkes, der sich jederzeit auf Rußland stützen kann. Die große Stunde ist leider längst versäumt, wie weiland der rechte Augenblick für die Germanisierung von Böhmen und so viele andere lockende Gelegenheiten in der österreichischen Geschichte. Die Donaumündungen sind jetzt für Österreich so unerreichbar wie für Deutschland das Deltaland des Rheines. Jedes andere Stück türkischen Gebietes aber wäre für das heutige Österreich ein Danaergeschenk. Die Grenzen der Monarchie gegen Südosten sind wenn auch unbequem, doch haltbar und keineswegs so unnatürlich wie sie auf der Landkarte erscheinen. Das dalmatinische Küstenland blickt gen Westen, gehört seit Jahrtausenden der adriatisch-italienischen Welt an und steht mit dem unwegsamen Hochgebirge des Hinterlandes kaum in Verkehr. Die Eroberung von Bosnien würde die zentrifugalen slavischen Elemente verstärken und das Reich der Gefahr des Zerfalles aussetzen; man könnte das rohe Volk weder an dem Wiener noch an dem Pesther Reichstage teilnehmen lassen, sondern müßte das phantastische Experiment einer Triaspolitik wagen, nachdem man doch zur Genüge erfahren hat, wie schwer es ist, auch nur den Dualismus mit zehnjähriger Kündigung aufrechtzuhalten.

Dazu der entscheidende Gesichtspunkt: in dem Augenblicke, da die Hofburg zu der Ländergier Josephs II. und Thuguts zurückkehrt, nimmt der Petersburger Hof sofort die Eroberungspläne Katharinas wieder auf, und in einem solchen Wettkampfe muß das katholische Österreich, das seine griechische Kirche oft mißhandelt und nie begünstigt hat, von dem orthodoxen Zarenreiche unfehlbar geschlagen werden. Die Pflicht der Selbsterhaltung zwingt den Wiener Hof, auf alle Eroberungspläne zu verzichten und mit Rußland ein ehrliches Einvernehmen zu suchen. Das letztere scheint allen Überlieferungen der österreichischen Politik zu widersprechen; daß die Interessen der beiden Kaiserstaaten grade im Oriente einander schnurstracks zuwiderlaufen, hat in Wien lange als ein Glaubenssatz gegolten, und der leidenschaftliche Slavenhaß der Deutschen wie der Magyaren widerstrebt noch heute dem russischen Bündnis. Auf den ersten Blick erinnert die heutige Lage lebhaft an die Verwicklungen des Jahres 1821. Als die ersten Nachrichten von dem Beginne des griechischen Aufruhrs den Laibacher Kongreß trafen, da gaben sich die beiden Kaiser Franz und Alexander feierlich die Hand darauf, daß sie beide im Oriente in voller Eintracht handeln wollten. Ich finde dies soeben sehr anschaulich geschildert in einem Laibacher Berichte des Generals Krusemarck. Beide Monarchen waren in jenem Augenblicke durchaus ehrlich, da die Furcht vor der Revolution sie ganz beherrschte. Gleichwohl trieb sie schon nach wenigen Monaten ein vermeintlicher Gegensatz der Interessen weit auseinander. Werden wir heute wieder eine solche Trennung der beiden Mächte erleben? Schwerlich. Österreich hat inzwischen erfahren, daß ihm die Politik der legitimistischen Unbeweglichkeit ebensowenig frommt, wie der Bund mit den Westmächten.

Nur im Einverständnis mit Rußland darf die Hofburg hoffen einen heilsamen, mäßigenden Einfluß zu gewinnen auf den Verlauf der türkischen Katastrophe. Dies hat der staatsmännische Blick des Grafen Andrassy richtig erkannt. Der Graf ist Magyare mit Leib und Seele und hegt also vermutlich, wie alle echten Söhne seines Volkes, eine gewisse gemütliche Vorliebe für die Türken; die Magyaren sind ja selbst gleich den Osmanen ein kleines Herrenvolk inmitten eines bunten Völkergemisches. Er wird alles versuchen den Bestand der Türkei zu erhalten, doch er ist ein viel zu bedeutender Staatsmann um einem ganz unhaltbaren Zustande künstlich das Leben fristen zu wollen. Verfangen mildere Mittel nicht, so wird Österreich wahrscheinlich die Bildung neuer südslavischer Kleinstaaten nicht verhindern. Der Kaiserstaat erträgt bereits ohne sonderliche Beschwerde die Nachbarschaft des rumänischen und des serbischen Staates; es wäre ein Armutszeugnis, wenn er die Anziehungskraft bosnischer Zustände fürchten wollte. Freilich kann Graf Andrassy, wie noch alle seine Vorgänger, eines Morgens unerwartet seine Entlassung erhalten. Doch er steht heute sehr fest, denn glücklichere Jahre als die letzten fünf hat Kaiser Franz Joseph in seinem vielgeprüften Leben noch nicht gesehen. Die Staatsgesinnung, der männliche Glaube an die Zukunft der Monarchie sind diesseits wie jenseits der Leitha in erfreulichem Erstarken; es besteht kein Grund ein so wohl bewährtes System plötzlich aufzugeben.

Für uns Deutsche ergibt sich aus alledem die Aufgabe, versöhnend und vermittelnd den Dreikaiserbund aufrechtzuhalten. Wir haben einst ehrlich versucht dem Türkenreich das Leben zu fristen; die einzige einigermaßen gelungene Reform in der Türkei, die Neubildung des Heeres, ist das Werk preußischer Offiziere. Doch wir können auch nicht die Augen schließen vor dem nahenden Verhängnis. Wir finden keinen Anlaß die Katastrophe irgend zu beschleunigen. Ein Volk, das eben erst so schwer für seine Einheit gelitten hat, darf wohl ohne Selbstsucht sagen: non omnia possumus omnes; nicht an uns, sondern an den Südslaven ist es, die Kugel ins Rollen zu bringen. Aber wir dürfen auch nicht tatlos bleiben und am allerwenigsten uns mit dem flachen pessimistischen Troste behelfen, das Zarenreich möge in Gottensnamen wachsen bis es berste. Wir wollen einen dauerhaften, erträglichen Zustand auf der Halbinsel, der den Weltteil zu beruhigen vermag, also keine neue Fremdherrschaft, schlechterdings keine Eroberungen, weder österreichische noch russische. In diesem Entschlusse sind alle guten Deutschen einig, denn was den Bestand Österreichs irgend gefährden kann, ist ein Schlag gegen unser Reich selber.

Vorderhand hat unsere Regierung sich verpflichtet für die Reformvorschläge des Grafen Andrassy einzustehen. An ihnen ist nichts geändert, wenngleich der Thronwechsel am Bosporus die drei Kaisermächte genötigt hat, der neuen Regierung eine längere Frist zu schenken. Das Andrassysche Programm trifft mit sicherer Hand die wundesten Flecke in den Zuständen der Rajah. Auch Deutschlands Ansehen ist dabei beteiligt, daß die Pforte diese wohlerwogenen und maßvollen Vorschläge nicht wieder, wie so viele andere schon, mit leeren Redensarten abfertigt. Tut sie dies oder erweist sie sich unfähig ihre Verheißungen zu erfüllen, so wird den drei Ostmächten, wenn sie nicht vor aller Welt lächerlich erscheinen wollen, kaum etwas anderes übrig bleiben als — weiterzugehen und ernsthafte Bürgschaften zu fordern für die Beseitigung eines anarchischen Zustandes, der für alle Nachbarn und vornehmlich für Österreich allmählich unerträglich wird. Daß sie in ehrlicher Eintracht so handeln können, scheint nahezu sicher; die stille Hoffnung der Franzosen, der englischen Russophoben und der Ultramontanen auf den Zerfall des Dreikaiserbundes hat geringe Aussichten, solange die Republik in Frankreich besteht und die Magyaren die auswärtige Politik Österreichs leiten.

Nur ein Seher vermöchte den Verlauf der nächsten Monate vorherzubestimmen. Die wachsende Bewegung in Serbien und die gewaltigen Rüstungen im Mittelmeere deuten zwar auf ernste Ereignisse. Andererseits sind alle Mächte, Rußland insbesondere, von einem lebhaften Friedensbedürfnis erfüllt; das Zarenreich scheut die unberechenbaren Wirren, die ein Auflodern des mohammedanischen Fanatismus ringsum in Asien herbeizuführen droht; das tiefe gegenseitige Mißtrauen der Mächte lähmt dort im Osten jede Kraft durch eine Gegenkraft. Darum scheint es möglich, daß die türkischen Dinge sich noch eine Weile träge und kläglich dahinschleppen, und höchstwahrscheinlich, daß das Schicksal der Hauptstadt in der nächsten Zukunft noch nicht entschieden werden wird; denn diese Frage wird im Grunde von allen Mächten als noch nicht spruchreif angesehen. Kommt aber dereinst der Augenblick zu ihrer Lösung, so wird unsere aufstrebende Nation nicht auf der Seite des Leichnams stehen wollen. Wir haben seit dem siebenjährigen Kriege an Englands Freundschaft sehr widerwärtige Erfahrungen gemacht; die russische Politik müßte unerhörte Torheiten begehen, wenn Deutschland daran denken sollte, die Hand seines erprobten Freundes fallen zu lassen, um sich in die Arme eines treulosen und von veralteten Ansichten beherrschten Bundesgenossen zu werfen. In der orientalischen Frage bedarf Rußland unser mehr, als wir seiner, darum hat eine kluge und kraftvolle deutsche Politik von dem russischen Bündnis nichts zu fürchten.

Wäre es nicht vermessen über eine ferne Zukunft zu reden, so würde ich hier noch die Ansicht begründen, daß die Bildung unabhängiger Kleinstaaten schwerlich die endgültige Lösung der orientalischen Frage sein kann. Die Kleinstaaterei besitzt allerdings da ein gewisses Recht, wo sie nicht aus dem Zerfalle einer nationalen Großmacht hervorgeht. Doch was hätte die Gesittung von einem Durcheinander zanklustiger Rajahstaaten zu hoffen? Ein friedlicher Staatenbund steht von diesen verwahrlosten Völkern gewiß nicht zu erwarten; die kunstvolle Staatsform der Föderation setzt ein hohes Maß von Mäßigung und Einsicht voraus. Was Europa am letzten Ende wünschen muß, ist ein kräftiges byzantinisches Reich — ein Gedanke, der bekanntlich den geheimen Wünschen des heutigen Rußlands entschieden widerspricht. In der Tat ist mindestens südlich des Balkans und an der kleinasiatischen Westküste ein Element der Einheit vorhanden: jene griechische Gesittung, die schon Hunderttausende von Albanesen und Slaven bezwungen hat. Doch das sind Sorgen, die wir unseren Söhnen überlassen können.

Die augenblickliche Lage bietet keinen Grund zu schweren Besorgnissen, nur ernsten Anlaß zur Wachsamkeit; denn unversehens kann aus den orientalischen Wirren die Frage sich erheben: ob wir Deutschen gesonnen sind, die Errungenschaften des Jahres 1870 zu behaupten. Was wir in solchem Falle zu tun hätten, sagt sich jeder selbst.

Zur Lage.

Berlin, 10. März 1878.

Unter den Segnungen, die uns das Deutsche Reich gebracht hat, ist es nicht die letzte, daß seine praktische Politik den deutschen Erbfehler der doktrinären Systemsucht durch die Erfahrung jedes neuen Tages widerlegt. Seit elf Jahren leben wir in einem Gemeinwesen, dessen unförmlicher Bau jeder Theorie Hohn spricht und gleichwohl den Bedürfnissen des Augenblicks genügt. Die Entwicklung dieses Gesamtstaats ist ein großer, strenger Lehrkursus der Realpolitik, zwingt die Nation immer von neuem, liebgewordene, tiefeingewurzelte politische Dogmen zu prüfen und zu berichtigen. So auch jetzt wieder, da das Reich im Begriff steht, sich selbständige Eisenbahnen zu verschaffen.

Der Notbehelf der Matrikularbeiträge ist im Verlaufe eines Jahrzehnts zu einer offenbaren Landplage geworden. Schädlicher noch als die unleugbare Ungerechtigkeit dieser Kopfsteuer, die das arme Lippe-Detmold ebenso hart trifft wie das reiche Bremen, erscheint ihre Einwirkung auf den Haushalt der Einzelstaaten. Die Höhe und die Unberechenbarkeit der Matrikularbeiträge verhindern auf die Dauer in den Territorien des Reichs jede Steuerreform, jede Stetigkeit des Finanzwesens. In dem wohlhabenden Baden ist es bereits dahin gekommen, daß der Staat erhebliche Lasten, die von Rechtswegen ihm zukommen, auf die Gemeinden abwälzen, manche unabweisbare Pflichten unerfüllt lassen muß, weil er sonst den Anforderungen des Reichs nicht entsprechen kann.

Der einzige Grund, den man zur Rechtfertigung des bestehenden Zustandes anzuführen weiß, hält eine ruhige Prüfung nicht aus. Es ist doch nur ein Spiel mit Worten, wenn man behauptet, auf der Bewilligung der Matrikularbeiträge ruhe die Macht des deutschen Parlaments. Der Reichstag bewilligt diese Beiträge in Wahrheit nicht, sondern wenn er ausspricht: diese Summe soll durch Matrikularbeiträge bezahlt werden, so sagt er einfach: das Reich ist nicht imstande diesen Betrag aufzubringen, daher überlassen wir den Einzelstaaten zu tun, was eigentlich unseres Amtes wäre, und den fehlenden Rest nach dem gesetzlichen Verteilungsmaßstabe, doch im übrigen nach ihrem freien Ermessen zu decken. Jeder solche Beschluß ist also im strengsten Sinne des Worts ein Armutszeugnis für das Reich; er beweist nur von neuem, daß die Organisation des Reichs nicht vollendet, daß die im Artikel 70 der Verfassung verheißenen Reichssteuern noch immer nicht eingeführt sind. Wie darf man behaupten, das Ansehen des Reichstags, der doch mit dem Reiche steht und fällt, gewinne durch das Aufdecken der Schwäche des Reichs? Und wo ist der Beweis für die beliebte radikale Versicherung, die Matrikularbeiträge bewahrten das Reich vor der Gefahr einer budgetlosen Regierung? Daß fünfundzwanzig Staaten, wovon mehrere sich keineswegs durch Heldenmut auszeichnen, über den vermessenen Beschluß eines Verfassungsbruchs einig werden sollten, gehört ohnehin zu den fast undenkbaren Ereignissen; eben die Schwerfälligkeit der Organe des Reichs, welche seine Bewegung erschwert, sichert seinem Rechte den Bestand. Aber gesetzt den unglaublichen Fall, der Bundesrat entschlösse sich nach einem langen, schweren Konflikte mit dem Reichstage zu einer Regierung ohne Budget, so würden ihm die Geldmittel auch unter den heutigen Verhältnissen nicht fehlen. Preußen und mehrere andere Regierungen könnten ihre Matrikularbeiträge zahlen, und die Frage wäre nur, ob der passive Widerstand der Nation den Verfassungsbruch erlaubte.

Die Pflicht, den Reichshaushalt auf seine eigenen Füße zu stellen, läßt sich schlechterdings nicht länger abweisen. Sobald man aber der Frage näher tritt, ergibt sich sofort, daß das Reich selbständige Einnahmen nur aus indirekten Steuern oder aus dem Betriebe von Staatsgewerben gewinnen kann, da die Einführung direkter Reichssteuern den Haushalt der Einzelstaaten einer völlig hoffnungslosen Verwirrung preisgeben würde. Diese Erkenntnis drängt sich so unabweisbar auf, daß unter praktischen Politikern kaum darüber gestritten werden kann, und sie widerspricht gleichwohl den teuersten Glaubenssätzen der herrschenden volkswirtschaftlichen Theorie. Mit steigender Zuversicht verkünden Sozialisten und Halbsozialisten die Lehre, daß alle indirekten Steuern den kleinen Mann unverhältnismäßig drücken — eine Doktrin, die unter ungeheuerlicher Übertreibung nur ein winziges Korn Wahrheit enthält. Gelehrte Kompendien der Finanzwissenschaft verherrlichen den Kampf gegen die indirekten Steuern als die Signatur unserer aufgeklärten Zeit. Die Einkommensteuer soll mehr und mehr zur Hauptsteuer dieses demokratischen Jahrhunderts heranwachsen, obgleich der Augenschein lehrt, daß sie schon gegenwärtig in den großen Städten Preußens eine kaum noch zu überschreitende Höhe erreicht hat. Sie soll allmählich zu einer progressiven Steuer werden — vermutlich nach dem Muster des Kantons Zürich, der schon heute wenig über die Hälfte seiner Progressivsteuern wirklich einzutreiben vermag. Als letztes und höchstes Ziel stellt man endlich dem Gesetzgeber die Aufgabe, durch die Steuern eine gerechtere Verteilung des Volksvermögens, die Ausgleichung des Gegensatzes von arm und reich herbeizuführen.

Die Not der Stunde, die Bedrängnis des Reichshaushalts macht allen solchen Phantastereien doktrinärer Selbstüberhebung ein Ende und erinnert uns wieder an einige altväterische Grundsätze des gesunden Menschenverstandes, welche darum nichts an ihrem Werte verlieren, weil sie ausgehen von der traurigen Wahrheit, daß die Gebrechlichkeit der Welt, die kurzsichtige Schwäche des menschlichen Verstandes, sich auf keinem Gebiete der Politik so auffällig, so niederschlagend zeigt, wie im Steuerwesen. Jede Steuer ist, wirtschaftlich betrachtet, ein Übel; denn obgleich die Ausgaben des Staates gewiß nicht unproduktiv sind, so können und sollen doch die Güter, die er seinen Bürgern spendet, nicht mit wirtschaftlichem Maße gemessen werden. Jede Steuer wirkt in unzähligen Fällen ungerecht; es gibt kein Mittel, in der unendlichen Mannigfaltigkeit des wirtschaftlichen Lebens die Leistungsfähigkeit jedes einzelnen mit Sicherheit zu erkennen und zu treffen; immer und unter jedem denkbaren Steuersystem wird ein Teil der Abgaben von den Pflichtigen auf die Schultern anderer abgewälzt. Der höchste Ruhm also, der einer Steuerpolitik zuteil werden kann, ist nur das bescheidene negative Lob, daß sie das wirtschaftliche Leben nicht allzu sehr belästigt und die Pflichtigen nicht allzu ungleichmäßig trifft. Daraus folgt die Notwendigkeit eines behutsamen, konservativen Vorgehens bei allen Steuerreformen; jede gewohnte Abgabe besitzt in ihrem Bestande selbst einen gewissen Vorzug, ihre Wiederbeseitigung kann leicht für die Steuerpflichtigen völlig nutzlos sein, wie das wohlgemeinte, aber gänzlich mißlungene Experiment der Aufhebung der Schlacht- und Mahlsteuer zeigt. Daraus folgt ferner, daß jeder Staat mit entwickelter Volkswirtschaft eines komplizierten Steuersystems bedarf; denn nur wenn er die Steuerkraft der Nation an vielen Stellen zugleich anfaßt, lassen sich die unvermeidlichen Härten, welche jeder einzelnen Steuer anhaften, einigermaßen ausgleichen.

Prüft man nun das preußische Steuersystem, wie es durch die großen Gesetze von 1818 und den folgenden Jahren geschaffen und seitdem zwar im einzelnen verändert, doch in seinen Grundlagen beibehalten wurde, so wird niemand die Gerechtigkeit, die Einsicht, den wahrhaft volksfreundlichen Sinn des alten Absolutismus, der jene Gesetze schuf, verkennen. Doch ebenso unverkennbar ist auch, daß diese Steuerpolitik den Bedürfnissen der Gegenwart nicht mehr genügt. Die allgemeine, täglich wachsende Klage über die Steuerlast kann nicht allein aus der pessimistischen Verstimmung des Augenblicks erklärt werden, auch nicht allein aus der deutschen Eigenart, die jederzeit gegen fiskalischen Druck sehr empfindlich war, während sie polizeiliche Beschränkungen leicht erträgt; sondern es ist wirklich ein schwerer Mißstand vorhanden. Nicht die Höhe der Steuern bedrückt uns, denn

Preußen fordert an Staatsabgaben verhältnismäßig weniger als irgendeine andere Großmacht, wohl aber ihre falsche Verteilung.

Unsere alte Steuerpolitik war die Politik eines tief verarmten Staates, der das Geld nehmen mußte, wo er es fand, eines wohlmeinenden bureaukratischen Absolutismus, der zwar die ersten Anfänge der Selbstverwaltung bereits geschaffen hatte, doch von den Geldbedürfnissen der Kommunalverwaltung noch keine klare Vorstellung besaß. Daher nahm der Staat unbedenklich die Grund- und Gewerbesteuern für sich, während doch die Abgaben vom Grundbesitz und ständigen Gewerbe den festen Boden für einen gerechten und stetigen Kommunalhaushalt bilden. Also durch den Staat ihrer natürlichen Einnahmequellen zum großen Teile beraubt, griffen die Kommunen bei steigendem Bedarf zu dem französischen Systeme, ihre Abgaben in der Form von Zuschlägen zu den verschiedenen direkten Staatssteuern zu erheben. Aber während in Frankreich die Kommunalzuschläge zu den Staatssteuern nur wenige Centimen vom Franken betragen, stiegen sie in den preußischen Städten nach und nach bis auf 300 Prozent und mehr. Je kräftiger und tätiger sich unsere Selbstverwaltung entwickelte, um so unnatürlicher ward ihr Steuersystem; es kam schließlich so weit, daß heute ein ganz unverhältnismäßiger Teil der Kommunallasten von jenen fluktuierenden Elementen der Bevölkerung getragen wird, welche von den Leistungen der Gemeinden den geringsten Vorteil ziehen, an ihrem Wohl und Wehe am wenigsten beteiligt sind.

Das alte preußische Steuersystem entsprach dem Bedürfnis eines durch schwere Kriege erschöpften Staates, der sich von der großen Politik bescheiden zurückzog und auf eine lange Zeit ungestörten Friedens rechnete. Der Eroberer Bonaparte legte den Schwerpunkt der Staatseinnahmen in die indirekten Steuern, weil er wußte, daß in Kriegszeiten nur die direkten Steuern mit Erfolg erhöht werden können, und darum diese Einnahmequelle nicht von vornherein allzu stark ausbeuten wollte. Im bewußten Gegensatze dazu folgten die Urheber der preußischen Steuergesetzgebung jenem humanen Zuge, der unseren alten Absolutismus immer ausgezeichnet hat; sie suchten aus Fürsorge für das arme Volk, den Bereich der indirekten Abgaben möglichst einzuengen, und die direkten Steuern erhielten in Preußen einen Umfang wie noch in keinem Großstaate der Geschichte. Schon damals ließ sich bezweifeln, ob man nicht in einem ehrenwerten humanen Eifer allzu weit gegangen sei; da die direkten Steuern schon im Frieden sehr hoch standen, so hätte sich, wenn plötzlich ein großer Krieg über Preußen hereinbrach, die Schwerfälligkeit dieses Staatshaushalts wahrscheinlich hart bestraft. Im Verlaufe der Jahre sollte aber auch Preußen die Erfahrung machen, welche noch keinem wohlhabenden Kulturlande erspart blieb, daß bei steigender Bedeutung des beweglichen Vermögens eine auch nur annähernd gerechte Verteilung der direkten Steuern, namentlich der Einkommensteuer, immer schwieriger wird. Jedermann weiß es, der Rentner und der Kaufmann findet tausend Mittel und Wege sein Einkommen zu verbergen, trotz dem achtungswerten Pflichteifer unserer Einschätzungskommissionen. Der grobe Unfug läßt sich nur beseitigen durch die Einführung der erzwungenen öffentlichen Fassion mit strengen Strafen, und dies drakonische System wird sofort unausführbar, wenn die Einkommensteuer ein gewisses erträgliches Maß überschreitet.

Das sind unleugbare Mißstände. Unser Staatshaushalt bedarf größerer Beweglichkeit und Mannigfaltigkeit. Übertrieben ist es wohl, doch nicht ganz unwahr, wenn man behauptet, die gleiche Steuerlast würde in Deutschland verhältnismäßig schwerer aufgebracht als in allen anderen Kulturvölkern. Wir dürfen die Einnahmequelle der indirekten Steuern, die unseren westlichen Nachbarn so reichen Ertrag gewährt, nicht mehr wie bisher vernachlässigen; denn was auch der Radikalismus dawider sagen mag, es wird doch immer dabei bleiben, daß verständig ausgewählte indirekte Abgaben etwas leichter ertragen werden, als die direkten, weil der Konsument sie nur in verschwindend kleinen Posten und bis zu einem gewissen Grade freiwillig bezahlt. Die Reform aber kann nur von dem Reiche ausgehen; von seinem Haushalt hängen die Finanzen aller Einzelstaaten ab. In immer weiteren Kreisen hat sich nun die Erkenntnis Bahn gebrochen, daß dem Reiche, dem bereits die Zölle gehören, durch die Einführung anderer indirekter Steuern ein ausreichendes selbständiges Einkommen gesichert werden muß. Dann bliebe den Einzelstaaten der ganze Bereich der direkten Steuern, und, der Matrikularbeiträge entlastet, kämen sie in die Lage, jene direkten Abgaben, welche für den Kommunalhaushalt die natürliche Stütze bilden, ganz oder teilweis den Selbstverwaltungskörpern zu überlassen. So entstünde ein deutsches Steuersystem, zugleich mannigfaltig und doch übersichtlich und in sich zusammenhängend. Es ist eine schwere Aufgabe, sie zu lösen kann nur der Arbeit langer Jahre gelingen; doch über die Richtung der Reform ist heute schon die große Mehrzahl der gemäßigten Politiker einig.

Wie groß war also das Erstaunen, als die Regierung dem Reichstage eine Reihe von Steuergesetzen entgegenbrachte, welche von solchen umfassenden Reformgedanken kaum einen Keim enthielten, sondern nur darauf berechnet schienen der augenblicklichen Erhöhung der Matrikularbeiträge vorzubeugen. Es waren im wesentlichen dieselben Entwürfe, welche dem Hause schon einmal vorgelegen hatten: eine Tabaksteuer von sehr niedrigem Ertrage, und doch so unglücklich angelegt, daß sie unsere heimischen Produzenten, namentlich die armen schwerverschuldeten Tabakbauer der Pfalz hart schädigen müßte; dazu eine Spielkartensteuer, endlich eine Stempelabgabe, welche den Börsenverkehr nur mit ganz winzigen Beträgen treffen würde. Ein Ausländer mochte wohl verwundert fragen: wie ist es möglich, daß eine Regierung, deren leitender Staatsmann das Vertrauen der großen Mehrheit des Parlaments besitzt, gleichwohl dem Reichstage zum zweiten Male mit Gesetzen entgegentritt, die im ganzen Hause keine einzige Stimme finden? Wir Deutschen kennen längst den Schlüssel zu diesem Rätsel. Die Organisation der obersten Reichsbehörden ist noch unfertig; der preußische Finanzminister trägt dem Reichstage gegenüber gar keine Verantwortlichkeit, und der Reichskanzler kann wegen eines Gesetzes, dessen technische Einzelheiten er nicht übersieht, auch nicht im vollen Ernst zur Rechenschaft gezogen werden. Nur so wird ein Verfahren erklärlich, das unserem Reiche nicht zum Ruhme gereicht und den deutschen Parlamentarismus vor der Welt noch weit unfertiger als er wirklich ist erscheinen läßt. Im Verlaufe der Debatte erfuhr der Reichstag sodann zu allgemeiner Überraschung, daß die Tabaksteuervorlage nur zur Vorbereitung des Tabakmonopols dienen solle, und der Reichskanzler forderte das Haus endlich auf, mindestens in einer Resolution seine Ansicht auszusprechen über die Frage: Monopol oder Steuer? — Kann der Reichstag jetzt schon diesem Wunsche entsprechen?

Darüber ist kein Streit möglich, daß der Tabak von einem wenig beneidenswerten, aber zahlreichen Teile des Menschengeschlechts für einen entbehrlichen Luxusartikel gehalten wird, also zur Besteuerung sich vortrefflich eignet. Die Raucher zerfallen in zwei Klassen: solche, die den nie genug zu preisenden Genuß einer edlen Zigarre zu schätzen wissen, und solche, die es nicht wissen. Die ersteren sind mehrenteils in der Lage, das unschätzbare Geschenk einer gütigen Natur etwas teurer als bisher zu bezahlen; den letzteren verschlägt es wenig, ob sie von Reichswegen genötigt werden, sich mit einem noch trübseligeren Kraute zu behelfen. Daher ist die Ausbeutung des Tabakkonsums zum besten der Reichsfinanzen völlig unbedenklich. Unter den verschiedenen möglichen Formen dieser Ausbeutung bietet die Tabakregie jedenfalls einen großen politischen Vorteil: sie gewährt der Reichsgewalt die Möglichkeit, durch ein Heer von Beamten und Agenten bis in das letzte Dorf des Reichs einen fühlbaren Einfluß auszuüben. Der Monopolvorschlag wird auch nicht widerlegt durch den vagen Einwand: das führt zum Staatssozialismus. Wenn der Staat schon heute eine Reihe großer Eisenbahnen und wie die Erfahrung lehrt, sehr gut, selbst verwaltet, warum soll er nicht auch ein anderes Gewerbe, das sich unleugbar zum Staatsbetriebe eignet, in seine Hand nehmen? Daß König Friedrich Wilhelm III. in seinen ersten philanthropischen Jahren, aus Rücksicht auf die „Opinion", das Tabakmonopol aufhob, wird heute wohl von allen Unbefangenen als ein wohlgemeinter Mißgriff angesehen; recht geleitet konnte diese damals noch so unscheinbare Regie zu einer sehr ergiebigen Einnahmequelle werden, ohne den Verkehr allzu hart zu drücken.

Aber seitdem sind achtzig Jahre ins Land gegangen, Fabrikation und Konsum des Tabaks haben sich in ganz unerwartetem Verhältnis gehoben. Ein deutscher Tabakbau ist entstanden, künstlich gefördert durch Schutzzölle, auf weiten Gebieten zerstreut und darum mit dem Monopole kaum vereinbar. Das Tabakgeschäft bildet heute einen der wenigen Handels- und Gewerbszweige, worin das arme Deutschland alle anderen europäischen Völker übertrifft; und auf seiner Blüte ruht wesentlich die Welthandelsstellung Bremens, der treuen Stadt, die in dem Entscheidungskriege von 1866 Preußens bester Bundesgenosse war, die an Vaterlandsliebe, ehrenfestem Bürgersinn, rührigem Unternehmungsgeist von keiner Stadt des Reichs übertroffen wird. Sollen alle diese in drei Menschenaltern erwachsenen hochwichtigen Interessen mit einem Schlage gestört und vielleicht zerstört werden? Nur die Unkenntnis kann darauf mit einem raschen Ja antworten, und in der Tat findet die modische Schwärmerei für das Monopol ihre eifrigsten Jünger in jenen deutschen Landen, wo man weder einen schwunghaften Tabakhandel, noch einen bedeutenden Tabakbau besitzt, so in Württemberg. Minister Delbrück berechnete vor zwanzig Jahren (in seiner lehrreichen Schrift über das Tabakmonopol) die den 2000 Tabakfabriken des Zollvereins zu zahlende Entschädigung auf durchschnittlich 800 Taler, zusammen 1,6 Millionen Taler. Offenbar müßte heute der deutsche Gesamtstaat eine unvergleichlich größere Summe aufwenden, wenn er nicht geradezu räuberisch handeln will; nimmt man hinzu die Entschädigung für die Tabakbauer und -händler, für die Tausende kleiner Leute, welche die häusliche

Zigarrenfabrikation als Nebenerwerb betreiben, so erhellt leicht, daß die orientalische Phantasie der Monopolschwärmer den Ertrag der Regie viel zu hoch, wohl um eine Null zu hoch schätzt. Noch schwerer wiegen indeß die mittelbaren Verluste des Bremer Handels, wofür das Reich gar keinen Ersatz bieten kann; erst durch das Tabakgeschäft ist dem von der Natur so stiefmütterlich bedachten Weserplatze die Anknüpfung vieler anderer Handelsbeziehungen ermöglicht worden, eine Tabakregie aber müßte den Tabakimport wohl unvermeidlich in die Hände weniger großer Firmen legen.

Läßt sich eine Tabaksteuer finden, welche auch nur annähernd den gleichen Ertrag bringt wie das Monopol, so ist sie der Regie entschieden vorzuziehen, denn sie läßt Tabakkultur, -Handel und -Fabrikation frei, erspart unserer Volkswirtschaft eine tiefeinschneidende Störung, unserem jungen Reiche eine Fülle des Hasses. Nur wenn mit voller Sicherheit erwiesen wird, daß die ergiebige Fabrikatsteuer, welche in Nordamerika lediglich durch unerbittliche fiskalische Strenge und durch ein gehässiges Denunziationsunwesen aufrechterhalten wird, für Deutschland schlechthin unanwendbar ist und daß auch keine andere Form der Tabakbesteuerung für uns ein ausreichendes Ergebnis verspricht, nur dann läßt sich das radikale Mittel des Monopols verteidigen. Hierüber aber kann der Reichstag augenblicklich noch nicht urteilen, da ihm die Regierung durchaus kein genügendes statistisches Material vorgelegt hat. Er kann, wenn er die vorgelegten Steuergesetze verwirft, höchstens noch beschließen: der Bundesrat möge weitere Untersuchungen anstellen und in der nächsten Session besser erwogene Vorschläge machen. Für diesmal wird man sich also noch mit einer mäßigen Erhöhung der Matrikularbeiträge behelfen müssen; indes der erste Anstoß zu der großen Finanzreform ist gegeben, und es unterliegt keinem Zweifel, daß der einmal betretene Weg weiter verfolgt werden wird.

Wenn in dieser Lage, während das Reich noch an einem Defizit von über 100 Millionen krankt, manche ehrenwerte Stimmen bereits ängstlich fragen, ob nicht ein Überschuß in den Reichskassen dem Budgetrechte der Volksvertretung bedrohlich werden könne, so scheint uns solche Besorgnis zum mindesten verfrüht. Man soll das Fell des Bären nicht teilen, bevor er erlegt ist. Der Reichstag besitzt auch heute, wenn man sich an die Sache hält, in Wahrheit nur das Recht der Ausgabenbewilligung, und dies genügt zur Sicherung seiner verfassungsmäßigen Macht. Kommt dereinst eine Verständigung über die Finanzreform zustande, so hat der Reichstag selbstverständlich das Recht und die Pflicht, die neuen Einnahmen nicht unbeschränkt der Reichsregierung preiszugeben; er kann das Monopol oder die Tabaksteuer nur für einige Jahre bewilligen, er kann in dem Steuergesetze selbst bestimmen, daß etwaige Überschüsse an die Einzelstaaten verteilt werden sollen, mit der ausdrücklichen Verpflichtung, dieselben nur mit Genehmigung der Landtage zu verwenden, und dergleichen mehr. Alles weitere muß den Landtagen überlassen bleiben. Der Reichstag besitzt nicht das Recht, den Artikel 109 der preußischen Verfassung, welcher die Forterhebung der bestehenden Steuern anordnet, aufzuheben. Eine Erweiterung der Kompetenz des Reiches nach dieser Seite hin ist vorläufig gänzlich aussichtslos. Das lehren die Schicksale des bekannten mecklenburgischen Antrages; fast alle unsere Kronen sind darüber einig, daß eine konstitutionelle Verfassung in jedem Einzelstaate bestehen sollte, aber sie scheuen sich, dem Reiche ein

Recht der Einmischung in solche innere Angelegenheiten zuzugestehen. Kommt das Werk der Steuerreform nur erst in Fluß, so kann es nicht schwer fallen, rechtzeitig von den obersten Beamten Preußens und des Reichs bindende Zusagen zu erlangen, welche man ihnen heute noch nicht abverlangen darf.

Unterdessen ist nach manchem unerfreulichen Streit und Mißverständnis ein guter Schritt vorwärts geschehen zur festeren Organisation der Reichsgewalt. Das Gesetz über die Stellvertretung des Reichskanzlers eröffnet uns die Aussicht, daß ein Reichsschatzamt gebildet wird und die Vorstände einiger der großen Reichsämter mit selbständiger Verantwortlichkeit vor das Parlament treten. Dabei bleibt doch die höchste Autorität in der Hand des Reichskanzlers vereinigt und wir entgehen den Gefahren einer kollegialischen Ministerregierung, die neben dem kollegialischen Bundesrate nur Schaden stiften würde. Die neue Ordnung trägt noch einen unfertigen, provisorischen Charakter, sie verrät fast in jeder Bestimmung, daß im Schoße des Bundesrats ein lebhafter Widerstand des wieder erstarkten mittelstaatlichen Partikularismus mühsam überwunden werden mußte; doch sie ist entwicklungsfähig wie das Amt des Reichskanzlers selber, das aus bescheidenen Anfängen binnen zehn Jahren zu stattlicher Macht emporgewachsen ist.

Die Ausbildung dieser unfertigen Institutionen hängt zunächst davon ab, daß es gelingt, die hohen Reichsämter mit dem preußischen Ministerium so eng als möglich zu verbinden und sie den rechten Händen anzuvertrauen. Da der preußische Finanzminister bestimmt erklärt hat, mit den Steuervorlagen stehen oder fallen zu wollen, so haben wir binnen kurzem seinen Rücktritt und dann zugleich wohl auch andere Personalveränderungen zu erwarten. Unsere ketzerischen Ansichten über das sogenannte parlamentarische System brauchen wir den Lesern dieser Blätter nicht aufs neue zu entwickeln. Eine Partei, die über die Mehrheit des Reichstags geböte, ist nicht vorhanden, und sie kann sich in einer nahen Zukunft nicht bilden. Auch das Stellvertretungsgesetz wurde wieder, wie fast alle grundlegenden Gesetze des Reichs, angenommen durch eine Koalition verschiedener Fraktionen, die weder gewillt noch fähig sind sich zu einer Masse zu verschmelzen; Nationalliberale und Konservative bildeten die Mehrheit, Fortschrittspartei, Zentrum, Polen und Sozialisten standen, wie von jeher, in der Opposition. Angesichts dieser buntgemischten Mehrheit scheint es ziemlich gleichgültig, ob die Vorsteher der höchsten Reichsämter der rechten oder der linken Seite der Majorität etwas näherstehen, wenn sie nur imstande sind die das Haus beherrschende Koalition zusammenzuhalten. Ein etwas festeres Verhältnis zwischen der parlamentarischen Mehrheit und den höchsten Reichsbeamten wird sich bald von selber herstellen, wenn diese Beamten erst ihre Gesetzesvorlagen selbständig vor dem Hause zu vertreten haben; wahrscheinlich ist es doch nicht, daß so gestellte Ressortchefs sehr geneigt sein werden, unannehmbare Entwürfe dem Reichstage vorzulegen. Verstehen sie nur, mit den Fraktionen der Mehrheit sich sachlich zu verständigen, so werden diese ganz gewiß nicht aus persönlichem Ehrgeiz unfruchtbaren Streit beginnen; denn trotz der landläufigen Verherrlichung des reinen Parlamentarismus sind wir im Grunde doch alle darüber einverstanden, daß die deutsche Reichsregierung nicht ein Ausschuß des Parlaments ist, sondern eine selbständige Macht vertritt, die Macht des Kaisers und der verbündeten Kronen. — — —

Register.

Aktiengesellschaften 168.
Alexander II. v. Rußland: seine Politik, Reformgesetze 194 ff.
Arbeit: Selbstzweck 115 f.; inwiefern Werte schaffend 151; geistige 162 f.
Arbeiten: ihre harmonische Verteilung notwendig 107.
Arbeiter: sind wir alle 113; der ländliche in Deutschland 166.
Arbeitergenossenschaften 154.
Arbeiterinvalidenkassen 168.
Arbeitgeber 151.
Arbeitstag: wie weit zu verkürzen 112.
Arbeitsvertrag, der freie 147 ff.; sein doloser Bruch 167.
Aufsteigen, soziales im modernen Staat 154.

Balkanvölker, die graeko-slavischen (1874) 182. 189. Verhältnis zu Rußland 194 ff.
Bakunin 130. 144.
Bauernkrieg, der große deutsche 129 f.
Beamtenstand, der deutsche 109.
Begabung, das Maß der menschlichen 107 ff.
Berlin (1874) 163 ff.
Börsensteuer, wirksame anzustreben (1874) 169.
Bourgeoisie und Sozialismus in Frankreich 138 ff.
Brentano, Lujo 110. 122.
Buckle 104.
Budgetrecht 17. 23; im Deutschen Reich und in Preußen 209.
Bürgertum, das deutsche; sein volkswirtschaftliches Verdienst seit 1648: 142 f.

Christentum 107 f.; das orientalische 181.

Darwinismus und Demokratie 109
Demokratie, die in Europa zu erwartende 2. (1863) 147.
Deutschlands gebotene Balkanpolitik (1876) 202.
Diäten, parlamentarische 23 f.

Ehe 102.
Eigentum 102 f.
Einheit, deutsche; Einheitsstaat 4. 5. 7. 12. 14. 16 f. 24. 26. 29 f. 40 f. 56. 79. 87. 89. 203.
Einkommen: nicht nach Verdienst zu verteilen 162 f.
Elsaß, Elsässer: Natur, Geschichte, Kultur 60 ff. 67 ff; Wirkung der französischen Revolution 65 ff. Protestantismus 71. Nur unter Preußen dem deutschen Leben wiederzugewinnen, nicht als „Reichsland" 74 ff. 85 ff. 126.
Engels 130.
England: im deutschen Urteil (1876) 172; seine Balkan- und weitere Orientpolitik 197 ff.; Arbeiterbewegung 96. 167.
Erbrecht 103.

Fabrikgesetzgebung, deutsche (1874) 151.
Fabrikinspektoren: zu fordern (1874) 167.
Fortbildungsunterricht 167 f.
Frankreich: seine Orientpolitik (bis 1876) 199.
Freihändler 158 f.
Friedrich der Große 114.

Garibaldi 21.
Geben und Empfangen, wechselseitiges in der Gesellschaft 113 f.
Geld 148 f.
Geldadel: seine politische Haltung in Deutschland (1874) 146 f.

Gesellschaft, bürgerliche: ihre notwendig aristokratische Gliederung 105 ff. 127. 128. 129.
Gesittung, menschliche: ihre Anfänge 99 f.
Gewerkvereine 167; die deutschen (bis 1874) 159 f.
Gewinnanteil 152 ff.
Gibraltar 172.
Gleichheit: die natürliche der Menschen ein Wahngebilde 99; allmähliche Entwicklung, vernünftiger Begriff, Folgerungen 101 ff. 121 ff.
Glück 125; das wahre des Lebens 116.
Goethe 115. 117. 118; im Elsaß 61. 65. 74.
Grenzen gegen Frankreich: nach 1870/71 zu fordernde 57 ff.
Griechen, die heutigen 182; in der Türkei 180 f.
Großkapital, in Deutschland (1874) 145 f.
Grundrechte 33 f.
Grundvermögen: seine Verteilung in Deutschland 145 f.

Hansestädte 35 f.
Helgoland 172.
Huber, V. A. 130.

Idealismus: sein historischer Scharfblick 180.
Ideen, absolute sittliche des sozialen Lebens 102.
Islam 184.

Kathedersozialismus, der sogenannte 158 ff.
Klassen: Anteil der niederen an der Kulturarbeit 116 ff; die mittleren deutschen 96 f; die gebildeten 161 f.
Kräfte, erhaltende der Gesellschaft 169.
Kommunismus in Frankreich 97.

Lammers, Karl 160.
Lange, F. A. 132. 142.
Lassalle 155. 101 f. 130. 137. 142. 143. 149. 159.
Lohnsysteme 152 ff.

Machmud II. 186; seine Reformen 183 ff.
Malta 172.
Marx 154 f. 142. 143. 151. 159.
Masse: wird immer die Masse bleiben 119. 105.
Matrikularbeiträge der deutschen Bundesstaaten 203 f.
Mülhausen im Elsaß 71. 73.

Nationalökonomie, die deutsche des 19. Jahrhunderts 157 f.
Norddeutscher Bund 7 f. 18 f. 21 ff. Seine Verfassung mit der deutschen Bundesakte verglichen 30 f; seine wirtschaftlichen und sozialen Reformen 130. 135. 139. 161.

Ommejaden 181.
Österreich: seine Balkanpolitik (bis 1876) 200 ff.

Partikularismus, deutscher 5. 20. 27 f. 67.
Persönlichkeit: das Rätsel der geschichtlichen 117.
Preußen gegenüber dem revolutionären Sozialismus 132.
Produktivgenossenschaften 152.

Rajah, die in der Türkei 175 ff.
Reichsämter und Stellvertretung des Reichskanzlers 210.
Reichsregierung, deutsche und Reichstag 210.
Religion 117 f.
Rodbertus 142.
Roscher 154. 158.
Rothschild, das Haus 146,
Rußland: Stellung in Europa (1876) 173; seine Agenten auf den Balkan 182; Balkan- und Orientpolitik 192 f.

Schmoller 98. 110. 120. 125.
Schulze-Delitzsch 160.
Sklaverei 100.
Slaven und Germanen 174.
Smith, Adam 157.
Sozialdemokratie, die deutsche (1874): 94 f. 128 ff. mit dem Chartismus verglichen 135; in Parlament und Selbstverwaltung 136; ihr Klassenhaß 137; 155 f.; in Schleswig-Holstein 134, im Königreich Sachsen 134, in Thüringen 135.

Soziale Gesetzgebung: ihr ruhiges Fortschreiten nötig (1874) 156.
Sozialismus: katholisch hierarchischer Zug des Denkens in ihm 143; sein Erziehungsideal 144.
Spanien: tragischer Idealismus in Politik und Kultur 107.
Staat: seine Einwirkung auf die Gesellschaft 121.
Staatseisenbahnen 168f.
Städte, die großen in Deutschland 163.
Stand, der vierte, was ist er? 137f.
Steuerwesen 204f; das preuß. seit 1818: 205f.; notwendige Reform in Preußen und im Reich (1878) 207ff.
Stimmrecht, das allgemeine gleiche 20. 23. 126f.
Straßburg 62. 65f.
Streike 140.
Tabaksteuer oder -monopol? 208f.
Thünen, J. H. von 147.
Todesstrafe 42ff.
Türkei: Staat 175f.; auswärt. Politik 177f.; Unkultur 178ff.; sogenannte Reformpolitik, Neutürkentum 183ff.; erheiternde Aussicht (1876) auf ein ottoman. Parlament 191; unaufhörliche Gebietsverluste 188.
Türken, die vornehmen 181.

Ungleichheit, die natürliche der Menschen: soziale Folgen 98ff.
Unternehmer 151f.

Volkswirtschaft, die deutsche (1874) 144f.

Wesselitzky Bogidarovic 182.
Wohnungsnot in den großen Städten 165.

FSC
www.fsc.org
MIX
Papier | Fördert
gute Waldnutzung
FSC® C083411

Kolibri 360 GmbH
Ferdinand-Jühlke-Straße 7
99095 Erfurt, Deutschland
produktsicherheit@kolibri360.de